普通高等教育土木工程学科精品规划教材（学科基础课适用）

# 荷载与结构设计方法
## LOAD AND METHOD OF STRUCTURE DESIGN

张晋元　编著
姜忻良　主审

天津大学出版社
TIANJIN UNIVERSITY PRESS

## 内 容 简 介

本书按《高等学校土木工程本科指导性专业规范》(2011 年版)知识体系的要求,结合最新修订的土木工程相关规范、标准编写。全书共分为 10 章,包括:绪论、竖向荷载、风荷载、水压力和土压力、地震作用、偶然荷载及其他作用、荷载的统计分析、结构构件抗力的统计分析、结构可靠度分析与计算、概率极限状态设计法。附录内容包括与荷载设计相关的常用数据以及与系统结构可靠度分析相关的常用概率知识。

本教材可作为高等学校土木工程及相关专业的教学用书,也可用作继续教育的教材或土建设计和工程技术人员的参考用书。

**图书在版编目(CIP)数据**

荷载与结构设计方法/张晋元编著. —天津:天津大学出版社,2014.8(2017.3 重印)
普通高等教育土木工程学科精品规划教材.学科基础课适用
ISBN 978-7-5618-5175-3

Ⅰ.①荷⋯　Ⅱ.①张⋯　Ⅲ.①建筑结构 – 结构载荷 – 结构设计 – 高等学校 – 教材　Ⅳ.①TU312

中国版本图书馆 CIP 数据核字(2014)第 198257 号

| | |
|---|---|
| 出版发行 | 天津大学出版社 |
| 出 版 人 | 杨欢 |
| 地　　址 | 天津市卫津路 92 号天津大学内(邮编:300072) |
| 电　　话 | 发行部:022-27403647 |
| 网　　址 | publish.tju.edu.cn |
| 印　　刷 | 廊坊市海涛印刷有限公司 |
| 经　　销 | 全国各地新华书店 |
| 开　　本 | 185mm×260mm |
| 印　　张 | 18.75 |
| 字　　数 | 468 千 |
| 版　　次 | 2015 年 1 月第 1 版 |
| 印　　次 | 2017 年 3 月第 2 次 |
| 定　　价 | 48.00 元 |

# 普通高等教育土木工程学科精品规划教材

# 编审委员会

普通高等教育土木工程学科精品规划教材

# 编写委员会

# 总序

随着我国高等教育的发展,全国土木工程教育状况有了很大的发展和变化,教学规模不断扩大,对适应社会的多样化人才的需求越来越紧迫。因此,必须按照新的形势在教育思想、教学观念、教学内容、教学计划、教学方法及教学手段等方面进行一系列的改革,而按照改革的要求编写新的教材就显得十分必要。

高等学校土木工程学科专业指导委员会编制了《高等学校土木工程本科指导性专业规范》(以下简称《规范》),《规范》对规范性和多样性、拓宽专业口径、核心知识等提出了明确的要求。本丛书编写委员会根据当前土木工程教育的形势和《规范》的要求,结合天津大学土木工程学科已有的办学经验和特色,对土木工程本科生教材建设进行了研讨,并组织编写了"普通高等教育土木工程学科精品规划教材"。为保证教材的编写质量,我们组织成立了教材编审委员会,聘请全国一批学术造诣深的专家作教材主审,同时成立了教材编写委员会,组成了系列教材编写团队,由长期给本科生授课的具有丰富教学经验和工程实践经验的老师完成教材的编写工作。在此基础上,统一编写思路,力求做到内容连续、完整、新颖,避免内容重复交叉和真空缺失。

"普通高等教育土木工程学科精品规划教材"将陆续出版。我们相信,本套系列教材的出版将对我国土木工程学科本科生教育的发展与教学质量的提高以及土木工程人才的培养产生积极的作用,为我国的教育事业和经济建设作出贡献。

丛书编写委员会

# 土木工程学科本科生教育课程体系

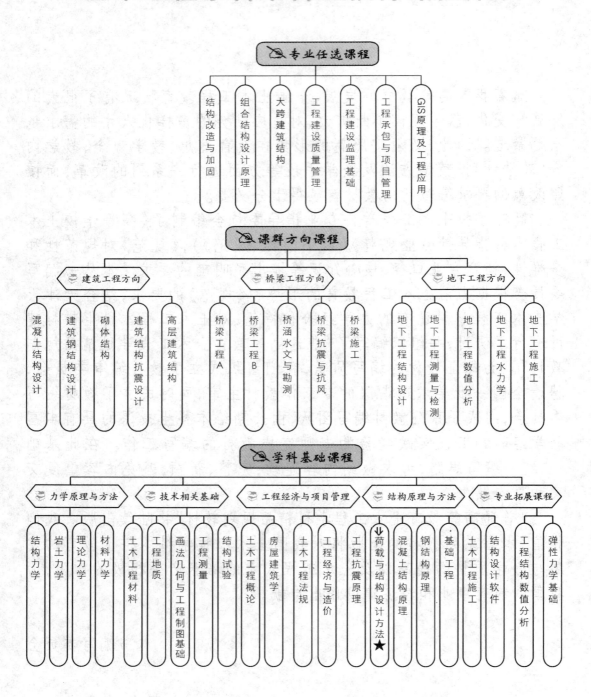

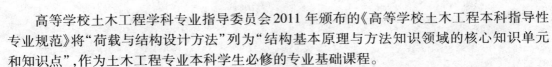

# 前言

　　高等学校土木工程学科专业指导委员会2011年颁布的《高等学校土木工程本科指导性专业规范》将"荷载与结构设计方法"列为"结构基本原理与方法知识领域的核心知识单元和知识点",作为土木工程专业本科学生必修的专业基础课程。

　　该课程的内容分两部分:一部分介绍工程结构可能承受的各种作用(荷载)与环境影响;另一部分介绍工程结构设计可靠度设计原理的背景、方法及其在相关规范中的应用。通过对本课程的学习,学生应掌握工程结构设计时需考虑的各种主要荷载,包括这些荷载产生的背景、荷载的计算方法、荷载代表值的确定;并掌握结构设计的主要概念、结构可靠度原理和满足可靠度要求的实用结构设计方法等。

　　本书按《高等学校土木工程本科指导性专业规范》(2011年版)知识体系的要求,结合最新修订的土木工程相关规范、标准编写。编写内容力求做到符合国家最新结构设计规范、规程和标准要求,反映工程结构荷载取值和结构设计方法在理论和实践上的新进展。

　　本书由张晋元编著,姜忻良教授主审。

　　由于编者水平有限,书中不妥和疏漏之处,敬请读者批评指正,不胜感谢。

　　电子邮箱地址:zjytdtm@163.com,zjytdtm@tju.edu.cn。

编　者

2014年7月

# 目　　录

# 第 1 章　绪论

**【内容提要】**

　　本章叙述了结构上的作用(荷载)及其代表值的概念、分类以及环境影响的概念;扼要说明了结构设计可靠性与经济性之间的关系;详细介绍了工程结构设计理论经历了从弹性理论到极限状态理论的转变,设计方法经历了从定值法到概率法的发展;总结了我国的主要工程结构设计规范、设计方法的发展历程、现状和前景。

　　工程是指用各种建筑材料(如石材、砖、砂浆、水泥、混凝土、钢材、钢筋混凝土、木材等)建造的房屋、铁路、公路、桥梁、隧道、堤坝、港口、塔架等为人类生产和生活服务的设施。构成这些设施的骨架系统称为工程结构,它是由不同功能的基本构件(梁、板、壳、柱、墙、支撑等)通过合理可靠的连接方式组成的,能够在预定使用期内安全可靠地承受各种外界因素的影响,并完成预定功能的合理的受力系统。

　　外界因素包括在工程结构上可能出现的各种作用和环境影响。工程结构从建造开始,直至其使用寿命结束的整个期间,将承受各种作用(如风、地震等)和环境影响(如温度、侵蚀性介质等),并可能遭受意外事件(如火灾、爆炸、撞击等)和极端自然灾害(如强烈地震、飓风、特大洪水等)的影响。这些作用、环境影响、意外事件和极端自然灾害不仅使工程结构产生各种内力和变形,也会导致结构材料的劣化和损伤,乃至造成结构严重破坏,甚至倒塌。虽然对于具体的工程对象,建造足够安全的结构总是可以做到的,但这可能需要很大的经济代价,并不具有普遍意义。

　　因此,要使所设计的工程结构既具有足够的安全可靠性,又能将工程结构的造价控制在合理的经济范围内,即在安全可靠性与经济性之间取得合理的平衡,这就必须有正确的设计方法,即研究各种作用、环境影响、意外事件和极端自然灾害的特征,使其产生的影响不超过工程结构的抵御能力,避免发生不适合工程结构正常使用的状态,或出现不可接受的破坏状况,或将意外事件和极端自然灾害造成的损失控制在可接受的范围内。

## 1.1　作用(荷载)与环境影响

　　作用是土木工程经常涉及的名词术语。在国家标准《工程结构可靠性设计统一标准》GB 50153—2008 中,将作用(action)定义为:施加在结构上的集中力和分布力(直接作用,也称为荷载)和引起结构外加变形和约束变形的原因(间接作用)。

　　直接作用(direct action)以外加力的形式直接施加在结构上,其大小与结构本身的性能无关。例如,结构自重、土压力、水压力、风压力、积雪重量,房屋建筑中楼面上的人群和家具等的重量,路面和桥梁上的车辆重量,桥梁、水工结构、港口及海洋工程中的流水压力、波浪荷载、水中漂浮物(如浮冰)对结构的撞击力等。

　　间接作用(indirect action)是引起结构外加变形和约束变形的原因,其大小与结构本身的性能有关。例如,地基变形、混凝土收缩徐变、温度变化、焊接变形、地震作用等。

直接作用和间接作用对结构的作用方式虽然不同,但结果是一样的:引起结构或构件的反应(内力、位移、应力、应变、变形、裂缝宽度等)。这种反应称为作用(荷载)效应(effect of action),用 $S$ 表示。因此,也可以将作用定义为:使结构或构件产生效应的各种原因。

当作用为直接作用(荷载)时,其效应也被称为荷载效应(effect of load)。荷载 $Q$ 与荷载效应 $S$ 之间,一般可近似按线性关系考虑:

$$S = C \cdot Q \tag{1-1}$$

式中　$C$——荷载效应系数,与荷载形式、构件约束条件、构件几何参数等有关。

例如,简支梁承受均布荷载 $q$ 作用时,在 $l/2$ 处的最大弯矩为 $M = ql^2/8$,$M$ 即是荷载效应, $l^2/8$ 称为荷载效应系数,$l$ 为简支梁的计算跨度。

### 1.1.1　作用的分类

结构上的作用种类很多,直接作用和间接作用是根据其产生的原因划分和命名的。这些作用中,某些作用产生的原因可能不同,但其效应对结构的影响是相同的;而另一些作用虽然产生的原因可能相同,但其效应对结构的影响是不同的。

因此,在工程结构设计中,不仅要重视作用产生的原因及其大小,更应关注作用效应及其对结构的影响。根据作用的性质、设计计算和分析的需要,工程结构上的作用可按下列性质分类。

1. 按随时间的变异分类

按随时间的变异,工程结构上的作用可分为永久作用、可变作用和偶然作用。

1)永久作用(permanent action)

在设计使用年限内,其量值不随时间变化,或其量值的变化与平均值相比可以忽略不计,或其变化是单调的并能趋于限值的作用,称为永久作用。永久作用包括结构自重、随时间单调变化而能趋于限值的土压力、水位不变的水压力、预应力、地基变形(基础沉降或转动)、在若干年内基本上完成的混凝土收缩和徐变、钢材焊接变形以及引起结构外加变形或约束变形的各种施工因素等。

永久作用中的直接作用,也称为永久荷载或恒荷载(dead load)。

2)可变作用(variable action)

在设计使用年限内,其量值随时间变化,且其量值的变化与平均值相比不可忽略不计的作用,称为可变作用。可变作用包括使用时人员和物件等荷载、施工时结构的某些自重、安装荷载、车辆荷载、吊车荷载、风荷载、雪荷载、冰荷载、地震作用、撞击力、水位变化的水压力、扬压力、波浪荷载以及温度作用等。

可变作用中的直接作用,也称为可变荷载或活荷载(live load)。

3)偶然作用(accidental action)

在设计使用年限内不一定出现,而一旦出现,其量值很大且持续时间很短的作用,称为偶然作用。偶然作用包括撞击力、爆炸力、地震作用、强风(台风、飓风、龙卷风)、火灾、严重的侵蚀以及洪灾(洪水、泥石流)等。

上述分类中,地震作用和撞击力既可作为可变作用,也可作为偶然作用,这完全取决于对结构重要性的评估。对一般结构,这两种作用均可作为规定条件下的可变作用;对重要结构,可以通过偶然设计状况将作用按量值较大的偶然作用来考虑,其意图是要求一旦出现意外作用时,结构也不至于出现灾难性的后果。

作用按随时间的变异分类,是作用的基本分类,应用非常广泛。在分析结构可靠度时,它直接关系到作用概率模型的选择;在按各类极限状态设计时,它关系到作用(荷载)代表值及其效应组合形式的选择。如可变作用的变异性比永久作用的变异性大,可变作用的相对取值应比永久作用的相对取值大;偶然作用出现的概率小,结构抵抗偶然作用的可靠度可比抵抗永久作用的可靠度小。

2. 按随空间位置的变异分类

按随空间位置的变异,工程结构上的作用可分为固定作用和自由作用。

1)固定作用(fixed action)

在结构上具有固定空间分布的作用,称为固定作用。当固定作用在结构某一点上的大小和方向确定后,该作用在整个结构上的作用即得以确定。固定作用的量值可能具有随机性。例如固定设备荷载、屋顶水箱重量等。

2)自由作用(free action)

在结构上给定的范围内具有任意空间分布的作用,称为自由作用。自由作用出现的位置和量值都可能是随机的。例如车辆荷载、吊车荷载等。由于自由作用是可以任意分布的,结构设计时应考虑其位置变化在结构上引起的最不利效应分布。

3. 按结构的反应特点分类

按结构的反应特点,工程结构上的作用可分为静态作用和动态作用。

1)静态作用(static action)

不使结构或构件产生加速度或产生的加速度很小可以忽略不计的作用,称为静态作用。例如结构自重、楼面上人员荷载、雪荷载、土压力等。

2)动态作用(dynamic action)

使结构或构件产生的加速度不可忽略的作用,称为动态作用。例如地震作用、吊车荷载、设备振动、作用在高耸结构上的风荷载、打桩冲击等。

在进行结构分析时,对于动态作用应当考虑其动力效应,用结构动力学方法进行分析,或采用乘以动力系数的简化方法,将动态作用转换为等效静态作用。

4. 按有无限值分类

按有无限值,工程结构上的作用可分为有界作用和无界作用。

1)有界作用(bounded action)

具有不能被超越的且可以确切或近似掌握其界限值的作用,称为有界作用。该界限值是由于客观条件的限制或由于人为严格控制而不能被超越的量值。例如,起重运输机械荷载、静水压力及浮托力、汽车荷载、人群荷载等与人类活动有关的非自然作用,其荷载值是由材料自重、设备自重、载重量或限定的设计条件下的不均匀性决定的,因而其限值是可以确定或近似可以确定的,属于有界作用。

2)无界作用(unbounded action)

没有明确界限值的作用,称为无界作用。例如,风荷载、波浪荷载、冰荷载等均是自然因素产生的作用,由于其自身的复杂性和人类认知的局限性和阶段性,这些荷载的取值需不断调整,属于没有明确界限值的无界作用。在将作用作为随机变量选择其概率模型时,很多典型的概率分布类型的取值往往是无界的。

5. 按作用的施加方向分类

按作用的施加方向,工程结构上的作用可分为竖向作用和水平作用。

1）竖向作用(vertical action)

当作用方向与重力加速度方向一致(与地面垂直)时,称为竖向作用。例如结构自重、楼面活荷载、雪荷载等。

2）水平作用(horizontal action)

当作用方向与重力加速度方向垂直(与地面平行)时,称为水平作用。例如风荷载、水平地震作用等。根据水平作用与建(构)筑物轴线之间的平行或垂直关系,又可将水平作用分为横向水平作用和纵向水平作用。例如,吊车启动或刹车时的水平作用可分为横向水平刹车力和纵向水平刹车力。

作用按不同性质进行分类,是出于结构设计规范化的需要。例如,工业厂房中的吊车荷载,按随时间的变异分类,属于可变荷载;按随空间位置的变异分类,属于自由荷载;按结构的反应特点分类,属于动态荷载。结构分析时,将吊车荷载视为自由荷载,考虑其最不利位置;确定其最不利位置后,将其视为可变荷载,考虑其对结构可靠性的影响,计算荷载效应;同时,按其动态荷载的性质,计算荷载效应时,应考虑动力系数。桥梁结构中的车辆荷载也具有与吊车荷载相同的性质。

除上述分类外,还可以根据不同的具体要求进行分类。例如,当进行结构疲劳验算时,可按作用随时间变化的低周性和高周性分类;当考虑结构徐变效应时,可按作用在结构上持续期的长短分类。

## 1.1.2　作用(荷载)代表值

作用在结构上的各种作用(荷载),都具有一定的变异性,不仅随时间而异,而且随空间而异,其量值具有明显的随机性。永久荷载的变异性较小(故又称为恒荷载);可变荷载的变异性较大(故又称为活荷载)。如果在设计中直接引入反映荷载变异性的各种统计参数,通过复杂的概率运算进行具体设计,将会给设计带来许多困难。因此,为简化设计,除了采用便于设计者使用的设计表达式之外,对荷载应取规定的量值(如混凝土自重取 $25 \ kN/m^3$,办公室楼面活荷载取 $2.0 \ kN/m^2$),这些确定的量值称为作用代表值(representative value of an action)。

根据不同的设计目的和要求,对不同作用(荷载)采用不同的代表值,以便确切地反映其在设计中的特点。《工程结构可靠性设计统一标准》GB 50153—2008 规定,作用代表值是指在设计中用以验证极限状态所采用的作用值,包括标准值(characteristic value)、组合值(combination value)、频遇值(frequent value)和准永久值(quasi-permanent value)。

《建筑结构荷载规范》GB 50009—2012 第 3.1.2 条规定:对永久荷载应采用标准值作为代表值;对可变荷载应根据设计要求采用标准值、组合值、频遇值或准永久值作为代表值;对偶然荷载应按建筑结构使用的特点确定其代表值。

荷载标准值是指结构在设计基准期内具有一定概率的最大荷载值,是荷载的基本代表值。它是由大量的实测数据经统计分析得出的、设计基准期(一般按 50 年)内最大荷载统计分布的特征值,如均值、众值、中值或某个分位值。

可变荷载的组合值,是使组合后的荷载效应在设计基准期内的超越概率能与该荷载单独出现时的相应概率趋于一致的荷载值;或使组合后的结构具有统一规定的可靠指标的荷载值。

可变荷载的频遇值是指在设计基准期内,其超越的总时间为规定的较小比率或超越频率为规定频率的荷载值。

可变荷载的准永久值是指在设计基准期内,其超越的总时间约为设计基准期一半的荷载值。

可变荷载的组合值、频遇值、准永久值可在荷载标准值的基础上乘以相应的折减系数后得到。

### 1.1.3 环境影响

环境影响(environmental influence)是指环境对结构产生的各种机械的、物理的、化学的或生物的不利影响。其特点是,随时间发展因材料劣化而引起材料性能衰减,从而降低结构的安全性或适用性,影响结构的耐久性。材料劣化的进一步发展还可能引起结构或构件承载力的降低,甚至破坏。

例如,室内潮湿环境、室外露天环境等干湿交替环境,由于水和氧的反复作用,容易引起钢筋锈蚀和混凝土材料性能的劣化;严寒和寒冷地区的冻融循环现象,可能引起结构表面混凝土出现可见的耐久性损伤(酥裂、粉化等)。

环境影响可分为永久影响、可变影响和偶然影响。

对结构的环境影响应进行定量描述;当没有条件进行定量描述时,也可通过环境对结构的影响程度的分级进行定性描述,并在设计中采取相应的技术措施。

对工程中大量使用的混凝土结构,《混凝土结构耐久性设计规范》GB/T 50476—2008 将结构所处环境按其对钢筋和混凝土材料的腐蚀机理分为五类,并将环境对配筋混凝土结构的作用程度采用环境作用等级表达。《混凝土结构设计规范》GB 50010—2010 规定,混凝土结构应根据设计使用年限和环境类别进行耐久性设计。其方法是将混凝土结构所处的外界环境进行分级,在设计中采取相应的技术措施。

对特殊环境下的工程结构,应按照《工业建筑防腐蚀设计规范》GB 50046—2008 的规定进行防腐蚀设计,并采取相应的防护措施。

## 1.2 结构设计可靠度的概念

工程结构设计就是要保证结构具有足够的抵抗自然界各种作用的能力,在规定的使用年限内、在正常的维护条件下,满足各种预定的功能要求,并在可靠与经济、适用与美观之间选择最佳的、合理的平衡。工程结构的功能要求是指工程结构的安全性、适用性和耐久性,统称为"可靠性"(reliability)。当工程结构的可靠性用概率度量时,称为"可靠度"(degree of reliability)。

"经济"的概念不仅包括初期建设费用,还应包括后期运行、维修费用及受损后的修复费用,乃至可能对社会和经济所造成的影响。

可靠度不足,将直接影响结构的正常使用,缩短结构的使用寿命,甚至危及结构的安全。而可靠度过高,虽然能保证结构的可靠性,但同时造成材料浪费,使工程造价过高。

显然,这种可靠与经济的均衡受到多方面的影响,如国家经济实力、使用年限、维护和修复的难易程度等。要在工程结构的可靠与经济之间建立"最佳的、合理的平衡",就需要根据结构的形式、作用的大小和形式,计算作用效应 $S$;还要根据结构的形式、材料、尺寸等计算结构抗力 $R$(即结构或构件承受作用效应的能力,如承载能力、变形能力等)。结构抗力 $R$

与作用效应 $S$ 的比值 $R/S$ 越大,结构的可靠度就越大;反之,结构的可靠度就越小。

规范规定的设计方法,是这种均衡的最低限度。设计人员可以根据具体工程的重要程度、使用环境等情况以及业主的要求,提高设计水准,增加结构的可靠度。

结构上的作用,除永久作用外,都是不确定的随机变量,并与时间变量甚至空间参数有关,所以作用效应一般来说也是随机变量或随机过程,甚至是随机场,它的变化规律与结构可靠度的分析关系密切。

同时,施加在结构上的各种作用,在一定的时间和空间内往往是随机相关的,为了简化计算,假定各种作用为相互独立的单一作用来处理。必须考虑某些作用之间的相关性时,可作为一个特殊问题处理。

此外,一些间接作用,如温度作用、变形作用、地震作用等,还与工程结构自身的静力特性或动力特性相关。

结构或结构构件的抗力,也是随机变量,与材料强度、截面尺寸、计算模式等因素相关。

为使工程结构在规定的使用年限内具有足够的可靠度,结构设计的第一步就是要确定结构上的作用(类型和大小)。例如,一幢房屋或是一座桥梁,首先要分析它在使用过程中可能出现哪些作用(荷载)以及这些作用(荷载)的特点、产生的原因和相互之间的关联性等;然后再确定和计算这些作用(荷载)和相应的效应。没有正确的荷载取值和荷载计算,就不可能准确地计算荷载效应,工程结构也就不可能符合规定可靠度的要求。

本课程中,主要介绍可靠度的确定方法以及各种作用(荷载)的取值原则和计算方法。荷载效应一般用力学方法分析和计算,属于力学课程的内容。结构抗力的计算方法和计算公式,在我国现行各种规范(规程)中均有详细规定,详见相关课程。

# 1.3　工程结构设计理论

## 1.3.1　工程结构设计理论的发展

早期的工程结构中,保证结构安全主要依赖经验。19 世纪 20 年代,法国学者纳维(Claude Louis Marie Henri Navier)提出了容许应力设计法,即以结构构件的计算应力 $\sigma$ 不大于有关规范所给定的材料容许应力 $[\sigma]$ 的原则来进行设计的方法。

20 世纪 30 年代,苏联学者格沃兹捷夫(А. А. Гвоздев)提出了考虑材料塑性的破损阶段的设计方法,即以构件破坏时的承载力为基础,要求按材料平均强度计算得到的承载力必须大于外荷载效应(构件内力),同时采用了单一的经验安全系数。20 世纪 50 年代,在对荷载和材料强度的变异性系统研究的基础上,提出了极限状态设计法,将单一的经验安全系数改进为分项系数,即荷载系数、材料系数和工作条件系数,因而称之为多系数极限状态设计法。采用分项系数的形式,使不同的构件具有比较一致的安全可靠性,而部分荷载系数和材料系数基本上是根据统计资料用概率统计理论得到的,不能用统计方法确定的因素,则根据经验在分项系数中考虑。因而多系数极限状态设计法属于半概率、半经验的方法。

自 20 世纪 70 年代以来,国际上趋向于采用以概率理论为基础的极限状态设计法,称为概率极限状态设计法。

至此,工程结构设计理论经历了从弹性理论到极限状态理论的转变,设计方法经历了从定值法到概率法的发展。目前,这些方法在实际工程中均有使用。

1. 容许应力设计法(allowable stress design method)

容许应力设计法以线性弹性理论为基础,以构件危险截面的某一点或某一局部的计算应力小于或等于材料的容许应力为准则。即要求在规定的标准荷载作用下,用材料力学或弹性力学方法计算得到的构件截面任一点处的应力不大于结构设计规范规定的材料的容许应力。其表达式为

$$\sigma \leqslant [\sigma] = \frac{f}{k} \tag{1-2}$$

式中　$\sigma$——构件在使用阶段(使用荷载作用下)截面上的最大应力;

　　　$[\sigma]$——材料的容许应力;

　　　$f$——材料的极限强度(如混凝土)或屈服强度(如钢材);

　　　$k$——经验安全系数。

容许应力设计法计算简单,但有许多问题。①工程中常用的材料,如混凝土、钢材(钢筋)以及木材等均为弹塑性材料,但容许应力设计法中没有考虑材料的塑性性质。②没有对作用阶段给出明确的定义,也就是使用期间荷载的取值原则规定得不明确。实际上,使用荷载是由传统经验或个人判断确定的,缺乏科学根据。③把影响结构可靠性的各种因素(荷载的变异、施工的缺陷、计算公式的误差等)统统归结在反映材料性质的容许应力$[\sigma]$上,显然不够合理。④容许应力$[\sigma]$(或安全系数$k$)的取值无科学根据,单凭经验,历史上曾多次提高过材料的容许应力值。⑤按容许应力法设计的构件是否安全可靠,无法用试验来验证。

实践证明,这种设计方法与结构的实际情况有很大出入,并不能如实反映构件截面的应力状态,也不能正确揭示结构或构件受力性能的内在规律,在应力分布不均匀的情况下,如受弯构件、受扭构件或超静定结构,用这种设计方法比较保守。

但对于以正常使用阶段应力控制为主的工程结构,如铁路桥梁、核电站安全壳、空间薄壳结构等复杂结构,为保证其正常使用阶段的可靠性,仍采用弹性力学方法分析结构中的应力,按容许应力法进行设计。

2. 破损阶段设计法(damage phase design method)

破损阶段设计法假定材料均已达到塑性状态,依据构件破坏时截面所能抵抗的破损内力建立计算公式,其设计表达式为

$$M \leqslant \frac{M_u}{K} \tag{1-3}$$

式中　$M$——正常使用时构件的作用效应;

　　　$M_u$——构件最终破坏时的承载能力;

　　　$K$——安全系数,用来考虑影响结构安全的所有因素。

破损阶段设计法的优点:①反映了材料的塑性性质,结束了长期以来假定混凝土为弹性体的局面;②采用一个安全系数,使构件有了总的安全度的概念;③以承载能力值($M_u$)为依据,其计算值是否正确可由试验检验。

苏联的学者将该理论用下式来表达:

$$KM(\sum q_i) \leqslant M_u(\mu_{f_1}, \mu_{f_2}, \cdots, a, \cdots) \tag{1-4}$$

式中　$M(\sum q_i)$——正常使用时,由各种荷载$q_i$所产生的截面内力;

$M_u(\cdot)$——由各种参数计算的承载能力；

$\mu_{f_1}$、$\mu_{f_2}$——材料强度的平均值；

$a$——反映截面尺寸等的尺寸函数。

破损阶段设计法的理论仍存在一些重大缺点：①破损阶段计算，仅构件的承载力得以保证，无法了解构件在正常使用时能否满足正常使用要求（如变形和裂缝等）；②安全系数 $K$ 的取值仍需经验确定，并无严格的科学依据；③采用笼统的单一安全系数 $K$，无法就不同荷载、不同材料结构构件安全的影响加以区别对待，不能正确地度量结构的安全度；④荷载 $q_i$ 的取值仍然是经验值；⑤表达式中采用的材料强度是平均值，它不能正确反映材料强度的变异程度，显然也是不够合理的。

3. 多系数极限状态设计法(multiple factions limit state design method)

结构或构件进入某种状态后就丧失其原有功能，这种状态被称为极限状态。20世纪50年代，苏联设计规范中首先采用了多系数极限状态设计法。20世纪60年代以后，我国的一些结构设计规范中开始采用极限状态设计法。这种方法将结构的极限状态分为两类，即承载能力极限状态和正常使用极限状态，正常使用极限状态包括挠度极限状态和裂缝开展宽度极限状态。其表达式分别如下。

1) 承载能力极限状态

$$M(\sum n_i q_{ik}) \leqslant M_u(m, k_c f_{ck}, k_s f_{sk}, a, \cdots) \tag{1-5}$$

式中　$n_i$——荷载系数；

$q_{ik}$——荷载标准值；

$m$——结构工作条件系数；

$k_c$、$k_s$——钢筋和混凝土的匀质系数；

$f_{ck}$、$f_{sk}$——钢筋和混凝土的强度标准值；

$a$——反映截面尺寸等的尺寸函数。

我国在20世纪70年代颁布的结构设计规范(74规范)中，采用了多系数分析、单系数表达的方式，将上述3个系数（荷载系数、工作条件系数和材料匀质系数）统一为单一的安全系数 $K$。因而，不同构件、不同受力状态下，安全系数 $K$ 是不同的。

2) 正常使用极限状态

进行挠度验算时，要求

$$f_{max} \leqslant [f_{max}] \tag{1-6}$$

式中　$f_{max}$——构件在荷载标准值作用下考虑长期荷载影响后的最大挠度值；

$[f_{max}]$——规范允许的最大挠度值。

进行裂缝验算时，对使用阶段不允许出现裂缝的钢筋混凝土构件，应进行抗裂度验算；对使用阶段允许出现裂缝的钢筋混凝土构件，则进行裂缝宽度的验算，要求

$$\omega_{max} \leqslant [\omega_{max}] \tag{1-7}$$

式中　$\omega_{max}$——构件在荷载标准值作用下的最大裂缝宽度；

$[\omega_{max}]$——规范允许的最大裂缝宽度值。

极限状态设计法是结构设计的重大发展，这一方法明确提出了结构极限状态的概念，不仅考虑了构件的承载力问题，而且考虑了构件在正常使用阶段的变形和裂缝问题，因此比较全面地考虑了结构的不同工作状态。极限状态设计法在确定荷载和材料强度取值时，引入

了数理统计的方法,但对于保证率的确定、系数的取值等仍凭工程经验确定,因此属于半概率、半经验方法。

上述方法均属于定值设计法,将各类设计参数看作固定值,用以经验为主的安全系数来度量结构的可靠性。

4. 概率极限状态设计法(probabilistic limit state design method)

概率极限状态设计法是以概率理论为基础,将作用效应和影响结构抗力的主要因素作为随机变量,通过与结构可靠度有直接关系的极限状态方程来描述结构的极限状态,根据统计分析确定结构失效概率或可靠指标来度量结构可靠性的结构设计方法。其特点是有明确的、用概率尺度表达的结构可靠度,通过预先规定的可靠指标值,使结构各构件之间、由不同材料组成的结构之间有较为一致的可靠度水平。

可靠度的研究始于 20 世纪 30 年代,当时主要是围绕飞机失效进行研究。可靠度在结构设计中的应用大概始于 20 世纪 40 年代。

1946 年,美国学者 A. M. Freudenthal 发表题为《结构的安全度》的论文,首先提出了结构可靠性理论,将概率分析和概率设计的思想引入实际工程。1954 年,苏联学者尔然尼钦提出了一次二阶矩理论的基本概念和计算结构失效概率的方法对应的可靠指标公式。1969 年,美国学者 C. A. Cornell 在尔然尼钦工作的基础上,提出了与结构失效概率相关的可靠指标 $\beta$ 作为衡量结构安全度的一种统一数量指标,并建立了结构安全度的二阶矩模式。1971 年,加拿大学者 N. C. Lind 对这种模式采用分离函数方式将可靠指标 $\beta$ 表达成设计人员习惯采用的分项系数形式。美国伊利诺斯大学的 A. H. S. Ang 对各种结构不定性作了分析,提出了广义可靠度概率法,并采用可靠度方法设计了波音飞机的起落架系统。20 世纪 70 年代后期,丹麦学者 Ditlevsen 提出了一般可靠度指标的定义,克服了简单可靠度指标的局限性。

1976 年,国际"结构安全度联合委员会"(Joint Committee on Structural Safety,JCSS)采用了 Rackwize 和 Fiessler 等人提出的通过"当量正态"的方法以考虑随机变量实际分布的二阶矩模式。这对提高二阶矩模式的精度意义极大。进入 1980 年之后,丹麦学者 Krenk 和美国学者 Wen 等建立了荷载概率模型。至此,二阶矩模式的结构可靠度表达式与设计方法开始进入实用阶段。

国际上,将以概率理论为基础的极限状态设计法按发展阶段和精确程度不同分为以下3 个水准。

1)水准 I ——半概率法

对荷载效应和结构抗力的基本变量部分地进行数理统计分析,并与工程经验结合引入某些经验系数,所以尚不能定量地估计结构的可靠性。

2)水准 II ——近似概率法

该法对结构可靠性赋予概率定义,以结构的失效概率或可靠指标来度量结构可靠性,并建立了结构可靠度与结构极限状态方程之间的数学关系,在计算可靠指标时考虑了基本变量的概率分布类型,并采用了线性化的近似手段,在设计截面时一般采用分项系数的实用设计表达式。

1990 年后,近似概率法逐渐成为许多国家制定标准规范的基础。国际"结构安全度联合委员会"(JCSS)提出的《结构统一标准规范的国际体系》的第一卷——《对各类结构和材料的共同统一规则》、国际标准化组织编制的《结构可靠性总原则》ISO 2394:1998 等,都是以近似概率法为基础的。

我国《工程结构可靠度设计统一标准》GB 50153—1992、《建筑结构可靠度设计统一标准》GB 50068—2001 都采用了这种近似概率法,并在此基础上颁布了各种结构设计的规范。

3)水准Ⅲ——全概率法

该法是完全基于概率论的结构整体优化设计方法,要求对整个结构采用精确的概率分析,求得结构最优失效概率作为可靠度的直接度量,但由于这种方法无论在基础数据的统计方面还是在可靠度计算方面都不成熟,目前尚处于研究探索阶段。

## 1.3.2 我国工程结构设计理论的发展

20 世纪 50 年代初期,我国工程结构设计中主要采用容许应力设计法;50 年代中期,开始采用苏联提出的极限状态设计法;至 70 年代,在广泛开展结构安全度研究的基础上,将半经验、半概率的方法应用到相关结构设计的规范(74 规范)中。此后,经过大量科研人员对结构可靠度设计方法的研究,于 1984 年正式颁布《建筑结构设计统一标准》GBJ 68—84,该标准采用了当时国际上正在发展和推行的以概率统计理论为基础的极限状态设计方法,统一了建筑结构设计的基本原则,规定了适用于各种材料结构的可靠度分析方法和设计表达式。此后颁布的建筑结构设计规范(89 规范)大部分以此为依据。

1992 年,《工程结构可靠度设计统一标准》GB 50153—1992 正式颁布,该标准采用了以概率统计理论为基础的极限状态设计方法;统一了各类工程结构设计的基本原则;规定了适用于各种材料结构的可靠度分析和设计表达式;并对材料和构件的质量控制和验收提出了相应的要求,是各类工程结构专业设计规范编制和修订应遵循的准则依据。

此后,各工程技术部门陆续颁布了相应的可靠度设计统一标准,分别是:《港口工程结构可靠度设计统一标准》GB 50158—92、《铁路工程结构可靠度设计统一标准》GB 50216—94、《水利水电工程结构可靠度设计统一标准》GB 50199—94、《公路工程结构可靠度设计统一标准》GB/T 50283—1999。

进入 21 世纪后,又对上述标准进行了进一步的修订和完善。2001 颁布了《建筑结构可靠度设计统一标准》GB 50068—2001,并陆续颁布了相应的 2001 系列建筑结构设计规范。

目前,已更新的还有:《工程结构可靠性设计统一标准》GB 50153—2008、《港口工程结构可靠性设计统一标准》GB 50158—2010。其余各工程技术部门的标准也正在修订中。

新修订的《工程结构可靠性设计统一标准》GB 50153—2008,借鉴了国际标准化组织发布的国际标准《结构可靠性总原则》ISO 2394:1998 和欧洲标准化委员会批准通过的欧洲规范《结构设计基础》EN 1990:2002,总结了我国近 30 年来大规模工程实践的经验,贯彻了可持续发展的原则,也是 2010 系列结构设计规范修订的依据。

《工程结构可靠性设计统一标准》GB 50153—2008 是工程结构设计的基本标准(其地位相当于国家法律体系中的宪法)。对建筑工程、铁路工程、公路工程、港口工程、水利水电工程等土木工程领域工程设计的共性问题,即工程结构设计的基本原则、基本要求和基本方法作出了统一规定,使我国土木工程各领域之间在处理结构可靠性问题上具有统一性和协调性,并与国际接轨。

《工程结构可靠性设计统一标准》GB 50153—2008 规定,工程结构设计宜采用以概率理论为基础、以分项系数表达的极限状态设计法。当缺乏统计资料时,工程结构设计可根据可靠的工程经验或必要的试验研究进行,也可采用容许应力或单一安全系数等经验方法进行。

### 1.3.3 我国各类工程结构设计规范的设计方法

1. 建筑结构设计规范

现行的建筑结构设计规范中,大部分采用了近似概率极限状态设计法,并遵循《建筑结构可靠度设计统一标准》GB 50068—2001 的基本设计原则。这些标准包括:《混凝土结构设计规范》GB 50010—2010、《钢结构设计规范》GB 50017—2003、《冷弯薄壁型钢结构技术规范》GB 50018—2002、《砌体结构设计规范》GB 50003—2011、《木结构设计规范》GB 50005—2003、《建筑结构荷载规范》GB 50009—2012、《建筑地基基础设计规范》GB 50007—2011 和《建筑抗震设计规范》GB 50011—2010、《高耸结构设计规范》GB 50135—2006 等。但钢结构中的疲劳计算仍采用容许应力法,即按弹性状态进行计算。

2. 公路桥涵设计规范

现行的公路桥涵设计规范中,《公路桥涵设计通用规范》JTG D60—2004、《公路圬工桥涵设计规范》JTG D61—2005、《公路钢筋混凝土及预应力混凝土桥涵设计规范》JTG D62—2004 均按照《公路工程结构可靠度设计统一标准》GB/T 50283—1999 的规定,采用了以概率理论为基础的极限状态设计法。但钢结构桥涵设计仍使用《公路桥涵钢结构及木结构设计规范》JTJ 025—86,采用的是容许应力法。

3. 铁路工程设计规范

现行铁路工程设计规范包括:《铁路桥涵设计基本规范》TB 10002.1—2005、《铁路桥梁钢结构设计规范》TB 10002.2—2005、《铁路桥涵钢筋混凝土和预应力混凝土结构设计规范》TB 10002.3—2005、《铁路桥涵混凝土和砌体结构设计规范》TB 10002.4—2005、《铁路桥涵地基和基础设计规范》TB 10002.5—2005 等,各规范所规定的设计方法很不一致。

《铁路桥涵钢筋混凝土和预应力混凝土结构设计规范》TB 10002.3—2005 中,钢结构和混凝土、钢筋混凝土结构均采用容许应力法;预应力混凝土结构按弹性理论分析,采用破损阶段设计法进行截面验算;在隧道设计规范中,衬砌按破损阶段设计法设计截面,而洞门则采用容许应力设计法;在路基设计规范中,路基(土工结构)和重力式支挡结构及这些工程结构的地基基础都采用容许应力法。因此,总体来看,容许应力法仍然是现行铁路工程结构设计规范采用的主要方法。

4. 港口工程结构设计规范

现行各种港口工程结构设计规范均以《港口工程结构可靠度设计统一标准》GB 50158—92 为依据完成修订和编制,采用了以分项系数表达的近似概率极限状态设计法。目前,《港口工程结构可靠性设计统一标准》GB 50158—2010 已颁布,在该规范规定的原则下,修订后的《港口工程荷载规范》JTJ 144—1—2010、《海港水文规范》JTS 145—2—2013 也已颁布。

5. 水利水电工程结构设计规范

水利水电工程结构设计规范中,《水工混凝土结构设计规范》SL/T 191—96 根据《水利水电工程结构可靠度设计统一标准》GB 50199—94 规定,对水利水电工程中素混凝土、钢筋混凝土及预应力钢筋混凝土结构采用概率极限状态设计原则和分项系数设计法;而与其并行使用的《水工钢筋混凝土结构设计规范》SDJ 20—78 对素混凝土及钢筋混凝土结构按容许应力法进行设计,同时在安全度表达及考虑不同荷载的变异性上也存在不一致。

因此,水利部于 1997 年颁布了《水工建筑物荷载设计规范》DL 5077—97,统一了水利水电工程结构设计的作用(荷载)标准,此后又将《水工混凝土结构设计规范》SL/T 191—96和《水工钢筋混凝土结构设计规范》SDJ 20—78 进行了整合,并于 2008 年颁布了《水工混凝土结构设计规范》SL 191—2008。其中规定,对可求得截面内力的混凝土结构构件,采用极限状态设计法,在规定的材料强度和荷载取值条件下,采用在多系数分析基础上以单安全系数表达的方式进行设计。上述方法适用于水利水电工程中的素混凝土、钢筋混凝土及预应力钢筋混凝土结构的设计,但不适用于混凝土坝的设计。

最新颁布的《水利水电工程结构可靠性设计统一标准》GB 50199—2013 中规定,水工结构设计宜采用以概率理论为基础、以分项系数表达的极限状态设计法。当缺乏统计资料时,结构设计可根据可靠的工程经验或必要的试验研究进行,也可采用容许应力或单一安全系数等经验方法进行。

综上所述,到目前为止,我国各类土木工程结构的设计方法还没有完全统一,但实际上完全统一是有难度的,也没有必要完全统一。将来的发展方向是在《工程结构可靠性设计统一标准》GB 50153—2008 的基本原则下,新修订的各类结构设计规范应使土木工程中各种结构构件具有相近的可靠度水平。

# 思 考 题

1. 工程结构设计的目的是什么?
2. 荷载与作用的概念有什么不同? 作用(荷载)的代表值有哪几种?
3. 工程结构设计中,如何对结构上的作用进行分类?
4. 什么是概率极限状态设计法? 为什么目前采用的方法称为近似概率设计法?
5. 简述各类工程结构设计方法的特点。

# 第 2 章　竖向荷载

**【内容提要】**

本章中,针对工业与民用建筑结构,介绍了竖向恒荷载的计算方法、屋面雪荷载的分布规律和取值原则,叙述了民用建筑楼面活荷载的取值标准及折减原则、工业建筑楼面等效均布活荷载的确定方法,概括了工业厂房吊车荷载的特点及其计算方法。针对桥梁结构,阐述了车辆荷载的分级标准、加载图式和荷载取值方法以及人群荷载的确定途径。

为保持相关荷载知识的连贯性,设备(吊车、车辆)自重产生的动力荷载也纳入本章。

## 2.1　竖向恒荷载

竖向恒荷载包括结构构件、围护构件(如填充墙)、面层及装饰、固定设备、长期储物的自重。根据计算荷载效应的需要,竖向恒荷载可表示为面荷载(单位为 $kN/m^2$)、分布荷载(单位为 $kN/m$)、集中力或荷载总值(单位为 $kN$)。

### 2.1.1　恒荷载标准值

恒荷载标准值,一般可根据构件截面尺寸、建筑构造做法厚度及相应的材料自重计算确定;固定设备的恒荷载一般由设备样本提供。

计算楼(屋)盖板的荷载效应时,一般可将楼(屋)盖板的自重和楼面建筑构造做法的重量合并计算,并表示为面荷载,单位为 $kN/m^2$,参见【例 2 – 1】。

计算楼(屋)面荷载对梁或墙体的作用效应时,一般根据楼(屋)面荷载的传递路径及楼(屋)面板两个方向尺寸关系,将荷载导算为作用在支承构件上的分布荷载(均布荷载、梯形分布荷载或三角形分布荷载),单位为 $kN/m$。

计算梁的荷载效应时,一般将梁的自重(包括装修层重量)表示为线荷载,也可根据计算要求,简化为多点集中力,以便与楼面传来的集中恒荷载叠加。

柱自重(包括装修层重量)一般表示为集中力。

对于承重墙体,当计算其荷载效应时,一般也将其自重表示为线荷载,即墙体竖向截面面积与材料自重的乘积,以方便与楼面传来的荷载叠加。

对于位置固定的非承重墙体(填充墙),由于不需要计算其自身荷载效应,故仅将其计算为作用在梁上的线荷载。

对灵活布置的轻质隔墙,可按等效均布活荷载考虑,详见第 2.3 节。

计算直接承受固定设备重量的构件时,应考虑可能存在的设备动力系数。

验算施工阶段(如吊装、运输、悬臂施工等)构件的强度和稳定时,构件自重应乘以适当的动力系数。

## 2.1.2　材料自重

常见材料的自重见附录 A。对于自重变化较小的材料,可直接查表确定;对于自重变异性较大的材料,尤其是用于屋面保温、防水的轻质材料,为保证结构的可靠性,在设计中应根据该荷载对结构有利或不利,分别取其自重的下限值或上限值。例如,查附录 A,膨胀珍珠岩砂浆自重为 $7.5 \sim 15$ kN/m³,高值是低值的 2 倍,应特别注意这类保温材料自重取值的合理性。

当采用计算软件分析剪力墙结构、砌体结构时,一般采用考虑主要承重构件装修层重量的折算自重。如,剪力墙结构中,将混凝土自重 25 kN/m³ 放大约 1.1 倍,取 $26 \sim 28$ kN/m³;砌体结构中,将砌体自重 19 kN/m³ 放大约 1.15 倍,取 22 kN/m³,详见【例 2 - 2】及【例 2 -3】。

填充墙在建筑结构自重中所占比例较大,其自重必须准确计算,一般应按组砌后的砌体自重并考虑装修层来计算其自重,详见【例 2 -4】。

## 2.1.3　例题

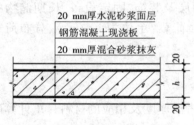

**图 2 - 1　楼面构造做法**

【例 2 - 1】　某钢筋混凝土楼板厚 $h = 120$ mm,建筑构造做法如图 2 - 1 所示,试计算其自重荷载。

【解】　查附录 A,水泥砂浆、钢筋混凝土、混合砂浆的自重分别为 20 kN/m³、25 kN/m³、17 kN/m³,则楼板的自重荷载标准值为

$$0.02 \times 20 + 0.12 \times 25 + 0.02 \times 17 = 3.74 \ \text{kN/m}^2$$

注:该计算结果可用于计算板的内力,或进一步导算至支承梁(墙)上,作为梁(墙)上的荷载。

【例 2 - 2】　某钢筋混凝土剪力墙结构,外墙厚 250 mm,外侧 60 mm 厚聚苯保温板,20 mm 厚水泥砂浆抹灰,内侧 20 mm 厚水泥混合砂浆抹灰;内墙厚 200 mm,两侧 20 mm 厚水泥混合砂浆抹灰。试计算墙体的折算自重。

【解】　查附录 A,水泥砂浆、钢筋混凝土、混合砂浆的自重分别为 20 kN/m³、25 kN/m³、17 kN/m³,聚苯保温板自重较小,可忽略,则墙体的折算自重如下。

内墙:$g_{in} = (0.20 \times 25 + 0.02 \times 17 \times 2)/0.20 = 28.40$ kN/m³

外墙:$g_{out} = (0.25 \times 25 + 0.02 \times 20 + 0.02 \times 17)/0.25 = 27.96$ kN/m³

近似取 $g = 28.0$ kN/m³ 作为混凝土墙体的折算自重。

注:该计算结果可作为采用计算软件分析剪力墙结构时混凝土自重输入数据。

【例 2 - 3】　某砌体结构,墙体采用机制普通烧结页岩砖砌筑,外墙厚 360 mm,外侧 20 mm 厚水泥砂浆抹灰,内侧 20 mm 厚水泥混合砂浆抹灰;内墙厚 240 mm,两侧 20 mm 厚水泥混合砂浆抹灰。试计算墙体的折算自重。

【解】　查附录 A,烧结页岩砖(属于附录 A 中普通砖的一种)的自重为 19 kN/m³,墙体的折算自重如下。

内墙:$g_{in} = (0.24 \times 19 + 0.02 \times 17 \times 2)/0.24 = 21.83$ kN/m³

外墙:$g_{out} = (0.36 \times 19 + 0.02 \times 20 + 0.02 \times 17)/0.36 = 21.06$ kN/m³

砌体结构中,一般内墙数量多于外墙,因此近似取 22.0 kN/m³ 作为墙体的折算自重。

注:该计算结果可作为计算软件分析砌体结构时承重墙体自重输入数据。

**【例 2 - 4】**　某框架结构,填充墙采用加气混凝土砌块墙体,外墙厚 300 mm,内隔墙厚 200 mm,外墙外侧 20 mm 厚水泥砂浆抹灰,外墙内侧及内墙两侧均为 20 mm 厚水泥混合砂浆抹灰,标准层外墙净高 2.9 m、内墙净高 3.1 m,试计算作用于标准层梁上的墙体荷载标准值。

**【解】**　考虑到墙体砌筑时,在门窗洞口处、墙体底部和顶部必须混砌部分普通砖,加气混凝土砌块自重取 5.5 kN/m³,普通砖自重取 19 kN/m³,混砌比例取 8∶2,则砌体的折算自重为

$$g = 5.5 \times 0.8 + 19 \times 0.2 = 8.2 \ kN/m^3$$

再考虑双面抹灰的荷载,则砌体自重荷载折算如下。

内墙:$g_{in} = 0.2 \times 8.2 + 0.02 \times 17 \times 2 = 2.32 \ kN/m^2$

外墙:$g_{out} = 0.3 \times 8.2 + 0.02 \times 20 + 0.02 \times 17 = 3.20 \ kN/m^2$

作用于梁上的墙体荷载标准值如下。

内墙:$q_{in} = 2.32 \times 3.1 = 7.19 \ kN/m$

外墙:$q_{out} = 3.20 \times 2.9 = 9.28 \ kN/m$

注:该计算结果可作为计算软件分析框架结构时梁上荷载输入数据。

## 2.2　雪荷载

在寒冷地区及其他大雪地区,雪荷载是房屋屋面结构的主要荷载之一,因雪荷载导致屋面结构倒塌乃至整个结构破坏甚至倒塌的事例常有发生。尤其是对雪荷载非常敏感的结构(如大跨度、轻质屋盖结构),雪荷载经常是控制荷载,不均匀的雪荷载分布可能导致结构受力形式改变,极端雪荷载作用下容易造成结构的整体破坏。因此,所确定的雪荷载量值及其在屋面的分布是否合理,将直接影响结构的安全性、适用性和耐久性。

### 2.2.1　基本雪压

1. 雪压

雪压是指单位水平面积上积雪的自重,其大小取决于积雪深度与积雪密度。年最大雪压 $s(kN/m^2)$ 可按下式确定:

$$s = \rho_s \cdot h \cdot g \tag{2 - 1}$$

式中　$\rho_s$——积雪密度($t/m^3$);

　　　$h$——年最大积雪深度,指从积雪表面到地面的垂直深度(m),以每年 7 月份至次年 6 月份间的最大积雪深度确定;

　　　$g$——重力加速度,取 9.80 $m/s^2$。

积雪密度随时间及空间而变,与积雪深度、积雪时间和当地的地理气候条件有关。新鲜降雪的密度一般为 50 ~ 100 kg/m³,当积雪达到一定厚度时,积存在下层的雪被上层雪压缩而密度增加,越靠近地面,积雪密度越大;积雪深度越大,其下层积雪密度越大。

在寒冷地区,积雪时间一般较长,甚至存留整个冬季。随着时间的延续,积雪受到压缩、融化、蒸发及人为扰动等,其密度不断增加,从冬初至冬末,积雪密度可能相差 2 倍。

积雪深度也是随机变量,作为年最大值,可以根据气象台(站)记录的资料统计得到。

在确定雪压时,观察并收集雪压的场地应具有代表性,即应符合要求:①观察场地周围的地形空旷平坦;②积雪的分布保持均匀;③设计项目地点应在观察场地的范围内,或与观察场地具有相同的地形特征;④对积雪局部变异特别大的地区、高原地形的山区,应予以专门调查和特殊处理。

最大积雪深度和最大积雪密度两者并不一定同时出现,而且由于我国大部分气象台(站)收集的资料是每年最大积雪深度的数据,缺乏同时、同地平行观测到的积雪密度,因此在确定雪压时,均取当地的平均积雪密度值。

考虑到我国国土幅员辽阔,气候条件差异较大,对不同的地区取用不同的积雪平均密度:东北及新疆北部地区取 150 kg/m³;华北及西北地区取 130 kg/m³,其中青海取 120 kg/m³;淮河、秦岭以南地区一般取 150 kg/m³,其中江西、浙江取 200 kg/m³。

2. 我国雪压的分布特点

(1)新疆北部是我国突出的雪压高值区。该地区由于冬季受到北冰洋南侵冷湿气流影响,雪量丰富,且阿尔泰山、天山等山脉对气流有阻滞作用,更有利于降雪。加之气温较低,积雪可以保持整个冬季不融化,新雪覆盖老雪,形成了特大雪压。在阿尔泰山地区雪压值可达 1.0 kN/m²。

(2)东北地区由于气旋活动频繁,并有山脉对气流起抬升作用,冬季多降雪天气,同时气温低,更有利于积雪。因此,大兴安岭及长白山地区是我国另一个雪压高值区。黑龙江北部和吉林东部地区,雪压值可达 0.7 kN/m² 以上。而吉林西部和辽宁北部地区,地处大兴安岭的东南背风坡,气流有下沉作用,不易降雪,雪压值仅为 0.2 kN/m² 左右。

(3)长江中下游及淮河流域是我国稍南地区的一个雪压高值区。该地区冬季积雪情况很不稳定,有些年份整个冬季无积雪,而有些年份遇到寒潮南下,冷暖气流僵持,即降大雪,积雪很深,常造成雪灾。

1955 年元旦,江淮一带普降大雪,合肥积雪深度达 400 mm,南京积雪深度达 510 mm。1961 年元旦,浙江中部遭遇大雪,东阳积雪深度达 550 mm,金华积雪深度达 450 mm。江西北部以及湖南一些地区也曾出现过 400 mm 以上的积雪深度。因此,这些地区不少地点的雪压为 0.40~0.50 kN/m²。但积雪期较短,短则一两天,长则十来天。

2008 年 1 月,南方雪灾持续将近一个月,影响范围达 20 个省市,安徽大别山地区积雪深度达 250 mm 以上,岳西、霍山部分乡镇最深达 500 mm。

(4)川西、滇北山区的雪压也属于雪压高值区。该地区海拔高、气温低、湿度大、降雪较多而不易融化,但该地区的河谷内,由于落差大、海拔相对较低、气温相对较高,积雪不多。

(5)华北及西北大部地区,冬季温度虽低,但空气干燥,水汽不足,降雪量较少,雪压一般为 0.2~0.3 kN/m²。西北干旱地区,雪压在 0.2 kN/m² 以下。该区内的燕山、太行山、祁连山等山脉,因有地形影响,降雪稍多,雪压可达 0.3 kN/m² 以上。

(6)南岭、武夷山脉以南,冬季气温高,很少降雪,基本无积雪。

3. 基本雪压的确定

根据当地气象台(站)观察并收集的年最大雪压,经统计得出的 50 年一遇的最大雪压(即重现期为 50 年),即为当地的基本雪压。《建筑结构荷载规范》GB 50009—2012 中给出了全国基本雪压分布图及部分城市重现期为 10 年、50 年和 100 年的雪压数据,见附录 B。连续两次超过某一特定荷载值的平均间隔时间,称为该荷载值的重现期(recurrence interval)。

当城市或建设地点的基本雪压在《建筑结构荷载规范》GB 50009—2012 中没有明确数

值时,可通过资料的统计分析按下列方法确定其基本雪压。

(1)当地的年最大雪压资料不少于 10 年时,可通过资料的统计分析确定其基本雪压。

(2)当地的年最大雪压资料不足 10 年时,可通过与有长期资料或有规定基本雪压的附近地区进行比较分析,确定其基本雪压。

(3)当地没有雪压资料时,可通过对气象和地形条件的分析,并参照《建筑结构荷载规范》GB 50009—2012 全国基本雪压分布图上的等压线用插入法确定其基本雪压。

山区的积雪通常比附近平原地区的积雪要大,并且随山区地形、海拔高度的增加而增加。其中,主要原因是由于高海拔地区的气温较低,从而使降雪的机会增多,且积雪融化缓慢。我国对山区雪压的研究较少,因此《建筑结构荷载规范》GB 50009—2012 中规定,山区的基本雪压应通过实际调查确定,无实测资料时,可按附近空旷平坦地面的基本雪压乘以系数 1.2 采用;对于积雪局部变异特别大的地区以及高原地形的山区,应予以专门调查和特殊处理。

此外,对雪荷载敏感的结构(如大跨度、轻质屋盖结构),基本雪压应适当提高,采用重现期为 100 年的年最大雪压并应按相关结构设计规范的规定处理。

## 2.2.2　屋面积雪分布系数

基本雪压是针对平坦的地面上积雪荷载定义的。但对屋面而言,由于受屋面形式、屋面朝向(太阳辐射)、屋面散热、周围环境、地形地势及风力(风速、风向)等多种因素的影响,屋面雪荷载往往与地面雪荷载不同,而且其在屋面上的分布也是不均匀的,从而导致在结构(或构件)上的最不利积雪分布。

### 1. 风对屋面积雪的影响

降雪过程中,将要飘落或者已经飘积在屋面上的雪被风吹积到附近地面或邻近较低处,这种影响称为风对雪的飘积作用。当风速较大或房屋处于暴风位置时,部分已经沉积在屋面上的雪会被风吹走,从而导致平屋面或小坡度(坡度小于 10°)屋面上的雪压一般比邻近地面上的雪压小。如果用平屋面上的雪压值与地面上的雪压值之比 $e$ 来衡量风对雪的飘积作用大小,则 $e$ 值的大小与房屋的暴风情况及风速的大小有关,风速越大,$e$ 越小(小于 1)。加拿大学者的研究表明,对避风较好的房屋取 $e = 0.9$;对周围无挡风障碍物的房屋取 $e = 0.6$;对完全处于暴风的房屋取 $e = 0.3$。

对于高低跨屋面或带天窗屋面,由于风对雪的飘积作用,较高屋面上的雪被风吹落在较低屋面上,在低屋面处形成局部较大的飘积雪荷载,其大小及分布情况与高低屋面间的高差有关。有时这种积雪非常严重,最大可出现 3 倍于地面积雪的情况。由于高低跨屋面交接处存在风涡作用,积雪多按曲线分布堆积(图 2-2)。

对于多跨屋面,屋谷附近区域的积雪比屋脊区大,其原因之一是风作用下的雪飘积,屋脊处的部分积雪被风吹落到屋谷附近,飘积雪在天沟处堆积较厚(图 2-3)。

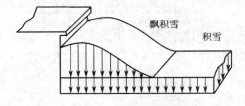

图 2-2　高低跨屋面飘积雪分布

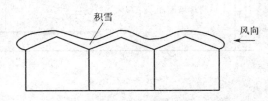

图 2-3　多跨屋面积雪分布

**2. 屋面坡度对积雪的影响**

屋面雪荷载分布与屋面坡度密切相关,一般随坡度的增加而减小,主要原因是风的作用和雪滑移所致。

当风吹过双坡屋面时,迎风面因"爬坡风"效应风速增大,吹走部分积雪。坡度越陡这种效应越明显。而背风面风速降低,迎风面吹来的雪往往在背风一侧屋面上飘积。因而,风作用除了使总的屋面积雪减少外,还会导致屋面雪荷载分布不均匀。

当屋面坡度大到某一角度时,积雪就会在屋面上产生滑移或滑落,坡度越大,滑移的雪越多。屋面表面的光滑程度对雪滑移的影响也较大,对于类似铁皮、石板屋面这样的光滑表面,滑移更易发生,往往是屋面积雪全部滑落。双坡屋面向阳一侧受太阳照射,加之屋内散发的热量,易于使紧贴屋面的积雪融化形成润滑层,导致摩擦力减小,该侧积雪可能滑落,可能出现阳坡无雪而阴坡有雪的不平衡雪荷载情况。

雪滑移若发生在高低跨屋面或带天窗屋面,滑落的雪堆积在与高屋面邻接的低屋面上,这种堆积可能出现很大的局部堆积雪荷载,结构设计时应该考虑。

**3. 屋面散热对积雪的影响**

冬季采暖房屋的积雪一般比非采暖房屋少,这是因为屋面散发的热量使部分积雪融化,同时也使积雪更容易发生滑移。

屋面非连续受热时,受热期间融化的积雪可能在不受热期间重新冻结,并且冻结的冰碴儿可能堵塞屋面排水设施,以致在屋面低凹处结成较厚的冰层,产生附加荷载;同时也降低了屋面积雪的滑移能力。

屋面悬挑檐口部位通常不受室内采暖的影响。因此,积雪融化后可能在檐口处再冻结为冰凌及冰坝,堵塞屋面排水,出现渗漏;同时也会对结构产生不利的荷载效应。

在上述因素的影响下,屋面积雪将出现飘积、滑移、融化及结冰等多种效应,导致屋面积雪情况复杂多变。因而,不同的屋面形式将有不同的积雪分布;即使同一屋面,不同区域的积雪分布情况也不相同。

这些因素的影响用屋面积雪分布系数 $\mu_r$ 来考虑,《建筑结构荷载规范》GB 50009—2012 将屋面积雪分布系数 $\mu_r$ 定义为屋面雪荷载与地面雪荷载之比,以反映不同形式的屋面所造成的不同积雪分布状态,并根据设计经验,参考国际标准《结构设计基础——屋面雪荷载的确定》ISO 4355:1998 及国外相关资料,概括地规定了 10 种典型屋面积雪分布系数,见表 2-1。其中不均匀分布情况主要考虑积雪产生滑移和堆积后的效应。

**表 2-1　典型屋面积雪分布系数 $\mu_r$**

| 项次 | 类别 | 屋面形式 | 屋面积雪分布系数 $\mu_r$ | | | | | | | | |
|---|---|---|---|---|---|---|---|---|---|---|---|
| 1 | 单跨单坡屋面 | | $\alpha$ | $\leqslant 25°$ | $30°$ | $35°$ | $40°$ | $45°$ | $50°$ | $55°$ | $\geqslant 60°$ |
| | | | $\mu_r$ | 1.0 | 0.85 | 0.70 | 0.55 | 0.40 | 0.25 | 0.10 | 0.0 |

续表

| 项次 | 类别 | 屋面形式 | 屋面积雪分布系数 $\mu_r$ |
|---|---|---|---|
| 2 | 单跨双坡屋面 | | ①$\mu_r$ 按第 1 项规定采用<br>②仅当 $20° \leqslant \alpha \leqslant 30°$ 时,可采用不均匀分布情况 |
| 3 | 拱形屋面 | | $\mu_r = \dfrac{l}{8f}$,且 $0.4 \leqslant \mu_r \leqslant 1.0$<br><br>$\mu_{r,m} = 0.2 + 10\dfrac{f}{l}$,且 $\mu_{r,m} \leqslant 2.0$ |
| 4 | 带天窗的屋面 | | 只适用于坡度 $\alpha \leqslant 25°$ 的一般工业厂房屋面 |
| 5 | 带天窗有挡风板的屋面 | | 只适用于坡度 $\alpha \leqslant 25°$ 的一般工业厂房屋面 |
| 6 | 多跨单坡屋面（锯齿形屋面） | | $\mu_r$ 按第 1 项规定采用 |
| 7 | 双跨双坡屋面或拱形屋面 | | ①$\mu_r$ 按第 1 项或第 3 项规定采用<br>②当 $\alpha \leqslant 25°$ 或 $f/l \leqslant 0.1$ 时,只采用均匀分布情况 |

| 项次 | 类别 | 屋面形式 | 屋面积雪分布系数 $\mu_r$ |
|---|---|---|---|
| 8 | 高低屋面 | | $4\ m \leq a = 2h \leq 8\ m$ <br> $\mu_{r,m} = \dfrac{b_1 + b_2}{2h}$，且 $2.0 \leq \mu_{r,m} \leq 4.0$ |
| 9 | 有女儿墙或其他凸起物的屋面 | | $a = 2h$ <br> $\mu_{r,m} = 1.5\dfrac{h}{s_0}$，且 $1.0 \leq \mu_{r,m} \leq 2.0$ |
| 10 | 大跨度屋面（$l > 100\ m$） | | ①$\mu_r$ 按第 1 项或第 3 项规定采用 <br> ②还应同时考虑第 2 项、第 3 项的积雪分布 |

注：多跨屋面的积雪分布系数，可参照第 7 项的规定采用。

## 2.2.3 雪荷载代表值

1. 考虑积雪分布的原则

设计建筑结构及屋面的承重构件时，可按下列规定采用积雪的分布情况：①屋面板和檩条按积雪不均匀分布的最不利情况采用；②屋架或拱、壳应分别按全跨积雪的均匀分布、不均匀分布和半跨积雪的均匀分布，并按最不利情况采用；③框架和柱可按全跨积雪的均匀分布情况采用。

2. 雪荷载标准值

屋面水平投影面上的雪荷载标准值 $s_k$ 应按下式计算：

$$s_k = \mu_r \cdot s_0 \tag{2-2}$$

式中 $\mu_r$——屋面积雪分布系数，按表 2-1 确定；

$s_0$——基本雪压（$kN/m^2$），按附录 B 确定。

3. 雪荷载的组合值、频遇值及准永久值

这三种代表值均由标准值乘以相应系数后得到。其中，组合值系数取 0.7；频遇值系数取 0.6；准永久值系数应按附录 B 中基本雪压准永久值系数分区确定，对Ⅰ区、Ⅱ区和Ⅲ区，分别取 0.5、0.2 和 0。

## 2.2.4 特殊的雪荷载

除风力影响外，屋面雪荷载还可能在一定的气象条件（如降雨、温度、湿度等）下产生对结构安全及正常使用影响较大的综合效应,如雪加雨荷载、积水荷载和结冰荷载等。

1. 雪加雨荷载

寒冷地区的积雪通常要从冬季延续到次年初春,这期间可能遇上降雨,积雪会像海绵一样吸收雨水,给结构施加雪加雨附加荷载。降雨产生的屋面附加荷载短时间内有可能很大,其大小取决于降雨强度、降雨持续时间、当时的气温、积雪厚度以及屋面排水性能等。当气温较低时,雨水就有可能长时间积聚在屋面积雪中。

2. 积水荷载和结冰荷载

对平屋面或坡度很小(小于 $10°$)的自然排水屋面,融化后的雪水可能在一些低洼区域积聚,形成局部的积水荷载,使该区域屋面产生变形。随着雪水不断流向这些低洼区域,该区域屋面变形不断增加,从而形成较深的积水。若屋面结构刚度较小,积水荷载和屋面变形将交替增加,最终可能导致结构或构件破坏。

在寒冷地区,融化的雪水可能再次冻结,堵塞屋面排水,从而形成局部的屋面冰层,尤其在檐口和天沟处可能形成较大的结冰荷载。设计中应保证足够的屋面结构刚度,以减少屋面积水的可能性,同时还应尽可能选择合理的排水形式、排水坡度和屋面排水设施。

《建筑结构荷载规范》GB 50009—2012 中,没有规定这些特殊雪荷载如何考虑,设计人员应根据工程的实际情况考虑这些因素。美国荷载规范 Minimum Design Loads for Buildings and Other Structures( ASCE 7—05)中对这两类特殊雪荷载有如下规定。

(1)在积雪期间可能出现雨水的地区,屋面雪荷载应考虑适当增加雪加雨附加荷载。其中规定,对地面雪荷载小于 $0.96 \ kN/m^2$ 的地区,当屋面坡度小于 $1/15.2$ 时,屋面雪荷载应考虑附加荷载 $0.24 \ kN/m^2$。

(2)对传热系数小于 $5.3 \ W/(m^2 \cdot ℃)$ 的不通风屋面和传热系数小于 $3.5 \ W/(m^2 \cdot ℃)$ 的通风屋面,计算排水天沟时,其雪荷载应加倍。

## 2.2.5　例题

【例 2 - 5】　某仓库屋盖为木屋架结构体系,剖面图如图 2 - 4 所示,屋面坡度 1:2,$\alpha = 26.57°$,木檩条沿屋面方向间距为 1.5 m,计算跨度 3 m,该地区基本雪压 $s_0 = 0.65 \ kN/m^2$。求作用在檩条上由屋面积雪产生的均布线荷载标准值。

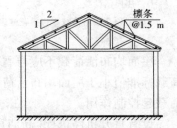

图 2 - 4　某仓库屋盖木屋架

【解】　檩条的积雪荷载应按不均匀分布的最不利情况考虑,屋面类别为单跨双坡屋面,查表 2 - 1 第 2 项,其不均匀分布的最不利屋面积雪分布系数为 $1.25\mu_r$,屋面坡度 $\alpha = 26.57°$,则得

$$\mu_r = 1 - \frac{26.57 - 25}{30 - 25} \times (1 - 0.8) = 0.938$$

计算檩条时,屋面水平投影面上的雪荷载标准值:

$$s_k = 1.25\mu_r s_0 = 1.25 \times 0.938 \times 0.65 = 0.762 \ kN/m^2$$

由屋面积雪产生的檩条均布线荷载标准值:

$$q_{sk} = 1.5 s_k \cos \alpha = 0.762 \times 1.5 \times \cos 26.57° = 1.022 \ kN/m$$

## 2.3　屋面活荷载

### 2.3.1　屋面均布活荷载

屋面均布活荷载是屋面的水平投影面上的荷载。

房屋建筑的屋面可分为上人屋面和不上人屋面。当屋面为平屋面并设有楼梯、电梯直达屋面时,有可能出现人群的聚集,屋面均布活荷载应按上人屋面考虑;当屋面为斜屋面或仅设有上人孔的平屋面时,可仅考虑施工或维修荷载,屋面均布活荷载按不上人屋面考虑。

工业及民用建筑房屋的屋面,其水平投影面上屋面均布活荷载标准值、组合值系数、频遇值系数及准永久值系数按表 2-2 采用。

表 2-2　屋面均布活荷载

| 项次 | 类　别 | 标准值/(kN/m²) | 组合值系数 $\psi_c$ | 频遇值系数 $\psi_f$ | 准永久值系数 $\psi_q$ |
|---|---|---|---|---|---|
| 1 | 不上人的屋面 | 0.5 | 0.7 | 0.5 | 0 |
| 2 | 上人的屋面 | 2.0 | 0.7 | 0.5 | 0.4 |
| 3 | 屋顶花园 | 3.0 | 0.7 | 0.6 | 0.5 |
| 4 | 屋顶运动场 | 3.0 | 0.7 | 0.6 | 0.4 |

注:①当不上人屋面的施工或维修荷载较大时,应按实际情况采用;对不同结构应按有关设计规范的规定,但不得低于 0.3 kN/m²。
　　②当上人屋面兼作其他用途时,应按相应楼面活荷载采用。
　　③对于因屋面排水不畅、堵塞等引起的积水荷载,应采取构造措施加以防止;必要时,应按积水的可能深度确定屋面活荷载。
　　④屋顶花园活荷载不包括花池砌筑、卵石滤水层、花圃土壤等材料自重。

屋面均布活荷载不应与雪荷载同时考虑,应取两者中的较大值。我国大多数地区的雪荷载标准值小于屋面均布活荷载标准值,因此在设计屋面结构和构件时,往往是屋面均布活荷载起控制作用。

设有直升机停机坪(高档宾馆、大型医院、应急救灾指挥中心等建筑)的屋面,直升机总重引起的局部荷载可按直升机的实际最大起飞重量并考虑动力系数确定,同时其等效均布荷载不低于 5.0 kN/m²。当没有机型技术资料时,一般可依据轻、中、重 3 种类型的不同要求,按表 2-3 选用局部荷载标准值及作用面积。

表 2-3　直升机的局部荷载及作用面积

| 类　型 | 最大起飞重量/t | 局部荷载标准值/kN | 作用面积 |
|---|---|---|---|
| 轻　型 | 2.0 | 20 | 0.20 m×0.20 m |
| 中　型 | 4.0 | 40 | 0.25 m×0.25 m |
| 重　型 | 6.0 | 60 | 0.30 m×0.30 m |

注:荷载的组合值系数应取 0.7,频遇值系数应取 0.6,准永久值系数应取 0。

## 2.3.2 屋面积灰荷载

机械、冶金及水泥等行业在生产过程中有大量灰尘、粉尘产生,并易在厂房及其邻近建筑屋面堆积,形成厚度不等的积灰,轻则造成屋面构件压曲扭变、丧失稳定,重则造成屋盖坍塌、人员伤亡。因此,在设计时必须慎重考虑屋面积灰情况,保证屋盖结构有一定的安全度,使生产能正常进行。

根据调查与实测结果,屋面积灰量(积灰厚度)主要与灰源产生的灰量大小及堆积速度有关,同时与除尘设备的使用与维修状况、当地风向和风速大小、烟囱高度、屋面形状与坡度、屋面挡风板布置情况、清灰制度的执行情况等因素有关。

考虑到各类厂房都设有除尘装置,并有一定的清灰制度,在确定积灰荷载时,根据各类厂房积灰速度的差别、日积灰量与积灰湿自重,分为不同的荷载级别。对机械、冶金及水泥等行业厂房,屋面水平投影面上的积灰荷载标准值应按表 2 - 4 采用。

**表 2 - 4 屋面积灰荷载标准值** (kN/m²)

| 项次 | 类 别 | | 屋面无挡风板 | 屋面有挡风板 | |
|---|---|---|---|---|---|
| | | | | 挡风板内 | 挡风板外 |
| 1 | 机械厂铸造车间(冲天炉) | | 0.50 | 0.75 | 0.30 |
| 2 | 炼钢车间(氧气转炉) | | — | 0.75 | 0.30 |
| 3 | 锰、铬铁合金车间 | | 0.75 | 1.00 | 0.30 |
| 4 | 硅、钨铁合金车间 | | 0.30 | 0.50 | 0.30 |
| 5 | 烧结室、一次混合室 | | 0.50 | 1.00 | 0.20 |
| 6 | 烧结厂通廊及其他车间 | | 0.30 | — | — |
| 7 | 水泥厂有灰源车间(窑房、磨房、联合储库、烘干房、破碎房) | | 1.00 | — | — |
| 8 | 水泥厂无灰源车间(空气压缩机站、机修间、材料库、配电站) | | 0.50 | — | — |
| 9 | 高炉临近建筑 | 屋面离高炉距离/m | ≤50 | 100 | 200 |
| | | 高炉容积/m³ < 255 | 0.50 | — | — |
| | | 255 ~ 620 | 0.75 | 0.30 | — |
| | | > 620 | 1.00 | 0.50 | 0.30 |

注:①表中的积灰均布荷载,仅应用于屋面坡度 $\alpha \leq 25°$ 时;当 $\alpha \geq 45°$ 时,可不考虑积灰荷载;当 $25° < \alpha < 45°$ 时,可按插值法取值。
②清灰设施的荷载另行考虑。
③对第 1 项至第 4 项的积灰荷载,仅应用于距烟囱中心 20 m 半径范围内的屋面;当邻近建筑在该范围内时,其积灰荷载对第 1 项、第 3 项、第 4 项应按车间屋面无挡风板采用,对第 2 项应按车间屋面挡风板外采用。
④当临近建筑屋面离高炉距离为表内中间数值时,可按线性插入法确定。

进行厂房结构整体分析以及设计屋架、柱及基础等间接承受积灰荷载的构件时可直接取用表 2 - 4 中的积灰荷载标准值。

但积灰厚度在整个屋面上是不均匀分布的,一般在距离灰源较近且处于不利风向下的屋面天沟、凹角和高低跨处以及挡风板内外,容易形成严重的堆积现象。因此,当设计屋面板、檩条等直接承受积灰荷载的结构构件时,积灰荷载标准值应乘以增大系数:①在高低跨处两倍于屋面高差但不大于6.0 m的分布宽度内(图2-5),取2.0;②在天沟处不大于3.0 m的分布宽度内(图2-6),取1.4。

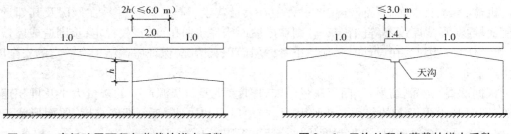

图2-5　高低跨屋面积灰荷载的增大系数　　　　图2-6　天沟处积灰荷载的增大系数

在表2-4中,对第1项至第8项,屋面积灰荷载的组合值系数、频遇值系数、准永久值系数应分别取0.9、0.9、0.8;对第9项,屋面积灰荷载的组合值系数、频遇值系数、准永久值系数均应取1.0。

屋面积灰荷载是一种随生产进行而不断积聚起来的荷载,其危险性大于雪荷载。对有雪地区,积雪可能使积灰含水量接近饱和,从而增大屋面积灰荷载,故积灰荷载应与雪荷载同时考虑。雨季的积灰吸水后自重也会增加,其增大部分可通过不上人屋面的活荷载来补偿。

因此,屋面活荷载的最不利情况是取雪荷载与不上人屋面均布活荷载两者中的较大值与积灰荷载同时考虑。

随着技术的进步和环境保护要求的提高,屋面积灰荷载呈减小趋势。

### 2.3.3　屋面构件施工、检修荷载

屋面构件施工、检修荷载应按下列规定采用。

(1)设计屋面板、檩条、钢筋混凝土挑檐、悬挑雨篷和预制小梁时,施工、检修集中荷载标准值不应小于1.0 kN,并应在最不利位置处进行验算。

(2)对于轻型构件或较宽构件,当施工荷载超过上述荷载时,应按实际情况验算,或采用加垫板、支撑等临时设计承受。

(3)计算挑檐、悬挑雨篷的承载力时,应沿板宽每隔1.0 m取一个集中荷载;在验算挑檐、悬挑雨篷的倾覆时,应沿板宽每隔2.5~3.0 m取一个集中荷载。集中荷载作用于挑檐、雨篷端部,如图2-7所示。

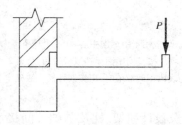

图2-7　挑檐、雨篷集中荷载

施工、检修荷载的组合值系数取0.7,频遇值系数取0.5,准永久值系数取0。

## 2.3.4 例题

【例2-6】 如图2-8所示的现浇钢筋混凝土雨篷,宽度 $B = 2\,580$ mm,挑出长度 $l = 1\,000$ mm,板厚为 $h_b = 120$ mm,雨篷梁尺寸为 $b \times h = 360$ mm $\times 360$ mm。试计算由于施工及检修集中荷载产生的倾覆弯矩标准值。

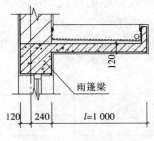

图2-8 雨篷剖面

【解】 1)倾覆荷载

雨篷总宽度为2.58 m。按规定,验算倾覆时,沿板宽每隔2.5~3.0 m考虑一个集中荷载,故本例情况只考虑一个集中荷载,其作用的最不利位置在板端,其值取1.0 kN。

2)倾覆点至墙外边缘的距离 $x$

雨篷板支于雨篷梁上,即埋入墙深度为雨篷梁的宽度,则 $l_1 = b = 360$ mm。计算雨篷倾覆荷载时,倾覆点位置按《砌体结构设计规范》GB 50003—2011第7.4.2条的规定计算。

因 $l_1 > 2.2h_b = 264$ mm,故计算倾覆点离墙外边缘的距离:

$$x = \text{MIN}(0.3h_b, 0.13l_1) = 0.3h_b = 0.3 \times 120 = 36 \text{ mm} = 0.036 \text{ m}$$

3)倾覆弯矩标准值 $M_k$

$$M_k = 1.0 \times (1.0 + 0.036) = 1.036 \text{ kN} \cdot \text{m}$$

# 2.4 楼面活荷载

根据楼面(房间)的使用功能,楼面活荷载分为民用建筑楼面活荷载和工业建筑楼面活荷载。

## 2.4.1 民用建筑楼面活荷载

民用建筑楼面活荷载是指人群、家具、生活设施等产生的重力作用,这些荷载的量值随时间发生变化,位置也是可移动的。为方便起见,工程设计时一般可将楼面活荷载处理为等效均布荷载,均布活荷载的量值与房屋使用功能有关,根据楼面上人员活动状态和设施分布情况,其取值大致可分为下列7个档次。

(1)活动的人较少,如住宅、旅馆、医院病房、办公室等,活荷载的标准值可取2.0 kN/m²。

(2)活动的人较多且有设备,如教室、食堂、餐厅在某一时段有较多人员聚集,办公楼内的档案室、资料室可能堆积较多文件资料,活荷载标准值可取2.5 kN/m²。

(3)活动的人很多且有较重的设备,如礼堂、剧场、影院的人员可能十分拥挤,公共洗衣房常常搁置较多洗衣设备,活荷载标准值可取3.0 kN/m²。

(4)活动的人很集中,有时很拥挤或有较重的设备,如商店、展览厅既有拥挤的人群,又有较重的物品,活荷载标准值可取3.5 kN/m²。

(5)人员活动的性质比较剧烈,如健身房、舞厅由于人的跳跃、翻滚会引起楼面瞬间振动,通常把楼面静力荷载适当放大来考虑这种动力效应,活荷载标准值可取4.0 kN/m²。

(6)储存物品的仓库,如藏书库、档案库、储藏室等,柜架上往往堆满图书、档案和物品,活荷载标准值可取 5.0 kN/m²。

（7）有大型的机械设备，如建筑物内的通风机房、电梯机房，因运行需要设有重型设备，活荷载标准值可取 6.0 ~ 7.5 kN/m²。

由于各个国家的生活、工作设施存在差异，且设计的安全度水准也不尽相同。因此，即使同一功能的建筑物，各国楼面均布活荷载取值也存在差异，参见表 2 – 5。

表 2 – 5　部分国家楼面均布活荷载取值对比　　　　　　　　　　　（kN/m²）

| 国　别 | 房间用途 | | | | | |
| --- | --- | --- | --- | --- | --- | --- |
| | 住宅 | 办公楼 | 旅馆 | 医院 | 教室 | 商场 |
| 美　国 | 1.92 | 2.40 | 1.92 | 1.92 | 1.92 | ≥3.60 |
| 日　本 | 1.80 | 3.00 | 1.80 | 1.80 | 2.30 | 3.00 |
| 苏　联 | 1.50 | 2.00 | 1.50 | 1.50 | 2.00 | ≥4.00 |
| 英　国 | 2.00 | 2.50 | 2.00 | 2.00 | 2.50 | 4.00 |

1.《建筑结构荷载规范》GB 50009—2012 规定的民用建筑楼面均布活荷载

《建筑结构荷载规范》GB 50009—2012 在调查统计的基础上给出了民用建筑楼面均布活荷载标准值及其组合值、频遇值和准永久值系数（表 2 – 6）。

一般使用条件下，楼面活荷载取值应不低于表 2 – 6 中的规定值；当使用荷载较大、情况特殊或有专门要求时，应按实际情况采用。

表 2 – 6 中所列的各项均布活荷载不包括隔墙自重和二次装修荷载。对隔墙位置固定时，其自重应按恒荷载考虑；当隔墙位置可灵活自由布置时，其自重应取不小于 1/3 的每延米长墙重（kN/m）作为楼面活荷载的附加值（kN/m²）计入，且附加值不小于 1.0 kN/m²。

表 2 – 6　民用建筑楼面均布活荷载标准值及其组合值、频遇值和准永久值系数

| 项次 | 类　别 | | 标准值/<br>(kN/m²) | 组合值<br>系数 $\psi_c$ | 频遇值<br>系数 $\psi_f$ | 准永久值<br>系数 $\psi_q$ |
| --- | --- | --- | --- | --- | --- | --- |
| 1 | （1）住宅、宿舍、旅馆、办公楼、医院病房、托儿所、幼儿园 | | 2.0 | 0.7 | 0.5 | 0.4 |
| | （2）实验室、阅览室、会议室、医院门诊室 | | 2.0 | 0.7 | 0.6 | 0.5 |
| 2 | 教室、食堂、餐厅、一般资料档案室 | | 2.5 | 0.7 | 0.6 | 0.5 |
| 3 | （1）礼堂、剧场、影院、有固定座位的看台 | | 3.0 | 0.7 | 0.5 | 0.3 |
| | （2）公共洗衣房 | | 3.0 | 0.7 | 0.5 | 0.3 |
| 4 | （1）商店、展览厅、车站、港口、机场大厅及其旅客等候室 | | 3.5 | 0.7 | 0.6 | 0.5 |
| | （2）无固定座位的看台 | | 3.5 | 0.7 | 0.6 | 0.5 |
| 5 | （1）健身房、演出舞台 | | 4.0 | 0.7 | 0.6 | 0.5 |
| | （2）运动场、舞厅 | | 4.0 | 0.7 | 0.6 | 0.5 |
| 6 | （1）藏书库、档案库、储藏室 | | 5.0 | 0.9 | 0.9 | 0.8 |
| | （2）密集柜书库 | | 12.0 | 0.9 | 0.9 | 0.8 |
| 7 | 通风机房、电梯机房 | | 7.0 | 0.9 | 0.9 | 0.8 |

续表

| 项次 | 类别 | | | 标准值/ (kN/m²) | 组合值 系数 $\psi_c$ | 频遇值 系数 $\psi_f$ | 准永久值 系数 $\psi_q$ |
|---|---|---|---|---|---|---|---|
| 8 | 汽车通道 及客车停 车库 | (1) 单向板楼盖(板跨不小于 2 m)和双向 板楼盖(板跨尺寸不小于 3 m×3 m) | 客车 | 4.0 | 0.7 | 0.7 | 0.6 |
| | | | 消防车 | 35.0 | 0.7 | 0.5 | 0 |
| | | (2) 双向板楼盖(板跨尺寸不小于 6 m×6 m)和无梁楼盖(柱网尺寸不小于 6 m×6 m) | 客车 | 2.5 | 0.7 | 0.7 | 0.6 |
| | | | 消防车 | 20.0 | 0.7 | 0.5 | 0 |
| 9 | 厨房 | (1) 餐厅 | | 4.0 | 0.7 | 0.7 | 0.7 |
| | | (2) 其他 | | 4.0 | 0.7 | 0.6 | 0.5 |
| 10 | 浴室、卫生间、盥洗室 | | | 2.5 | 0.7 | 0.6 | 0.5 |
| 11 | 走廊及 门厅 | (1) 宿舍、旅馆、医院病房、托儿所、幼儿园、住宅 | | 2.0 | 0.7 | 0.5 | 0.4 |
| | | (2) 办公楼、餐厅、医院门诊部 | | 2.5 | 0.7 | 0.5 | 0.4 |
| | | (3) 教学楼及其他可能出现人员密集的情况 | | 3.5 | 0.7 | 0.5 | 0.3 |
| 12 | 楼梯 | (1) 多层住宅 | | 2.0 | 0.7 | 0.5 | 0.4 |
| | | (2) 其他 | | 3.5 | 0.7 | 0.5 | 0.3 |
| 13 | 阳台 | (1) 可能出现人员密集的情况 | | 3.5 | 0.7 | 0.6 | 0.5 |
| | | (2) 其他 | | 2.5 | | | |

注:①第 6 项藏书库活荷载当书架高度大于 2 m 时,藏书库活荷载应按每米书架高度不小于 2.5 kN/m² 确定。

②第 8 项中的客车活荷载只适用于停放载人少于 9 人的客车;消防车活荷载适用于满载总重量为 300 kN 的大型车辆;当不符合本表的要求时,应将车轮的局部荷载按结构效应的等效原则,换算为等效均布荷载。

③第 8 项消防车活荷载,当双向板楼盖板跨介于 3 m×3 m 和 6 m×6 m 之间时,应按跨度线性插值确定。

④第 12 项楼梯活荷载,对预制楼梯踏步平板,尚应按 1.5 kN 集中荷载验算。

**2. 民用建筑楼面活荷载标准值折减**

作用在楼面上的活荷载不可能同时以标准值的大小满布在所有的楼面上,因此在设计梁、墙、柱和基础时,还要考虑实际荷载沿楼面分布的变异情况,即在确定梁、墙、柱和基础的荷载标准值时,应将楼面荷载标准值乘以折减系数。折减系数的确定是一个比较复杂的问题,按照概率统计方法来考虑实际荷载沿楼面分布的变异情况尚不成熟,目前大多数国家均采用半经验的传统方法,根据荷载从属面积(tributary area)的大小来考虑折减系数。

从属面积是指在计算梁、柱、墙和基础等构件时,所计算构件负担的楼面荷载面积,理论上应按楼板在楼面荷载作用下的剪力零线划分,在实际应用中一般简化为相邻构件间距的 1/2 范围内的楼面面积,如图 2-9 所示。

1)国际标准 ISO 2103:1986 的规定

在国际标准 ISO 2103:1986 中,建议按房屋功能的不同情况对楼面均布活荷载乘以折减系数 $\lambda$。

Ⅰ. 计算梁的楼面活荷载效应

对住宅、办公楼

$$\lambda = 0.3 + 3/\sqrt{A} \quad (A > 18 \text{ m}^2) \qquad (2-3a)$$

对公共建筑

$$\lambda = 0.5 + 3/\sqrt{A} \quad (A > 36 \text{ m}^2) \qquad (2-3b)$$

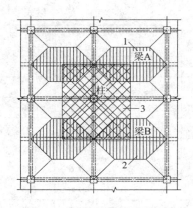

**图 2 - 9　构件的从属面积示意**
1,2—梁的从属面积；
3—柱的从属面积

式中　$A$——所计算梁的从属面积，即向梁两侧各延伸 $1/2$ 梁间距范围内的实际楼面面积（参见图 2 - 9）。

Ⅱ. 计算多层房屋的柱、墙或基础的楼面活荷载效应

对住宅、办公楼

$$\lambda = 0.3 + 0.6/\sqrt{n} \qquad (2-4a)$$

对公共建筑

$$\lambda = 0.5 + 0.6/\sqrt{n} \qquad (2-4b)$$

式中　$n$——所计算截面以上楼层数，$n \geq 2$。

2)《建筑结构荷载规范》GB 50009—2012 的规定

《建筑结构荷载规范》GB 50009—2012 在借鉴国际标准的同时，结合我国设计经验作了合理的简化与修正，给出了设计楼面梁、墙、柱及基础时，不同情况下楼面活荷载的折减系数，设计时可根据不同情况直接取用。

Ⅰ. 设计楼面梁时的折减系数

(1) 表 2 - 6 中第 1(1) 项，当楼面从属面积超过 25 $m^2$ 时，应取 0.9。

(2) 表 2 - 6 中第 1(2) ~ 7 项，当楼面梁从属面积超过 50 $m^2$ 时应取 0.9。

(3) 表 2 - 6 中第 8 项，对单向板楼盖的次梁和槽形板的纵肋取 0.8，对单向板楼盖的主梁应取 0.6；对双向板楼盖的梁应取 0.8。

(4) 表 2 - 6 中第 9 ~ 13 项，应采用与所属房屋类别相同的折减系数。

Ⅱ. 设计墙、柱和基础时的折减系数

(1) 表 2 - 6 中第 1(1) 项，应按表 2 - 7 采用。

(2) 表 2 - 6 中第 1(2) ~ 7 项，应采用与其楼面梁相同的折减系数。

(3) 表 2 - 6 中第 8 项，对单向板楼盖取 0.5，对双向板楼盖和无梁楼盖应取 0.8。

(4) 表 2 - 6 中第 9 ~ 13 项，应采用与所属房屋类别相同的折减系数。

**表 2 - 7　活荷载按楼层的折减系数**

| 墙、柱、基础计算截面以上层数 | 1 | 2 ~ 3 | 4 ~ 5 | 6 ~ 8 | 9 ~ 20 | > 20 |
|---|---|---|---|---|---|---|
| 计算截面以上各楼层活荷载总和的折减系数 | 1.00(0.90) | 0.85 | 0.70 | 0.65 | 0.60 | 0.55 |

注：当楼面梁的从属面积超过 25 $m^2$ 时，应采用括号内的系数。

例如，一幢 22 层高的高层建筑，地下室两层，计算基础及首层墙、柱时，其计算截面以上的楼层数大于 20 层，故各楼层活荷载的折减系数取 0.55；计算第 14 层墙、柱时，其计算截面以上的楼层数为 8 层，故 15 层以上各楼层活荷载的折减系数取 0.65。

3. 消防车活荷载标准值折减

设计墙、柱时，消防车活荷载可按实际情况考虑，设计基础时可不考虑消防车荷载。

设计地下室顶板楼盖结构时，可考虑地下室顶板上的覆土与建筑做法对楼面消防车活荷载的影响。由于轮压在土中的扩散作用，随着覆土厚度的增加，消防车活荷载逐渐减小。可根据折算覆土厚度 $s'$ 对楼面消防车活荷载标准值进行折减，折减系数可按表 2 - 8 确定。

折算覆土厚度 $s'$ 可按下式计算：

$$s' = 1.43s\tan\theta \qquad\qquad (2-5)$$

式中　$s$——覆土厚度（m）；

　　　$\theta$——覆土应力扩散角，不大于 35°。

表 2-8　消防车活荷载折减系数

| 折算覆土厚度 $s'/m$ | 单向板楼盖楼板跨度/m | | | 双向板楼盖楼板跨度/m | | | |
|---|---|---|---|---|---|---|---|
| | 2 | 3 | 4 | 3×3 | 4×4 | 5×5 | 6×6 |
| 0 | 1.00 | 1.00 | 1.00 | 1.00 | 1.00 | 1.00 | 1.00 |
| 0.5 | 0.94 | 0.94 | 0.94 | 0.95 | 0.96 | 0.99 | 1.00 |
| 1.0 | 0.88 | 0.88 | 0.88 | 0.88 | 0.93 | 0.98 | 1.00 |
| 1.5 | 0.80 | 0.80 | 0.81 | 0.79 | 0.83 | 0.93 | 1.00 |
| 2.0 | 0.70 | 0.70 | 0.71 | 0.67 | 0.72 | 0.81 | 0.92 |
| 2.5 | 0.56 | 0.60 | 0.62 | 0.57 | 0.62 | 0.70 | 0.81 |
| 3.0 | 0.46 | 0.51 | 0.54 | 0.48 | 0.54 | 0.61 | 0.71 |

4. 地下室顶板的施工活荷载

对带地下室的结构，地下室顶板在施工和使用维修时，往往需要运输、堆放大量建筑材料与施工机具，容易引起楼盖施工超载。因此，在进行地下室顶板楼面结构设计时，应取不小于 4.0 kN/m² 的施工活荷载，但可以根据情况扣除尚未施工的建筑地面构造层自重、顶棚与隔墙的自重，并在设计文件中给出相应的详细规定。必要时，应采取设置临时支撑等措施。

## 2.4.2　工业建筑楼面活荷载

工业建筑楼面在生产使用或安装检修时，由设备、管道、运输工具及可能拆移的隔墙产生的局部荷载，均应按实际情况考虑，也可采用等效均布活荷载来代替。工业建筑楼面活荷载的组合值系数、频遇值系数和准永久值系数，除明确给定者外，应按实际情况采用，但在任何情况下，组合值和频遇值系数都不应小于 0.7，准永久值系数不应小于 0.6。

1. 工业建筑的楼面等效均布活荷载

《建筑结构荷载规范》GB 50009—2012 附录 D 中列出了金工车间、仪器仪表生产车间、半导体器件车间、棉纺织造车间、轮胎厂准备车间和粮食加工车间等工业建筑楼面活荷载的标准值，供设计人员设计时参照采用。

2. 操作荷载

工业建筑楼面（包括工作台）上无设备区域的操作荷载，包括操作人员、一般工具、零星原料和成品的自重，可按均布活荷载考虑，其标准值一般采用 2.0 kN/m²，但堆积料较多的车间可取 2.5 kN/m²。此外有的车间由于生产的不均衡性，在某个时期成品或半成品堆放特别严重，则操作荷载的标准值可根据实际情况确定，操作荷载在设备所占的楼面面积内不予考虑。生产车间的楼梯活荷载标准值可按实际情况采用，但不宜小于 3.5 kN/m²。

这些车间楼面上荷载的分布形式不同，生产设备的动力性质也不尽相同，安装在楼面上的生产设备是以局部荷载形式作用于楼面,而操作人员、加工原料、成品部件多为均匀分布;另外,不同用途的厂房,工艺设备动力性能各异,对楼面产生的动力效应也存在差别。为方便起见,常将局部荷载折算成等效均布荷载,并乘以动力系数,将静力荷载适当放大,来考虑机器设备引起的动力作用。

### 3. 等效均布活荷载的确定方法

工业建筑在生产、使用过程中和安装检修设备时,由设备、管道、运输工具及可能拆移的隔墙在楼面上产生的局部荷载可采用以下方法确定其楼面等效均布活荷载。

(1)楼面(板、次梁及主梁)的等效均布活荷载应在其设计控制部位上,根据需要按照内力(弯矩、剪力等)、变形及裂缝的等值要求来确定等效均布活荷载。在一般情况下,可仅按控制截面内力的等值原则确定。

(2)由于实际工程中生产、检修、安装工艺以及结构布置的不同,楼面活荷载差别可能较大,此情况下应划分区域,分别确定各区域的等效均布活荷载。

(3)连续梁、板的等效均布荷载,可简化为单跨简支梁、板,按弹性阶段分析内力确定。但在计算梁、板的实际内力时仍按连续结构进行分析,且可考虑塑性内力重分布。

(4)板面等效均布荷载按板内分布弯矩等效的原则确定,即简支板在实际的局部荷载作用下引起的绝对最大弯矩,应等于该简支板在等效均布荷载作用下引起的绝对最大弯矩。单向板上局部荷载的等效均布活荷载 $q_e$ 可按下式计算:

$$q_e = \frac{8M_{max}}{bl^2} \tag{2-6}$$

式中    $l$——板的跨度;

       $b$——板上局部荷载的有效分布宽度;

       $M_{max}$——简支单向板的绝对最大弯矩,即沿板宽方向按设备的最不利布置确定的总弯矩,计算时设备荷载应乘以动力系数,并扣去设备在该板跨度内所占面积上由操作荷载引起的弯矩,动力系数应根据实际情况考虑。

(5)计算板面等效均布荷载时,还必须明确搁置于楼面上的工艺设备局部荷载的实际作用面尺寸,作用面一般按矩形考虑,并假定荷载按45°扩散线传递,这样可以方便地确定荷载扩散到板中性层处的计算宽度,从而确定单向板上局部荷载的有效分布宽度。单向板上局部荷载的有效分布宽度 $b$(图2-10),可按下列规定计算。

① 当局部荷载作用面的长边平行于板跨时,简支板上荷载的有效分布宽度 $b$ 按以下两种情况取值(图2-10(a))。

当 $b_{cx} \geq b_{cy}$,$b_{cy} \leq 0.6l$,$b_{cx} \leq l$ 时:

$$b = b_{cy} + 0.70l \tag{2-7a}$$

当 $b_{cx} \geq b_{cy}$,$0.6l < b_{cy} \leq l$,$b_{cx} \leq l$ 时:

$$b = 0.60b_{cy} + 0.94l \tag{2-7b}$$

② 当局部荷载作用面的短边平行于板跨时,简支板上荷载的有效分布宽度 $b$ 按以下两种情况取值(图2-10(b))。

当 $b_{cx} < b_{cy}$,$b_{cy} \leq 2.2l$,$b_{cx} \leq l$ 时:

$$b = \frac{2}{3}b_{cy} + 0.73l \tag{2-7c}$$

当 $b_{cx} < b_{cy}$,$b_{cy} > 2.2l$,$b_{cx} \leq l$ 时:

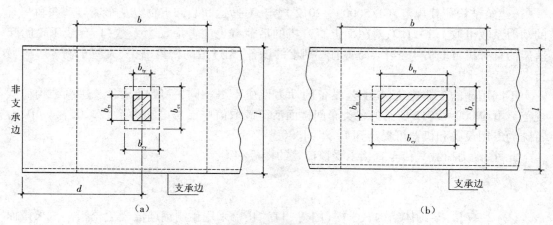

**图 2 - 10　简支板上局部荷载的有效分布宽度 $b$**

（a）局部荷载作用面的长边平行于板跨　（b）局部荷载作用面的短边平行于板跨

$$b = b_{cy} \qquad\qquad (2-7\text{d})$$

式中　$l$——板的跨度；

　　　$b_{cx}$——局部荷载作用面平行于板跨的计算宽度，$b_{cx} = b_{tx} + 2s + h$；

　　　$b_{cy}$——局部荷载作用面垂直于板跨的计算宽度，$b_{cy} = b_{ty} + 2s + h$；

　　　$b_{tx}$——局部荷载作用面平行于板跨的宽度；

　　　$b_{ty}$——局部荷载作用面垂直于板跨的宽度；

　　　$s$——垫层厚度；

　　　$h$——板的厚度。

③当局部荷载作用在板的非支承边附近，即 $d < b/2$ 时（图 2 - 10（a）），荷载的有效分布宽度应予折减，可按下式计算：

$$b' = b/2 + d \qquad\qquad (2-8)$$

式中　$b'$——折减后的有效分布宽度；

　　　$d$——荷载作用面中心至非支承边的距离。

对于不同用途的工业厂房，板、次梁和主梁的等效均布荷载的比值没有共同的规律，难以给出统一的折减系数。因此，《建筑结构荷载规范》GB 50009—2012 对板、次梁和主梁分别列出了等效均布荷载的标准值，对于多层厂房的柱、墙和基础不考虑按楼层数的折减。

## 2.4.3　楼面活荷载的动力系数

楼面在荷载作用下的动力响应来源于荷载的活动状态，大致可分为两大类：一类是在正常活动下发生的楼面稳态振动，例如机械设备的运行，车辆的行驶，竞技运动场上观众的持续欢腾、跳舞和走步等；另一类是偶尔发生的楼面瞬态振动，例如重物坠落、人自高处跳下等。前一种作用在结构上可以是周期性的，也可以是非周期性的；后一种作用是冲击荷载，引起的振动都将因结构阻尼而消失。

楼面设计时，对一般结构的荷载效应，可不经过结构的动力分析，而直接对楼面上的静力荷载乘以动力系数后，作为楼面活荷载，按静力分析确定结构的荷载效应。在很多情况下，由于荷载效应中的动力部分占比重不大，在设计中往往可以忽略，或直接包含在标准值的取值中。对冲击荷载，由于影响比较明显，在设计中应予以考虑。

《建筑结构荷载规范》GB 50009—2012 规定,对搬运和装卸重物以及车辆启动和刹车时的动力系数可取 1.1 ~ 1.3;对屋面上直升机的活荷载也应考虑动力系数,具有液压轮胎起落架的直升机可取 1.4。当楼面置有特别重的设备、无过道的密集书柜、大型车辆等时应另行考虑。

不同用途的工业建筑,其工艺设备的动力性质不尽相同,一般情况下,《建筑结构荷载规范》GB 50009—2012 所给的各类车间楼面活荷载取值中已考虑动力系数 1.05 ~ 1.10,对特殊的专用设备和机器可提高到 1.20 ~ 1.30。

此外,动力荷载只传至直接承受该荷载的楼板和梁。

### 2.4.4 例题

【例 2 – 7】 某砌体结构教学楼(图 2 – 11),楼盖采用预制钢筋混凝土楼板。试求楼面均布活荷载在梁上产生的均布线荷载标准值。

【解】 根据表 2 – 6 中的第 2 项,查得教学楼的楼面均布活荷载标准值为 2.5 kN/m²。
楼面梁的从属面积为

$$A = 3.9 \times 8.4 = 32.76 \ \text{m}^2 > 25 \ \text{m}^2$$

楼面均布活荷载标准值的折减系数可取 0.9。因此,楼面均布活荷载在梁上产生的均布线荷载标准值为

$$q_k = 2.5 \times 0.9 \times 3.9 = 8.78 \ \text{kN/m}$$

【例 2 – 8】 某五层商场,采用现浇钢筋混凝土无梁楼盖板柱体系。柱网尺寸为 9 m × 9 m,如图 2 – 12 所示。各层楼面隔墙均采用 C 型轻钢龙骨双面石膏板(双层 12 mm 纸面石膏板)墙,隔墙净高为 4.6 m,并可灵活布置。试求中柱(柱 A)在基础顶部截面处由楼面活荷载产生的轴力标准值。

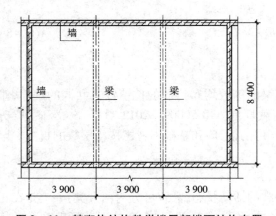

图 2 – 11 某砌体结构教学楼局部楼面结构布置

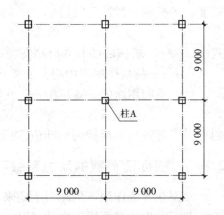

图 2 – 12 某五层商场局部楼面结构布置

【解】 1)隔墙产生的附加楼面活荷载标准值 $q_{ak}$

由于隔墙位置可灵活布置,其自重作为楼面活荷载的附加值应计入。查附录 A 第 11 项,得隔墙自重为 0.27 kN/m²,隔墙净高 4.6 m。因此,可取每延米长墙重的 1/3 作为隔墙产生的附加楼面活荷载标准值。

$$q_{ak} = 4.6 \times 0.27/3 = 0.414 \ \text{kN/m}^2$$

但其值小于 1.0 kN/m²,故取 $q_{ak} = 1.0 \ \text{kN/m}^2$。

2）楼面均布活荷载标准值

查表 2 - 6 中的第 4（1）项，商场楼面均布活荷载标准值 3.5 kN/m²。因此，每层楼面活荷载标准值为

$$p = 3.5 + 1.0 = 4.5 \text{ kN/m}^2$$

3）楼面活荷载产生的轴向力标准值

对商场，设计基础时，楼面活荷载标准值的折减系数应采用与其楼面梁相同的折减系数。楼面梁（板带）的从属面积为

$$A = 4.5 \times 9.0 = 40.5 \text{ m}^2 < 50 \text{ m}^2$$

楼面均布活荷载标准值的折减系数取 1.0。故中柱在基础顶部截面处由楼面活荷载产生的轴力标准值（忽略楼板不平衡弯矩产生的轴向力影响）为

$$N_{\text{Qk}} = 9.0 \times 9.0 \times 4.5 \times 5 \times 1.0 = 1\,822.5 \text{ kN}$$

【例 2 - 9】　某工业建筑的楼面板，在使用过程中最不利情况的设备位置如图 2 - 13（a）所示，设备重 10 kN，设备平面尺寸为 0.5 m × 1.0 m，设备下有混凝土垫层厚 0.1 m，使用过程中设备产生的动力系数为 1.1，楼面板为现浇钢筋混凝土单向连续板，其厚度为 0.1 m，无设备区域的操作荷载为 2.5 kN/m²，求此情况下等效楼面均布活荷载标准值。

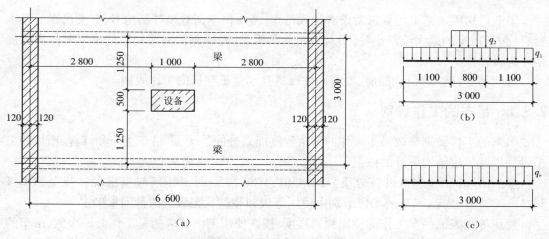

**图 2 - 13　楼面设备位置图、计算简图及等效楼面均布活荷载**
（a）楼面设备位置图　（b）计算简图　（c）等效楼面均布活荷载

【解】　1）求局部荷载的有效分布宽度

板的计算跨度 $l_0 = l_c = 3.0$ m。

设备荷载作用面平行于板跨的计算宽度 $b_{\text{cx}}$ 和垂直于板跨的计算宽度 $b_{\text{cy}}$ 分别为

$$b_{\text{cx}} = b_{\text{tx}} + 2s + h = 0.5 + 2 \times 0.1 + 0.1 = 0.8 \text{ m}$$
$$b_{\text{cy}} = b_{\text{ty}} + 2s + h = 1.0 + 2 \times 0.1 + 0.1 = 1.3 \text{ m}$$

符合式（2 - 7c）的计算条件，即 $b_{\text{cx}} < b_{\text{cy}}$：

$$b_{\text{cy}} < 2.2 l_0 = 2.2 \times 3.0 = 6.6 \text{ m}$$
$$b_{\text{cx}} < l_0 = 3.0 \text{ m}$$

故设备荷载在板上的有效分布宽度为

$$b = \frac{2}{3} b_{\text{cy}} + 0.73 l_0 = \frac{2}{3} \times 1.3 + 0.73 \times 3.0 = 3.06 \text{ m}$$

2）等效楼面均布活荷载标准值

按简支单跨板计算，板的计算简图如图2-13（b）所示，作用在板上的荷载如下。

（1）无设备区域的操作荷载在板的有效分布宽度内产生的沿板跨均布线荷载为

$$q_1 = 2.5 \times 3.06 = 7.65 \text{ kN/m}$$

（2）设备荷载乘以动力系数，并扣除设备在板跨内所占面积上的操作荷载后，产生的沿板跨均布线荷载为

$$q_2 = (10 \times 1.1 - 2.5 \times 0.5 \times 1.0)/0.8 = 12.19 \text{ kN/m}$$

板的绝对最大弯矩为

$$M_{max} = \frac{1}{8} \times 7.65 \times 3.0^2 + \frac{1}{8} \times 12.19 \times 0.8 \times 3.0 \times \left(2 - \frac{0.8}{3}\right) = 14.95 \text{ kN} \cdot \text{m}$$

等效楼面均布活荷载标准值（图2-12（c））为

$$q_e = \frac{8M_{max}}{bl^2} = \frac{8 \times 14.95}{3.06 \times 3.0^2} = 4.34 \text{ kN/m}^2$$

# 2.5　吊车荷载

工业厂房因工艺上的要求常设有桥式吊车，考虑吊车荷载设计结构时，有关吊车的技术资料（包括吊车的最大或最小轮压）都应由工艺提供，并应直接参照制造厂家当时的产品规格作为设计依据。

选购吊车（起重机）产品时，要特别注意选择起重机整机的工作级别。

## 2.5.1　吊车的工作级别

吊车的工作级别是按吊车工作的繁重程度而划分的等级，是吊车生产和订货、项目的工艺设计以及厂房结构设计的依据。

参照国际标准《起重设备分级》ISO 4301:1980 的原则，我国《起重机设计规范》GB/T 3811—2008 中规定，吊车的工作级别由使用等级和载荷状态级别两种因素确定。

使用等级表征吊车工作的使用频繁程度，按在使用期内要求的总工作循环次数，吊车的使用等级分为10级，见表2-9。吊车的一个工作循环是指从起吊一个物品起，到能开始起吊下一个物品时止，包括运行及正常的停歇在内的一个完整的过程。

表2-9　吊车的使用等级

| 使用等级 | $U_0$ | $U_1$ | $U_2$ | $U_3$ | $U_4$ |
|---|---|---|---|---|---|
| 工作循环数 $C_T$（$\times 10^5$） | $C_T \leq 0.16$ | $0.16 < C_T \leq 0.32$ | $0.32 < C_T \leq 0.63$ | $0.63 < C_T \leq 1.25$ | $1.25 < C_T \leq 2.50$ |
| 使用频繁程度 | 很少使用 | | | | 不频繁使用 |
| 使用等级 | $U_5$ | $U_6$ | $U_7$ | $U_8$ | $U_9$ |
| 工作循环数 $C_T$（$\times 10^5$） | $2.50 < C_T \leq 5.00$ | $5.00 < C_T \leq 10.0$ | $10.0 < C_T \leq 20.0$ | $20.0 < C_T \leq 40.0$ | $40.0 < C_T$ |
| 使用频繁程度 | 中等频繁使用 | 较频繁使用 | 频繁使用 | 特别频繁使用 | |

载荷状态级别表征吊车起吊载荷的轻重程度（即吊车荷载达到其额定值的频繁程度），分为四级，根据载荷谱系数按表2-10确定。

表 2 – 10　吊车的载荷级别状态与载荷谱系数

| 载荷级别状态 | 载荷谱系数 $K_P$ | 说　　明 |
|---|---|---|
| $Q_1$ | $K_P \leqslant 0.125$ | 很少吊运额定载荷,经常吊运较轻载荷 |
| $Q_2$ | $0.125 < K_P \leqslant 0.250$ | 较少吊运额定载荷,经常吊运中等载荷 |
| $Q_3$ | $0.250 < K_P \leqslant 0.500$ | 有时吊运额定载荷,较多吊运较重载荷 |
| $Q_4$ | $0.500 < K_P \leqslant 1.000$ | 经常吊运额定载荷 |

根据《起重机设计规范》GB/T 3811—2008 第 3.2.2 条的规定,吊车的载荷谱系数 $K_P$ 可按下式计算:

$$K_P = \sum_{i=1}^{n} \left[ \frac{C_i}{C_T} \left( \frac{P_{Q_i}}{P_{Q_{max}}} \right)^m \right] \tag{2 – 9}$$

式中　$P_{Q_i}$——能表征吊车在预期寿命(总工作循环数 $C_T$)内工作任务的各个有代表性的起升载荷,$i = 1, 2, \cdots, n$;

　　　$C_i$——与起升载荷 $P_{Q_i}$ 相应的工作循环数,$i = 1, 2, \cdots, n$;

　　　$P_{Q_{max}}$——吊车的额定起升载荷;

　　　$C_T$——吊车的总工作循环数,$C_T = \sum_{i=1}^{n} C_i$;

　　　$m$——幂指数,为便于等级划分,约定取 $m = 3$。

根据吊车的使用等级和载荷级别状态,将吊车的工作级别划分为 A1 ~ A8 共 8 个级别,见表 2 – 11。工程应用中一般由工艺专业根据吊车的使用情况提出吊车的工作级别。

习惯上,A1 ~ A3 级称为轻级工作制,A4 和 A5 级称为中级工作制,A6 和 A7 级称为重级工作制,A8 级称为特重级工作制。

表 2 – 11　吊车的工作级别

| 载荷级别状态 | 载荷谱系数 $K_P$ | 吊车的使用等级 | | | | | | | | | |
|---|---|---|---|---|---|---|---|---|---|---|---|
| | | $U_0$ | $U_1$ | $U_2$ | $U_3$ | $U_4$ | $U_5$ | $U_6$ | $U_7$ | $U_8$ | $U_9$ |
| $Q_1$ | $K_P \leqslant 0.125$ | A1 | A1 | A1 | A2 | A3 | A4 | A5 | A6 | A7 | A8 |
| $Q_2$ | $0.125 < K_P \leqslant 0.250$ | A1 | A1 | A2 | A3 | A4 | A5 | A6 | A7 | A8 | A8 |
| $Q_3$ | $0.250 < K_P \leqslant 0.500$ | A1 | A2 | A3 | A4 | A5 | A6 | A7 | A8 | A8 | A8 |
| $Q_4$ | $0.500 < K_P \leqslant 1.000$ | A2 | A3 | A4 | A5 | A6 | A7 | A8 | A8 | A8 | A8 |

## 2.5.2　吊车荷载的作用形式和特点

吊车荷载是厂房结构设计中的主要荷载,可分为竖向荷载和水平荷载两种形式。吊车荷载由吊车两端行驶的车轮以集中力形式作用于两边的吊车梁上,如图 2 – 14 所示。吊车荷载具有以下特点。

1. 吊车荷载是可移动的荷载

吊车荷载中除了吊车自重外,还包括两组移动的集中荷载:一组是移动的竖向荷载 $P$ (吊物重量);另一组是移动的横向水平荷载 $Z$(行驶过程中由于启动或刹车产生的水平惯性力)。这两组荷载作用于吊车梁上并通过吊车梁传至主体结构。

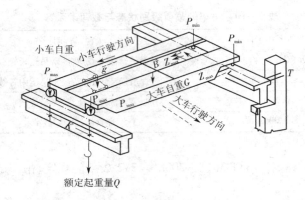

图 2 - 14　吊车荷载示意

2. 吊车荷载是重复荷载

由表 2 - 9 可以看出,在 50 年的使用期内,对于利用等级较高的吊车,其总工作循环次数可达 $1.0 \times 10^6$ 次以上;直接承受这种重复荷载,吊车梁会因疲劳而产生裂缝,直至破坏。所以工作级别为 A6 及更高的吊车梁,除静力计算外,还要进行疲劳强度验算。

3. 吊车荷载具有动力特性

桥式吊车特别是速度较快的重级工作制桥式吊车,对吊车梁的作用带有明显的动力特性。因此,在计算吊车梁及其连接部分的承载力以及吊车梁的抗裂性能时,都必须对吊车的竖向荷载乘以动力系数。

### 2.5.3　吊车竖向荷载和水平荷载

1. 吊车竖向荷载

吊车竖向荷载是指吊车(大车和小车)重量与所吊重量经吊车梁传给柱的竖向压力。

桥式吊车由大车(桥架)和小车组成,大车在吊车梁的轨道上沿厂房纵向行驶,小车在大车的轨道上沿厂房横向运行,带有吊钩的起重卷扬机安装在小车上。当吊车起重量达到额定最大值,而小车同时行驶到大车桥一端的极限位置时,该侧的每个大车轮压即为吊车的最大轮压标准值 $P_{\max}$,另一侧的每个大车轮压即为吊车的最小轮压标准值 $P_{\min}$。设计中采用的吊车竖向荷载标准值包括吊车的最大轮压和最小轮压。

根据吊车的规格(吊车类型、起重量、跨度及工作级别),从厂家产品样本中可查出吊车的最大轮压 $P_{\max}$。最小轮压 $P_{\min}$ 则往往需由设计者自行计算,$P_{\max}$ 与 $P_{\min}$ 的关系如下:

$$n(P_{\max} + P_{\min}) = G + g + Q \qquad (2 - 10)$$

式中　$G$——大车重量(kN);

　　　$g$——横行小车重量(kN);

　　　$Q$——吊车额定起重量(kN),双钩吊车取大钩的最大吊重;

　　　$n$——吊车一端的轮数,一般吊车为 $n = 2$,当 $Q \geqslant 750 \ \text{kN}$ 时,$n = 4$。

吊车荷载是移动荷载,因此 $P_{\max}$ 与 $P_{\min}$ 确定后,需根据厂房的结构尺寸,利用结构力学中影响线的概念,按吊车梁的支座反力影响线及吊车轮压的最不利位置,求出通过吊车梁作用于排架柱牛腿处的最大竖向荷载标准值和最小竖向荷载标准值,参见【例 2 - 10】。

2. 吊车水平荷载

吊车水平荷载分为横向水平荷载和纵向水平荷载两种。

　　1）吊车横向水平荷载

　　吊车小车水平启动或制动时产生的惯性力称为吊车横向水平刹车力,该荷载应等分于桥架的两端,分别由轨道上的车轮平均传至轨道,作用于吊车梁顶面,作用位置与吊车竖向轮压相同,方向与轨道垂直,并应考虑正、反两个方向的启(制)动情况。

　　吊车横向水平刹车力的标准值,应按横行小车重量 $g$ 与额定起重量 $Q$ 之和的百分数采用。因此,吊车上每个轮子所传递的最大横向水平刹车力标准值 $Z_{max}$(kN)为

$$Z_{max} = \frac{\eta_D (Q + g)}{2n} \tag{2-11}$$

式中　　$\eta_D$——横向制动动力系数,对软钩吊车,当 $Q \leqslant 100$ kN 时取 12%,当 $Q = 160 \sim 500$ kN 时取 10%,当 $Q \geqslant 750$ kN 时取 8%;对硬钩吊车,取 20%。

　　吊车横向水平刹车力 $Z_{max}$ 通过水平制动桁架或制动连接板自吊车梁顶面传至厂房排架柱上柱,按计算吊车竖向荷载的方法,即可求得作用于排架柱上吊车梁顶面处的吊车横向水平荷载,参见【例 2-10】。

　　2）吊车纵向水平荷载

　　吊车大车启动或制动时所产生的惯性力称为吊车纵向水平刹车力,该荷载作用点位于刹车轮与轨道的接触点,方向与轨道方向一致。

　　吊车纵向水平荷载标准值不区分软钩吊车和硬钩吊车,均应按作用在一边轨道上所有刹车轮的最大轮压力之和的 10% 计算,即

$$H = 0.1 m P_{max} \tag{2-12}$$

式中　　$m$——每边轨道上的刹车轮数。

　　在非地震区,吊车的纵向水平荷载常用来计算柱间支撑;在地震区,由于厂房的纵向地震作用较大,吊车的纵向水平荷载可不考虑。

　　悬挂吊车的水平荷载应由支撑系统承受,非司机室操纵(地面线控、遥控)的吊车(如单梁吊车、电动葫芦等),因运行速度较慢,可不考虑水平荷载。

　　3. 多台吊车的组合

　　设计厂房的吊车梁和主体结构排架时,需考虑多台吊车的共同作用。考虑参与组合的吊车台数是根据所计算的结构能同时产生效应的吊车台数确定的。它主要取决于厂房纵向柱距大小和横向跨数,也与各吊车同时聚集在同一柱距范围内的可能性有关。

　　对于单跨厂房,同一跨度内,两台吊车以邻近距离运行是常见的,3 台吊车相邻运行十分罕见,即使偶然发生,由于柱距所限,能对一榀排架产生的影响也只限于两台。

　　对于多跨厂房,在同一柱距内同时出现超过两台吊车的机会增加。但考虑到隔跨吊车对结构影响减弱,为了计算上的方便,容许在计算吊车竖向荷载时,最多只考虑 4 台吊车。

　　在计算吊车水平荷载时,由于各吊车同时聚集在同一柱距范围内且同时启动或制动的可能性很小,容许最多只考虑 2 台吊车。

　　因此,《建筑结构荷载规范》GB 50009—2012 规定,计算排架考虑多台吊车时,吊车荷载应按下列原则确定。

　　1）考虑多台吊车的竖向荷载时

　　对单层吊车的单跨厂房的每个排架,参与组合的吊车台数不宜多于 2 台;对单层吊车的多跨厂房的每个排架,不宜多于 4 台。

　　对双层吊车的单跨厂房,宜按上层和下层吊车分别不多于 2 台进行组合;对双层吊车的

多跨厂房宜按上层和下层吊车分别不多于4台进行组合，且当下层吊车满载时，上层吊车应按空载计算，上层吊车满载时，下层吊车不应计入。

2）考虑多台吊车的水平荷载时

对单跨或多跨厂房的每个排架，参与组合的吊车台数不应多于2台。

3）当有特殊情况时

参与组合的吊车台数应按实际情况考虑。

按照以上组合方法，吊车荷载不论是由2台还是由4台吊车引起，都按照各台吊车同时处于最不利位置，且同时满载的极端情况考虑，实际上这种最不利情况出现的概率是极小的。从概率观点看，可将多台吊车共同作用时的吊车荷载效应组合予以折减。在实测调查和统计分析的基础上，得到多台吊车荷载效应组合的折减系数（表2-12）。

表2-12　多台吊车的荷载折减系数以及吊车荷载的动力系数、组合值系数、频遇值系数及准永久值系数

| 吊车种类及吊车工作级别 | | 多台吊车的荷载折减系数 | | | 动力系数 | 组合值系数 $\psi_c$ | 频遇值系数 $\psi_f$ | 准永久值系数 $\psi_q$ |
|---|---|---|---|---|---|---|---|---|
| | | 2台 | 3台 | 4台 | | | | |
| 软钩吊车 | A1～A3 | 0.90 | 0.85 | 0.80 | 1.05 | 0.70 | 0.60 | 0.50 |
| | A4、A5 | | | | | 0.70 | 0.70 | 0.60 |
| | A6、A7 | 0.95 | 0.90 | 0.85 | 1.10 | 0.70 | 0.70 | 0.70 |
| | A8 | | | | | 0.95 | 0.95 | 0.95 |
| 硬钩和其他特种吊车 | | — | — | — | 1.10 | 0.95 | 0.95 | 0.95 |

注：对于多于两层吊车的单跨或多跨厂房或其他特殊情况，计算排架时，参与组合的吊车台数及荷载的折减系数，应按实际情况考虑。

4. 吊车荷载的动力系数

吊车荷载的动力系数与吊车的起重量、工作级别、运行速度、运行时冲击作用影响的大小、轨道顶面的高差、吊车的轮数、吊车梁的刚度与跨度等因素有关。当计算吊车梁及其连接的强度时，吊车竖向荷载的动力系数可按表2-12所列数值采用。

5. 吊车荷载的组合值、频遇值及准永久值系数

吊车荷载的组合值系数、频遇值系数及准永久值系数可按表2-12中的规定采用。

## 2.5.4　例题

【例2-10】　某单层单跨工业厂房，跨度为18 m，柱距为6 m。作用有两台20t-A5级电动吊钩桥式吊车，吊车主要技术参数为：桥架宽度 $B=5.944$ m，轮距 $K=4.10$ m，小车自重 $g_k=6.886$ t，吊车最大轮压 $P_{max,k}=199$ kN，吊车总重 $G_k=30.304$ t。试求作用在排架柱牛腿处的吊车竖向荷载和横向水平荷载标准值。

【解】　（1）按式（2-10），求吊车最小轮压 $P_{min,k}$。

$$P_{min,k}=\frac{G_k+g_k+Q_k}{2}-P_{max,k}=\frac{30.304+6.886+20.0}{2}\times9.8-199=81.23 \text{ kN}$$

（2）求吊车竖向荷载时，按每跨两台吊车同时工作且达到最大起重量考虑。吊车轮压在柱列上的最不利位置，如图2-15所示。由此求得支座反力影响线为

$$y_1=1.0，\quad y_2=1.9/6.0，\quad y_3=4.156/6.0，\quad y_4=0.056/6.0$$

$$\sum_{i=1}^{4} y_i = 1.0 + \frac{1.9}{6.0} + \frac{4.156}{6.0} + \frac{0.056}{6.0} = 2.019$$

（3）作用在排架柱牛腿上的吊车竖向荷载标准值

$$D_{max,k} = 0.9 \times P_{max,k} \sum_{i=1}^{4} y_i$$
$$= 0.9 \times 199 \times 2.019 = 361.60 \text{ kN}$$

$$D_{min,k} = 0.9 \times P_{min,k} \sum_{i=1}^{4} y_i$$
$$= 0.9 \times 81.23 \times 2.019 = 147.60 \text{ kN}$$

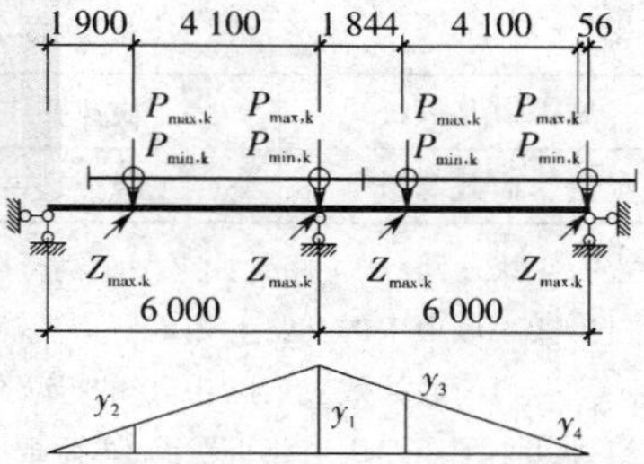

图 2 - 15　吊车梁支座反力影响线

（4）按式（2 - 11）求吊车横向水平刹车力的标准值

$$Z_{max,k} = \frac{\eta_D (Q_k + g_k)}{2n} = \frac{0.1 \times (20.0 + 6.886) \times 9.8}{2 \times 2} = 6.59 \text{ kN}$$

（5）吊车横向水平荷载标准值。

吊车横向水平刹车力的作用位置与吊车轮压的作用位置相同,根据图 2 - 15,计算作用于排架柱上吊车梁顶面处的吊车横向水平荷载标准值为

$$T_{max,k} = 0.9 \times Z_{max,k} \sum_{i=1}^{4} y_i = 0.9 \times 6.59 \times 2.019 = 11.97 \text{ kN}$$

# 2.6　桥梁结构的车辆荷载和人群荷载

桥梁上行驶的车辆种类繁多,有汽车、平板挂车、履带车以及铁路的列车等,同一类车辆又有许多不同的型号和载重等级。随着交通运输事业和高速公路的发展,车辆的载重量还将不断增大。因此,需要有一个既能反映目前车辆情况又兼顾未来发展的同时又便于桥梁结构设计运用的车辆荷载标准。下面分别介绍目前在公路桥梁、城市桥梁、铁路桥梁中的车辆荷载标准。

## 2.6.1　汽车荷载的等级

《公路桥涵设计通用规范》JTG D60—2004 中,将各级公路桥涵设计中的汽车荷载分为公路—Ⅰ级及公路—Ⅱ级两个等级,公路等级和汽车荷载等级的对应关系见表 2 - 13。

表 2 - 13　各级公路桥涵的汽车荷载等级

| 公路等级 | 高速公路 | 一级公路 | 二级公路 | 三级公路 | 四级公路 |
|---|---|---|---|---|---|
| 汽车荷载等级 | 公路—Ⅰ级 | 公路—Ⅰ级 | 公路—Ⅱ级 | 公路—Ⅱ级 | 公路—Ⅱ级 |

注:二级公路为干线公路且重型车辆多时,其桥涵的设计可采用公路—Ⅰ级汽车荷载。

《城市桥梁设计规范》CJJ 11—2011 中,根据城市道路等级将汽车荷载分为城—A 级、城—B 级两个等级,并根据道路的功能、等级和发展要求等具体情况按表 2 - 14 选用。

表 2 – 14　城市桥梁的汽车荷载等级

| 城市道路等级 | 快速路 | 主干路 | 次干路 | 支路 |
|---|---|---|---|---|
| 汽车荷载等级 | 城—A 级或城—B 级 | 城—A 级 | 城—A 级或城—B 级 | 城—B 级 |

注:①快速路、次干路上如重型车辆行驶频繁时,设计汽车荷载应选用城—A 级汽车荷载。

　　②小城市中的支路上如重型车辆较少时,设计汽车荷载采用城—B 级车道荷载的效应乘以 0.80 的折减系数,车辆荷载的效应乘以 0.70 的折减系数。

　　③小型车专用道路,设计汽车荷载可采用城—B 级车道荷载的效应乘以 0.60 的折减系数,车辆荷载的效应乘以 0.50 的折减系数。

## 2.6.2　汽车荷载的取值

汽车荷载由车道荷载和车辆荷载组成。桥梁结构的整体计算应采用车道荷载;桥梁结构的局部加载、涵洞、桥台和挡土墙土压力等的计算采用车辆荷载。车道荷载与车辆荷载的作用不得叠加。

1. 车道荷载

公路—Ⅰ级和城—A 级汽车荷载的车道荷载取值相同,包括均布荷载标准值 $q_k$ 和集中荷载标准值 $P_k$ 两部分,计算图式如图 2 – 16 所示。均布荷载标准值 $q_k$ 应满布于使结构产生最不利效应的同号影响线上;集中荷载标准值 $P_k$ 只作用于相应影响线中一条最大影响线峰值处。

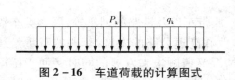

图 2 – 16　车道荷载的计算图式

(1)公路—Ⅰ级(城—A 级)车道荷载的均布荷载标准值为 $q_k = 10.5$ kN/m。集中荷载标准值按以下规定选取:①桥梁计算跨径小于或等于 5 m 时,$P_k = 180$ kN;②桥梁计算跨径等于或大于 50 m 时,$P_k = 360$ kN;③桥梁计算跨径为 5 ~ 50 m 时,$P_k$ 采用直线内插求得;④计算剪力效应时,上述集中荷载标准值 $P_k$ 应乘以 1.2 的系数。

(2)公路—Ⅱ级和城—B 级汽车荷载的车道荷载取值相同,车道荷载的均布荷载标准值 $q_k$ 和集中荷载标准值 $P_k$,按公路—Ⅰ级(城—A 级)车道荷载的 3/4 采用。

2. 车辆荷载

公路—Ⅰ级、公路—Ⅱ级和城—B 级汽车荷载的车辆荷载采用相同的立面、平面布置及标准值。车辆荷载的立面、平面尺寸见图 2 – 17,主要技术指标规定见表 2 – 15。

表 2 – 15　公路—Ⅰ级、公路—Ⅱ级和城—B 级车辆荷载的主要技术指标

| 项目 | 单位 | 技术指标 | 项目 | 单位 | 技术指标 |
|---|---|---|---|---|---|
| 车辆重力标准值 | kN | 550 | 轮距 | m | 1.8 |
| 前轴重力标准值 | kN | 30 | 前轮着地宽度及长度 | m | 0.3 × 0.2 |
| 中轴重力标准值 | kN | 2 × 120 | 中轮着地宽度及长度 | m | 0.6 × 0.2 |
| 后轴重力标准值 | kN | 2 × 140 | 后轮着地宽度及长度 | m | 0.6 × 0.2 |
| 轴距 | m | 3 + 1.4 + 7 + 1.4 | 车辆外形尺寸(长 × 宽) | m | 15 × 2.5 |

城—A 级汽车荷载的车辆荷载的立面、平面布置及标准值见图 2 – 18,主要技术指标规定见表 2 – 16。

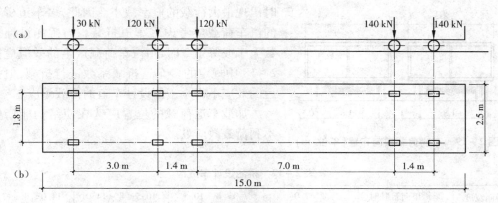

**图 2 - 17　车辆荷载的立面布置、平面尺寸**

（a）立面布置　（b）平面尺寸

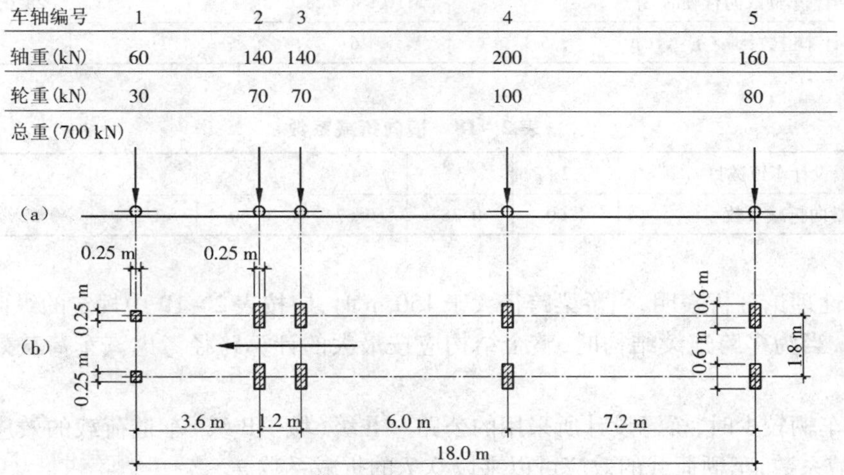

| 车轴编号 | 1 | 2　3 | 4 | 5 |
|---|---|---|---|---|
| 轴重(kN) | 60 | 140　140 | 200 | 160 |
| 轮重(kN) | 30 | 70　70 | 100 | 80 |

总重（700 kN）

**图 2 - 18　城—A 级车辆荷载立面、平面布置**

（a）立面布置　（b）平面布置

**表 2 - 16　城—A 级车辆荷载的主要技术指标**

| 车轴编号 | | 1 | 2 | 3 | 4 | 5 |
|---|---|---|---|---|---|---|
| 轴重标准值 | kN | 60 | 140 | 140 | 200 | 160 |
| 轮重标准值 | kN | 30 | 70 | 70 | 100 | 80 |
| 纵向轴距 | m | | 3.60 | 1.20 | 6.00 | 7.20 |
| 每组车轮的横向中距 | m | 1.80 | 1.80 | 1.80 | 1.80 | 1.80 |
| 车轮着地的宽度×长度 | m | 0.25 × 0.25 | 0.60 × 0.25 | 0.60 × 0.25 | 0.60 × 0.25 | 0.60 × 0.25 |

**3. 车道荷载横向分布系数**

公路桥涵和城市桥梁的车道荷载横向分布系数应根据设计车道数按图 2 - 19 布置车辆荷载进行计算。

桥涵设计车道数应符合表 2 - 17 的规定。随着桥梁横向布置车辆的增加，各车道内同

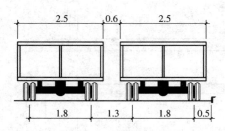

**图 2 - 19　车辆荷载横向布置(单位:m)**

时出现最大荷载的概率减小。因此,多车道桥梁上的汽车荷载应考虑多车道折减。当桥涵设计车道数大于或等于 2 时,由汽车荷载产生的效应应按表 2 - 18 中规定的多车道折减系数进行折减,但折减后的效应不得小于两设计车道的荷载效应。

加载车道荷载的位置应选在使结构能产生最不利荷载效应处。

**表 2 - 17　桥涵设计车道数**

| 桥面宽度 | 车辆单向行驶时 | $W < 7.0$ | $7.0 \leqslant W < 10.5$ | $10.5 \leqslant W < 14.0$ | $14.0 \leqslant W < 17.5$ |
|---|---|---|---|---|---|
| $W/m$ | 车辆双向行驶时 | | $6.0 \leqslant W < 14.0$ | | $14.0 \leqslant W < 21.0$ |
| 桥涵设计车道数目 $n$/条 | | 1 | 2 | 3 | 4 |
| 桥面宽度 | 车辆单向行驶时 | $17.5 \leqslant W < 21.0$ | $21.0 \leqslant W < 24.5$ | $24.5 \leqslant W < 28.0$ | $28.0 \leqslant W < 31.5$ |
| $W/m$ | 车辆双向行驶时 | | $21.0 \leqslant W < 28.0$ | | $28.0 \leqslant W < 35.0$ |
| 桥涵设计车道数目 $n$/条 | | 5 | 6 | 7 | 8 |

**表 2 - 18　横向折减系数**

| 横向布置设计车道数目 $n$/条 | 2 | 3 | 4 | 5 | 6 | 7 | 8 |
|---|---|---|---|---|---|---|---|
| 横向折减系数 | 1.00 | 0.78 | 0.67 | 0.60 | 0.55 | 0.52 | 0.50 |

可靠性理论分析表明,当桥梁跨径大于 150 m 时,应按表 2 - 19 中规定的纵向折减系数进行折减,当为多跨连续结构时,整个结构应按最大的计算跨径考虑汽车荷载效应的纵向折减。

重型车辆较少时,桥涵设计所采用的公路—Ⅱ级(城—B 级)车道荷载的效应可以乘以 0.8 的折减系数,车辆荷载的效应可以乘以 0.7 的折减系数。

**表 2 - 19　纵向折减系数**

| 计算跨径 $L_0/m$ | $150 < L_0 < 400$ | $400 \leqslant L_0 < 600$ | $600 \leqslant L_0 < 800$ | $800 \leqslant L_0 < 1\,000$ | $L_0 \geqslant 1\,000$ |
|---|---|---|---|---|---|
| 纵向折减系数 | 0.97 | 0.96 | 0.95 | 0.94 | 0.93 |

## 2.6.3　铁路桥梁列车荷载

铁路上的列车由机车和车辆组成,机车和车辆的种类很多,轴重、轴距各异。《铁路桥涵设计基本规范》TB 10002.1—2005 规定,铁路列车竖向静活载必须采用中华人民共和国铁路标准活载即"中 - 活载"。标准活载的计算图式如图 2 - 20 所示。

"中 - 活载"具有象征性,它代表各种机车车辆对桥梁所产生的最大影响,是铁路桥梁设计的主要依据。所以加载时可在计算图式中任意截取,但要符合铁路标准活载的加载规定,详见《铁路桥涵设计基本规范》TB 10002.1—2005 附录 C。

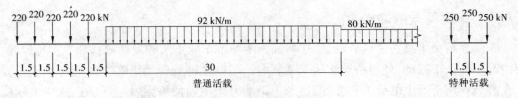

图 2－20 "中－活载"计算图式(尺寸单位:m)

"中－活载"分普通活载和特种活载。普通活载表征列车活载,前面 5 个集中荷载(220 kN)与其后 30 m 范围内的分布活载(92 kN/m)表征"双机联挂";后面的分布活载(80 kN/m)代表车辆荷载。特种活载反映某些集中轴重对小跨度桥梁及局部杆件的不利影响。计算时,应分别对两种活载进行加载,取两者效应中的较大值。

同时承受多线列车活载的桥跨结构和墩台,其主要杆件的列车竖向活载,双线时应为两线列车活载总和的 90%,三线及三线以上应为各线列车活载总和的 80%,对承受局部活载的杆件则均应为该活载的 100%,各线均假定采用同样情况的最不利列车活载。

列车竖向活载应考虑动力系数。

桥墩结构和墩台尚应按其所使用的架桥机加以验算。

用空车检算桥梁各部构件时,其竖向静活载应采用每线路 10 kN/m 计算。

对铁路公路两用的桥梁,考虑同时承受铁路和公路活载时,铁路活载应按"中－活载"的规定计算,公路活载可按全部活载的 75% 计算;但对仅承受公路荷载的构件,不应折减。

### 2.6.4 车辆荷载的离心力

汽车荷载的离心力是伴随车辆在弯道行驶时所产生的惯性力,以水平力的形式作用于桥梁结构,其大小与弯道曲线半径成反比,是弯道横向受力与抗扭设计计算所考虑的主要因素。

位于曲线上的桥梁墩台,当曲线半径等于或小于 250 m 时,应按下式计算汽车荷载引起的离心力:

$$F = P_k \cdot C \tag{2-13}$$

式中　$P_k$——车辆荷载标准值(kN),按表 2－15、表 2－16 确定,不考虑冲击力;

　　　$C$——离心力系数。

离心力系数按下式计算:

$$C = \frac{v^2}{127R} \tag{2-14}$$

式中　$v$——设计行车速度(km/h),应按桥梁所在路线设计速度采用;

　　　$R$——弯道平曲线半径(m)。

离心力应作用在汽车的重心上,一般离桥面 1.2 m,为了计算简便,也可移到桥面上,但不计由此而引起的力矩。离心力对墩台的影响多按均布荷载考虑,即把离心力均匀分布在桥跨上,由两端墩台平均分担。

计算多车道桥梁的汽车荷载离心力时,车辆荷载标准值应乘以表 2－18 中规定的横向折减系数。

### 2.6.5　车辆荷载的冲击力

车辆在桥面上高速度行驶时,由于桥面不平整或车轮不圆或发动机抖动等多种原因,都会引起车体上下振动,使得桥跨结构受到影响。车辆在动载作用下产生的应力和变形要大于在静载作用下产生的应力和变形,这种由于动力作用而使桥梁发生振动造成内力和变形增大的现象称为冲击作用。

冲击作用包括车体的振动和桥跨结构自身的变形与振动。当车辆的振动频率与桥跨结构的自振频率一致时,即形成共振,其振幅(即挠度)比一般振动大许多。振幅的大小与桥梁结构的阻尼大小及共振时间的长短有关。桥梁的阻尼主要与材料和连接方式有关,且随跨径的增大而减小。所以,增加桥梁的纵、横向连接刚度,对于减小共振的影响有一定的作用。

**1. 公路桥梁和城市桥梁**

行驶在公路桥梁和城市桥梁上的汽车,其汽车荷载的冲击力均应按《公路桥涵设计通用规范》JTG D60—2004 的规定计算。

(1)钢桥、钢筋混凝土桥及预应力混凝土桥、圬工拱桥等上部结构和钢支座、板式橡胶支座、盆式橡胶支座、钢筋混凝土柱式墩台,应计算汽车的冲击作用。

(2)填料厚度(包括路面厚度)等于或大于 0.5 m 的拱桥、涵洞及重力式墩台不计冲击力。

(3)支座的冲击力,按相应的桥梁取用。

(4)汽车荷载的冲击力标准值为汽车荷载标准值乘以冲击系数 $\mu$。

(5)冲击系数 $\mu$ 可按表 2-20 的规定计算。

(6)汽车荷载的局部加载及在 T 梁、箱梁悬臂板上的冲击系数 $\mu$ 取 1.30。

**表 2-20　汽车荷载的冲击系数**

| 结构基频 $f$/Hz | $f < 1.5$ | $1.5 \leqslant f \leqslant 14$ | $f > 14$ |
|---|---|---|---|
| 冲击系数 $\mu$ | 0.05 | $0.176\ 7\ln f - 0.015\ 7$ | 0.45 |

在表 2-20 中,桥梁结构的基频 $f$ 直接反映了冲击系数与桥梁结构刚度之间的关系。不管桥梁的建筑材料、结构类型是否有差别,也不管结构尺寸、跨径是否有差别,只要桥梁结构的基频相同,在同样的汽车荷载下,就能得到基本相同的冲击系数。

**2. 铁路桥梁**

《铁路桥涵设计基本规范》TB 10002.1—2005 中规定,列车在桥上通过时,考虑列车竖向动力作用在内的列车竖向活载为

$$P_{dy} = (1 + \mu)P_{st} \tag{2-15}$$

式中　$P_{st}$——列车竖向静活载;

$P_{dy}$——考虑列车竖向动力作用在内的列车竖向活载;

$(1 + \mu)$——考虑列车竖向动力作用的动力系数,根据在已建成的实桥上所做的振动试验的结果分析整理而确定的,设计中可按不同结构种类和跨度大小选用相应的动力系数。

### 2.6.6　车辆荷载的制动力

1. 公路桥梁和城市桥梁

汽车荷载制动力是汽车在桥上刹车时为克服汽车的惯性力在车轮与路面之间产生的滑动摩擦力。按同向行驶的汽车荷载(不计冲击力)计算,每个车道均布置车道荷载,多车道荷载的制动力由单车道制动力叠加,但要进行多车道折减。

一个设计车道上由汽车荷载产生的制动力标准值按车道荷载标准值在加载长度上计算的总重力的10%计算,但公路—Ⅰ级汽车荷载的制动力标准值不得小于165 kN;公路—Ⅱ级汽车荷载的制动力标准值不得小于90 kN。

同向行驶双车道的汽车荷载的制动力标准值取一个设计车道制动力标准值的2倍。

同向行驶三车道的汽车荷载的制动力标准值取一个设计车道制动力标准值的2.34倍。

同向行驶四车道的汽车荷载的制动力标准值取一个设计车道制动力标准值的2.68倍。

制动力的方向为车行驶方向,其作用点在车辆的竖向重心线与桥面以上1.2m高处水平线的交点。在计算墩台时,可移至支座中心处(铰或滚轴中心)或滑动、橡胶、摆动支座的底板面上,在计算刚架桥、拱桥时,可移至桥面上,但不计由此而产生的竖向力和力矩。

履带车和平板挂车不计制动力。

2. 铁路桥梁

列车制动力应按列车竖向静活载的10%计算。但当与离心力或列车竖向动力作用同时考虑时,制动力应按列车竖向静活载的7%计算。

双线桥应采用一线的制动力;三线或三线以上的桥梁应采用两线的制动力,且列车竖向活载不折减。

### 2.6.7　人群荷载

1. 公路桥梁人群荷载

设有人行道的公路桥梁,采用汽车荷载进行计算时,应同时计入人行道上的人群荷载。《公路桥涵设计通用规范》JTG D60—2004 规定,人群荷载标准值应按下列规定采用。

(1)当桥梁计算跨径小于或等于50 m时,人群荷载标准值为3.0 kN/m²;当桥梁计算跨径等于或大于150 m时,人群荷载标准值为2.5 kN/m²;当桥梁计算跨径为50 ~150 m时,人群荷载标准值可由直线内插求得。对于跨径不等的连续结构,以最大计算跨径为准。

(2)城市郊区行人密集地区的公路桥梁,人群荷载标准值取上述规定值的1.15倍。

(3)专用人行桥梁,人群荷载标准值取3.5 kN/m²。

人行道板(局部构件)可以一块板为单元,按标准值4.0 kN/m²的均布荷载计算。

人群荷载在横向应布置在人行道的净宽度内,在纵向施加于使结构产生最不利荷载效应的区段内。

2. 城市桥梁人群荷载

我国城市人口密集,人行交通繁忙,与公路桥梁相比,城市桥梁人群荷载的取值要大一些。《城市桥梁设计规范》CJJ 11—2011 规定,设计人群荷载应符合下列要求。

(1)人行道板的人群荷载按5.0 kN/m²的均布荷载或1.5 kN的竖向集中荷载分别计算,并作用在一块构件上,取其受力不利者。

(2)梁、桁架、拱及其他大跨结构的人群荷载,需根据加载长度及人行道宽度来确定,且人群荷载在任何情况下不得小于 2.4 kN/m²。

当加载长度 $l < 20$ m 时：

$$Q = 4.5 \times \frac{20 - w_\mathrm{p}}{20} \qquad\qquad (2-16\mathrm{a})$$

当加载长度 $l \geqslant 20$ m 时：

$$Q = \left(4.5 - 2 \times \frac{l - 20}{80}\right) \times \frac{20 - w_\mathrm{p}}{20} \qquad\qquad (2-16\mathrm{b})$$

式中　$Q$——单位面积上的人群荷载（kN/m²）；

　　　$l$——加载长度（m）；

　　　$w_\mathrm{p}$——单边人行道宽度（m），在专用非机动车桥上时取 1/2 桥宽，当 1/2 桥宽大于 4 m 时，应按 4 m 计。

（3）检修道上设计人群荷载应按 2.0 kN/m² 或 1.2 kN 的竖向集中荷载，作用在短跨小构件上，可分别计算，取其不利者。计算与检修道相连构件，当计入车辆荷载或人群荷载时，可不计入检修道上的人群荷载。

3. 铁路桥梁人群荷载

道砟桥面和明桥面的人行道，取 4.0 kN/m²；人工养护的道砟桥面上，应考虑养护时人行道上的堆砟荷载。

人行道板还应按竖向集中荷载 1.5 kN 验算。

# 2.7　栏杆荷载

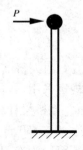

**图 2-21　栏杆水平荷载**

设计楼梯、看台、阳台、上人屋面以及桥梁人行道等的栏杆时，考虑到人群拥挤可能会对栏杆产生侧向推力，应在栏杆顶部作用水平荷载进行验算（图 2-21）。栏杆水平荷载的取值与人群活动密集程度有关，可按下列规定采用。

（1）住宅、宿舍、办公楼、旅馆、医院、托儿所、幼儿园，栏杆水平荷载应取 1.0 kN/m。

（2）学校、食堂、剧场、电影院、车站、礼堂、展览馆或体育场，栏杆顶部的水平荷载应取 1.0 kN/m，竖向荷载应取 1.2 kN/m，水平荷载与竖向荷载应分别考虑。

（3）计算公路桥梁的人行道栏杆时，作用在栏杆立柱顶上的水平推力标准值取 0.75 kN/m，作用在栏杆扶手上的竖向力标准值取 1.0 kN/m。

（4）计算城市桥梁的人行道栏杆时，作用在栏杆扶手上的竖向荷载应取 1.2 kN/m，水平向外荷载应取 2.5 kN/m，两者应分别计算。

（5）对铁路桥梁，验算人行道栏杆立柱及扶手时，水平推力标准值取 0.75 kN/m；对于立柱，水平推力作用于立柱顶面处，立柱和扶手还应按 1.0 kN 的集中荷载验算。

栏杆荷载的组合值系数应取 0.7，频遇值系数应取 0.5，准永久值系数应取 0。

# 思 考 题

1. 利用计算软件分析结构内力时,楼面荷载、梁上荷载如何计算?

2. 简述基本雪压的定义及其影响因素。

3. 我国的基本雪压分布有哪些特点?

4. 影响屋面积雪分布系数的因素有哪些?

5. 简述屋面活荷载的类型及其取值原则。

6. 计算挑檐、悬挑雨篷的承载力时,如何考虑施工、检修荷载?

7. 影响屋面积灰荷载的因素有哪些?

8. 民用建筑楼面活荷载如何取值,应注意哪些问题?

9. 设计楼面梁、墙、柱及基础时,如何考虑楼面活荷载的折减系数?

10. 工业建筑楼面的等效均布活荷载如何计算?

11. 作用在厂房排架上的吊车荷载是如何产生的? 其取值如何确定?

12. 简述桥梁汽车荷载的等级划分和组成。

13. 简述汽车荷载的车道荷载计算图式和取值原则。

14. 车道荷载为什么要进行纵向和横向折减?

15. 简述车道荷载和车辆荷载的区别。

16. 桥梁设计时,如何考虑人行道上的人群荷载?

# 习 题

1. 某建筑物为拱形屋面如图 2 – 22 所示,矢高 $f = 5$ m,跨度 $l = 24$ m。已知当地基本雪压 $s_0 = 0.55$ kN/m²,试求该屋面的雪压标准值。

2. 跨度 24 m 的钢屋架如图 2 – 23 所示,屋架间距为 6 m,上弦铺设 1.5 × 6 m 钢筋混凝土大型屋面板并支承在屋架节点上,屋面坡度 1:10。已知当地基本雪压为 0.60 kN/m²,求雪荷载作用下腹杆①的内力标准值。

(注:设计屋架时应分别按积雪全跨均匀分布、不均匀分布和半跨均匀分布 3 种情况考虑。)

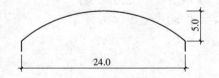

图 2 – 22 拱形屋面外形尺寸(单位:m)

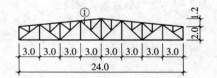

图 2 – 23 钢屋架外形尺寸(单位:m)

3. 某单层单跨工业厂房,跨度为 18 m,柱距为 6 m。作用有两台 10t-A5 级电动软钩桥式吊车,吊车主要技术参数为:桥架宽度 $B = 5.70$ m,轮距 $K = 4.05$ m,小车自重 $g_k = 34.3$ kN,吊车最大轮压 $P_{max,k} = 118$ kN,吊车总重 $G_k = 188.81$ kN。采用简支钢筋混凝土吊车梁,其自重、轨道及联结件的标准值为 8.2 kN/m,计算跨度为 5.80 m。试求验算吊车梁挠度时,荷载效应的标准组合值及准永久值。

# 第3章 风荷载

**【内容提要】**

　　风荷载是空气流动对工程结构所产生的作用力,是工程结构承受的主要荷载之一。本章介绍了风的形成、分类、分级等相关基础知识,阐述了风速与风压的关系、基本风压的概念和取值原则,分析了风压的各种影响因素(系数)及确定方法,讨论了结构抗风计算的几个重要概念,给出了整体风效应和局部风效应的计算方法。

## 3.1　风的有关知识

　　风是地球表面大气运动形成的一种自然现象,常指空气相对于地面的水平运动分量,包括方向和大小,即风向和风速。形成风的直接原因是水平气压梯度力,由于太阳对地球各处辐射程度和大气升温的不均衡性,在地球上的不同地区产生大气压力差,空气从气压大的地方向气压小的地方流动就形成了风。

　　由于地球的自转和公转,地球表面接受太阳辐射能量是不均匀的,随纬度不同而有差异。热带和低纬度地区多,两极地区和高纬度地区少。在接受热量较多的赤道附近地区,气温高,空气密度小,则气压小,大气因加热膨胀由表面向高空上升。在接受热量较少的极地附近地区,气温低,空气密度大,则气压大,大气因冷却收缩由高空向地表下沉。因此,在低空,受指向低纬度气压梯度力的作用,空气从高纬度地区流向低纬度地区;在高空,气压梯度力指向高纬度,空气则从低纬度地区流向高纬度地区,于是就形成了全球性的南北向大气环流,如图3-1所示。

　　风受大气环流、地形、水域等不同因素的综合影响,风的表现形式多种多样,如季风、台风、地方性的海(湖)陆风、山谷风(坡风)、焚风、城市风等。

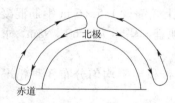

**图3-1　大气热力学环流模型**

### 3.1.1　两类性质的大风

　1. 台风(typhoon)和飓风(hurricane)

　　台风和飓风都是指风速达到32.6 m/s以上的强烈热带气旋,因发生的地域不同,故名称不同。出现在西北太平洋和我国南海的热带气旋称为"台风";发生在大西洋、加勒比海、印度洋和北太平洋东部的强烈热带气旋则称为"飓风"。但两者的形成机理是相同的。

　　在洋面温度超过26 ℃的热带或副热带海洋上,由于近洋面气温高,大量空气膨胀上升,使近洋面气压降低,外围空气源源不断地补充流入并上升;受地转偏向力的影响,流入的空气旋转起来,形成弱的热带气旋性系统。

　　在合适的环境下,因摩擦作用,气流产生向弱涡旋内部流动的分量,而上升空气膨胀变冷,其中的水汽冷却凝结成水滴时释放出热量,又促使低层空气不断上升,并把高温洋面上蒸发进入大气的大量水汽带到涡旋内部,把高温高湿空气辐合到弱涡旋中心,产生上升和对流运动,释放潜热以加热涡旋中心上空的气柱,形成暖心。由于涡旋中心变暖,空气变轻,中心气压下降,低涡变强。而低涡变强反过来又使低空暖湿空气向内辐合更强,更多的水汽向中心集中,对流更旺盛,中心变得更暖,中心气压更为下降,如此循环,直至增强为台风(飓风)。

　　2. 季风(monsoon)

　　季风是由地球表面性质(海陆分布、大地形)、大气环流等因素造成的以一年为周期的大范围的冬夏季节盛行风向相反的现象。冬季,陆地辐射冷却强烈,温度低,空气密度大,就形成高压;与它相邻的海洋,由于水的热容量大,辐射冷却不如陆地强烈,相对而言,其温度高,气压低。夏季则出现相反的情况。由此便形成了冬季风从陆地吹向海洋、夏季风从海洋吹向陆地,一年内周期性转变的季风环流。在季风盛行的地区,常形成特殊的季风天气和季风气候,在夏季风控制时,空气来自暖湿海洋,易形成多云多雨天气;冬季风影响时,则产生晴朗干冷的天气。

## 3.1.2　我国风气候总况

　　我国大陆是季风显著的地区,因此具有夏季多云雨、冬季晴朗干冷的季风气候;南海北部、台湾海峡、台湾及其东部沿海、东海西部和黄海均为台风通过的高频区。我国总体风气候情况如下。

　　(1)台湾岛、海南岛和南海诸岛地处海洋,常年受台风的直接影响,是我国的最大风区。

　　(2)东南沿海地区受台风影响较大,是我国大陆的大风区,风速梯度由沿海指向内陆。台风登陆后,受地面摩擦的影响,风速削弱很快。统计表明,在离海岸 100 km 处,风速约减小一半。

　　(3)东北、华北和西北地区是我国的次大风区,风速梯度由北向南,与寒潮入侵路线一致。华北地区夏季受季风影响,风速有可能超过寒潮风速。黑龙江西北部处于我国纬度最北地区,它不在蒙古高压的正前方,因此风速不大。

　　(4)青藏高原地势高,平均海拔在 4 ~ 5 km,属较大风区。

　　(5)长江中下游、黄河中下游地区是小风区,一般台风到此已大为减弱,寒潮风到此也是强弩之末。

　　(6)云贵高原处于东亚大气环流的死角,空气经常处于静止状态,加之地形闭塞,形成了我国的最小风区。

　　我国除了受季风、台风的影响之外,还有在特殊条件下形成的龙卷风。龙卷风的出现具有偶然性,持续时间虽短,但破坏力大。

　　此外,在天然的峡谷、高楼耸立的街道或具有山口的地形上,当气流遇到地面阻碍物时,大部分气流沿水平方向绕过阻碍物,形成峡谷风。

## 3.1.3　风力等级

　　1. 蒲福风力等级

　　蒲福风力等级(beaufort scale)是英国人蒲福(Francis Beaufort)于 1805 年拟定的,是根据风对地面(或海面)物体影响程度而定出的等级,自 0 ~ 12 级共 13 个等级,风级越大表示风速越大。自 1946 年以来,风力等级又做了扩充,增加到 18 个等级(0 ~ 17 级),见表 3 - 1。

参照蒲福风力等级表,2006 年我国颁布了国家标准《热带气旋等级》GBT 19201—2006,按底层中心附近地面最大平均风速将热带气旋划分为六个等级,见表 3 - 2。

2. IEC 风力等级

国际电工委员会(International Electrotechnical Commission,IEC)为衡量各地区的风力资源,将一段时间内的风力进行平均,给出折算后的风速(m/s),并分为四个风力等级(表 3 -3),称为 IEC 风力等级。它表述了一个地区风力资源的潜能,级别越高,风力越弱。

表 3 -1　蒲福风力等级

| 风力等级 | 名称 | 海浪高/m | | 海岸渔船征象 | 陆地地面物征象 | 距地 10 m 高处的相当风速/(m/s) |
| --- | --- | --- | --- | --- | --- | --- |
| | | 一般 | 最高 | | | |
| 0 | 静风(calm) | — | — | 静 | 静,烟直上 | 0 ~0.2 |
| 1 | 软风(light air) | 0.1 | 0.1 | 普通渔船略觉摇动 | 烟能表示风向,但风向标不能转动 | 0.3 ~1.5 |
| 2 | 轻风(light breeze) | 0.2 | 0.3 | 渔船张帆时,可随风移 | 人面感觉有风,树叶有微响,风向标能转动 | 1.6 ~3.3 |
| 3 | 微风(gentle breeze) | 0.6 | 1.0 | 渔船渐觉簸动,随风移行每小时 5 ~6 km | 树叶及微枝摇动不息,旌旗展开 | 3.4 ~5.4 |
| 4 | 和风(moderate breeze) | 1.0 | 1.5 | 渔船满帆时船身倾于一侧 | 能吹起地面的灰尘和纸张,树的小枝摇动 | 5.5 ~7.9 |
| 5 | 清劲风(fresh breeze) | 2.0 | 2.5 | 渔船缩帆(即收去帆的一部分) | 有叶的小树摇摆,内陆的水面有小波 | 8.0 ~10.7 |
| 6 | 强风(strong breeze) | 3.0 | 4.0 | 渔船加倍缩帆,捕鱼须注意风险 | 大树枝摇动,电线呼呼有声,举伞困难 | 10.8 ~13.8 |
| 7 | 疾风(near gale) | 4.0 | 5.5 | 渔船停息港中,在海上下锚 | 大树摇动,迎风步行感觉不便 | 13.9 ~17.1 |
| 8 | 大风(fresh gale) | 5.5 | 7.5 | 近港渔船皆停留不出 | 树枝折毁,迎风前行感觉阻力甚大 | 17.2 ~20.7 |
| 9 | 烈风(strong gale) | 7.0 | 10.0 | 汽船航行困难 | 烟囱及平房屋顶受到损坏(烟囱顶部及平顶摇动) | 20.8 ~24.4 |
| 10 | 狂风(storm) | 9.0 | 12.5 | 汽船航行颇危险 | 陆上少见,有则可拔树毁屋 | 24.5 ~28.4 |
| 11 | 暴风(violent storm) | 11.5 | 16.0 | 汽船航行极危险 | 陆上很少,有则必有重大损毁 | 28.5 ~32.6 |
| 12 | 飓风(hurricane) | 14.0 | | 海浪滔天 | 陆上绝少,其摧毁力极大 | 32.7 ~36.9 |
| 13 | | | | | | 37.0 ~41.4 |
| 14 | | | | | | 41.5 ~46.1 |
| 15 | | | | | | 46.2 ~50.9 |
| 16 | | | | | | 51.0 ~56.0 |
| 17 | | | | | | 56.1 ~61.2 |

表 3 – 2　热带气旋等级（GB/T 19201—2006）

| 热带气旋等级 | 底层中心附近最大平均风速/(m/s) | 底层中心附近最大风力/级 |
|---|---|---|
| 热带低压(Tropical Depression,TD) | 10.8 ~ 17.1 | 6 ~ 7 |
| 热带风暴(Tropical Storm,TS) | 17.2 ~ 24.4 | 8 ~ 9 |
| 强热带风暴(Severe Tropical Storm,STS) | 24.5 ~ 32.6 | 10 ~ 11 |
| 台风(TYphoon,TY) | 32.7 ~ 41.4 | 12 ~ 13 |
| 强台风(Severe TYphoon,STY) | 41.5 ~ 50.9 | 14 ~ 15 |
| 超强台风(Super TYphoon,Super TY) | ≥51.0 | 16 或以上 |

表 3 – 3　IEC 风力等级（按风能分类）

| IEC 风力等级 | 平均风速/(m/s) | 年最大风速/(m/s) | 最大阵风速/(m/s) | 50 年最大风速/(m/s) | 50 年最大阵风速/(m/s) |
|---|---|---|---|---|---|
| I | 10 | 37.5 | 52.5 | 50.0 | 70.0 |
| II | 8.5 | 31.9 | 44.625 | 42.5 | 59.5 |
| III | 7.5 | 28.1 | 39.375 | 37.5 | 52.5 |
| IV | 6 | 22.5 | 31.5 | 30.0 | 42.0 |

## 3.2　风压

风的强度常用风速表示。当风以一定的速度向前运动遇到建筑物、构筑物、桥梁等阻碍物时，将对这些阻碍物产生压力，即风压(wind pressure)。

### 3.2.1　风压(风荷载)的产生

土木工程中的结构物，多为带有棱角的钝体，当风作用到钝体上时，钝体周围气流通常呈分离型，并形成多处涡流（图 3 – 2 至图 3 – 4）。

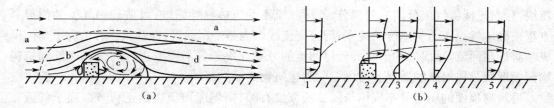

图 3 – 2　单体建筑物气流场立面分布

(a)流线和各个气流区的侧视图　(b)风速剖面轮廓线

a—未受干扰区；b—变形区；c—背风涡旋区；d—尾流区

图 3 – 2、图 3 – 3、图 3 – 4 为单体建筑物气流场分布图。由图 3 – 2 及图 3 – 3 可见，建筑物受到风的作用后，在其迎风面约 2/3 高度处，气流有一个正面停滞点，气流从该停滞点向四周分散扩流。一部分气流向停滞点以上流动并越过建筑物顶面；一部分气流向停滞点以下流至地面，在紧靠地面处形成水平滚动，成为驻涡区；还有一部分气流则绕过建筑物两

侧流向建筑物背面。在建筑物背后,由于屋面上部的剪切层产生的环流,形成背风涡漩区,涡漩气流的风向与来流风相反,因而在背风面产生吸力;背风涡漩区以外是尾流区,建筑物的阻碍作用在此区域逐渐消失。

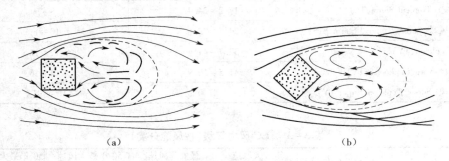

**图 3 - 3　单体建筑物气流场平面分布**
(a)迎风面垂直于气流时　(b)迎风面与气流斜交时

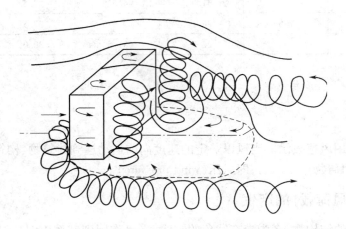

**图 3 - 4　单体建筑物迎风面垂直于气流时气流场空间分布**

　　由图 3 - 3(a)、(b)可见,气流遇到建筑物的阻碍后,在迎风面的两个角隅处产生分离流线,分离流线将气流分离成两部分,外区气流不受流体黏性影响,可按理想气体的伯努利方程来确定气流压力与速度的关系;而分离流线以内是个尾涡区,在建筑物背后靠下部位形成一对近尾回流,尾涡区的形状和近尾回流的分布取决于分离流线边缘的气流速度和结构物截面形状。尾涡区的漩涡脱落可能引起建筑物的横向振动。

　　建筑物顶面的压力分布规律与屋顶的坡度有关,倾斜屋顶压力的正负号取决于气流在屋面上的分离状态和再附着位置。斜屋面的平均风流线如图 3 - 5 所示,屋面倾角为负时,气流分离后一般不会产生再附着现象,分离流线下产生涡流,引起吸力(图 3 - 5(a));屋面倾角较小时,可推迟再附着现象的发生,屋面仍受负风压(吸力)(图 3 - 5(b));屋面正负风压的分界线(风压等于零)大致在倾角30°左右(图 3 - 5(c));屋面倾角超过45°时,屋面气流不再分离,屋面受到压力作用(图 3 - 5(d))。

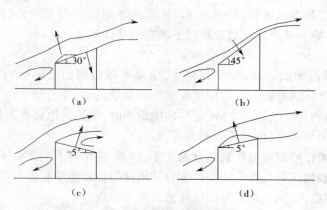

**图 3 - 5　气流绕过倾斜屋面的气流线分布**
(a)涡流引起吸力　(b)屋面倾角较小,受负风压
(c)屋面正负风压的分界线　(d)屋面倾角超过 45°后

### 3.2.2　风速与风压的关系

　　风速随离地面高度不同而变化,也与地貌环境等多种因素有关。为了设计上的方便,可按规定的量测高度、地貌环境等标准条件确定风速,该风速称为基本风速(basic wind speed)。基本风速用于确定基本风压,并进而确定作用于工程结构上的风荷载,是结构抗风设计必需的基本数据。

　　风速和风压之间的关系,可由流体力学中的伯努利方程得到。自由气流的风速产生的单位面积上的风压力 $w_0$($kN/m^2$)为

$$w_0 = \frac{1}{2}\rho v_0^2 \tag{3-1}$$

式中　$w_0$——单位面积上的风压力($kN/m^2$);

　　　$\rho$——空气密度($t/m^3$);

　　　$v_0$——风速($m/s$)。

　　不同的地理位置,大气条件是不同的,因而空气密度也不相同。空气密度 $\rho$ 是气压、气温和湿度的函数,可按下式确定:

$$\rho = \frac{0.001\ 276}{1+0.003\ 66t}\left(\frac{p-0.378p_{vap}}{100\ 000}\right)\ (t/m^3) \tag{3-2a}$$

式中　$t$——空气温度(℃);

　　　$p$——气压(Pa);

　　　$p_{vap}$——水汽压(Pa)。

　　空气密度 $\rho$ 也可以根据所在地区的海拔高度 $z$(m)按下式近似估算:

$$\rho = 0.001\ 25 \cdot e^{-0.000\ 1z}\ (t/m^3) \tag{3-2b}$$

　　海拔高度为 0 m 时,空气密度 $\rho = 1.25\ kg/m^3$,则由式(3-1)可得基本风压 $w_0$($kN/m^2$):

$$w_0 = \frac{v_0^2}{1\ 600} \tag{3-3}$$

### 3.2.3　《建筑结构荷载规范》GB 50009—2012 规定的基本风速(风压)

　　按规定的地貌、高度、时距等条件测量所得的风速称为基本风速。基本风速是风荷载计

算的基本参数,确定基本风速时,观测场地应能反映本地区较大范围内的气象特点,避免局部地形和环境的影响。基本风速通常按以下规定的条件确定。

1. 标准地貌

风(气流)在接近地面运动时,受到树木、房屋等障碍物的摩擦影响,消耗了一部分动能,使风速逐渐降低。这种影响一般用地面粗糙度衡量。

风在到达结构物以前吹越过 2 km 范围内的地面时,描述该地面上不规则障碍物分布状况的等级,称为地面粗糙度(terrain roughness)。

一般来说,地面粗糙度可由低到高分为水面、沙漠、空旷平原、灌木、村、镇、丘陵、森林、大城市、大城市中心地区等几类。同一高度处的风速与地面粗糙程度有关。地面愈粗糙,对风的阻碍及摩擦亦愈大,同一高度处的风速减弱就愈显著。

测定风速的观测场地及周围应为空旷平坦的地形,一般应远离城市。此即《建筑结构荷载规范》GB 50009—2012 规定的标准地貌。

2. 标准离地高度

风速是随着高度变化的。由于地表摩擦的影响,离地表越近,地表摩擦耗能越大,平均风速也就越小;离地表高度越大,风速就越大,直至达到不受地表影响的梯度风高度,风速即稳定在梯度速度。《建筑结构荷载规范》GB 50009—2012 规定,测定风速的标准高度为距地面 10 m。

3. 公称风速的时距

公称风速即一定时间间隔内(称为时距)的平均风速。风速是随时间不断变化的,最大平均风速与时距有很大关系。时距太短,易突出风的脉动峰值作用,所得的最大平均风速较大;时距太长,势必把较多的小风平均进去,致使最大风速值偏低。

根据我国的风特性和风速记录,大风约在 1 min 内重复一次,风的卓越周期约为 1 min。如取 10 min 时距,可覆盖 10 个周期的平均值,10 min 的平均风速亦已趋于稳定。在一定长度的时间和一定次数的往复作用下,有可能导致结构破坏。因此,《建筑结构荷载规范》GB 50009—2012 规定的基本风速的时距为 10 min。

4. 最大风速的样本

最大风速有其周期性,每年季节性地重复。因此,年最大风速最有代表性。我国《建筑结构荷载规范》GB 50009—2012 取年最大风速记录值为基本风速的统计样本。

5. 基本风速的重现期

取年最大风速为样本,但每年的最大风速值是不同的,而工程设计时,一般应考虑结构在使用过程中几十年时间范围内,可能遭遇到的最大风速。《建筑结构荷载规范》GB 50009—2012 规定:对于一般结构,基本风速的重现期(recurrence interval)为 50 年;对于高耸结构及对风荷载比较敏感的高层结构,重现期为 100 年。

设基本风速重现期为 $T_0$,则 $1/T_0$ 为超过设计最大风速的概率,因此不超过该设计最大风速的概率为

$$p_0 = 1 - 1/T_0 \tag{3-4}$$

由此可见,重现期越长,保证率越高,结构安全度越高。

综上所述,基本风速是按当地空旷平坦地面上 10 m 高度处 10 min 内平均的风速观测数据,经概率统计得出的 50 年一遇的年最大风速 $v_0$。由基本风速并考虑相应的空气密度,按式(3-1)确定的风压即为基本风压(reference wind pressure)。

　　《建筑结构荷载规范》GB 50009—2012 中给出了全国基本风压分布图及部分城市重现期为 10 年、50 年和 100 年的风压数据,见附录 B。

## 3.2.4　不同标准下基本风速(风压)的换算

　　在利用不同设计规范进行风荷载计算时,必须注意基本风速(风压)的规定条件。例如,我国《公路桥梁抗风设计规范》JTG/T D60—01—2004 规定,基本风速的重现期为 100 年;《铁路桥涵设计基本规范》TB 10002.1—2005 规定,基本风速的频率为 1/100(即重现期为 100 年),基本风速的标准离地高度为 20 m。

　　此外,不同国家(或地区)的地理条件、风气候情况不同,因而各国规范在确定基本风速时,上述各"规定条件"也不完全相同,见表 3 - 4。

表 3 - 4　各国规范中基本风速的规定条件对比

| 国家及规范版本 | 中国<br>GB 50009—2012 | 美国<br>ASCE/SEI7—05 | 澳大利亚/新西兰<br>AS/NZ1170.2—2011 | 英国<br>BS6399—2 | 日本<br>AIJ2004 |
|---|---|---|---|---|---|
| 平均风速时距 | 10 min | 3 s | 3 s | 60 min | 10 min |
| 标准离地高度/m | 10 | 10 | 10 | 10 | 10 |
| 标准地貌 | 空旷平坦 | 开阔平坦 | 开阔平坦 | 海平面 | 海平面 |
| 重现期/年 | 10、50、100 | 50 | 20、50、100 | 50 | 100 |
| 空气密度/(kg/m³) | $1.25e^{-0.000 1z}$ | 1.226 | 1.20 | 1.226 | 1.22 |

　　由此可知,不同标准下基本风速(风压)的换算主要涉及标准离地高度、平均风速时距和重现期这三个规定条件。

　　1. 不同高度换算

　　当实测风速高度不是 10 m 标准高度时,应由气象台(站)根据不同高度风速的对比观测资料,并考虑风速大小的影响,给出非标准高度风速与 10 m 标准高度风速的换算系数。缺乏观测资料时,可近似按下式进行换算:

$$v_{z0} = \phi_h v_z \qquad\qquad (3-5)$$

式中　$v_{z0}$——标准条件 10 m 高度处、时距为 10 min 的平均风速(m/s);

　　　　$v_z$——非标准条件 $z$ 高度(m)处、时距为 10 min 的平均风速(m/s);

　　　　$\phi_h$——高度换算系数,可按表 3 - 5 取值。

表 3 - 5　实测风速高度换算系数 $\phi_h$

| 实测风速高度/m | 4 | 6 | 8 | 10 | 12 | 14 | 16 | 18 | 20 |
|---|---|---|---|---|---|---|---|---|---|
| 高度换算系数 $\phi_h$ | 1.158 | 1.085 | 1.036 | 1.000 | 0.971 | 0.948 | 0.928 | 0.910 | 0.895 |

　　2. 不同时距换算

　　观测风速的时距标准不同,所求得的平均风速也就不同。因此,在某些情况下需要进行不同时距之间的平均风速换算。实测结果表明,各种不同时距间平均风速的比值受到多种因素影响,具有很大的变异性。根据国内外学者的比较统计,不同时距平均风速与 10 min 时距平均风速可近似按下式进行换算:

$$v_{10} = v_t / \phi_t \tag{3-6}$$

式中　$v_{10}$——时距为 10 min 的平均风速(m/s);

　　　$v_t$——时距为 $t$(min)的平均风速(m/s);

　　　$\phi_t$——时距换算系数,可按表 3-6 取值。

表 3-6　实测风速时距换算系数 $\phi_t$

| 实测风速时距 | 60 min | 10 min | 5 min | 2 min | 1 min | 30 s | 20 s | 10 s | 5 s | 瞬时 |
|---|---|---|---|---|---|---|---|---|---|---|
| 时距换算系数 $\phi_t$ | 0.94 | 1.00 | 1.07 | 1.16 | 1.20 | 1.26 | 1.28 | 1.35 | 1.39 | 1.50 |

表 3-6 中 $\phi_t$ 是平均值,实际上有许多因素影响该值,其中最重要的有以下因素。

(1)平均风速值。实测表明,10 min 平均风速越小,该比值越大。

(2)天气变化情况。一般天气变化越剧烈,该比值越大。如雷暴大风最大,台风次之,而寒潮大风(冷空气)则最小。

3. 不同重现期换算

重现期不同,最大风速的取值和保证率将不同,这将直接影响到结构的安全度。对于风荷载比较敏感的结构、重要性不同的结构,设计时需采用不同重现期的基本风压,以调整结构的安全水准。另外,计算不同的风致响应时,也需考虑不同的重现期。任意重现期 $R$ 年的风压与 50 年重现期的风压之间可近似按下式进行换算:

$$w_{50} = w_R / \phi_T \tag{3-7}$$

式中　$w_{50}$——重现期为 50 年的基本风压(kN/m$^2$);

　　　$w_R$——重现期为 $R$ 年的基本风压(kN/m$^2$);

　　　$\phi_T$——重现期换算系数,可按表 3-7 取值。

表 3-7　不同重现期与重现期为 50 年的基本风压换算系数 $\phi_T$

| 重现期/年 | 100 | 60 | 50 | 40 | 30 | 20 | 10 | 5 |
|---|---|---|---|---|---|---|---|---|
| 重现期换算系数 $\phi_T$ | 1.10 | 1.03 | 1.00 | 0.97 | 0.93 | 0.87 | 0.77 | 0.66 |

《建筑结构荷载规范》GB 50009—2012 中给出了另外一种换算关系,若已知重现期为 10 年和 100 年的风压值分别为 $w_{10}$ 和 $w_{100}$,任意重现期 $R$ 的相应值可按下式确定:

$$w_R = w_{10} + (w_{100} - w_{10})\left(\frac{\ln R}{\ln 10} - 1\right) \tag{3-8}$$

# 3.3　风压高度变化系数

通常认为在离地表 300~500 m 及以上的高度时,风速才不再受地面粗糙度的影响,也即达到所谓"梯度风速"。大气以梯度风速流动的起点高度称为梯度风高度,又称大气边界层高度,用 $H_T$ 表示。在大气边界层高度以上,风速(风压)不发生变化。在大气边界层内,风速随距地面高度的增大而增大。当气压场随高度不变时,风速随高度增大的规律主要取决于地面粗糙度和温度垂直梯度,如图 3-6 所示。

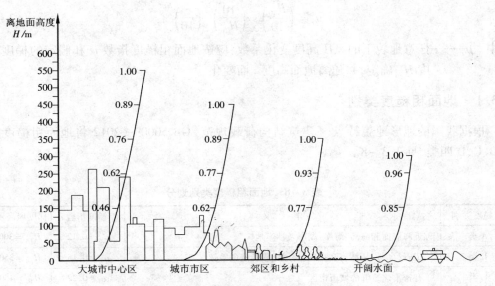

**图 3 - 6　不同地面粗糙度下的平均风剖面**

根据实测结果分析,大气边界层内平均风速沿高度变化的规律可用指数函数来描述,即

$$\frac{v}{v_0} = \left(\frac{z}{z_0}\right)^{\alpha} \qquad (3-9)$$

式中　$v$——任一高度 $z$ 处平均风速;

　　　　$v_0$——标准高度处平均风速;

　　　　$z$——离地面任一高度(m);

　　　　$z_0$——离地面标准高度,通常取 $z_0 = 10$ m;

　　　　$\alpha$——地面粗糙度指数,地面粗糙度越大,$\alpha$ 值越大。

由式(3 - 1)可知,风压与风速的平方成正比,将式(3 - 9)代入,可得

$$\frac{w_{\alpha}(z)}{w_{0\alpha}} = \frac{v^2}{v_0^2} = \left(\frac{z}{z_0}\right)^{2\alpha} \qquad (3-10)$$

式中　$w_{\alpha}(z)$——任一地貌高度 $z$ 处的风压;

　　　　$w_{0\alpha}$——任一地貌标准高度处的风压。

取标准高度 $z_0 = 10$ m,则由式(3 - 10)可得

$$w_{\alpha}(z) = w_{0\alpha}\left(\frac{z}{10}\right)^{2\alpha} \qquad (3-11)$$

设标准地貌下梯度风高度为 $H_{T0}$,地面粗糙度指数为 $\alpha_0$,基本风压值为 $w_0$;任一地貌下梯度风高度为 $H_{T\alpha}$。根据梯度风高度处风压相等的条件,由式(3 - 11)可导出:

$$w_0\left(\frac{H_{T0}}{10}\right)^{2\alpha_0} = w_{0\alpha}\left(\frac{H_{T\alpha}}{10}\right)^{2\alpha} \qquad (3-12)$$

$$w_{0\alpha} = \left(\frac{H_{T0}}{10}\right)^{2\alpha_0}\left(\frac{10}{H_{T\alpha}}\right)^{2\alpha} w_0 \qquad (3-13)$$

将式(3 - 13)代入式(3 - 11),可得任一地貌条件下,高度 $z$ 处的风压为

$$w_{\alpha}(z) = \left(\frac{H_{T0}}{10}\right)^{2\alpha_0}\left(\frac{10}{H_{T\alpha}}\right)^{2\alpha}\left(\frac{z}{10}\right)^{2\alpha} w_0 = \mu_z^{\alpha} w_0 \qquad (3-14)$$

$$\mu_z^{\alpha} = \left(\frac{H_{T0}}{10}\right)^{2\alpha_0} \left(\frac{10}{H_{T\alpha}}\right)^{2\alpha} \left(\frac{z}{10}\right)^{2\alpha} \qquad (3-15)$$

式中　$\mu_z^{\alpha}$——任意地貌下的风压高度变化系数,应按地面粗糙度指数 $\alpha$ 和假定的梯度风高度 $H_{T\alpha}$ 确定,并随离地面高度 $z$ 而变化。

### 3.3.1　地面粗糙度类别

根据我国的地形地貌特点,《建筑结构荷载规范》GB 50009—2012 将地面粗糙度分为A、B、C、D 四类,见表 3-8。

表 3-8　地面粗糙度类别划分

| 粗糙度类别 | 定　义 | 粗糙度指数 $\alpha$ | 梯度风高度 $H_T$ |
|---|---|---|---|
| A 类 | 近海海面和海岛、海岸、湖岸及沙漠地区 | $\alpha_A = 0.12$ | $H_{TA} = 300$ m |
| B 类 | 田野、乡村、丛林、丘陵以及房屋比较稀疏的乡镇 | $\alpha_B = 0.15$ | $H_{TB} = 350$ m |
| C 类 | 有密集建筑群的城市市区 | $\alpha_C = 0.22$ | $H_{TC} = 450$ m |
| D 类 | 有密集建筑群且房屋较高的城市市区 | $\alpha_D = 0.30$ | $H_{TD} = 550$ m |

在确定城区的地面粗糙度类别时,若无指数 $\alpha$ 的实测值,可按下述原则近似确定。

(1)以拟建房屋 2 km 为半径的迎风半圆影响范围内的房屋高度和密集度来区分地面粗糙度类别,风向原则上应以该地区最大风的风向为准,但也可取其主导风向。

(2)以半圆影响范围内建筑物的平均高度 $\bar{h}$ 来划分地面粗糙度类别:当 $\bar{h} \geqslant 18$ m 时,为D 类;当 $9$ m $< \bar{h} < 18$ m 时,为 C 类;当 $\bar{h} \leqslant 9$ m 时,为 B 类。

(3)影响范围内不同高度的面域可按下述原则确定,即每座建筑物向外延伸距离为其高度的面域内均为该高度,当不同高度的面域相交时,交叠部分的高度取大者。

(4)平均高度 $\bar{h}$ 取各面域面积为权数计算。

### 3.3.2　风压高度变化系数表

以 B 类地面粗糙度为标准地貌,将表 3-8 中各类地貌的粗糙度指数 $\alpha$ 和梯度风高度 $H_T$ 数据代入式(3-15),即可求得各类地面粗糙度下的风压高度变化系数 $\mu_z$。

A 类:

$$\mu_z^A = 1.284\left(\frac{z}{10}\right)^{0.24} \qquad (3-16a)$$

B 类:

$$\mu_z^B = 1.000\left(\frac{z}{10}\right)^{0.30} \qquad (3-16b)$$

C 类:

$$\mu_z^C = 0.544\left(\frac{z}{10}\right)^{0.44} \qquad (3-16c)$$

D 类:

$$\mu_z^D = 0.262\left(\frac{z}{10}\right)^{0.60} \qquad (3-16d)$$

　　为方便使用，《建筑结构荷载规范》GB 50009—2012 按式（3 – 16a）至式（3 – 16d）计算结果制成风压高度变化系数表，见表 3 – 9。表中规定了各类地貌各自的截断高度，对 A、B、C、D 类分别取为 5 m、10 m、15 m 和 30 m，相应的风压高度变化系数取值分别不小于 1.09、1.00、0.65 和 0.51。

表 3 – 9　风压高度变化系数 $\mu_z$

| 离地面或海平面高度/m | 地面粗糙度类别 | | | | 离地面或海平面高度/m | 地面粗糙度类别 | | | |
| --- | --- | --- | --- | --- | --- | --- | --- | --- | --- |
| | A | B | C | D | | A | B | C | D |
| 5 | 1.09 | 1.00 | 0.65 | 0.51 | 100 | 2.23 | 2.00 | 1.50 | 1.04 |
| 10 | 1.28 | 1.00 | 0.65 | 0.51 | 150 | 2.46 | 2.25 | 1.79 | 1.33 |
| 15 | 1.42 | 1.13 | 0.65 | 0.51 | 200 | 2.64 | 2.46 | 2.03 | 1.58 |
| 20 | 1.52 | 1.23 | 0.74 | 0.51 | 250 | 2.78 | 2.63 | 2.24 | 1.81 |
| 30 | 1.67 | 1.39 | 0.88 | 0.51 | 300 | 2.91 | 2.77 | 2.43 | 2.02 |
| 40 | 1.79 | 1.52 | 1.00 | 0.60 | 350 | 2.91 | 2.91 | 2.60 | 2.22 |
| 50 | 1.89 | 1.62 | 1.10 | 0.69 | 400 | 2.91 | 2.91 | 2.76 | 2.40 |
| 60 | 1.97 | 1.71 | 1.20 | 0.77 | 450 | 2.91 | 2.91 | 2.91 | 2.58 |
| 70 | 2.05 | 1.79 | 1.28 | 0.84 | 500 | 2.91 | 2.91 | 2.91 | 2.74 |
| 80 | 2.12 | 1.87 | 1.36 | 0.91 | ≥550 | 2.91 | 2.91 | 2.91 | 2.91 |
| 90 | 2.18 | 1.93 | 1.43 | 0.98 | | | | | |

　　对于平坦或稍有起伏的地形，表 3 – 9 中数值可直接采用。

　　对于山区的建筑物，风压高度变化系数除由表 3 – 9 确定外，还应考虑地形的修正，修正系数 $\eta$ 分别按下述规定采用。

　　（1）对于山峰和山坡（图 3 – 7），其顶部 B 处的修正系数可按下式计算：

$$\eta_B = \left[ 1 + \kappa \tan\theta \left( 1 - \frac{z}{2.5H} \right) \right]^2 \qquad (3 - 17)$$

　　式中　$\theta$——山峰或山坡在迎风面一侧的坡度，当 $\tan\theta > 0.3$ 时，取 $\tan\theta = 0.3$；

　　　　　$\kappa$——系数，对山峰取 2.2，对山坡取 1.4；

　　　　　$H$——山顶或山坡全高（m）；

　　　　　$z$——建筑物计算位置离建筑物地面的高度（m），当 $z > 2.5H$ 时，取 $z = 2.5H$。

　　山坡和山峰的其他部位如图 3 – 7 所示，取 A、C 处的修正系数 $\eta_A = 1$、$\eta_C = 1$，AB 间和 BC 间的修正系数按 $\eta$ 的线性插值确定。

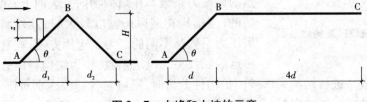

图 3 – 7　山峰和山坡的示意

　　（2）对于山间盆地、谷地等闭塞地形，取 $\eta = 0.75 \sim 0.85$；对于与风向一致的谷口、山口，

取 $\eta = 1.2 \sim 1.5$。

对于远海海面和海岛上的建筑物或构筑物,风压高度变化系数可按 A 类粗糙度类别选取,由表 3 − 9 确定后,再乘以表 3 − 10 中的修正系数。

**表 3 − 10    远海海面和海岛修正系数 $\eta$**

| 距海岸距离/km | <40 | 40 ~ 60 | 60 ~ 100 |
|---|---|---|---|
| 修正系数 $\eta$ | 1.0 | 1.0 ~ 1.1 | 1.1 ~ 1.2 |

# 3.4  风荷载体型系数

根据风速确定的风压,称为来流风的速度压。它仅表示以一定的速度向前运动的气流因受阻碍而完全停滞的情况下,对障碍物表面产生的压力。但实际的工程结构物并不能使作用在其表面的气流完全停滞,只能使气流以不同的方式从结构表面绕过(图 3 − 4),或者说结构物干扰了气流,使其改变流动方式。因此,结构物表面所受的实际风压必须考虑结构物表面特征对来流风的速度压进行修正。

风荷载体型系数(shape factor of wind load)是指风作用在建筑物表面上所引起的实际压力(或吸力)与来流风的速度压的比值,它描述的是建筑物表面在稳定风压作用下的静态压力的分布规律,主要与建筑物的体型和尺度有关,也与周围环境和地面粗糙度有关。

## 3.4.1  单体结构物风荷载体型系数

气流经过结构物时(图 3 − 8),在结构物的迎风面,由于气流受到阻碍,速度减小,气压增大,结构物表面受压;在结构物的背风面,由于结构物对气流产生干扰,气流截面收缩,流速增大,形成负压区,结构物表面受负风压(吸力)。

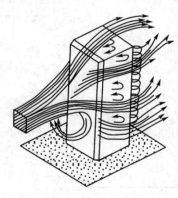

风荷载体型系数的确定,涉及关于固体与流体相互作用的流体动力学问题,对于不规则形状的固体,问题尤为复杂,目前还无法完全用理论方法确定,一般均由试验确定。鉴于原型实测的方法对结构设计的不现实性,目前只能采用相似原理,在边界层风洞内对拟建的建筑物模型进行测试。

试验时,首先测得建筑物表面上任一点沿顺风向的净风压力,再将此压力除以建筑物前方来流风压,即得该测点的风压力系数。在结构物同一表面上,风压分布是不均匀的,当结构物迎风面宽度较大时,其外墙端部与中部的风压力系数是不同的。为了应用方便,通常采用受风面各测点的加权平均风压系数,作为结构整体分析时该表面处

**图 3 − 8    气流绕过结构物表面**

风荷载体型系数。进行结构局部或围护构件分析时,则应对各部位区别对待。

根据国内外风洞试验资料,《建筑结构荷载规范》GB 50009—2012 中列出了不同类型的建筑物和构筑物风荷载体型系数,《高耸结构设计规范》GB 50135—2006 列出了常用塔桅、

塔架结构风荷载体型系数。当结构物与上述规范中列出的体型相同或相似时可参考取用，否则宜由风洞试验确定。

单体结构物风荷载体型系数值 $\mu_s$ 的一些规律如下。

1）$\mu_s$ 与建筑物尺度比例的关系

（1）迎风墙面，墙高与墙长之比越大，$\mu_s$ 值越大。

（2）背风墙面与顺风山墙，房屋宽度与高度之比越大，$\mu_s$ 值越小。

2）$\mu_s$ 与屋面坡度的关系

（1）封闭式建筑迎风坡屋面，当 $\alpha > 30°$ 时，$\mu_s$ 值为正；背风坡屋面，$\mu_s$ 值为负。

（2）封闭式建筑多跨屋面，凹面中各面的 $\mu_s$ 值为负；天窗屋面上的 $\mu_s$ 值为负。

3）圆形截面构筑物的 $\mu_s$

圆形截面构筑物的 $\mu_s$ 随直径和雷诺数 $Re$（详见 3.5 节）变化，且与地面粗糙度有关。

常见截面的风荷载体型系数见表 3-11。其中，若风荷载体型系数 $\mu_s$ 为正值，代表风对结构产生压力作用，其方向垂直指向建筑物表面；若风荷载体型系数 $\mu_s$ 为负值，代表风对结构产生吸力作用，其方向垂直离开建筑物表面。

表 3-11　常见截面的风荷载体型系数 $\mu_s$

| 项次及类别 | | 体型及体型系数 $\mu_s$ | | | | |
|---|---|---|---|---|---|---|
| 1 | 封闭式落地双坡屋面 | | $\alpha$ | 0° | 30° | ≥60° |
| | | | $\mu_s$ | 0 | +0.2 | +0.8 |
| 2 | 封闭式双坡屋面 | | $\alpha$ | ≤15° | 30° | ≥60° |
| | | | $\mu_s$ | -0.6 | 0 | +0.8 |
| 3 | 封闭式落地拱形坡屋面 | | $f/l$ | 0.1 | 0.2 | 0.3 |
| | | | $\mu_s$ | +0.1 | +0.2 | +0.6 |
| 4 | 封闭式拱形坡屋面 | | $f/l$ | 0.1 | 0.2 | 0.3 |
| | | | $\mu_s$ | -0.8 | 0 | +0.6 |
| 5 | 封闭式单坡屋面 | | 迎风坡面的 $\mu_s$ 按第 2 项采用 | | | |
| 6 | 封闭式高低双坡屋面 | | 迎风坡面的 $\mu_s$ 按第 2 项采用 | | | |

续表

| 项次及类别 | 体型及体型系数 $\mu_s$ | |
|---|---|---|
| 7 | 封闭式带天窗双坡屋面 | 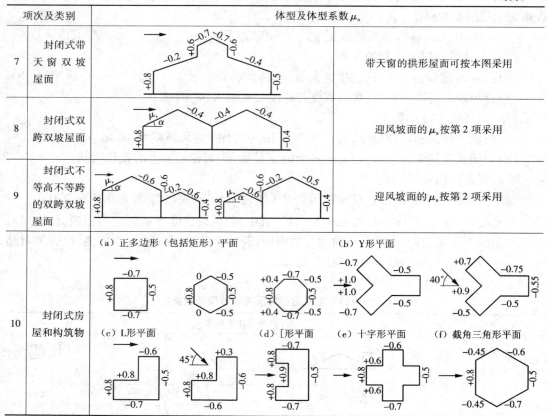 | 带天窗的拱形屋面可按本图采用 |
| 8 | 封闭式双跨双坡屋面 | | 迎风坡面的 $\mu_s$ 按第 2 项采用 |
| 9 | 封闭式不等高不等跨的双跨双坡屋面 | | 迎风坡面的 $\mu_s$ 按第 2 项采用 |
| 10 | 封闭式房屋和构筑物 | | |

### 3.4.2　群体风荷载体型系数

当多个建筑物,特别是群集的高层建筑,相互间距较近时,由于漩涡的相互干扰,房屋某些部位的局部风压会显著增大。这种增大效应可通过将单体建筑物的体型系数 $\mu_s$ 乘以相互干扰系数来考虑。相互干扰系数定义为受扰后的结构风荷载和单体结构风荷载的比值,可按下列规定确定。

(1)对矩形平面高层建筑,当单个施扰建筑与受扰建筑高度相近时,根据施扰建筑的位置,相互干扰系数可根据图 3 - 9 确定。图中假定风向是由左向右吹,$b$ 为受扰建筑的迎风面宽度,$x$ 和 $y$ 分别为施扰建筑离受扰建筑的纵向和横向距离。在没有充分依据的情况下,相互干扰系数的取值一般不小于 1.0,对顺风向风荷载可取 1.0 ~ 1.1,对横风向风荷载可取 1.0 ~ 1.2。

(2)建筑高度相同的两个干扰建筑的顺风向荷载相互干扰系数可根据图 3 - 10 确定。图中 $l$ 为两个施扰建筑 A 和 B 的中心连线,取值时,$l$ 不能与 $l_1$ 和 $l_2$ 相交。图中给出的是两个施扰建筑联合作用时的最不利情况,当这两个建筑都不在图中所示区域时,应按单个施扰建筑情况处理并依照图 3 -9(a)选取较大的数值。

(3)其他情况可比照类似条件的风洞试验资料确定。

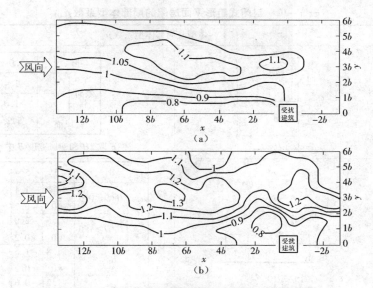

**图 3-9　单个施扰建筑作用的风荷载相互干扰系数**

（a）顺风向风荷载相互干扰系数　（b）横风向风荷载相互干扰系数

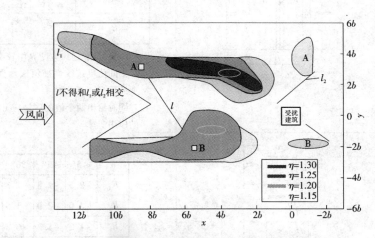

**图 3-10　两个施扰建筑作用的顺风向风荷载相互干扰系数**

### 3.4.3　局部风荷载体型系数

　　局部风荷载体型系数 $\mu_{sl}$ 是考虑建筑物表面风压分布不均匀的实际情况作出的调整。因为风力作用在建筑物表面的压力分布是不均匀的,在角隅、檐口、边棱处和附属结构的部位（如阳台、雨篷等外挑构件）,局部风压会超过按表 3-8 所得的平均风压。

　　《建筑结构荷载规范》GB 50009—2012 规定,验算围护构件及其连接的风荷载时,可按下列规定采用局部风荷载体型系数 $\mu_{sl}$。

　　（1）封闭式矩形平面房屋的墙面及屋面可按表 3-12 的规定采用。

　　（2）檐口、雨篷、遮阳板、边棱处的装饰条等突出构件,取 -2.0。

　　（3）其他房屋和构筑物可按该建（构）筑物的整体体型系数的 1.25 倍取值。

**表 3 – 12　封闭式矩形平面房屋的局部体型系数 $\mu_{sl}$**

| 项次及类别 | | 体型及局部体型系数 $\mu_{sl}$ | |
|---|---|---|---|
| 1 | 墙面 | | 迎风面　1.0；侧面 $S_a$ −1.4，$S_b$ −1.0；背风面 −0.6　注：$E$ 取 $2H$ 和迎风宽度 $B$ 中较小者。 |

| 1 | 墙面 |
|---|---|

| | 迎风面 | 1.0 |
|---|---|---|
| 侧面 | $S_a$ | −1.4 |
| | $S_b$ | −1.0 |
| 背风面 | | −0.6 |

注：$E$ 取 $2H$ 和迎风宽度 $B$ 中较小者。

| 2 | 双坡屋面 |
|---|---|

| $\alpha$ | | ≤5° | 15° | 30° | ≥45° |
|---|---|---|---|---|---|
| $R_a$ | $H/D \leq 0.5$ | −1.8 +0 | −1.4 +0.2 | −1.5 | −0 |
| | $H/D \geq 1.0$ | −2.5 +0 | −2.0 +0.2 | +0.7 | +0.7 |
| $R_b$ | | −1.8 +0 | −1.5 +0.2 | −1.5 +0.7 | −0 +0.7 |
| $R_c$ | | −1.2 +0 | −0.6 +0.2 | −0.3 +0.4 | −0 +0.6 |
| $R_d$ | | −0.6 +0.2 | −1.5 +0 | −0.5 +0 | −0.3 +0 |
| $R_e$ | | −0.6 +0 | −0.4 +0 | −0.4 +0 | −0.2 +0 |

注：1. $E$ 取 $2H$ 和迎风宽度 $B$ 中较小者；
2. 中间值可按线性插值法计算（应对相同符号项插值）；
3. 同时给出两个值的区域应分别考虑正负风压的作用。

| 3 | 单坡屋面 |
|---|---|

| $\alpha$ | ≤5° | 15° | 30° | ≥45° |
|---|---|---|---|---|
| $R_a$ | −2.5 | −2.8 | −2.3 | −1.2 |
| $R_b$ | −2.0 | −2.0 | −1.5 | −0.5 |
| $R_c$ | −1.2 | −1.2 | −0.8 | −0.5 |

注：1. $E$ 取 $2H$ 和迎风宽度 $B$ 中较小者；
2. 中间值可按线性插值法计算；
3. 迎风坡面可参考第 2 项取值。

　　计算非直接承受风荷载的围护构件风荷载时，应采用局部体型系数 $\mu_{sl}$，并可按构件的从属面积折减，折减系数按下列规定采用。

　　（1）当从属面积 $A \leq 1\ \mathrm{m}^2$ 时，折减系数取 1.0。

　　（2）当从属面积 $A \geq 25\ \mathrm{m}^2$ 时，对墙面折减系数取 0.8，对局部体型系数绝对值大于 1.0 的屋面区域折减系数取 0.6，对其他屋面区域折减系数取 1.0。

　　（3）当从属面积 $1\ \mathrm{m}^2 < A < 25\ \mathrm{m}^2$ 时，墙面和局部体型系数绝对值大于 1.0 的屋面可采用对数插值，即按下式计算局部体型系数：

$$\mu_{sl}(A) = \mu_{sl}(1) + \frac{[\mu_{sl}(25) - \mu_{sl}(1)]}{1.4} \cdot \lg A \qquad (3-18)$$

计算围护构件风荷载时,建筑物内部压力的局部体型系数可按下列规定采用。

1)封闭式建筑物

按其外表面风压的正负情况取 -0.2 或 0.2。

2)仅一面墙有主导洞口的建筑物

(1)当开洞率大于 0.02 且小于或等于 0.10 时,取 $0.4\mu_{sl}$。

(2)当开洞率大于 0.10 且小于或等于 0.30 时,取 $0.6\mu_{sl}$。

(3)当开洞率大于 0.30 时,取 $0.8\mu_{sl}$。

3)其他情况

应按开放式建筑物的 $\mu_{sl}$ 取值。

这里,主导洞口的开洞率是指单个主导洞口面积与该墙面全部面积之比;$\mu_{sl}$ 应取主导洞口对应位置的值。

## 3.5　结构抗风计算的几个重要概念

将水平风压沿结构物表面积分可求出作用在结构上的风力,包括顺风向风力 $F_D$、横风向风力 $F_L$ 及扭风力矩 $T_T$,如图 3-11 所示。

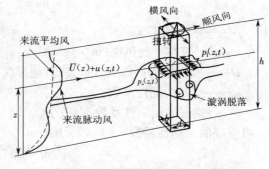

$$F_D = \mu_D \cdot \frac{1}{2}\rho v^2 B \qquad (3-18a)$$

$$F_L = \mu_L \cdot \frac{1}{2}\rho v^2 B \qquad (3-18b)$$

$$T_T = \mu_T \cdot \frac{1}{2}\rho v^2 B \qquad (3-18c)$$

**图 3-11　作用于结构的风效应**

式中　$B$——结构的截面尺寸,取为垂直于风向的最大尺寸;

　　　$\mu_T$——扭转力系数;

　　　$\mu_L$——横风向的风力系数;

　　　$\mu_D$——顺风向的风力系数,为迎风面和背风面体型系数的总和。

由风力产生的结构位移、速度、加速度响应等称为结构风效应。风扭力只引起扭转响应。一般情况下,不对称气流产生的扭风力矩数值很小,工程上可不予考虑,仅当结构有较大偏心时,才考虑扭风力矩的影响。顺风向风力和横风向风力是结构设计主要考虑的对象。

### 3.5.1　顺风向平均风与脉动风

实测资料表明,顺风向风速时程曲线中,包括两种成分:一种是长周期成分,其值一般在 10 min 以上;另一种是短周期成分,一般只有几秒左右。根据上述两种成分,应用上常把顺风向的风效应分解为平均风(即稳定风)和脉动风(也称阵风脉动)来分析。

平均风相对稳定,由于风的长周期远大于一般结构的自振周期,因此平均风对结构的动力影响很小,可以忽略,可将其等效为与时间无关的静力作用,如图 3-11 中的 $\overline{U}(z)$。

脉动风是由风的不规则性引起的,其强度随时间随机变化。由于脉动风周期较短,与一些工程结构的自振周期较接近,可使结构产生动力响应。实际上,脉动风是引起结构顺风向振动的主要原因,如图 3-11 中的 $u(z,t)$。

根据观测资料可以得出,在不同粗糙度的地面上同一高度处,脉动风的性质有所不同。在地面粗糙度大的区域上空,平均风速小,而脉动风的幅值大且频率高;反之在地面粗糙度小的区域上空,平均风速大,而脉动风的幅值小且频率低。

### 3.5.2　横风向风振

建筑物或构筑物受到风力作用时,不但顺风向可以发生风振,在一定条件下,横风向也会发生风振。对于高层建筑、高耸塔架、烟囱等结构物,横向风作用引起的结构共振会产生很大的动力效应,甚至对工程设计起着控制作用。横风向风振是由不稳定的空气动力作用造成的,其性质远比顺风向更为复杂,有可能产生漩涡脱落、驰振、颤振和扰振等空气动力学现象。它与结构的截面形状及雷诺数有关。

英国物理学家雷诺(O. Reynolds)在 19 世纪 80 年代,通过大量试验,首先给出了以流体惯性力与黏性力之比为参数的动力相似定律,该参数被命名为雷诺数 $Re$(Reynolds number)。雷诺数相同,则流体动力相似。对风作用下的结构物,有

$$Re = \frac{\rho v D}{\mu} = \frac{vD}{x} \tag{3-19}$$

式中　$\rho$——空气密度($kg/m^3$);

　　　$v$——计算高度处风速(m/s);

　　　$D$——圆形结构截面的直径,或其他形状物体表面特征尺寸(m);

　　　$\mu$——空气的黏性系数;

　　　$x$——空气的动黏性系数,$x = \mu/\rho$。

将空气的动黏性系数 $x = 1.45 \times 10^{-5} m^2/s$ 代入式(3-19)中,则得

$$Re = 69\ 000vD \tag{3-20}$$

由此可见,雷诺数与风速的大小成比例。如果雷诺数很小(如小于 1/1 000),则惯性力与黏性力之比可以忽略,即意味着高黏性行为;相反,如果雷诺数很大(如大于 1 000),则意味着黏性力影响很小。空气流体的作用一般是后一种情况,惯性力起主要作用。

下面以圆截面柱体结构为例,说明横风向风振的产生。

当空气流绕过圆截面柱体时(图 3-12(a)),沿上风面 $AB$ 速度逐渐增大,压力减小,到 $B$ 点压力达到最低值,再沿下风面 $BC$ 速度又逐渐降低,压力重新增大,但实际上由于在边界层内气流对柱体表面的摩擦要消耗部分能量,因此气流实际上是在 $BC$ 中间某点 $S$ 处速度停滞,漩涡就在 $S$ 点生成,并在外流的影响下,以一定的周期脱落(图 3-12(b)),这种现象称为卡门涡街(Karman Vortex Street),或称卡门漩涡。

设漩涡脱落频率为 $f_s$,无量纲的斯脱罗哈数(Strouhal number)为

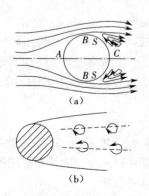

**图 3-12　漩涡的产生与脱落**

(a)空气流绕过圆截面柱体

(b)漩涡周期脱落

$$St = \frac{f_s D}{v} \tag{3-21}$$

试验表明,气流漩涡脱落频率或斯脱罗哈数 $St$ 与气流的雷

诺数 $Re$ 有关:当 $3 \times 10^2 \leqslant Re < 3.0 \times 10^5$ 时,周期性脱落很明显,$St$ 接近于常数,约为 0.2;当 $3 \times 10^5 \leqslant Re < 3.5 \times 10^6$ 时,脱落具有随机性,$St$ 的离散性很大;而当 $Re \geqslant 3.5 \times 10^6$ 时,脱落又重新出现大致的规则性,$St = 0.27 \sim 0.3$。当气流漩涡脱落频率 $f_s$ 与结构横向自振频率接近时,结构会发生剧烈的共振,即产生横风向风振。

工程上雷诺数 $Re < 3 \times 10^2$ 极少遇到,因而根据上述气流漩涡脱落的三段现象,将圆筒式结构划分 3 个临界范围,即亚临界(subcritical)范围,$3 \times 10^2 \leqslant Re < 3.0 \times 10^5$;超临界(supercritical)范围,$3 \times 10^5 \leqslant Re < 3.5 \times 10^6$;跨临界(transcritical)范围,$Re \geqslant 3.5 \times 10^6$。

对于其他截面结构,也会产生类似圆柱结构的横风向振动效应,但斯脱罗哈数有所不同,表 3 - 13 列出了一些常见截面的斯脱罗哈数。

表 3 - 13　常用截面的斯脱罗哈数

| 截面及风向 | | $St$ |
|---|---|---|
| →　▭ | | 0.15 |
| ○→ | $3 \times 10^2 \leqslant Re < 3.0 \times 10^5$ | 0.2 |
| | $3 \times 10^5 \leqslant Re < 3.5 \times 10^6$ | 0.2 ~ 0.3 |
| | $Re \geqslant 3.5 \times 10^6$ | 0.3 |

# 3.6　顺风向结构风振效应

## 3.6.1　风振系数

脉动风是一种随机动力荷载,风压脉动在高频段的峰值周期为 1 ~ 2 min,一般大于低层和多层结构的自振周期,因此风压脉动对这类结构的抗风安全性影响很小;但对于高耸构筑物和高层建筑等柔性结构,风压脉动引起的结构动力反应较为明显,其影响必须考虑。

(1)对于高度大于 30 m 且高宽比大于 1.5 的房屋以及基本自振周期 $T_1 > 0.25$ s 的各种高耸结构,均应考虑风压脉动对结构产生顺风向风振的影响。

结构顺风向风振响应计算应按随机振动理论进行。分析结果表明,对于一般悬臂型结构,例如构架、塔架、烟囱等高耸结构以及高度大于 30 m、高宽比大于 1.5 且可忽略扭转影响的高层建筑,其风振响应中第一振型起控制作用。此时,可以仅考虑结构第一振型的影响,采用风振系数法计算结构的顺风向风荷载。$z$ 高度处的风振系数 $\beta_z$ 可按下式计算:

$$\beta_z = 1 + 2gI_{10}B_z \sqrt{1 + R^2} \tag{3-22}$$

式中　$g$——峰值因子,可取 2.5;

　　　$I_{10}$——10 m 高度处的名义湍流强度,对应 A、B、C 和 D 类地面粗糙度,可分别取 0.12、0.14、0.23 和 0.39;

　　　$R$——脉动风荷载的共振分量因子;

　　　$B_z$——脉动风荷载的背景分量因子。

(2)对于风振敏感的或跨度大于 36 m 的屋盖结构,不仅应考虑风压脉动对结构产生风振的影响,还应考虑风流动分离、漩涡脱落等复杂流动现象。因而屋盖结构的风振响应,宜依据风洞试验结果按随机振动理论计算确定。

### 3.6.2　脉动风荷载的共振分量因子 $R$

由随机振动理论可导出脉动风荷载的共振分量因子 $R$，经过一定的近似简化，可得

$$R = \sqrt{\frac{\pi}{6\zeta_1} \cdot \frac{x_1^2}{(1 + x_1^2)^{4/3}}} \tag{3-23a}$$

$$x_1 = \frac{30 f_1}{\sqrt{k_w w_0}} = \frac{30}{\sqrt{k_w w_0 T_1^2}} \quad (x_1 > 5) \tag{3-23b}$$

式中　$\zeta_1$——结构的阻尼比，按表 3-14 确定，表中未列时可根据工程经验确定；

　　　　$w_0$——基本风压（ $kN/m^2$ ）；

　　　　$f_1$、$T_1$——结构的基本自振频率（Hz）、基本自振周期（s），$f_1 = 1/T_1$；

　　　　$k_w$——地面粗糙度修正系数，对应 A、B、C 和 D 类地面粗糙度，可分别取 1.28、1.0、0.54 和 0.26。

#### 表 3-14　结构的阻尼比 $\zeta_1$

| 结构类型 | 钢结构 | 有填充墙的房屋钢结构 | 钢-混凝土混合结构 | 混凝土结构 | 砌体结构 |
|---|---|---|---|---|---|
| 阻尼比 $\zeta_1$ | 0.01 | 0.02 | 0.04 | 0.05 | 0.05 |

为方便起见，根据式（3-23a）和式（3-23b）制成共振分量因子 $R$ 表，供设计时查用，见表 3-15。

#### 表 3-15　共振分量因子 $R$

| $k_w w_0 T_1^2/(kN \cdot s^2/m^2)$ | 0.01 | 0.02 | 0.04 | 0.06 | 0.08 | 0.10 | 0.20 | 0.40 | 0.60 |
|---|---|---|---|---|---|---|---|---|---|
| 钢结构（ $\zeta_1 = 0.01$ ） | 1.081 | 1.213 | 1.362 | 1.457 | 1.529 | 1.586 | 1.781 | 1.998 | 2.138 |
| 有填充墙的房屋钢结构（ $\zeta_1 = 0.02$ ） | 0.764 | 0.858 | 0.963 | 1.030 | 1.081 | 1.122 | 1.259 | 1.413 | 1.512 |
| 钢-混凝土混合结构（ $\zeta_1 = 0.04$ ） | 0.540 | 0.607 | 0.681 | 0.729 | 0.764 | 0.793 | 0.890 | 0.999 | 1.069 |
| 混凝土及砌体结构（ $\zeta_1 = 0.05$ ） | 0.483 | 0.543 | 0.609 | 0.652 | 0.654 | 0.709 | 0.796 | 0.894 | 0.956 |
| $k_w w_0 T_1^2/(kN \cdot s^2/m^2)$ | 0.80 | 1.00 | 2.00 | 4.00 | 6.00 | 8.00 | 10.0 | 20.0 | 30.0 |
| 钢结构（ $\zeta_1 = 0.01$ ） | 2.242 | 2.327 | 2.610 | 2.925 | 3.125 | 3.274 | 3.393 | 3.781 | 4.016 |
| 有填充墙的房屋钢结构（ $\zeta_1 = 0.02$ ） | 1.586 | 1.645 | 1.846 | 2.069 | 2.210 | 2.315 | 2.399 | 2.674 | 2.840 |
| 钢-混凝土混合结构（ $\zeta_1 = 0.04$ ） | 1.121 | 1.164 | 1.305 | 1.463 | 1.563 | 1.637 | 1.697 | 1.890 | 2.008 |
| 混凝土及砌体结构（ $\zeta_1 = 0.05$ ） | 1.003 | 1.041 | 1.167 | 1.308 | 1.398 | 1.464 | 1.517 | 1.691 | 1.796 |

### 3.6.3　脉动风荷载的背景分量因子 $B_z$

脉动风荷载的背景分量因子可按下列规定确定。

（1）对体型和质量沿高度均匀分布的高层建筑和高耸结构，可按下式计算：

$$B_z = k H^{\alpha_1} \rho_x \rho_z \frac{\phi_1(z)}{\mu_z} \tag{3-24}$$

式中　$\phi_1(z)$——结构基本振型系数；

　　　　$H$——结构总高度（m），对 A、B、C 和 D 类地面粗糙度，$H$ 的取值分别不应大于 300 m、350 m、450 m 和 550 m；

　　　　$\rho_z$——脉动风荷载竖直方向的相关系数，且有

$$\rho_z = \frac{10\sqrt{H + 60\mathrm{e}^{-H/60} - 60}}{H} \qquad (3-25\mathrm{a})$$

　　　　$\rho_x$——脉动风荷载水平方向的相关系数，对迎风面宽度较小的高耸结构取 $\rho_x = 1.0$，其他情况下为

$$\rho_x = \frac{10\sqrt{B + 50\mathrm{e}^{-B/50} - 50}}{B} \qquad (3-25\mathrm{b})$$

　　　　其中，$B$ 为结构迎风面宽度（m），$B \leqslant 2H$；

　　　　$k$、$\alpha_1$——系数，按表 3-16 取值。

表 3-16　系数 $k$ 和 $\alpha_1$

| 结构类别 | 高层 | | | | 高耸 | | | |
|---|---|---|---|---|---|---|---|---|
| 地面粗糙度类别 | A | B | C | D | A | B | C | D |
| $k$ | 0.944 | 0.670 | 0.295 | 0.112 | 1.276 | 0.910 | 0.404 | 0.155 |
| $\alpha_1$ | 0.155 | 0.187 | 0.261 | 0.346 | 0.186 | 0.218 | 0.292 | 0.376 |

（2）对迎风面和侧风面的宽度沿高度按直线或接近直线规律变化，而质量沿高度按连续规律变化的高耸结构，式（3-24）计算的背景分量因子 $B_z$ 应乘以修正系数 $\theta_B$ 和 $\theta_v$。$\theta_B$ 为构筑物迎风面在 $z$ 高度处的宽度 $B(z)$ 与底部宽度 $B(0)$ 的比值，$\theta_v$ 可按表 3-17 确定。

表 3-17　修正系数 $\theta_v$

| $B(z)/B(0)$ | 1.0 | 0.9 | 0.8 | 0.7 | 0.6 | 0.5 | 0.4 | 0.3 | 0.2 | $\leqslant 0.1$ |
|---|---|---|---|---|---|---|---|---|---|---|
| $\theta_v$ | 1.00 | 1.10 | 1.20 | 1.32 | 1.50 | 1.75 | 2.08 | 2.53 | 3.30 | 5.60 |

## 3.6.4　结构振型系数

　　结构振型系数应根据结构动力学方法计算确定。一般情况下，对结构顺风向风振响应，可仅考虑第一振型的影响；对圆截面高层建筑及构筑物横风向的共振响应，应验算第一至第四振型的响应。

　　为了简化计算，在确定风荷载时，根据结构的变形特点，采用下列近似方法计算结构振型系数。

　　（1）对于高耸构筑物，可按弯曲型考虑，结构第一振型系数近似按下式计算：

$$\phi_1(z) = \frac{1}{3}\left(\frac{z}{H}\right)^4 - \frac{4}{3}\left(\frac{z}{H}\right)^3 + 2\left(\frac{z}{H}\right)^2 \qquad (3-26)$$

　　当悬臂型高耸结构的外形由下向上逐渐收近，截面沿高度按连续规律变化（如烟囱）时，其振型计算公式十分复杂。此时可根据结构迎风面顶部宽度 $B(H)$ 与底部宽度 $B(0)$ 的

比值 $\theta_B$，按表 3 – 18 确定第一振型的振型系数。

表 3 – 18　截面沿高度规律变化的高耸结构第一振型系数

| $B(H)/B(0)$ | 相对高度($z/H$) | | | | | | | | | |
|---|---|---|---|---|---|---|---|---|---|---|
| | 0.1 | 0.2 | 0.3 | 0.4 | 0.5 | 0.6 | 0.7 | 0.8 | 0.9 | 1.0 |
| 1.0 | 0.02 | 0.06 | 0.14 | 0.23 | 0.34 | 0.46 | 0.59 | 0.79 | 0.86 | 1.00 |
| 0.8 | 0.02 | 0.06 | 0.12 | 0.21 | 0.32 | 0.44 | 0.57 | 0.71 | 0.86 | 1.00 |
| 0.6 | 0.01 | 0.05 | 0.11 | 0.19 | 0.29 | 0.41 | 0.55 | 0.69 | 0.85 | 1.00 |
| 0.4 | 0.01 | 0.04 | 0.09 | 0.16 | 0.26 | 0.37 | 0.51 | 0.66 | 0.83 | 1.00 |
| 0.2 | 0.01 | 0.03 | 0.07 | 0.13 | 0.21 | 0.31 | 0.45 | 0.61 | 0.80 | 1.00 |

（2）对于高层建筑结构，当以剪力墙的工作为主时，可按弯剪型考虑，结构第一振型系数近似计算公式为

$$\phi_1(z) = \tan\left[\frac{\pi}{4}\left(\frac{z}{H}\right)^{0.7}\right] \tag{3 – 27}$$

对质量和刚度沿高度分布比较均匀的弯剪型结构，也可采用振型计算点距室外地面高度 $z$ 与房屋高度 $H$ 的比值，即 $\phi_z = z/H$。

（3）对于低层建筑结构，一般可不考虑风振效应，对风荷载较为敏感而需考虑风振效应时，按剪切型结构考虑，结构第一振型系数近似计算公式为

$$\phi_1(z) = \sin\left[\frac{\pi}{2}\left(\frac{z}{H}\right)\right] \tag{3 – 28}$$

### 3.6.5　结构基本周期经验公式

在考虑风压脉动引起的风振效应时，需要计算结构的基本周期。各类结构的自振周期均可按照结构动力学的方法进行求解。初步设计或近似计算时，结构基本自振周期 $T_1$ 可采用实测基础上回归得到的经验公式近似求出。

1. 高耸结构

一般情况下的钢结构和钢筋混凝土结构自振周期为

$$T_1 = (0.007 \sim 0.013)H \tag{3 – 29}$$

式中　$H$——结构物总高(m)。

钢结构刚度小，结构自振周期长，可取高值；钢筋混凝土结构刚度相对较大，结构自振周期短，可取低值。

烟囱的基本自振周期可按下述公式确定。

（1）高度不超过 60 m 的砖烟囱

$$T_1 = 0.23 + 0.22 \times 10^{-3}H^2/d \tag{3 – 30a}$$

（2）高度不超过 150 m 的钢筋混凝土烟囱

$$T_1 = 0.413 + 0.10 \times 10^{-3}H^2/d \tag{3 – 30b}$$

（3）高度超过 150 m，但低于 210 m 的钢筋混凝土烟囱

$$T_1 = 0.53 + 0.08 \times 10^{-3}H^2/d \tag{3 – 30c}$$

式中　$H$——烟囱高度(m)；

　　$d$——烟囱 1/2 高度处的外径（m）。

2. 高层建筑

一般情况下的钢结构和钢筋混凝土结构的基本周期的经验公式如下。

钢结构：

$$T_1 = (0.10 \sim 0.15)n \tag{3-31a}$$

钢筋混凝土结构：

$$T_1 = (0.05 \sim 0.10)n \tag{3-31b}$$

式中　$n$——建筑层数。

钢筋混凝土结构的基本自振周期可按下述公式确定。

（1）钢筋混凝土框架和框剪结构

$$T_1 = 0.25 + 0.53 \times 10^{-3} H^2 / \sqrt[3]{B} \tag{3-32a}$$

（2）钢筋混凝土剪力墙结构

$$T_1 = 0.03 + 0.03 H / \sqrt[3]{B} \tag{3-32b}$$

式中　$H$——房屋总高度（m）；

　　　$B$——房屋宽度（m）。

### 3.6.6　阵风系数

　　对于围护结构，包括玻璃幕墙在内，脉动引起的振动影响很小，可不考虑风振影响，但应考虑脉动风压的分布，即在平均风的基础上乘以阵风系数。阵风系数参照国外规范取值水平，按下述公式确定：

$$\beta_{gz} = 1 + 2g I_{10} \left( \frac{z}{10} \right)^{-\alpha} \tag{3-33}$$

　　同样，取 A、B、C、D 四类地貌类别的截断高度分别为 5 m、10 m、15 m 和 30 m，即阵风系数分别不大于 1.65、1.70、2.05 和 2.40。

　　为方便使用，根据式（3-33）制成表格（表 3-19）。

表 3-19　阵风系数 $\beta_{gz}$

| 离地面高度 $H$/m | | 5 | 10 | 15 | 20 | 30 | 40 | 50 | 60 | 70 | 80 | 90 |
|---|---|---|---|---|---|---|---|---|---|---|---|---|
| 地面粗糙度类别 | A | 1.65 | 1.60 | 1.57 | 1.55 | 1.53 | 1.51 | 1.49 | 1.48 | 1.48 | 1.47 | 1.46 |
| | B | 1.70 | 1.70 | 1.66 | 1.63 | 1.59 | 1.57 | 1.55 | 1.54 | 1.52 | 1.51 | 1.50 |
| | C | 2.05 | 2.05 | 2.05 | 1.99 | 1.90 | 1.85 | 1.81 | 1.78 | 1.75 | 1.73 | 1.71 |
| | D | 2.40 | 2.40 | 2.40 | 2.40 | 2.40 | 2.29 | 2.20 | 2.14 | 2.09 | 2.04 | 2.01 |
| 离地面高度 $H$/m | | 100 | 150 | 200 | 250 | 300 | 350 | 400 | 450 | 500 | 550 | |
| 地面粗糙度类别 | A | 1.46 | 1.43 | 1.42 | 1.41 | 1.40 | 1.40 | 1.40 | 1.40 | 1.40 | 1.40 | |
| | B | 1.50 | 1.47 | 1.45 | 1.43 | 1.42 | 1.41 | 1.41 | 1.41 | 1.41 | 1.41 | |
| | C | 1.69 | 1.63 | 1.59 | 1.57 | 1.54 | 1.53 | 1.51 | 1.50 | 1.50 | 1.50 | |
| | D | 1.98 | 1.87 | 1.79 | 1.74 | 1.70 | 1.67 | 1.64 | 1.62 | 1.60 | 1.59 | |

### 3.6.7　顺风向风荷载标准值

当已知拟建工程所在地的地貌环境和工程结构的基本条件后,可按上述方法逐一确定工程结构的基本风压 $w_0$、风压高度变化系数 $\mu_z$、风荷载体型系数 $\mu_s$、风振系数 $\beta_z$ 和阵风系数 $\beta_{gz}$,并按下列规定可计算垂直于建筑物表面上的顺风向荷载标准值 $w_k$。

(1)当计算主体结构时,风荷载标准值 $w_k$ 按下式计算:

$$w_k = \beta_z \mu_s \mu_z w_0 \tag{3-34}$$

式中　$w_k$——风荷载标准值($\text{kN/m}^2$);

　　　$\beta_z$——$z$ 高度处的风振系数,按式(3-22)计算;

　　　$\mu_s$——风荷载体型系数;

　　　$\mu_z$——风压高度变化系数,按式(3-16a)至式(3-16d)计算或查表3-9确定;

　　　$w_0$——基本风压($\text{kN/m}^2$),按附录B确定,且对一般结构,不应小于 $0.3\ \text{kN/m}^2$,对高耸结构,不应小于 $0.35\ \text{kN/m}^2$。

计算主体结构的风荷载效应时,建筑物承受的顺风向总风荷载是各个表面承受的风荷载的矢量和,而且是沿高度变化的分布荷载。距地高度 $z$ 处的顺风向总风荷载 $F_{Dk}(z)$($\text{kN/m}$)可按下式计算:

$$F_{Dk}(z) = \sum_{i=1}^{n} w_{ki} B_i \cos \alpha_i = \beta_z \mu_z w_0 \sum_{i=1}^{n} \mu_{si} B_i \cos \alpha_i \tag{3-35}$$

式中　$n$——高度 $z$ 处建筑物外围表面积数(每个平面作为一个表面积);

　　　$B_i$——第 $i$ 个表面的宽度;

　　　$\mu_{si}$——第 $i$ 个表面的风荷载体型系数;

　　　$\alpha_i$——第 $i$ 个表面法线与风力作用方向的夹角。

当建筑物某个表面与风力作用方向垂直时,$\alpha_i = 0°$,即该表面的风压全部计入顺风向总风荷载;当某个表面与风力作用方向平行时,$\alpha_i = 90°$,即该表面的风压不计入顺风向总风荷载。其他与风力作用方向成某一夹角的表面,应计入该表面上风荷载在风力作用方向的投影值(注意区别是风压力还是风吸力),按矢量相加。

各表面风荷载的合力作用点,即为顺风向总风荷载的作用点。

(2)当计算围护结构时,风荷载标准值 $w_k$ 按下式计算:

$$w_k = \beta_{gz} \mu_{sl} \mu_z w_0 \tag{3-36}$$

式中　$\beta_{gz}$——$z$ 高度处的阵风系数,按表3-19确定;

　　　$\mu_{sl}$——局部风压体型系数。

### 3.6.8　例题

【例3-1】　某海滨度假旅馆采用钢筋混凝土剪力墙结构,质量和刚度沿高度分布比较均匀,围护结构为玻璃幕墙。地上16层,层高4.0 m,屋顶女儿墙高2.0 m,房屋高度 $H = 64.0$ m,地下1层。平面为正六边形,尺寸及各表面风荷载体型系数 $\mu_s$ 如图3-13(a)所示。已知结构基本自振周期 $T_1 = 0.942$ s,基本风压 $w_0 = 0.60\ \text{kN/m}^2$,地面粗糙度为 A 类。

试计算:

(1)作用于建筑物表面的风荷载标准值;

(2)风荷载作用于地下室顶面处的弯矩标准值。

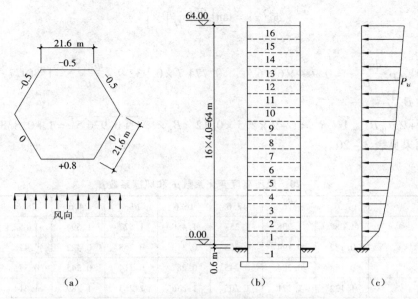

**图 3 – 13　某高层建筑外形尺寸及计算简图**

（a）建筑平面外形尺寸　（b）立面尺寸示意　（c）风荷载沿高度分布

【解】　为简化计算,取各楼层楼板标高处的风荷载值作为该层的风荷载标准值,如图3
–13(b)所示。

(1)根据给定条件,确定地面粗糙度类别为 A 类,粗糙度指数 $\alpha = 0.12$。

(2)各楼层楼板标高处的风压高度变化系数 $\mu_z$ 按式(3 – 16a)计算,结果见表 3 – 20。

(3)基本风压 $w_0$ 和各表面体型系数已知。

(4)各楼层楼板标高处的风振系数 $\beta_z$ 按式(3 – 22)计算,即

$$\beta_z = 1 + 2gI_{10}B_z\sqrt{1 + R^2}$$

其中各参数确定如下。

①共振分量因子 $R$ 按式(3 – 23)计算:

$$x_1 = \frac{30}{\sqrt{k_w w_0 T_1^2}} = \frac{30}{\sqrt{1.28 \times 0.6 \times 0.942^2}} = 36.34$$

$$R = \sqrt{\frac{\pi}{6\zeta_1} \cdot \frac{x_1^2}{(1 + x_1^2)^{4/3}}} = \sqrt{\frac{\pi}{6 \times 0.05} \cdot \frac{36.34^2}{(1 + 36.34^2)^{4/3}}} = 0.9765$$

②背景分量因子 $B_z$ 按式(3 – 24)计算,即

$$B_z = kH^{\alpha_1}\rho_x\rho_z\frac{\phi_1(z)}{\mu_z}$$

其中系数 $k$、$\alpha_1$ 由表 3 – 16 查得:$k = 0.944$;$\alpha_1 = 0.155$。

脉动风荷载竖直方向和水平方向的相关系数 $\rho_z$、$\rho_x$ 按式(3 – 25)计算,分别为

$$\rho_z = \frac{10\sqrt{H + 60e^{-H/60} - 60}}{H} = \frac{10\sqrt{64.6 + 60e^{-64.6/60} - 60}}{64.6} = 0.7747$$

$$\rho_x = \frac{10\sqrt{B + 50e^{-B/50} - 50}}{B} = \frac{10\sqrt{21.6 + 50e^{-21.6/50} - 50}}{21.6} = 0.9329$$

剪力墙结构的第一振型系数按式(3 – 27)计算,即

$$\phi_1(z) = \tan\left[\frac{\pi}{4}\left(\frac{z}{H}\right)^{0.7}\right]$$

由此可得

$$B_z = kH^{\alpha_1}\rho_x\rho_z\frac{\phi_1(z)}{\mu_z} = 0.944 \times 64.6^{0.155} \times 0.774\,7 \times 0.932\,9 \times \frac{\phi_1(z)}{\mu_z} = 1.301\,7\frac{\phi_1(z)}{\mu_z}$$

故风振系数 $\beta_z$ 为

$$\beta_z = 1 + 2gI_{10}B_z\sqrt{1 + R^2} = 1 + 2 \times 2.5 \times 0.12 \times B_z \times \sqrt{1 + 0.976\,5^2} = 1 + 0.838\,6B_z$$

计算结果见表 3 - 20。

表 3 - 20　风压高度变化系数 $\mu_z$ 和风振系数 $\beta_z$

| $z/\text{m}$ | 4.6 | 8.6 | 12.6 | 16.6 | 20.6 | 24.6 | 28.6 | 32.6 |
|---|---|---|---|---|---|---|---|---|
| $\mu_z$ | 1.087 | 1.238 | 1.357 | 1.450 | 1.527 | 1.594 | 1.652 | 1.705 |
| $\phi_1(z)$ | 0.132 | 0.194 | 0.255 | 0.313 | 0.368 | 0.422 | 0.476 | 0.529 |
| $B_z$ | 0.158 | 0.204 | 0.245 | 0.281 | 0.314 | 0.345 | 0.375 | 0.404 |
| $\beta_z$ | 1.132 | 1.171 | 1.205 | 1.236 | 1.263 | 1.289 | 1.314 | 1.339 |
| $z/\text{m}$ | 36.6 | 40.6 | 44.6 | 48.6 | 52.6 | 56.6 | 60.6 | 64.6 |
| $\mu_z$ | 1.753 | 1.797 | 1.838 | 1.877 | 1.913 | 1.946 | 1.979 | 2.009 |
| $\phi_1(z)$ | 0.583 | 0.637 | 0.693 | 0.750 | 0.809 | 0.870 | 0.934 | 1.000 |
| $B_z$ | 0.433 | 0.462 | 0.491 | 0.520 | 0.551 | 0.582 | 0.614 | 0.648 |
| $\beta_z$ | 1.363 | 1.387 | 1.411 | 1.436 | 1.462 | 1.488 | 1.515 | 1.543 |

（5）按式（3 - 34）计算作用于建筑物各表面的风荷载标准值 $w_{ki}$，按式（3 - 35）计算各楼层标高 $z$ 处的顺风向总风荷载标准值 $F_{Dk}(z)(\text{kN/m})$，结果见表 3 - 21。总风荷载沿高度分布如图 3 - 13（c）所示。

表 3 - 21　风荷载标准值 $w_k$　　　　　　　　　　　　　　　　（ $\text{kN/m}^2$ ）

| $z/\text{m}$ | 4.6 | 8.6 | 12.6 | 16.6 | 20.6 | 24.6 | 28.6 | 32.6 |
|---|---|---|---|---|---|---|---|---|
| 迎风面 $w_k(\mu_s = 0.8)$ | 0.591 | 0.696 | 0.785 | 0.860 | 0.926 | 0.986 | 1.042 | 1.096 |
| 侧风面 $w_k(\mu_s = -0.5)$ | -0.369 | -0.435 | -0.491 | -0.538 | -0.579 | -0.616 | -0.651 | -0.685 |
| 背风面 $w_k(\mu_s = -0.5)$ | -0.369 | -0.435 | -0.491 | -0.538 | -0.579 | -0.616 | -0.651 | -0.685 |
| $F_{Dik}(z)/(\text{kN/m})$ | 28.72 | 33.82 | 3817 | 41.80 | 45.01 | 47.93 | 50.66 | 53.25 |
| $z/\text{m}$ | 36.6 | 40.6 | 44.6 | 48.6 | 52.6 | 56.6 | 60.6 | 64.6 |
| 迎风面 $w_k(\mu_s = 0.8)$ | 1.147 | 1.197 | 1.245 | 1.294 | 1.342 | 1.390 | 1.439 | 1.488 |
| 侧风面 $w_k(\mu_s = -0.5)$ | -0.717 | -0.748 | -0.778 | -0.809 | -0.839 | -0.869 | -0.899 | -0.930 |
| 背风面 $w_k(\mu_s = -0.5)$ | -0.717 | -0.748 | -0.778 | -0.809 | -0.839 | -0.869 | -0.899 | -0.930 |
| $F_{Dik}(z)/(\text{kN/m})$ | 55.74 | 58.16 | 60.53 | 62.88 | 65.21 | 67.56 | 69.93 | 72.34 |

（6）风荷载作用于地下室顶面处的弯矩标准值。

顺风向总风荷载作用于地下室顶面（ $\pm 0.000$ ）处的弯矩标准值 $M_{0k}$ 为

$$M_{0k} = \sum_{i=1}^{16} F_{Dik}(H_i - 0.6) = 32\,698.83 \text{ kN} \cdot \text{m}$$

## 3.7 横风向风振及扭转风效应

当建筑物受到风力作用时,除顺风向可能发生风振外,在一定条件下也可能发生横风向的风振。导致建筑横风向风振的主要激励有:尾流激励(漩涡脱落激励)、横风向湍流激励以及气功弹性激励(建筑振动和风之间的耦合效应),其激励特性远比顺风向要复杂。

判断高层建筑是否需要考虑横风向风振的影响,一般要考虑建筑的高度、高宽比、结构自振频率及阻尼比等多种因素,并借鉴工程经验及有关资料。一般而言,建筑高度超过 150 m 或高宽比大于 5 的高层建筑可出现较为明显的横风向风振效应,并且效应随着建筑高度或建筑高宽比增加而增加。高度超过 30 m 且高宽比大于 4 的细长圆形截面构筑物,也需要考虑横风向风振的影响。

判断高层建筑是否需要考虑扭转风振的影响,主要考虑建筑的高度、高宽比、深宽比、结构自振频率、结构刚度与质量的偏心等因素。扭转风荷载是由于建筑各个立面风压的非对称作用产生的,受截面形状和湍流度等因素的影响较大。

### 3.7.1 横风向风振的锁定现象

实验研究表明,当横风向风力作用力频率 $f_s$ 与结构横向自振基本频率 $f_1$ 接近时,结构横向产生共振反应。此时,若风速继续增大,风漩涡脱落频率仍保持常数(图 3 − 14),而不是按式(3 − 21)变化。

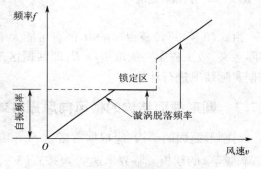

**图 3 − 14 锁定现象**

只当风速大于结构共振风速的 1.3 倍左右时,风漩涡脱落频率才重新按式(3 − 21)规律变化。将风漩涡脱落频率保持常数(等于结构自振频率)的风速区域,称为锁定区域。

### 3.7.2 共振区高度

在一定的风速范围内将发生共振,共振发生的初始风速称为临界风速。对图 3 − 15 所示圆柱体结构,距离地面高度为 $z$ 处的临界风速 $v_{cr}$ 可由斯脱罗哈数的定义按式(3 − 21)导出,即

$$v_{cr} = \frac{D(z)}{T_j \cdot St} \tag{3 − 37}$$

式中 $St$——斯脱罗哈数,对圆形截面结构取 0.2;

$T_j$——结构第 $j$ 振型自振周期,验算亚临界微风共振时取基本自振周期 $T_1$(s)。

$D(z)$——圆柱体结构距离地面高度为 $z$ 处的直径,当结构沿高度截面缩小时(倾斜度不大于 0.02),也可近似取 2/3 结构高度处的直径。

由锁定现象可知,在一定的风速范围内将发生涡激共振,可沿高度方向取(1.0 ~ 1.3)$v_{cr}$ 的区域为锁定区,即共振区。对应于共振区起点高度 $H_1$ 的风速应为临界风速 $v_{cr}$,由式(3 − 9)给出的风剖面的指数变化规律,取离地标准高度为 10 m,有:

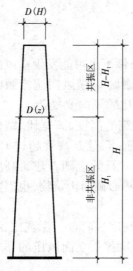

图 3-15　共振区高度

$$\frac{v_{cr}}{v_0} = \left(\frac{H_1}{10}\right)^{\alpha} \tag{3-38}$$

由式(3-38)可得

$$H_1 = 10\left(\frac{v_{cr}}{v_0}\right)^{1/\alpha} \tag{3-39a}$$

若取结构总高度 $H$ 为基准高度,则得 $H_1$ 的另一表达式:

$$H_1 = H\left(\frac{v_{cr}}{\beta_v v_H}\right)^{1/\alpha} \tag{3-39b}$$

式中　$v_H$——结构顶部风速(m/s)。

$\beta_v$——结构顶部风速的增大系数,考虑结构在强风共振时的安全性及试验资料的局限性,为避免在设计中低估横向风的风振影响,取 $\beta_v = 1.2$。

对应于风速 $1.3v_{cr}$ 的高度 $H_2$,由式(3-9)的指数变化规律,取离地标准高度为 10 m,同样可导出:

$$H_2 = 10\left(\frac{1.3v_{cr}}{v_0}\right)^{1/\alpha} \tag{3-40}$$

由式(3-40)计算得出的 $H_2$ 值有可能大于结构总高度 $H$,但超出总高度 $H$ 的部分没有实际意义,故工程中一般取 $H_2 = H$,即共振区范围为 $(H-H_1)$ 区段,个别情况 $H_2 < H$ 时,可根据实际情况进行计算。

### 3.7.3　圆形截面结构的横风向风振等效风荷载

对圆形截面的结构,应根据雷诺数 $Re$ 和结构顶部风速 $v_H$ 的不同情况进行横风向风振(漩涡脱落)的校核。临界风速 $v_{cr}$ 可按式(3-37)确定。

根据风压的定义,结构顶部风速 $v_H$ 可按下式确定:

$$v_H = \sqrt{\frac{2\,000\mu_H w_0}{\rho}} \tag{3-41}$$

式中　$\mu_H$——结构顶部风压高度变化系数;

$w_0$——基本风压($kN/m^2$);

$\rho$——空气密度($kg/m^3$)。

雷诺数 $Re$ 可按式(3-20)确定,且其中风速可采用临界风速 $v_{cr}$。根据不同的雷诺数 $Re$,圆形截面结构或构件的横风向共振响应及防振措施如下。

1)亚临界范围

当 $Re < 3 \times 10^5$ 且结构顶部风速 $v_H$ 大于临界风速 $v_{cr}$ 时,可发生亚临界的微风共振。微风共振时结构会发生共振声响,但一般不会对结构产生破坏。此时,可在构造上采取防振措施,如调整结构布置使结构基本周期 $T_1$ 改变而避免发生微风共振,或者控制结构的临界风速 $v_{cr}$ 不小于 15 m/s,以降低共振的发生率。

2)超临界范围

当 $3 \times 10^5 \leqslant Re < 3.5 \times 10^6$ 时,则发生超临界范围的风振,可不作处理。此范围漩涡脱落没有明显周期,结构的横向振动呈现随机特征,不会产生共振响应,且风速也不是很大,工程上一般不考虑横风向振动。

3)跨临界范围

当 $Re \geqslant 3.5 \times 10^6$ 且结构顶部风速 $v_H$ 的 1.2 倍大于临界风速 $v_{cr}$ 时,可发生跨临界的强风共振,此时应考虑横风向风振的等效风荷载。

当风速进入跨临界范围时,结构有可能出现严重的振动,甚至于破坏,国内外都曾发生过很多这类的损坏和破坏的事例,对此必须引起注意。

跨临界强风共振引起的在 $z$ 高度处第 $j$ 振型的横风向风振等效风荷载 $w_{Lk,j}$ ( kN/m$^2$ ) 可由下式确定:

$$w_{Lk,j} = \frac{\mu_L |\lambda_j| v_{cr}^2 \phi_j(z)}{3\,200\zeta_j} \tag{3-42}$$

式中　$\mu_L$——横向力系数,取 0.25;

$\lambda_j$——共振区域计算系数,按表 3-22 采用;

$\zeta_j$——结构第 $j$ 振型的阻尼比,对高层建筑和一般高耸结构的第 1 振型,按表 3-14 确定,对高阶振型,若无相关资料,可近似按第 1 振型的值取用,对烟囱结构,按《烟囱设计规范》GB 50051—2013 的规定确定;

$\phi_j(z)$——在 $z$ 高处结构的第 $j$ 振型的振型系数,由计算确定或参考表 3-23 确定。

表 3-22　跨临界强风共振计算系数 $\lambda_j$

| 结构类型 | 振型序号 | $H_1/H$ | | | | | | | | | | |
|---|---|---|---|---|---|---|---|---|---|---|---|---|
| | | 0 | 0.1 | 0.2 | 0.3 | 0.4 | 0.5 | 0.6 | 0.7 | 0.8 | 0.9 | 1.0 |
| 高耸结构 | 1 | 1.56 | 1.55 | 1.54 | 1.49 | 1.42 | 1.31 | 1.15 | 0.94 | 0.68 | 0.37 | 0 |
| | 2 | 0.83 | 0.82 | 0.76 | 0.60 | 0.37 | 0.09 | -0.16 | -0.33 | -0.38 | -0.27 | 0 |
| | 3 | 0.52 | 0.48 | 0.32 | 0.06 | -0.19 | -0.30 | -0.21 | 0.00 | 0.20 | 0.23 | 0 |
| | 4 | 0.30 | 0.33 | 0.02 | -0.20 | -0.23 | 0.03 | 0.16 | 0.15 | -0.05 | -0.18 | 0 |
| 高层建筑 | 1 | 1.56 | 1.56 | 1.54 | 1.49 | 1.41 | 1.28 | 1.12 | 0.91 | 0.65 | 0.35 | 0 |
| | 2 | 0.73 | 0.72 | 0.63 | 0.45 | 0.19 | -0.11 | -0.36 | -0.52 | -0.53 | -0.36 | 0 |

表 3-23　高耸结构和高层建筑的振型系数 $\phi_j(z)$

| 相对高度 $z/H$ | 振型序号(高耸结构) | | | | 振型序号(高层建筑) | | | |
|---|---|---|---|---|---|---|---|---|
| | 1 | 2 | 3 | 4 | 1 | 2 | 3 | 4 |
| 0.1 | 0.02 | -0.09 | 0.23 | -0.39 | 0.02 | -0.09 | 0.22 | -0.38 |
| 0.2 | 0.06 | -0.30 | 0.61 | -0.75 | 0.08 | -0.30 | 0.58 | -0.73 |
| 0.3 | 0.14 | -0.53 | 0.76 | -0.43 | 0.17 | -0.50 | 0.70 | -0.40 |
| 0.4 | 0.23 | -0.68 | 0.53 | 0.32 | 0.27 | -0.68 | 0.46 | 0.33 |
| 0.5 | 0.34 | -0.71 | 0.02 | 0.71 | 0.38 | -0.63 | -0.03 | 0.68 |
| 0.6 | 0.46 | -0.59 | -0.48 | 0.33 | 0.45 | -0.48 | -0.49 | 0.29 |
| 0.7 | 0.59 | -0.32 | -0.66 | -0.40 | 0.67 | -0.18 | -0.63 | -0.47 |
| 0.8 | 0.79 | 0.07 | -0.40 | -0.64 | 0.74 | 0.17 | -0.34 | -0.62 |
| 0.9 | 0.86 | 0.52 | 0.23 | -0.05 | 0.86 | 0.58 | 0.27 | -0.02 |
| 1.0 | 1.00 | 1.00 | 1.00 | 1.00 | 1.00 | 1.00 | 1.00 | 1.00 |

横风向风振主要考虑的是共振影响,因而可与结构不同的振型发生共振效应。对跨临界的强风共振,设计时必须按不同振型对结构予以验算。式(3-42)中的计算系数 $\lambda_j$ 是对第 $j$ 振型情况下考虑与共振区分布有关的折算系数。若临界风速起始点在结构底部,整个高度为共振区,它的效应最为严重,系数值最大;若临界风速起始点在结构顶部,则不发生共振,也不必验算横风向的风振荷载。一般认为低振型的影响占主导作用,只需考虑前4个振型即可满足要求,其中以前两个振型的共振最为常见。

### 3.7.4 矩形截面结构的横风向风振等效风荷载

矩形截面高层建筑,也会发生类似的漩涡脱落现象,产生涡激共振,其规律更为复杂。对于重要的柔性结构的横向风振等效风荷载宜通过风洞试验确定。

矩形截面高层建筑当满足下列条件时,可按本节的规定确定其横风向风振等效风荷载。

(1)建筑的平面形状和质量在整个高度范围内基本相同。

(2)高宽比 $H/B = 4 \sim 8$,深宽比 $D/B = 0.5 \sim 2$。其中,$B$ 为结构的迎风面宽度,$D$ 为结构平面的进深(顺风向尺寸)。

(3) $\dfrac{v_H T_{L1}}{\sqrt{BD}} \leq 10$。其中,$T_{L1}$ 为结构横风向一阶自振周期,$v_H$ 为结构顶部风速。

矩形截面高层建筑横风向风振等效风荷载标准值可按下式计算:

$$w_{Lk} = g w_0 \mu_z C'_L \sqrt{1 + R_L^2} \qquad (3-43)$$

式中　$w_{Lk}$——横风向风振等效风荷载标准值($kN/m^2$);

　　　$g$——峰值因子,可取2.5;

　　　$w_0$——基本风压($kN/m^2$);

　　　$\mu_z$——风压高度变化系数;

　　　$C'_L$——横风向风力系数;

　　　$R_L$——横风向共振因子。

横风向风力系数 $C'_L$ 可按下式计算:

$$C'_L = (2 + 2\alpha) C_m \gamma_{CM} \qquad (3-44)$$

$$\gamma_{CM} = C_R - 0.019 \left(\frac{D}{B}\right)^{-2.54} \qquad (3-45)$$

式中　$C_m$——横风向风力角沿修正系数,可按《建筑结构荷载规范》GB 50009—2012 附录 H.2.6 条规定采用;

　　　$\alpha$——地面粗糙度指数,对应 A、B、C、D 四类地貌分别取 0.12、0.15、0.22 和 0.30;

　　　$C_R$——地面粗糙度类别的序号,对应 A、B、C 和 D 类地貌分别取 1、2、3 和 4。

对于非圆形截面的柱体,如三角形、方形、矩形、多边形等棱柱体,也都会发生类似的漩涡脱落现象,产生涡激共振,其规律更为复杂。对于重要的柔性结构的横风向风振等效风荷载宜通过风洞试验确定。

### 3.7.5 矩形截面结构的扭转风振等效风荷载

矩形截面高层建筑当满足下列条件时,可按本节的规定确定其扭转风振等效风荷载。

(1)建筑的平面形状和质量在整个高度范围内基本相同。

(2)刚度及质量的偏心率(偏心距/回转半径)小于0.2。

（3）高宽比 $H/B = 4 \sim 8$。其中，$B$ 为结构的迎风面宽度，$D$ 为结构平面的进深（顺风向尺寸）。

（4）$\dfrac{H}{\sqrt{BD}} \le 6$，深宽比 $D/B = 1.5 \sim 5$，$\dfrac{v_H T_{T1}}{\sqrt{BD}} \le 10$。其中，$T_{T1}$ 为结构第一阶扭转振型的自振周期（s），应按结构动力计算确定；$v_H$ 为结构顶部风速。

矩形截面高层建筑扭转风振等效风荷载标准值可按下式计算：

$$w_{Tk} = 1.8 g w_0 \mu_H C_T' \left(\frac{z}{H}\right)^{0.9} \sqrt{1 + R_T^2} \tag{3-46}$$

式中　$w_{Tk}$——扭转风振等效风荷载标准值（$kN/m^2$）；

$\quad\quad g$——峰值因子，可取 2.5；

$\quad\quad C_T'$——风致扭转系数；

$\quad\quad R_T$——扭转共振因子；

$\quad\quad \mu_H$——结构顶部风压高度变化系数。

### 3.7.6　共振效应

顺风向风荷载、横风向风振及扭转风振等效风荷载宜按表 3-24 考虑风荷载组合工况。

**表 3-24　风荷载组合工况**

| 工况 | 顺风向风荷载 | 横风向风振等效风荷载 | 扭转风振等效风荷载 |
|---|---|---|---|
| 1 | $F_{Dk}$ | | |
| 2 | $0.6F_{Dk}$ | $F_{lk}$ | |
| 3 | — | — | $T_{Tk}$ |

表 3-24 中，顺风向单位高度风荷载标准值 $F_{Dk}$ 应按式（3-35）计算，横风向风振单位高度等效风荷载标准值 $F_{lk}$ 及扭转风振单位高度等效风荷载标准值 $T_{Tk}$ 应按下列公式计算：

$$F_{lk} = w_{lk} B \tag{3-47a}$$

$$T_{Tk} = w_{Tk} B^2 \tag{3-47b}$$

式中　$w_{lk}$、$w_{Tk}$——横风向风振和扭转风振等效风荷载标准值（$kN/m^2$）；

$\quad\quad B$——迎风面宽度（m）。

风荷载作用下同时发生的顺风向和横风向风振时，结构的风荷载效应应按矢量叠加。当发生横风向强风共振时，顺风向的风力如达到最大的设计风荷载，横风向的共振临界风速起始高度 $H_1$ 由式（3-40）可知为最小，此时横风向共振影响最大。所以，当发生横风向强风共振时，横风向风振的效应 $S_C$ 和顺风向风荷载的效应 $S_A$ 按矢量叠加所得的结构效应最为不利，即

$$S = \sqrt{S_C^2 + S_A^2} \tag{3-48}$$

### 3.7.7　例题

【例 3-2】　某钢筋混凝土烟囱，高 $H = 135$ m，顶端直径 $D_t = 5$ m，底端直径 $D_b = 10$ m，基本自振周期 $T_1 = 1.0$ s。已知地面粗糙度类别为 A 类，粗糙度指数 $\alpha_A = 0.12$，10 m 高空处

基本风速 $v_0 = 25.0$ m/s。试验算该烟囱是否会发生横风向共振。

**【解】** 1）烟囱顶点风速

根据式（3-37），烟囱顶点的临界风速为

$$v_{cr} = \frac{D}{T_j \cdot St} = \frac{5.0}{1 \times 0.2} = 25 \text{ m/s}$$

根据式（3-9）可求得烟囱顶点的风速为

$$v_H = v_0 \left(\frac{H}{10}\right)^\alpha = 25 \times \left(\frac{135}{10}\right)^{0.12} = 34.2 \text{ m/s}$$

$$1.2 v_H = 1.2 \times 34.2 = 41.04 \text{ m/s} > v_{cr} = 25 \text{ m/s}$$

根据式（3-20），共振风速下，烟囱顶点处的雷诺数为

$$Re = 69\,000 v D = 69\,000 \times 25 \times 5 = 8.625 \times 10^6 > 3.5 \times 10^6$$

属于跨临界范围，故横风向会发生共振。

2）锁定区域的确定

烟囱直径沿高度的变化规律为

$$D(z) = D_b - \frac{D_b - D_t}{H} \times z = 5 \times \left(2 - \frac{z}{H}\right) \tag{a}$$

锁定区域的起点高度 $H_1$ 处的风速按式（3-9）计算

$$v_{H_1} = v_0 \left(\frac{H_1}{10}\right)^\alpha = 25 \times \left(\frac{H_1}{10}\right)^{0.12} \tag{b}$$

该处的临界风速按式（3-37）计算

$$v_{cr} = \frac{D(z)}{T_j \cdot St} = 25 \times \left(2 - \frac{H_1}{H}\right) \tag{c}$$

锁定区域的起点高度 $H_1$ 处的风速等于该处的临界风速，即

$$25 \times \left(\frac{H_1}{10}\right)^{0.12} = 25 \times \left(2 - \frac{H_1}{H}\right) \tag{d}$$

整理后，得

$$H_1 = H\left[2 - \left(\frac{H_1}{10}\right)^{0.12}\right] \tag{e}$$

式（e）可用迭代法求解。

取初始值 $H_1 = 2H/3 = 90$ m，代入式（e）右侧，得第一次迭代结果 $H_1 = 94.271$。

将 $H_1 = 94.271$ 代入式（e）右侧，得第二次迭代结果 $H_1 = 93.291$。

将 $H_1 = 93.291$ 代入式（e）右侧，得第三次迭代结果 $H_1 = 93.512$。

将 $H_1 = 93.512$ 代入式（e）右侧，得第四次迭代结果 $H_1 = 93.462$。

基本收敛，取第三次和第四次迭代结果的平均值：$H_1 \approx 93.5$ m。

若按式（3-39b），则得到关于锁定区域的起点高度 $H_1$ 的迭代方程为

$$H_1 = H\left[2 - 1.2\left(\frac{H_1}{10}\right)^{0.12}\right] \tag{f}$$

可求得该方程的迭代解为 $H_1 \approx 66.6$ m。

因此，按规范规定考虑顶部风速增大系数 $\beta_v$，$H_1$ 计算值较小，偏于安全。

锁定区域的终点高度 $H_2$ 处的风速等于该处的临界风速的1.3倍，即

$$25 \times \left(\frac{H_2}{10}\right)^{0.12} = 25 \times \left(2 - \frac{H_2}{H}\right) \times 1.3$$

整理后,得

$$H_2 = H\left[2 - \frac{1}{1.3}\left(\frac{H_2}{10}\right)^{0.12}\right] \tag{g}$$

同样,用迭代法求解式(g),取初始值 $H_2 = 135$ m,经四次迭代,最终得 $H_2 \approx 128.90$ m $< H_2$。

因此,可以认为在约 2/3(或 1/2)高度以上,烟囱会发生横风向共振。

## 思 考 题

1. 简述基本风压的定义,影响风压的主要因素。
2. 简述矩形平面单体建筑物的风流走向和风压分布特点。
3. 简述我国基本风压的分布特点。
4. 什么叫梯度风?什么叫梯度风高度?
5. 简述《建筑结构荷载规范》GB 50009—2012 中划分地面粗糙度的原则。
6. 风压高度变化系数与哪些因素有关?试写出风压高度变化系数公式的导出过程。
7. 山区和海洋的风压高度变化系数如何确定?
8. 如何确定风荷载体型系数?与哪些因素有关?
9. 高层建筑为什么要考虑群体建筑间风压的相互干扰?如何考虑?
10. 简述横风向风振产生的原因及适用条件。
11. 如何确定风振系数?它与哪些因素有关?
12. 简述脉动风对结构的影响和工程中的考虑方法。
13. 作用于建筑物上的顺风向风荷载标准值如何计算?
14. 什么叫锁定现象?
15. 如何进行横风向风振验算?

## 习 题

1. 某钢筋混凝土高层建筑,房屋总高 $H = 108.6$ m,室内外高差 0.6 m。外形和质量沿高度方向基本均匀分布;房屋的平面尺寸 $L \times B = 36$ m×36 m,平面沿高度保持不变。已知该结构的基本自振周期 $T_1 = 2.2$ s,地面粗糙度为 A 类,基本风压 $w_0 = 0.65$ kN/m²。

试求风荷载作用下首层地面标高处的弯矩和剪力标准值。

提示:为简化计算,可将建筑沿高度划分为若干个计算区段,取每个区段中点位置的风荷载值作为该区段的平均风荷载值。

2. 某自立式钢烟囱 $H = 60$ m,直径为 2.8 m,基本自振周期 $T_1 = 0.7$ s。已知地面粗糙度类别为 B 类,粗糙度指数 $\alpha_B = 0.15$,当地基本风压 $w_0 = 0.25$ kN/m²,空气密度 $\rho = 1.25$ kg/m³。

试验算该烟囱是否会发生横风向共振。

# 第4章　水压力和土压力

**【内容提要】**

本章主要讨论与水、土相关的荷载。首先介绍了土的自重应力和侧压力的计算理论,并列举了工程中常遇挡土墙的侧压力计算方法;然后介绍了静水及流水压力的分布规律、作用特征和计算公式;最后简述了浮力、波浪作用力、冰压力对结构的影响和近似确定方法。

## 4.1　土的自重应力

在一般情况下,土是由三相组成的非连续介质:固相——土颗粒(矿物颗粒和有机质);液相——水;气相——空气。由土层的重力作用在土中产生的应力称为土的自重应力。

假设天然地面是一个无限大的水平面,土体在自重作用下只产生竖向变形,而无侧向变形和剪切变形,因此在任意竖直面和水平面均无剪应力存在。土中任意截面都包括土体骨架的面积和孔隙的面积,地基应力计算时只考虑土中单位面积上的平均应力。

实际上,只有通过颗粒接触点传递的粒间应力才能使土粒彼此挤紧,引起土体变形。因此,粒间应力是影响土体强度的重要因素,粒间应力又被称为有效应力。若土层天然重度为$g$,在深度$z$处$a$—$a$水平面上(图$4-1(a)$),土体因自身重量产生的竖向应力可取该截面上单位面积的土柱体的重力,即

$$\sigma_{cz} = \gamma \cdot z \tag{4-1}$$

由此可见,土的自重应力$\sigma_{cz}$沿水平面均匀分布,且与$z$成正比,即随深度按直线规律增加,如图$4-1(b)$所示。

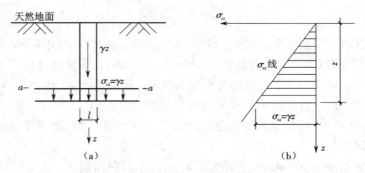

**图4-1　均质土中竖向自重应力**

(a)任意深度水平截面上的土自重应力　(b)自重应力与深度的线性关系

通常地基土是由不同重度的土层组成的,如图$4-2$所示。若天然地面下深度$z$范围内各层土的厚度自上而下分别为$h_1, h_2, \cdots, h_i, \cdots, h_n$,则多层土深度$z$处的竖直有效自重应力的计算公式为

$$\sigma_{cz} = \sum_{i=1}^{n} \gamma_i h_i \qquad (4-2)$$

式中　$n$——从天然地面起到深度 $z$ 处的土层数;

　　　$h_i$——第 $i$ 层土的厚度(m);

　　　$\gamma_i$——第 $i$ 层土的天然重度($kN/m^3$),若土层位于地下水位以下,应取土的有效重度 $\gamma_i'$ 代替天然重度 $\gamma_i$。

土的有效重度是指地下水位以下的土,单位体积中土颗粒所受的重力扣除浮力后的重度,即

$$\gamma_i' = \gamma_i - \gamma_w \qquad (4-3)$$

式中　$\gamma_w$——水的重度,一般取 $10\ kN/m^3$。

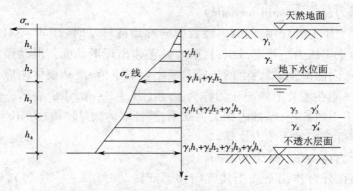

图 4 - 2　多层土中竖向自重应力沿深度分布

若地下水位以下埋藏有不透水的岩层或不透水的坚硬黏土层,由于不透水层中不存在水的浮力,所以不透水层界面以下的自重应力应按上覆土层的水土总量计算。在上覆土层与不透水层界面处自重应力有突变。

## 4.2　土的侧压力

土的侧压力是指挡土墙(retaining wall)后的填土因自重或外荷载作用对墙背产生的侧向压力,简称土压力。挡土墙是防止土体坍塌的构筑物,广泛应用于房屋建筑、水利、铁路以及公路和桥梁工程中。由于土压力是挡土墙的主要荷载,因此设计挡土墙时首先要确定土压力的性质、大小、方向和作用点。

### 4.2.1　土的侧向压力分类

根据挡土墙(结构)的移动情况和墙后土体所处平衡状态的不同,土压力可分为静止土压力、主动土压力和被动土压力三种形式(图 4 - 3)。挡土结构的移动情况包括滑移、地基变形引起的转动、构件截面刚度不足造成的较大变形等。在大多数情况下,工程结构中主要考虑主动土压力和静止土压力。

1)静止土压力(static earth pressure)

挡土墙在土压力作用下,不产生任何位移或转动,墙后土体处于弹性平衡状态,此时墙背所受的土压力称为静止土压力(图 4 - 3(a)),一般用 $E_0$ 表示。例如地下室外墙由于受到

内侧楼面支承,可认为没有位移发生,故作用在墙体外侧的回填土侧压力可按静止土压力计算。

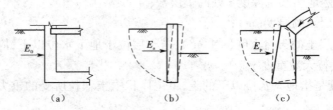

**图 4 – 3　挡土墙的三种土压力**
(a)静止土压力 $E_0$　(b)主动土压力 $E_a$　(c)被动土压力 $E_p$

2)主动土压力(active earth pressure)

当挡土墙在土压力的作用下,背离墙背方向移动或转动时(图 4 – 3(b)),作用在墙背上的土压力从静止土压力值逐渐减少,直至墙后土体出现滑动面。滑动面以上的土体将沿这一滑动面向下、向前滑动,墙背上的土压力减小到最小值,滑动楔体内应力处于主动极限平衡状态,此时作用在墙背上的土压力称为主动土压力,一般用 $E_a$ 表示。例如基础开挖时的围护结构,由于土体开挖,基础内侧失去支承,围护墙体向基坑内产生位移,这时作用在墙体外侧的土压力可按主动土压力计算。

3)被动土压力(passive earth pressure)

如果挡土墙在外力作用下向土体方向移动或转动时(图 4 – 3(c)),墙体挤压墙后土体,作用在墙背上的土压力从静止土压力值逐渐增大,墙后土体也会出现滑动面,滑动面以上土体将沿滑动方向向上、向后推出,墙后土体开始隆起,作用在挡土墙上的土压力增加到最大值,滑动楔体内应力处于被动极限平衡状态。此时作用在墙背上的土压力称为被动土压力,一般用 $E_p$ 表示。例如拱桥在桥面荷载作用下,拱体将水平推力传至桥台,挤压桥台背后土体,这时作用在桥台背后的侧向土压力可按被动土压力计算。

一般情况下,在相同的墙高和填土条件下,主动土压力 $E_a$、静止土压力 $E_0$、被动土压力 $E_p$ 三者间的关系为

$$E_a < E_0 < E_p \tag{4 – 4}$$

试验研究表明:除挡土结构构件的移动情况外,影响土压力大小的还有以下因素。

1)挡土结构构件的截面形状

挡土结构构件横截面形状,包括墙背为竖直或倾斜、光滑或粗糙,都与采用何种土压力计算理论公式有关。

2)墙后填土的性质

墙后填土的松密程度、含水率、土的强度指标、内摩擦角和粘聚力的大小以及填土表面的形状(水平、上斜或下倾)等,都会影响土压力的大小。

3)挡土结构构件的材料

挡土结构构件的材料种类不同,其表面与填土间的摩擦力也不同,因而土压力的大小和方向都不同。

4)其他因素

填土表面是否有地面荷载以及填土内的地下水位等因素均影响土压力的大小。

#### 4.2.2　土压力计算的基本原理

土压力的计算是一个比较复杂的问题。工程设计中通常采用古典的库伦理论或朗金理论,通过修正、简化来确定土压力。下面以朗金土压力理论为例,介绍土压力的基本原理和计算方法。

1. 朗金土压力理论

朗金土压力理论是通过研究弹性半空间土体、应力状态和极限平衡条件导出的土压力计算方法。其基本假定为:①研究对象为弹性半空间土体;②不考虑挡土墙及回填土的施工因素;③挡土墙墙背竖直、光滑,填土面水平无超载。

如图 4 - 4(a)所示,墙背与填土之间无摩擦力产生,故剪应力为零,即墙背为主应力面。

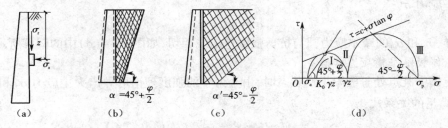

**图 4 - 4　半空间的极限平衡状态**
(a)z 深度处应力状态　(b)主动朗金状态　(c)被动朗金状态　(d)摩尔应力圆表示的朗金状态

1)弹性静止状态

当挡土墙无位移时,墙后土体处于弹性平衡状态,如图 4 - 4(a)所示,作用在墙背上的应力状态与弹性半空间土体应力状态相同,墙背竖直面和水平面均无剪应力存在。在距离填土面深度 $z$ 处,任取一土体单元,其应力状态如下。

竖向应力 $\sigma_z$:

$$\sigma_z = \sigma_1 = \gamma \cdot z \tag{4-5}$$

水平应力 $\sigma_x$:

$$\sigma_x = \sigma_3 = K_0 \gamma \cdot z \tag{4-6}$$

式中　$K_0$——静止土压力系数,是土体水平应力与竖向应力的比值。

用 $\sigma_1$ 和 $\sigma_3$ 作出的摩尔应力圆与土的抗剪强度曲线不相切,如图 4 - 4(d)中圆 I 所示。

2)塑性主动状态

设墙后土体竖向应力 $\sigma_z$ 不变,由于挡土墙被土体挤压,发生背离墙背方向的位移时,墙后土体有伸张趋势,如图 4 - 4(b)所示,因而水平应力 $\sigma_x$ 逐渐减小,最大、最小主应力之差增大,致使土体的剪切应力增大,一旦达到抗剪强度($\sigma \tan \varphi + c$),土体即形成一系列滑裂面,面上各点都处于极限平衡状态,称为主动朗金状态。滑裂面的方向与大主应力作用面(水平面)的交角 $\alpha = 45° + \varphi/2$($\varphi$ 为土的内摩擦角)。

此时,水平应力 $\sigma_x$ 达最低值 $\sigma_a$,称为主动土压力强度,为小主应力;而 $\sigma_z$ 比 $\sigma_x$ 大,为大主应力,有如下应力状态。

竖向应力 $\sigma_z$:

$$\sigma_z = \sigma_1 = \gamma \cdot z \tag{4-7}$$

水平应力 $\sigma_x$:

$$\sigma_x = \sigma_3 = \sigma_a \tag{4-8}$$

$\sigma_1$ 和 $\sigma_3$ 的摩尔应力圆与抗剪强度包络线相切,如图 4 - 4(d) 中的圆 Ⅱ 所示。

3)塑性被动状态

当挡土墙在外力作用下发生向土体的位移时,如图 4 - 4(c) 所示,$\sigma_z$ 仍不发生变化,但 $\sigma_x$ 随着墙体位移增加而逐渐增大,当挡土墙挤压土体使其达到极限平衡状态时,土体也将形成一系列滑裂面,称为被动朗金状态。滑裂面的方向与小主应力作用面(水平面)的交角 $\alpha = 45° - \varphi/2$。

此时,水平应力 $\sigma_x$ 超过竖向应力 $\sigma_z$ 达到最大值,称为被动土压力强度 $\sigma_p$,为大主应力;而 $\sigma_z$ 比 $\sigma_x$ 要小,为小主应力,有如下应力状态。

竖向应力 $\sigma_z$:

$$\sigma_z = \sigma_3 = \gamma \cdot z \tag{4-9}$$

水平应力 $\sigma_x$:

$$\sigma_x = \sigma_1 = \sigma_p \tag{4-10}$$

同样,$\sigma_1$ 和 $\sigma_3$ 的摩尔应力圆与抗剪强度包络线相切,如图 4 - 4(d) 中的圆 Ⅲ 所示。

2. 土体极限平衡应力状态

当土体中某点处于极限平衡状态时,由土力学的强度理论可导出大主应力 $\sigma_1$ 和小主应力 $\sigma_3$ 应满足的关系式:

$$\sigma_1 = \sigma_3 \tan^2\left(45° + \frac{\varphi}{2}\right) + 2c \cdot \tan\left(45° + \frac{\varphi}{2}\right) \tag{4-11a}$$

$$\sigma_3 = \sigma_1 \tan^2\left(45° - \frac{\varphi}{2}\right) - 2c \cdot \tan\left(45° - \frac{\varphi}{2}\right) \tag{4-11b}$$

式中　$c$——土的粘聚力,对无黏性土,$c = 0$。

　　　$\varphi$——土的有效内摩擦角;

### 4.2.3　土侧压力的计算

1. 静止土压力

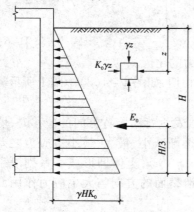

图 4 - 5　静止土压力分布

在填土表面以下任意深度 $z$ 处取一单元体(图 4 - 5),其上作用着竖向土体自重 $\sigma_z$,如前所述,土体在竖直面和水平面均无剪应力,该处的静止土压力强度为

$$\sigma_0 = K_0 \gamma z \tag{4-12}$$

式中　$\gamma$——墙后填土的重度($kN/m^3$),地下水位以下采用有效重度 $\gamma'$;

　　　$K_0$——土的静止土压力系数,又称土的侧压力系数,与土的性质、密实程度等因素有关,宜由试验确定,对正常固结土可按表 4 - 1 取值,也可按 $K_0 = 1 - \sin\varphi$ 计算。

表 4 - 1　压实填土的静止土压力系数 $K_0$

| 土的名称 | 砾石、卵石 | 砂土 | 粉土 | 粉质黏土 | 黏土 |
|---|---|---|---|---|---|
| $K_0$ | 0.20 | 0.25 | 0.35 | 0.45 | 0.55 |

由式(4-12)可知,静止土压力与深度 $z$ 成正比,沿墙高呈三角形分布,如图4-5所示。取单位墙长,则作用在墙背上的总静止土压力为

$$E_0 = \frac{1}{2}\gamma H^2 K_0 \tag{4-13}$$

式中　$H$——挡土墙高度(m);

　　　$E_0$——总静止土压力,作用点距墙底 $H/3$ 处。

2. 主动土压力

假设墙后填土面水平,当挡土墙偏离土体处于主动朗金状态时,墙背土体离地表任意深度 $z$ 处竖向应力 $\sigma_z$ 为大主应力 $\sigma_1$,水平应力 $\sigma_x$ 为小主应力 $\sigma_3$,由极限平衡条件式(4-11b),可得主动土压力强度 $\sigma_a$ 如下。

黏性土

$$\sigma_a = \sigma_x = \gamma \cdot z \cdot K_a - 2c\sqrt{K_a} \tag{4-14a}$$

无黏性土

$$\sigma_a = \sigma_x = \gamma \cdot z \cdot K_a \tag{4-14b}$$

式中　$K_a$——主动土压力系数,$K_a = \tan^2(45° - \varphi/2)$;

　　　$z$——主动土压力计算的点离填土面的距离(m)。

(1)由式(4-14a)可知,黏性土的主动土压力包括两部分:一部分是由土自重应力引起的土压力 $\gamma z K_a$;另一部分是由粘聚力 $c$ 引起的负侧压力 $2c\sqrt{K_a}$。这两部分土压力叠加后的结果如图4-6(c)所示,图中 $ade$ 部分对墙体是拉力,意味着墙与土已分离,计算土压力时,该部分略去不计,黏性土的土压力分布实际上仅是 $abc$ 部分,$a$ 点距离填土面的深度 $z_0$ 称为临界深度,令式(4-14a)中 $\sigma_a = 0$,即得

$$z_0 = \frac{2c}{\gamma}\sqrt{K_a} \tag{4-15}$$

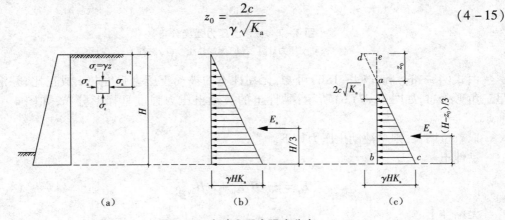

图 4-6　主动土压力强度分布

(a)主动土压力计算　(b)无黏性土　(c)黏性土

取单位墙长计算,则总主动土压力 $E_a$ 为

$$E_a = \frac{1}{2}(H - z_0)\left(\gamma H K_a - 2c\sqrt{K_a}\right) = \frac{1}{2}\gamma H^2 K_a - 2cH\sqrt{K_a} + \frac{2c^2}{\gamma} \tag{4-16}$$

主动土压力 $E_a$ 通过三角形压力分布图 $abc$ 的形心,其作用点在离墙底 $(H-z_0)/3$ 处(图4-6(c))。

(2)由式(4-14b)可知,无黏性土的主动土压力强度与 $z$ 成正比,沿墙高的压力分布为三角形,如图4-6(b)所示。取单位墙长计算,则总主动土压力为

$$E_a = \frac{1}{2} \gamma H^2 K_a \qquad (4-17)$$

主动土压力 $E_a$ 通过三角形的形心，其作用点在离墙底 $H/3$ 处（图 $4-6(b)$）。

3. 被动土压力

当挡土墙在外力作用下挤压土体出现被动朗金状态时，墙背填土离地表任意深度 $z$ 处的竖向应力 $\sigma_z$ 已变为小主应力 $\sigma_3$，而水平应力已成为大主应力 $\sigma_1$。由极限平衡条件式 $(4-11)$ 可得被动土压力强度 $\sigma_p$ 如下。

黏性土

$$\sigma_p = \sigma_x = \gamma \cdot z \cdot K_p + 2c \sqrt{K_p} \qquad (4-18a)$$

无黏性土

$$\sigma_p = \sigma_x = \gamma \cdot z \cdot K_p \qquad (4-18b)$$

式中　$K_p$——被动土压力系数，$K_p = \tan^2(45° + \varphi/2)$。

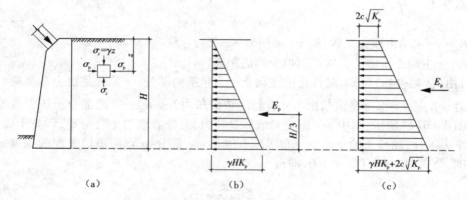

**图 4-7　被动土压力强度分布**
（a）被动土压力计算　（b）无黏性土　（c）黏性土

由式 $(4-18a)$ 和式 $(4-18b)$ 可知，无黏性土的被动土压力强度与 $z$ 成正比，并沿墙高呈三角形分布，如图 $4-7(b)$ 所示；黏性土的被动土压力强度呈梯形分布，如图 $4-7(c)$ 所示。

取单位墙长，则总被动土压力如下。

黏性土

$$E_p = \frac{1}{2} \gamma H^2 K_p + 2cH \sqrt{K_p} \qquad (4-19a)$$

无黏性土

$$E_p = \frac{1}{2} \gamma H^2 K_p \qquad (4-19b)$$

总被动土压力 $E_p$ 通过三角形（无黏性土）或梯形（黏性土）压应力分布图的形心。

### 4.2.4　几种挡土墙后的土压力计算

设计挡土墙时，墙后的土压力一般按主动土压力计算。挡土墙的形式有很多种，墙后填土面的形式也有多种，填土面上的荷载也有各种不同的形式。本节中仅介绍墙背直立、墙后填土面为水平时的土压力计算，其余边界条件或荷载条件下的情况，主动土压力可按库伦土压力理论计算，详见相关土力学教材。

**1. 填土表面受连续均布荷载**

当挡土墙后填土表面有连续均布荷载 $q$ 作用时,可将均布荷载换算成当量土重,即用假想的土重代替均布荷载。当填土面水平时,当量的土层厚度 $h$ 为

$$h = q/\gamma \qquad (4-20)$$

然后再以 $(H+h)$ 为墙高,按填土面无荷载情况计算土压力。若填土为无黏性土,填土面 $a$ 点的土压力强度按朗金土压力理论为

$$\sigma_a^a = \gamma h K_a = q K_a \qquad (4-21)$$

墙底 $b$ 点的土压力强度为

$$\sigma_a^b = \gamma(H+h)K_a = (\gamma H + q)K_a \qquad (4-22)$$

土压力分布如图 4-8 中梯形 $abcd$ 部分,由此可知,当填土面有均布荷载时,任意深度 $z$ 处的土压力强度比无均布荷载时增加一项 $qK_a$ 即可。

**2. 填土表面受局部均布荷载**

当挡土墙后填土表面有局部均布荷载 $q$ 作用(图 4-9)时,可采用近似方法处理,从局部荷载的两端 $m$ 点和 $n$ 点作两条与水平面成 $\theta$ 角的辅助线 $mc$ 和 $nd$,$\theta = 45° + \varphi/2$。认为 $ac$ 段和 $db$ 段的土压力都不受局部荷载 $q$ 的影响,$cd$ 段由局部荷载 $q$ 引起的附加压力为 $qK_a$。墙后土压力整体分布如图 4-9 所示。

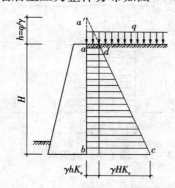

图 4-8　填土表面受连续均布荷载　　　　图 4-9　填土表面受局部均布荷载

**3. 成层填土**

如果挡土墙后有几层不同种类的水平土层,在计算土压力时,第一层土压力按均质土计算,土压力分布如图 4-10 中的三角形 $abc$ 部分所示;计算第二层土压力时,将第一层土按重度换算成与第二层土相同的当量土层厚度 $h_1' = \gamma_1 h_1/\gamma_2$,然后以 $(h_1' + h_2)$ 为墙高,按均质土计算土压力,但只在第二层土厚范围内有效;如图 4-10 中的 $bdfe$ 部分,由于各层土的性质不同,各层土的主动土压力系数也不同。当为黏性土时可导出挡土墙后主动土压力强度如下。

第一层填土:

$$\begin{cases} \sigma_{a0} = -2c_1\sqrt{K_{a1}} \\ \sigma_{a1} = \gamma_1 h_1 K_{a1} - 2c_1\sqrt{K_{a1}} \end{cases} \qquad (4-23a)$$

第二层填土:

$$\begin{cases} \sigma_{a1}' = \gamma_1 h_1 K_{a2} - 2c_2\sqrt{K_{a2}} \\ \sigma_{a2} = (\gamma_1 h_1 + \gamma_2 h_2)K_{a2} - 2c_2\sqrt{K_{a2}} \end{cases} \qquad (4-23b)$$

当某层为无黏性土时,只需将该层土的粘聚力系数 $c_i$ 取为零即可。在两层土的交界处

因上下土层土质指标不同,土压力大小亦不同,土压力强度分布出现突变。

**4. 墙后填土有地下水**

挡土墙后填土常因排水不畅部分或全部处于地下水位以下,导致墙后填土含水量增加。黏性土随含水量的增加,抗剪强度降低,墙背土压力增大;无黏性土浸水后抗剪强度下降很小,工程上一般忽略不计,即不考虑地下水对抗剪强度的影响。

当墙后填土有地下水时,作用在墙背上的侧压力包括土压力和水压力两部分,地下水位以下土的重度应取浮重度,并应计入地下水对挡土墙产生的静水压力。当墙后填土为无黏性土时,可导出挡土墙后主动土压力强度如下。

地下水位标高处:

$$\sigma_b = \gamma h_1 K_a \qquad (4-24a)$$

挡土墙根部处:

$$\sigma_d = \gamma h_1 K_a + (\gamma - \gamma_w) h_2 K_a + \gamma_w h_2 \qquad (4-24b)$$

作用在墙背上的总的侧向压力为土压力和水压力之和,如图 4-11 所示。其中,$abdec$ 为土压力分布图,$cef$ 为水压力分布图。

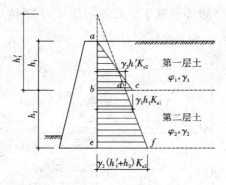

图 4-10　成层填土

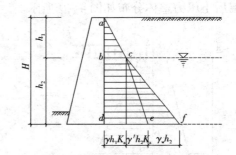

图 4-11　填土中有地下水

**5. 悬臂式板桩墙上的土压力计算**

悬臂式板桩墙只靠埋入土中的板桩部分维持稳定,适用于挡土高度较低的情况。当具有足够的入土深度时,一般将产生如图 4-12(a) 所示的弯曲变形。从图中可以看出,在拐弯点 C 以上发生向前弯曲,而在 C 点以下则发生向后弯曲。根据这些变形情况,悬臂式板桩墙上 AC 段墙后的土压力按主动土压力计算;BC 段的墙前按被动土压力计算;CD 段墙后按被动状态计算,墙前则按主动状态计算,压力分布如图 4-12(b) 所示。

需注意的是,对于这种变形情况,墙后填土达到主动极限平衡状态时未必能使墙前达到被动极限平衡状态。为安全起见,常将被动土压力按计算值折减一半,即取安全系数为 2。同时,为进一步简化计算,常将 CD 段的两侧土压力相减后以集中力 $P_{p2}$ 作用在 C 点。因此,板桩的最后受力状态如图 4-12(c) 所示。有了土压力的分布,即可根据力矩平衡条件,确定板桩的入土深度 $d_1$ 及其跨中弯矩和相应的断面。在实际使用中,常将计算得到的 $d_1$ 值增大 20% 作为板桩实际的入土深度 $d$,以考虑 CD 段上的土压力作为集中力 $P_{p2}$ 处的影响。

## 4.2.5　例题

**【例 4-1】**　某挡土墙高 6 m,墙背竖直光滑,填土面水平。墙后填土为无黏性中砂,有效内摩擦角 $\varphi = 30°$,重度 $\gamma = 18.0$ kN/m³。试求作用在墙后的静止土压力 $E_0$ 和主动土压力 $E_a$。

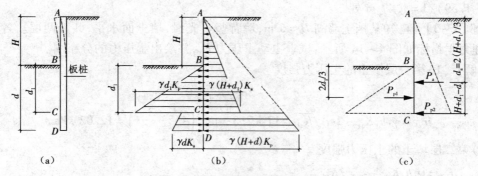

**图 4 – 12　悬臂式板桩墙上的土压力**
(a)尺寸与弯曲变形　(b)土压力分布　(c)受力状态

**【解】** 1)静止土压力 $E_0$

$$E_0 = \frac{1}{2}\gamma H^2 K_0 = \frac{1}{2} \times 18 \times 6.0^2 \times (1 - \sin 30°) = 162 \text{ kN/m}$$

$E_0$ 作用点位于距墙底 $H/3 = 2.0$ m 处。

2)主动土压力 $E_a$

$$E_a = \frac{1}{2}\gamma H^2 K_a = \frac{1}{2} \times 18 \times 6.0^2 \times \tan^2\left(45° - \frac{30°}{2}\right) = 108 \text{ kN/m}$$

$E_a$ 作用点位于距墙底 $H/3 = 2.0$ m 处。

由此可见,静止土压力大于主动土压力。

**【例 4 – 2】** 某挡土墙高 6.0 m,墙背竖直光滑,填土面水平,墙后填土为黏性土。填土的物理力学性质指标如下:$c = 10$ kPa,$\varphi = 20°$,重度 $\gamma = 18.0$ kN/m³。试求主动土压力 $E_a$ 及其作用点位置,并绘出主动土压力分布图。

**【解】** 1)主动土压力强度

挡土墙满足朗金条件,可按朗金土压力理论计算。

主动土压力系数:

$$K_a = \tan^2\left(45° - \frac{20°}{2}\right) = 0.490$$

墙顶(地面)处主动土压力强度:

$$\sigma_a = \gamma z K_a - 2c\sqrt{K_a} = 18.0 \times 0.0 \times 0.49 - 2 \times 10.0 \times \sqrt{0.49} = -14.0 \text{ kPa}$$

墙底处主动土压力强度:

$$\sigma_b = \gamma z K_a - 2c\sqrt{K_a} = 18.0 \times 6.0 \times 0.49 - 2 \times 10.0 \times \sqrt{0.49} = 38.92 \text{ kPa}$$

2)临界深度

$$z_0 = \frac{2c}{\gamma\sqrt{K_a}} = \frac{2 \times 10.0}{18.0 \times \sqrt{0.49}} = 1.59 \text{ m}$$

3)主动土压力

$$E_a = \frac{1}{2}\gamma H^2 K_a - 2cH\sqrt{K_a} + \frac{2c^2}{\gamma}$$

$$= \frac{1}{2} \times 18.0 \times 6.0^2 \times 0.49 - 2 \times 10.0 \times 6.0 \times \sqrt{0.49} + \frac{2 \times 10.0^2}{18.0} = 85.87 \text{ kN/m}$$

4)主动土压力作用点的位置

主动土压力强度分布如图 4 – 13 所示。主动土压力 $E_a$ 的作用点离墙底 $(H - z_0)/3 =$

$(6.0-1.59)/3=1.47$ m 处。

**【例 4 - 3】**　已知某挡土墙高 $H=6$ m,墙背竖直光滑,填土面水平,共分两层。各层土的物理力学指标如图 4 - 14 所示,试求主动土压力 $E_a$,并绘出土压力的分布图。

**【解】**　1)第一层填土的土压力强度

$$\sigma_{a0}=-2c_1\sqrt{K_{a1}}=0$$

$$\sigma_{a1}=\gamma_1 h_1 K_{a1}-2c_1\sqrt{K_{a1}}=17\times2.5\times\tan^2\left(45°-\frac{34°}{2}\right)=12.02 \text{ kPa}$$

2)第二层填土的土压力强度

$$\sigma'_{a1}=\gamma_1 h_1 K_{a2}-2c_2\sqrt{K_{a2}}$$

$$=17\times2.5\times\tan^2\left(45°-\frac{18°}{2}\right)-2\times10\times\tan\left(45°-\frac{18°}{2}\right)=7.90 \text{ kPa}$$

$$\sigma_{a2}=(\gamma_1 h_1+\gamma_2 h_2)K_{a2}-2c_2\sqrt{K_{a2}}$$

$$=(17\times2.5+18\times3.5)\tan^2\left(45°-\frac{18°}{2}\right)-2\times10\times\tan\left(45°-\frac{18°}{2}\right)=41.16 \text{ kPa}$$

3)主动土压力 $E_a$

$$E_a=12.02\times2.5/2+(7.90+41.16)\times3.5/2=100.88 \text{ kN/m}$$

主动土压力分布如图 4 - 14 所示。

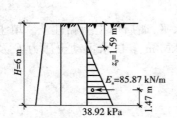

图 4 - 13　例 4 - 2 主动土压力分布

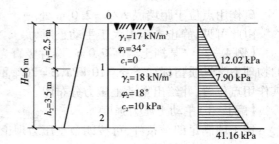

图 4 - 14　例 4 - 3 土压力的分布

# 4.3　水压力

水对结构物的作用既有物理作用也有化学作用,化学作用表现在水对结构物的腐蚀或侵蚀作用,可能导致结构性能降低及材料劣化,属于环境影响。物理作用表现在水对结构物的力学作用,即水对结构物表面产生的静水压力或动压力(流水压力)。

## 4.3.1　静水压力

静水压力是指静止液体对其接触面产生的压力,在建造水池、水闸、堤坝、桥墩、围堰和码头等工程时,必须考虑水在结构物表面产生的静水压力。为了计算作用于某一面积上的静水压力,需要了解静水压强的特征及分布规律。

静水压强具有两个特征:一是静水压强指向作用面内部并垂直于作用面;二是静止液体中任一点处各方向的静水压强都相等,与作用面的方位无关。

静水压力的分布符合阿基米德定律。静止液体任意点的压强由两部分组成:一部分是

液体表面压强,另一部分是液体内部压强。在重力作用下,任意点静水压强可表示为

$$p = p_0 + \gamma \cdot h \tag{4-25}$$

式中 $p$——自由液面下作用在结构物任一点 $a$ 的压强(kPa);

$h$——结构物上的水压强计算点 $a$ 到水面的距离(m);

$p_0$——液面压强(kPa);

$\gamma$——水的重度(kN/m³),取 $\gamma = 10$ kN/m³。

一般情况下,液体表面与大气接触,其液面压强 $p_0$ 即为大气压强。由于液体性质受大气影响不大,水面及挡水结构物周围都有大气压力作用,处于相互平衡状态,在确定液体压强时常以大气压强为基准点起算,称为相对压强,工程中计算水压力作用时,只考虑相对压强。液体内部相对压强与深度成正比,可表示为

$$p = \gamma \cdot h \tag{4-26}$$

静水压力与水深呈线性关系,并总是作用在结构物表面的法线方向,水压力分布与受压面形状有关。常见的受压面的压力分布规律如图 4-15 所示。

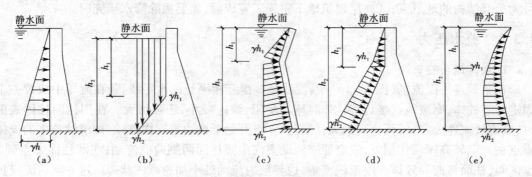

**图 4-15 静水压力在结构物上的分布**

(a)受压面为垂直面 (b)水压力的竖向分力 (c)受压面为内折平面 (d)受压面为外折平面 (e)受压面为曲线平面

## 4.3.2 浮力作用

如果结构物或基础的底面置于地下水位以下,底面受到的浮力如何计算至今仍是一个值得研究的问题。一般来讲,地下水或地表水能否通过土的孔隙连通或渗入到结构物或基础底面是产生水的浮力的必要条件。因此,浮力与地基土的渗透性、地基与基础的接触状态、水压的大小(水头高低)以及浸水时间等因素有关。

对于存在静水压力的透水性土(如粉土、砂性土或碎石土等),地下水能够通过土的孔隙渗入到结构物或基础的底面,且土的固体颗粒与结构基底之间的接触面很小,可以作为点接触,此时可以认为土中结构物或基础处于完全浮力状态。对于密实的黏性土,固体土颗粒与结构物或基础底面之间的接触面较大,而且各个固体颗粒的连贯是由胶结连接形成的,地下水不能充分渗透到土和结构物或基础底面之间,则可认为土中结构物或基础不会处于完全的浮力作用状态。

对于完整岩石(包括节理发育的岩石)上的基础,当地基与基底岩石间灌注混凝土且接触良好时,可不计水浮力;但遇破碎的或裂隙严重的岩石,则应考虑水浮力。

浮力作用可根据地基土的透水程度,按照结构物丧失的重量等于它所排开的水重这一浮力原则计算。

从安全角度出发,结构物或基础受到的浮力可按如下考虑。

（1）如果结构物置于透水性饱和的地基上,可认为结构物处于完全浮力状态。

（2）如果结构物置于不透水性地基上,且结构物或基础底面与地基接触良好,可不考虑水的浮力。

（3）如果结构物置于透水性较差的地基上,可按50%计算浮力。

（4）如果不能确定地基是否透水,应从透水和不透水两种情况与其他荷载组合,取其最不利者;对于黏性土地基,浮力与土的物理特性有关,应结合实际情况确定。

（5）对有桩基的结构物,作用在桩基承台底部的浮力,应考虑全部面积,但桩嵌入不透水持力层者,不应考虑桩的浮力,计算承台底部浮力时应扣除桩的截面积。

设计时应注意两点:①在确定地基承载力设计值时,无论是结构物或基础底面以下的天然重度还是底面以上土的加权平均重度,地下水位以下一律取有效重度;②设计时应考虑到地下水位的变化,按可能的最高水位计算浮力。

有几种情况应特别注意抗浮问题:①地下式或半地下式的水池;②位于地下水位以下,且无上部结构的地下室;③高层建筑地下室施工完成后,需要撤除降水措施时。

### 4.3.3　流水压力

#### 1.流体流动特征

在某等速平面流场(图4-16)中,流线是一组互相平行的水平线,若在流场中放置一个固定的圆柱体,则流线在接近圆柱体时流动受阻,流速减小,压强增大。在到达圆柱体表面时,该流线流速为零,压强达到最大;随后从 $a$ 点开始形成边界层内流动,即继续流来的流体质点在 $a$ 点较高压强作用下,改变原来流动方向沿圆柱面两侧向前流动;在圆柱面 $a$ 点到 $b$ 点区间,柱面弯曲导致该区段流线密集,边界层内流动处于加速减压状态。过 $b$ 点后流线扩散,边界层内流动呈现相反势态,处于减速加压状态。过 $c$ 点后继续流来的流体质点脱离边界向前流动,出现边界层分离现象。边界层分离后, $c$ 点下游水压较低,必有新的流体反向回流,出现漩涡区,如图4-17所示。边界层分离现象及回流漩涡区的产生,在流体流动中是常见的现象,例如遇到河流、渠道截面突然改变,或遇到闸阀、桥墩等结构物等。

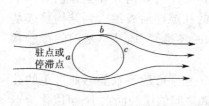

图4-16　边界层分离

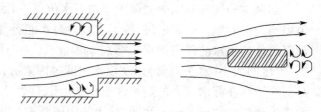

图4-17　漩涡区的产生

流体在桥墩边界层产生分离现象,还会导致绕流阻力对桥墩的作用。绕流阻力是结构物在流场中受到流动方向上的流体阻力,由摩擦阻力和压强阻力两部分组成。当边界层出现分离现象且分离漩涡区较大时,由于迎水面的高压区与背水面的低压区的压力差所形成的压强阻力起主导作用。根据试验结果,绕流阻力可按下式计算:

$$P = C_D \frac{\rho v^2}{2} A \qquad (4-27)$$

式中　$v$——来流流速(m/s);

　　　$A$——绕流物体在垂直于来流方向上的投影面积($m^2$)；

　　　$C_D$——绕流阻力系数,主要与结构物形状有关；

　　　$\rho$——流体密度($t/m^3$)。

　　为减小绕流阻力,在实际工程中,常将桥墩、闸墩设计成流线型,以缩小边界层分离区。

2. 桥墩流水压力的计算

　　位于流水中的桥墩,其上游迎水面受到流水压力作用。流水压力的大小与桥墩平面形状、墩台表面粗糙度、水流速度和水流形态等因素有关。桥墩迎水面水流单元体的压强 $p$ 为

$$p = \frac{\rho v^2}{2} = \frac{\gamma v^2}{2g} \qquad (4-28)$$

式中　$v$——水流未受桥墩影响时的流速($m/s$),则水流单元体所具有的动能为 $\rho v^2/2$；

　　　$\rho$——水的密度($t/m^3$)；

　　　$\gamma$——水的重度($kN/m^3$)；

　　　$g$——重力加速度,取 $9.8\ m/s^2$。

　　若桥墩迎水面受阻面积为 $A$,再引入考虑墩台平面形状的系数 $K$,桥墩上的流水压力按下式计算：

$$p = KA\frac{\gamma v^2}{2g} \qquad (4-29)$$

式中　$p$——作用在桥墩上的流水压力($kN$)；

　　　$A$——桥墩阻力面积,一般算至冲刷线处；

　　　$K$——由试验测得的桥墩形状系数,按表 4-2 取用。

　　流速随深度呈曲线变化,河床底面处流速接近于零。为了简化计算,流水压力的分布可近似取为倒三角形,故其作用点位置近似取在设计水位以下 3/10 水深处。

**表 4-2　桥墩形状系数 $K$**

| 桥墩形状 | 方形桥墩 | 矩形桥墩(长边与水流平行) | 圆形桥墩 | 尖端形桥墩 | 圆端形桥墩 |
|---|---|---|---|---|---|
| $K$ | 1.50 | 1.30 | 0.80 | 0.70 | 0.60 |

# 4.4　波浪荷载

　　当风持续地作用在水面上时,就会产生波浪。在有波浪时,水对结构物产生的附加应力称为波浪压力,又称波浪荷载。

## 4.4.1　波浪特性

　　波浪的几何要素如图 4-18 所示,波高为 $H$,波长为 $L$,波浪中心线高出静止水面的高度为 $H_0$。影响波浪的形状和各参数值的因素有风速 $v$、风的持续时间 $t$、水深 $d$ 和吹程 $D$(吹程等于岸边到构筑物的直线距离)。

　　目前主要用半经验公式确定波浪各要素。

　　(1)波峰——波浪在静水面以上部分,它的最高点称波顶。

　　(2)波谷——波浪在静水面以下部分,它的最低点称波底。

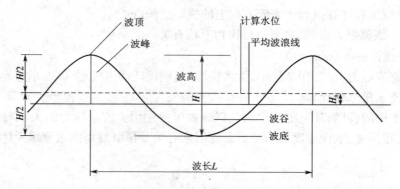

**图4-18 波浪的几何要素**

（3）波高——波顶与波底之间的垂直距离，用 $H$ 表示，也称浪高。

（4）波长——两个相邻的波顶（或波底）之间的水平距离，用 $L$ 表示。

（5）波陡——波高和波长的比值，用 $H/L$ 表示。

（6）波周期——波顶向前推进一个波长所需的时间，用 $T$ 表示。

（7）超高——波浪中心线（平分波高的水平线）到静止水面的垂直距离，用 $H_0$ 表示。

影响波浪性质的因素多种多样且多为不确定因素，而且波浪大小不一，形态各异。按波发生的位置不同可分为表面波和内波。现行的波浪分类方法如下。

（1）按频率（或周期）排列来分类，如重力波（周期为 1~30 s），超重力波（周期为数分钟至数小时），长周期潮波（周期为 12~24 h），长周期波（周期为数天）。

（2）根据干扰力来分类，如风波、潮汐波、船行波等。

（3）根据干扰因素来分类，把波分成自由波和强迫波。自由波是指波动与干扰力无关而只受水性质影响的波；强迫波是指干扰力连续作用下的波，强迫波的传播既受干扰力的影响又受水性质的影响。

（4）根据波浪前进时是否有流量产生，把波分为输移波和振动波。输移波指波浪传播时伴随有流量，而振动波传播时则没有流量产生。振动波根据波前进的方向又可分为推进波和立波，推进波有水平方向的运动，立波没有水平方向的运动。

（5）根据水深的不同，将波浪划分为深水波、中水波和浅水波。

在深水区，当水深 $d$ 大于半个波长（$d > L/2$）时，波浪运动就不再受水域底部摩擦阻力影响，底部水质点几乎不动，处于相对静止状态，这种波浪被称为深水推进波。

当波浪推进到浅水地带，水深小于半个波长（$d < L/2$）时，水域底部对波浪运动产生摩阻作用，底部水质点前后摆动，这种波浪被称为浅水推进波。

## 4.4.2　波浪的推进过程

图4-19 所示为波浪推进过程的示意。

波浪形成后，会沿着力的方向向前推进。当浅水推进波向岸边推进时，水深不断减小，受水底的摩擦阻力作用，其波长和波速都比深水波略有缩减，波高有所增加，波峰也较尖突，波陡也比深水区大。一旦波陡增大到波峰不能保持平衡时，波峰发生破碎，波峰破碎处的水深称为临界水深，用 $d_c$ 表示。波峰破碎区域位于一个相当长的范围内，这个区域被称为波浪破碎带。由于波破碎后波能消耗较多，当又重新组成新的波浪向前推进时，其波长、波高均比原波显著减小。但破碎后的新波仍含有较多能量,继续推进到一定临界水深后有可能再度破碎,甚至几度破碎,随着水域深度逐渐变浅,波浪受水底摩阻作用影响加大,表层波浪传播速度大于底层部分,使得波浪更为陡峻,波高有所增大,波谷变得缓而长,并逐渐形成一股水流向前推移,而底层则产生回流,形成击岸波。击岸波冲击岸滩或建筑物后,水流顺岸滩上涌,波形不再存在,上涌一定高度后回流大海,这个区域称为上涌带。

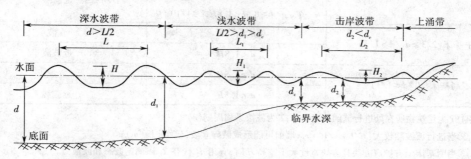

**图 4 - 19　波浪的推进过程**

### 4.4.3　波浪对建筑物的作用

作用于直墙式建筑物(图 4 - 20)上的波浪可分为立波(standing wave)、近破波(breaking wave)和远破波(broken wave)3 种波态。

(1)立波——原始推进波冲击垂直墙面后与反射波互相叠加形成的一种干涉波。

(2)近破波——在距直墙附近半个波长范围内破碎的波。

(3)远破波——在距直墙半个波长以外破碎的波。

波浪荷载不仅与波浪本身的特征有关,还与建筑物形式和水底坡度有关。本章仅简述波浪对直墙式建筑物的立波作用力。

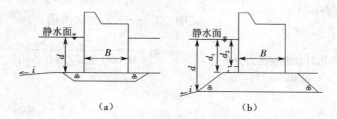

**图 4 - 20　直墙式建筑物**

(a)暗基床直墙式建筑物　(b)明基床直墙式建筑物

$i$—建筑物前水底坡度;$B$—护肩直墙底宽(m);

$d$—建筑物前水深(m);$d_1$—基床上水深(m);$d_2$—护肩上水深(m)

在工程设计时,应根据基床类型(抛石明基床或暗基床)、水底坡度 $i$、波高 $H$ 及水深 $d$ 判别波态(表 4 - 3),再进行波浪作用力的计算。立波的产生除满足表中规定外,还应满足波峰线与建筑物大致平行,且建筑物长度大于一个波长的条件。

表 4 - 3　直墙式建筑物前的波态判别

| 基床类型 | 产生条件 | 波态 |
|---|---|---|
| 暗基床和低基床($d_1/d>2/3$) | $\bar{T}\sqrt{g/d}<8,d\geq2.0H$ | 立波 |
| | $\bar{T}\sqrt{g/d}\geq8,d\geq1.8H$ | |
| | $\bar{T}\sqrt{g/d}<8,d<2.0H,i\leq1/10$ | 远破波 |
| | $\bar{T}\sqrt{g/d}\geq8,d<1.8H,i\leq1/10$ | |
| 中基床($2/3\geq d_1/d>1/3$) | $d\geq1.8H$ | 立波 |
| | $d<1.8H$ | 近破波 |
| 高基床($d_1/d\leq1/3$) | $d\geq1.5H$ | 立波 |
| | $d<1.5H$ | 近破波 |

注：①$H$ 为建筑物所在处进行波的波高(m)，$\bar{T}$ 为波浪平均周期(s)；

②当进行波波陡较大($H/L>1/14$)时，墙前可能形成破碎立波，$L$ 为波长(m)；

③当明基床上有护肩方块且方块宽度大于波高 $H$ 时，宜用 $d_2$ 代替 $d_1$ 以确定波态和波浪力。

波浪遇到直墙反射后，形成 $2H$ 波高、$L$ 波长的立波。《海港水文规范》JTS 145—2—2013 假定波压强沿水深按折线分布，直墙式建筑物上的立波作用力可按下列规定确定。

1. 当 $d\geq1.8H$ 且 $d/L=0.05\sim0.12$ 时

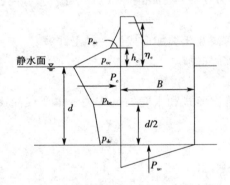

**图 4 - 21　波峰作用时立波波压力分布**

$(d\geq1.8H$ 且 $d/L=0.05\sim0.12)$

1）波峰作用下的立波作用力（图 4 - 21）

（1）波面高程 $\eta_c$：

$$\frac{\eta_c}{d}=B_\eta\left(\frac{H}{d}\right)^m \qquad (4-30)$$

式中　$\eta_c$——波面高程(m)；

$B_\eta$、$m$——系数。

$$B_\eta=2.3104-2.5907T_*^{-0.5941} \qquad (4-31a)$$

式中　$T_*$——无因次周期。

$$m=\frac{T_*}{0.00913T_*^2+0.636T_*+1.2515} \qquad (4-31b)$$

$$T_*=\bar{T}\sqrt{g/d} \qquad (4-31c)$$

式中　$g$——重力加速度($\mathrm{m/s^2}$)。

（2）静水面上 $h_c$ 处的墙面波压力强度 $p_{ac}$：

$$\frac{h_c}{d}=\frac{2\eta_c/d}{n+2} \qquad (4-32)$$

式中　$n$——静水面以上波浪压力强度分布曲线的指数；

$h_c$——波压力强度 $p_{ac}$ 在静水面以上的作用点位置(m)。

$$\frac{p_{ac}}{\gamma d}=\frac{p_{oc}}{\gamma d}\cdot\frac{2}{(n+1)(n+2)} \qquad (4-33a)$$

式中　$\gamma$——水的重度($\mathrm{kN/m^3}$)；

$p_{ac}$——与 $h_c$ 对应的墙面波压力强度(kPa)；

$p_{oc}$——静水面上的波压力强度(kPa)。

$$n = \max\left[0.636\,618 + 4.232\,64\left(\frac{H}{d}\right)^{1.67}, 1.0\right] \qquad (4-33\text{b})$$

（3）静水面处的墙面波压力强度 $p_{\text{oc}}$ 及其他各特征点的波压力强度，如 $p_{\text{bc}} > p_{\text{oc}}$，取 $p_{\text{bc}} = p_{\text{oc}}$：

$$\frac{p}{\gamma d} = A_p + B_p\left(\frac{H}{d}\right)^q \qquad (4-34)$$

（4）单位长度墙身上的水平总波浪力 $P_c$（kN/m）：

$$\frac{P_c}{\gamma d^2} = \frac{1}{4}\left[2\frac{p_{\text{ac}}}{\gamma d}\cdot\frac{\eta_c}{d} + \frac{p_{\text{oc}}}{\gamma d}\cdot\left(1 + \frac{2h_c}{d}\right) + \frac{2p_{\text{bc}}}{\gamma d} + \frac{p_{\text{dc}}}{\gamma d}\right] \qquad (4-35)$$

式中　$p_{\text{bc}}$——与 $d/2$ 水深对应的墙面波压力强度（kPa）；

　　　$p_{\text{dc}}$——墙底处的墙面波压力强度（kPa）。

（5）单位长度墙身上的水平总波浪力矩 $M_c$（kN·m/m）：

$$\frac{M_c}{\gamma d^3} = \frac{p_{\text{ac}}}{2\gamma d}\cdot\frac{\eta_c}{d}\left[1 + \frac{1}{3}\left(\frac{\eta_c}{d} + \frac{h_c}{d}\right)\right] + \frac{p_{\text{oc}}}{24\gamma d}\left[5 + \frac{12h_c}{d} + 4\left(\frac{h_c}{d}\right)^2\right] + \frac{p_{\text{bc}}}{4\gamma d} + \frac{p_{\text{dc}}}{24\gamma d} \qquad (4-36)$$

（6）单位长度墙底面上的波浪浮托力 $P_{\text{uc}}$（kN/m）：

$$P_{\text{uc}} = \frac{p_{\text{dc}}B}{2} \qquad (4-37)$$

表 4 – 4　波峰作用时的系数 $A_p$、$B_p$、$q$

| 计算式 | | $A_1$、$B_1$、$a$ | $A_2$、$B_2$、$b$ | $\alpha$、$\beta$、$c$ |
|---|---|---|---|---|
| $p_{\text{oc}}/(\gamma d)$ | | 0.029 01 | − 0.000 11 | 2.140 82 |
| $p_{\text{bc}}/(\gamma d)$ | $A_p = A_1 + A_2 T_*^\alpha$ | 0.145 74 | − 0.024 03 | 0.919 76 |
| $p_{\text{dc}}/(\gamma d)$ | | − 0.180 0 | − 0.000 153 | 2.543 41 |
| $p_{\text{oc}}/(\gamma d)$ | | 1.314 27 | − 1.200 64 | − 6.673 6 |
| $p_{\text{bc}}/(\gamma d)$ | $B_p = B_1 + B_2 T_*^\beta$ | − 3.073 72 | 2.915 85 | 0.110 46 |
| $p_{\text{dc}}/(\gamma d)$ | | − 0.032 91 | 0.174 53 | 0.650 74 |
| $p_{\text{oc}}/(\gamma d)$ | | 0.037 65 | 0.464 43 | 2.916 98 |
| $p_{\text{bc}}/(\gamma d)$ | $q = \dfrac{T_*}{aT_*^2 + bT_* + c}$ | 0.066 20 | 1.326 41 | − 2.975 57 |
| $p_{\text{dc}}/(\gamma d)$ | | 0.286 49 | − 3.867 66 | 38.419 5 |

2）波谷作用下的立波作用力（图 4 – 22）

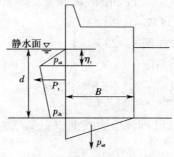

图 4 – 22　波谷作用时立波波压力分布

（$d \geqslant 1.8H$ 且 $d/L = 0.05 \sim 0.12$）

（1）波谷波面高程 $\eta_t$：

$$\frac{\eta_t}{d} = A_p + B_p \left(\frac{H}{d}\right)^q \tag{4-38}$$

（2）墙面上各特征点的波压力强度，如 $p_{dt} > p_{ot}$，取 $p_{dt} = p_{ot}$：

$$\frac{p}{\gamma d} = A_p + B_p \left(\frac{H}{d}\right)^q \tag{4-39}$$

（3）单位长度墙身上的水平总波浪力 $P_t$（kN/m）：

$$\frac{P_t}{\gamma d^2} = \frac{1}{2}\left[\frac{p_{ot}}{\gamma d} + \frac{p_{dt}}{\gamma d} \cdot \left(1 + \frac{\eta_t}{d}\right)\right] \tag{4-40}$$

（4）单位长度墙底面上方向向下的波浪力 $P_{ut}$（kN/m）：

$$P_{ut} = \frac{p_{dt} B}{2} \tag{4-41}$$

表 4-5　波谷作用时的系数 $A_p$、$B_p$、$q$

| | 计算式 | $A_1$、$B_1$、$a$ | $A_2$、$B_2$、$b$ | $\alpha$、$\beta$、$c$ |
|---|---|---|---|---|
| $p_{ot}/(\gamma d)$ | $A_p = A_1 + A_2 T_*^{\alpha}$ | 0.039 7 | -0.000 18 | 1.950 0 |
| $p_{dt}/(\gamma d)$ | $A_p = 0.1 - A_1 T_*^{\alpha} e^{A_2 T_*}$ | 1.687 | 0.168 94 | -2.019 5 |
| $p_{ot}/(\gamma d)$ | $B_p = B_1 + B_2 T_*^{\beta}$ | 0.982 22 | -3.061 15 | -0.284 8 |
| $p_{dt}/(\gamma d)$ | | -2.197 07 | 0.928 02 | 0.235 0 |
| $p_{ot}/(\gamma d)$ | $q = a T_*^b e^{c T_*}$ | 2.599 0 | -0.867 9 | 0.070 92 |
| $p_{dt}/(\gamma d)$ | | 20.156 5 | -1.972 3 | 0.133 29 |

2. 当 $d \geqslant 1.8H$、$0.12 \leqslant d/L < 0.139$ 且 $8 < T_* \leqslant 9$ 时

波浪压强和波面高程等各量值可按下式计算：

$$X|_{T_*} = X|_{T_*=8} - (X|_{T_*=8} - X|_{T_*=9}) \cdot (T_* - 8) \tag{4-42}$$

式中　$T_*$——实际波况时的无因次周期；

　　$X|_{T_*}$——波浪压强和波面高程等各量值；

　　$X|_{T_*=8}$——取 $T_*=8$ 和实际波况的 $H/d$，按式（4-30）至式（4-41）计算的各量值；

　　$X|_{T_*=9}$——取 $T_*=9$ 和实际波况的 $H/d$，按式（4-30）至式（4-41）计算的各量值。

3. 当 $H/L \geqslant 1/30$ 且 $d/L = 0.139 \sim 0.20$ 时

1）波峰作用下的立波作用力（图 4-23）

（1）波浪中线超出静水面的高度

$$h_s = \frac{\pi H^2}{L} \operatorname{cth} \frac{2\pi d}{L} \tag{4-43}$$

（2）静水面上高度（$h_s + H$）处（即波浪中线上 $H$ 处）的波浪压力强度为零。

（3）水底处波浪压力强度

$$p_d = \frac{\gamma H}{\operatorname{ch} \dfrac{2\pi d}{L}} \tag{4-44}$$

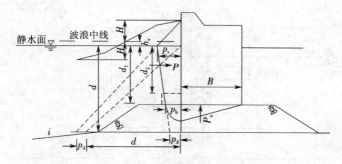

**图 4 - 23　波峰作用时立波波压力分布**

（$H/L \geqslant 1/30$ 且 $d/L = 0.139 \sim 0.20$）

（4）静水面处的波浪压力强度

$$p_{\mathrm{s}} = (p_{\mathrm{d}} + \gamma d)\frac{H + h_{\mathrm{s}}}{d + H + h_{\mathrm{s}}} \tag{4-45}$$

（5）墙底处波浪压力强度

$$p_{\mathrm{b}} = p_{\mathrm{s}} - (p_{\mathrm{s}} - p_{\mathrm{d}})\frac{d_1}{d} \tag{4-46}$$

（6）静水面以上和以下的波浪压力强度均按直线分布。

（7）单位长度直墙身上的总波浪力

$$P = (p_{\mathrm{b}} + \gamma d_1)\frac{H + h_{\mathrm{s}} + d_1}{2} - \frac{\gamma d_1^2}{2} \tag{4-47}$$

（8）墙底面上的波浪浮托力

$$P_{\mathrm{u}} = \frac{Bp_{\mathrm{b}}}{2} \tag{4-48}$$

2）波谷作用下的立波作用力（图 4 - 24）

（1）水底处波浪压力强度

$$p_{\mathrm{d}}' = \frac{\gamma H}{\mathrm{ch}\dfrac{2\pi d}{L}} \tag{4-49}$$

（2）静水面处波压强度为零。

（3）静水面下深度（$H - h_{\mathrm{s}}$）处（即波浪中线下 $H$ 处）的波浪压力强度

$$p' = \gamma(H - h_{\mathrm{s}}) \tag{4-50}$$

（4）墙底处波浪压力强度

$$p_{\mathrm{b}}' = p_{\mathrm{s}}' - (p_{\mathrm{s}}' - p_{\mathrm{d}}')\frac{d_1 + h_{\mathrm{s}} - H}{d + h_{\mathrm{s}} - H} \tag{4-51}$$

（5）单位长度直墙上总波浪压力

$$P' = \frac{\gamma d_1^2}{2} - (\gamma d_1 - p_{\mathrm{b}}')\frac{d_1 + h_{\mathrm{s}} - H}{2} \tag{4-52}$$

（6）单位长度墙底面上方向向下的波浪力

$$P_{\mathrm{u}}' = \frac{Bp_{\mathrm{b}}'}{2} \tag{4-53}$$

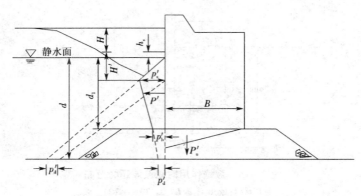

**图 4 - 24    波谷作用时立波波压力分布**

($H/L \geqslant 1/30$ 且 $d/L = 0.139 \sim 0.20$)

**4. 当相对水深 $d/L > 0.2$ 时**

当相对水深 $d/L > 0.2$ 时,采用简化方法计算出的波峰立波波压强度将显著偏大,应采取其他方法确定。

近破波波压力和远破波波压力的计算详见《海港水文规范》JTS 145—2—2013。

# 4.5    冰荷载

冰荷载按照其作用性质的不同,可分为动冰压力和静冰压力。动冰压力主要指河流流冰产生的冲击动压力。静冰压力包括:①冰堆整体推移的静压力;②风和水流作用于大面积冰层引起的静压力;③冰覆盖层受温度影响膨胀时产生的静压力;④冰层因水位升降产生的竖向作用力。

## 4.5.1    冰堆整体推移的静压力的计算

当大面积冰层以缓慢的速度接触墩台时,受阻于桥墩而停滞在墩台前,形成冰层或冰堆现象。墩台受到流冰挤压,并在冰层破碎前的一瞬间对墩台产生最大压力,基于作用在墩台的冰压力不能大于冰的破坏力这一原理,考虑到冰的破坏力与结构物的形状、气温以及冰的抗压极限强度等因素有关,可导出极限冰压力计算公式:

$$p = \alpha\beta F_y bh \qquad (4-54)$$

式中    $p$——极限冰压力合力(N);

$h$——计算冰厚(m),可取发生频率为 1% 的冬季冰的最大厚度的 4/5,当缺乏观测资料时,可用勘探确定的最大冰厚;

$b$——墩台或结构物在流冰作用高程处的宽度(m);

$\alpha$——墩台形状系数,与墩台水平截面形状有关,可按表 4 - 6 取值;

$F_y$——冰的抗压极限强度(Pa),采用相应流冰期冰块的实际强度,当缺少试验资料时,取开始流冰的 $F_y = 735$ kPa,最高流冰水位时 $F_y = 441$ kPa;

$\beta$——地区系数,气温在 0 ℃ 以上解冻时为 1.0,气温在 0 ℃ 以下解冻且冰温为 -10 ℃ 及以下者为 2.0,其间用插入法求得。

表 4 – 6　墩台形状系数 $\alpha$ 值

| 墩台平面形状 | 三角形夹角 $2\theta$ | | | | | 圆形 | 矩形 |
|---|---|---|---|---|---|---|---|
| | 45° | 60° | 75° | 90° | 120° | | |
| 形状系数 $\alpha$ | 0.60 | 0.65 | 0.69 | 0.73 | 0.81 | 0.9 | 1.0 |

### 4.5.2　大面积冰层的静压力

由于水流和风的作用,推动大面积浮冰移动对结构物产生静压力,可根据水流方向和风向,考虑冰层面积来计算,如图 4 – 25 所示。

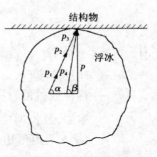

图 4 – 25　冰层的静压力

$$p = \Omega\big[ (p_1 + p_2 + p_3)\sin\alpha + p_4\sin\beta \big] \qquad (4-55)$$

式中　$p$——作用于结构物的正压力(N);

　　　　$\Omega$——浮冰冰层面积($\text{m}^2$),取有史以来有记载的最大值;

　　　　$p_1$——水流对冰层下表面的摩阻力($\text{N/m}^2$);

　　　　$p_2$——水流对浮冰边缘的作用力($\text{N/m}^2$);

　　　　$p_3$——由于水面坡降对冰层产生的作用力($\text{N/m}^2$);

　　　　$p_4$——风对冰层上表面的摩阻力($\text{N/m}^2$);

　　　　$\alpha$——结构物迎冰面与冰流方向间的水平夹角;

　　　　$\beta$——结构物迎冰面与风向间的水平夹角。

### 4.5.3　冰覆盖层受到温度影响膨胀时产生的静压力

确定冰与结构物接触面的静压力时,其中冰面初始温度、冰温上升速率、冰覆盖层厚度及冰盖约束体之间的距离,可按下式确定:

$$p = 3.1\,\frac{(t_0+1)^{1.67}}{t_0^{0.881}}\,\eta^{0.33}hb\varphi \qquad (4-56)$$

式中　$t_0$——冰层初始温度(℃),取冰层内温度的平均值,或取 $0.4t$,$t$ 为升温开始时的气温;

　　　　$p$——冰覆盖层升温时,冰与结构物接触面产生的静压力(N);

　　　　$\eta$——冰温上升速率(℃/h),采用冰层厚度内的温升平均值;

　　　　$h$——冰盖层计算厚度(m),采用冰层实际厚度,但不大于 0.5 m;

　　　　$b$——墩台宽度(m);

　　　　$\varphi$——系数,视冰盖层的长度 $L$ 而定,见表 4 – 7。

表 4 – 7　系数 $\varphi$

| 冰盖层的长度 $L$/m | < 50 | 50 ~ 75 | 75 ~ 100 | 100 ~ 150 | > 150 |
|---|---|---|---|---|---|
| 系数 $\varphi$ | 1.0 | 0.9 | 0.8 | 0.7 | 0.6 |

#### 4.5.4　冰层因水位升降产生的竖向作用力

当冰覆盖层与结构物冻结在一起时,若水位升高,水通过冻结在桥墩、桩群等结构物上的冰盖对结构物产生上拔力。该上拔力可按照桥墩四周冰层有效直径为50倍冰层厚度的平板应力来计算:

$$V = \frac{300h^2}{\ln \dfrac{50h}{d}} \tag{4-57}$$

式中　$V$——上拔力(N);

　　　$h$——冰层厚度(m);

　　　$d$——桩柱或桩群直径(m),当桩柱或桩群周围有半径不小于20倍冰层厚度的连续冰层,且桩群中各桩距离在1.0 m以内、桩群或承台为矩形时,则取 $d = \sqrt{ab}$（$a$、$b$ 为矩形边长）。

#### 4.5.5　流冰冲击力

当冰块运动时,对结构物前沿的作用力与冰块的抗压强度、冰层厚度、冰块尺寸、冰块运动速度及方向等因素有关。由于这些条件不同,冰块碰到结构物时可能发生破碎,也可能只有撞击而不破碎。

(1)当冰块的运动方向大致垂直于结构物的正面,即冰块运动方向与结构物正面的夹角 $\varphi = 80° \sim 90°$ 时:

$$p = kvh\sqrt{\Omega} \tag{4-58}$$

(2)当冰块的运动方向与结构物正面所成夹角 $\varphi < 80°$ 时,作用于结构物正面的冲击力按下式计算:

$$p = Cvh^2 \sqrt{\frac{\Omega}{\mu \cdot \Omega + \lambda \cdot h^2} \sin \varphi} \tag{4-59}$$

式中　$p$——流冰冲击力(N);

　　　$v$——冰块流动速度(m/s),宜按资料确定,当无实测资料时,对于河流可采用水流速度,对于水库可采用历年冰块运动期内最大风速的3%,但不大于 0.6 m/s;

　　　$h$——流冰厚度(m),可采用当地最大冰厚的7/10~8/10,流冰初期取最大值;

　　　$\Omega$——冰块面积($m^2$),可由当地或邻近地点的实测或调查资料确定;

　　　$C$——系数,可取为136($s \cdot kN/m^3$);

　　　$k$、$\lambda$——与冰的计算抗压极限强度 $F_y$ 有关的系数,按表4-8采用;

　　　$\mu$——随 $\varphi$ 角变化的系数,按表4-9采用。

表 4-8　系数 $k$、$\lambda$

| $F_y$/kPa | 441 | 735 | 980 | 1 225 | 1 471 |
|---|---|---|---|---|---|
| $k/(s \cdot kN/m^3)$ | 2.9 | 3.7 | 4.3 | 4.8 | 5.2 |
| $\lambda$ | 2 220 | 1 333 | 1 000 | 800 | 667 |

注:表中 $F_y$ 为其他值时,$k$、$\lambda$ 可用插入法求得。

表 4-9 系数 μ

| $\varphi$ | 20° | 30° | 45° | 55° | 60° | 65° | 70° | 75° |
|---|---|---|---|---|---|---|---|---|
| $\mu$ | 6.70 | 2.25 | 0.50 | 0.16 | 0.08 | 0.04 | 0.016 | 0.005 |

# 思 考 题

1. 成层土的自重应力如何确定?

2. 土压力分为哪几种,影响土压力的大小及分布的主要因素是什么?

3. 简述静止土压力、主动土压力和被动土压力产生的条件,比较三者数值的大小。

4. 试用郎金土压力理论推导土的侧压力计算公式。

5. 填土表面有连续均布荷载或局部均布荷载时,挡土墙墙背的土压力如何计算?

6. 简述浮力产生的原因及工程中的考虑方法。

7. 水中构筑物在确定流水荷载时,为什么主要考虑正压力?

8. 水中构筑物(如桥墩、闸墩等)为什么设计成流线型?

9. 简述确定波浪荷载计算理论的依据和计算方法。

10. 如何对直立式构筑物进行立波波压力计算?

11. 冰压力有哪些类型? 计算冰压力时如何考虑结构物形状的影响?

# 习 题

1. 某地基由多层土组成,各土层的厚度、自重如图 4-26 所示,试求各土层交界处的竖向自重应力,并绘出自重应力分布图。

2. 某浆砌毛石重力式挡土墙如图 4-27 所示,墙高 6 m,墙背垂直光滑,墙后填土的表面水平并与墙齐高,挡土墙基础埋深 1 m。

(1)墙后填土重度 $\gamma = 18$ kN/m³、内摩擦角 $\varphi = 30°$、粘聚力 $c = 0$、土对墙背的摩擦角 $\delta = 0$ 且填土表面无均匀荷载,试求该挡土墙的主动土压力 $E_a$。

(2)除已知条件同(1)外,墙后尚有地下水,地下水位在墙底面以上 2 m 处;地下水位以下的填土重度 $\gamma' = 20$ kN/m³,假定其内摩擦角仍为 $\varphi = 30°$,$c = 0$,$\delta = 0$,并已知在地下水位处填土产生的主动土压力强度 $\sigma_{ai} = 24$ kPa,试计算作用在墙背的总压力 $E_a$。

(3)墙后填土重度 $\gamma = 18$ kN/m³,$\varphi = 30°$,且 $c = 0$,$\delta = 0$,无地下水,但填土表面有均匀荷载 $q = 20$ kPa,试计算主动土压力 $E_a$。

(4)假定墙后填土是黏性土,其重度 $\gamma = 17$ kN/m³,$\varphi = 20°$,$c = 10$ kPa,$\delta = 0$,在填土表面有连续均布荷载 $q = 20$ kPa,试计算墙顶面处的主动土压力强度 $\sigma_{a1}$。

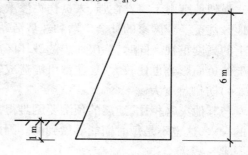

图 4-26 习题 1 图 　　　　　　　　　　　图 4-27 习题 2 图

# 第 5 章　地震作用

**【内容提要】**

本章简要介绍了有关地震的基本知识和工程抗震设防的基本思想,详细阐述了计算单质点体系水平地震作用的反应谱理论方法,介绍了标准设计反应谱的确定过程,并进一步阐述了计算多质点体系水平地震作用的振型分解反应谱法和底部剪力法推导过程,归纳了几种结构基本自振周期的确定方法,给出了竖向地震作用的计算公式。

由于地下某处薄弱岩层在原有累积的弹性应力的作用下突然破裂,断层两侧发生回跳引起震动;或由于地球板块相互挤压、顶撞致使板块边缘岩层脆性破裂引起震动,从而以波的形式将岩层震动传至地表,引起地面的剧烈颠簸和摇晃,这种形成剧烈颠簸和摇晃的地面运动就叫作地震。

地震是地球上常见的现象,但却是一种突发的自然灾害。与水灾、风灾、泥石流、山体滑坡等灾害相比,地震灾害具有以下特点。

1)突发性强

地震发生十分突然,一次地震持续时间往往只有几十秒钟,在如此短暂的时间内造成大量房屋倒塌、人员伤亡,这是其他自然灾害难以相比的。

2)破坏性大

发生在人口稠密、经济发达地区的大地震,往往可能造成大量人员伤亡和巨大经济损失。据有关资料记载,1556 年中国陕西省华县 8 级强烈地震,死亡 83 万人;1976 年中国河北省唐山 7.8 级强烈地震,死亡 24 万多人,整个唐山几乎被夷为平地;2008 年汶川 8.1 级强烈地震,死亡近 7 万人,失踪近 2 万人,房倒屋塌、路断桥垮,直接经济损失达 8 000 多亿人民币;1995 年日本阪神 7.2 级地震,死亡 5 466 人,被毁房屋超过十万栋,生命线工程和大量公共设施被严重破坏,造成经济损失达 1 000 亿美元;2011 年日本本州岛东北部海域发生 9.0 级特大地震,死亡 8 469 人,直接经济损失达 2 300 亿美元,并引起严重的核泄漏。

据统计,20 世纪以来,全世界因地震死亡的人数达 100 多万人,占各种自然灾害死亡总数的 54%,平均每年所造成的经济损失高达几十亿美元。

3)社会影响深远

强烈地震由于突发性强、人员伤亡惨重、经济损失巨大,会产生一系列连锁反应,对于一个地区甚至一个国家的社会生活和经济活动造成巨大冲击,因此往往引起社会、政府乃至国际上的高度重视。同时,一次地震的破坏区虽然有限,有感范围却很大,波及面广,对人们心理上的负面影响也比较大,这些都可能造成较大的社会影响。

4)防御难度大

与其他灾害相比,地震的预测要困难得多。同时,建筑物抗震性能的提高,需要大量资金的投入,这也不是短时期能够做到的。因此,对地震灾害的防御,比起其他一些灾害,可能更困难一些。

我国是世界上多地震国家之一。据统计,在 20 世纪的一百年中,我国共发生破坏性地震 2 600 余次,其中 6 级以上的破坏性地震 500 余次,平均每年 5.4 次,8 级以上的地震 9 次,这些地震给人民生命财产和国民经济造成了十分严重的损失,这是必须深刻吸取的教训。

# 5.1　地震的基本知识

地震是工程结构(如建筑物、桥梁等)在使用期间承受的主要水平作用之一。与风荷载相比,地震作用的时间更短、随机性更强,但其强度更大,同时地震经常引发地基液化失效、火灾及煤气爆炸等次生灾害,因而对工程结构造成破坏也更严重。另一方面,工程结构的使用功能和造价决定其使用期较长,无法避免经受地震的考验。因此,搞好工程结构抗震设计是一项重要的根本性的减灾措施。

## 5.1.1　地震的类型和成因

### 1. 地震的分类和成因

地震一般可分为人工地震和天然地震两大类。由人类活动(如开山、采矿、爆破、水库蓄水、地下核试验等)引起的地面振动称为人工地震,其余统称为天然地震。

天然地震主要分为以下几种类型。

构造地震:是由于地下岩层的快速破裂和错动把长期积累起来的能量急剧释放出来所造成的地震,占全球地震总数的 90% 以上,由于构造地震分布广、频度高、强度大、破坏严重,因此是地震监测预报、防灾减灾的重点对象。

火山地震:是由于火山喷发引起的地震,占全球地震总数的 7% 左右,火山地震都发生在活火山地区(如印度尼西亚、菲律宾、意大利等地),一般震级不大,在我国很少见。

陷落地震:是由于地层陷落(如喀斯特地形、矿坑下塌等)引起的地震,占全球地震总数的 3% 左右,其破坏范围非常有限,震级也很小。

诱发地震:在特定的地区因某种地壳外界因素诱发(如陨石坠落)而引起的地震。

构造地震与地质构造密切相关,这种地震往往发生在地应力比较集中、构造比较脆弱的地段,即原有断层的端点或转折处、不同断层的交会处。下面主要介绍构造地震的发生与发展过程。

### 1)断层理论

断层理论认为,地震与使地壳缓慢变形的力有关。地壳是由各种岩层组成的,地球外壳的变形和随之而来的应变与应力在很长的地质年代中逐渐积累,大片地区或上升,或下降,或倾斜。在地球内部积聚了大量的能量,并在岩层中产生地应力。地应力较小时,岩层仅产生形变,或仅发生皱褶(图 5-1),尚未丧失其连续性和完整性。当地应力引起的应变超过某处岩层的极限应变时,则使岩层产生断裂和错动。而承受应变的岩层在其自身的弹性力作用下发生回跳,迅速弹回到新的平衡位置。岩层中积累的应变能在回弹过程中得以释放,并以弹性波的形式传至地面,地面随之产生强烈振动,形成地震。

### 2)板块构造理论

按照板块构造理论,地球表面的最上层是由强度较大的岩石组成,称为岩石层,厚度为 70~100 km,岩石层的下面是强度较低并带有塑性的岩流层。一般认为,地球表面的岩石层由美洲板块、非洲板块、欧亚板块、印澳板块、太平洋板块和南极洲板块等若干个大板块组成。由于地幔的对流,这些板块在地幔软流层上异常缓慢而又持久地相互运动着,因而板块之间处于拉张、挤压和剪切状态,致使其边缘附近的岩石层脆性破裂而产生地震。地球上的主要地震带就处在这些大板块的交界地区。

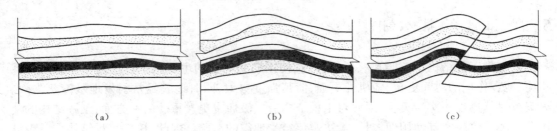

图 5 - 1　地壳构造运动与地震形成示意

(a)岩层原始状态　(b)受力后发生变形　(c)岩层断裂产生振动

**2.地震的地理分布**

地震的地理分布受地质构造控制,因而它有一定的规律,最明显的是成带性。全球的地震主要分布在以下地带(图 5 - 2)。

(1)环太平洋地震带。自南美洲西海岸,向北经北美洲西海岸至阿拉斯加、阿留申群岛,转向西南方向,经日本列岛、琉球群岛,至我国东南沿海及台湾岛,再经菲律宾群岛等地,至新西兰。这是世界上地震最活跃的地带,全球 80% 的地震,就集中在这条带上。

(2)欧亚地震带。自大西洋中的亚速尔岛,经地中海两岸,至土耳其、伊朗,再经我国西南部、马来西亚、印度尼西亚,与环太平洋地震带贯通。全球 15% 左右的地震发生在这条带上。

(3)海岭地震带。在大西洋、太平洋、印度洋中呈条形分布的海岭地震带。

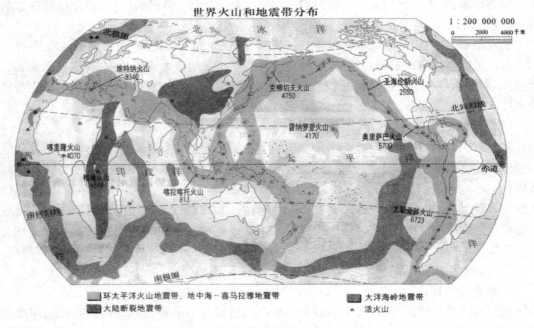

图 5 - 2　全球主要地震带分布

我国地处两大地震带之间,是个多地震的国家。除台湾和西藏自治区南部分别属于环太平洋地震带和欧亚地震带之外,其他地区的地震主要集中在下列两个地震带。

(1)南北地震带:北起贺兰山,向南经六盘山并穿越秦岭沿川西直至云南东部,形成贯穿我国南北的条带。

(2)东西地震带:西起帕米尔高原,向东经昆仑山、秦岭,然后分为两支,一支向北沿陕西、山西、河北北部向东延伸,直至辽宁北部,另一支向东南延伸至大别山等地。

据统计,我国大陆 7 级以上的地震占全球大陆 7 级以上地震的 1/3,因地震死亡人数占全球的 1/2;全国有 41% 的国土、一半以上的城市位于地震基本烈度 7 度或 7 度以上地区,6 度及 6 度以上地区占国土面积的 79%。其中,地震活动较强烈的地区是:青藏高原和云南、四川西部,华北太行山和京津唐地区,新疆及甘肃、宁夏,福建和广东沿海,台湾地区等。

3. 地震术语

地层构造运动中,在断层形成处大量释放能量,产生剧烈振动,此处即为震源(图 5 - 3),震源不是一个点,而是有一定深度和范围的体。震源在地面上的垂直投影,叫作震中。震中邻近地区称为震中区。地面上某点至震中的距离称为震中距。震中到震源的深度叫作震源深度,常以 $H$ 表示,以 km 计算。

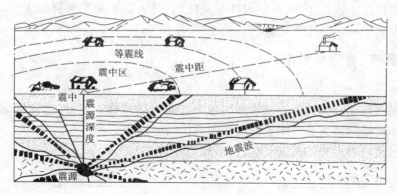

图 5 - 3　地震术语示意

地震按震源深度可分为以下类型。

1)浅源地震

震源深度小于 60 km 的地震,也称正常深度地震。浅源地震的发震频率高,占地震总数的 72.5%,所释放的地震能占总释放能量的 85%。其中,震源深度在 30 km 以内的占多数,是地震灾害的主要制造者,对人类影响最大。破坏性地震一般是浅源地震。例如,1976 年 7 月 28 日唐山大地震的震级为 7.8 级,震源深度为 11 km;2008 年 5 月 12 日汶川大地震的震级为 8.0 级,震源深度为 14 km;2010 年 4 月 14 日玉树大地震的震级为 7.1 级,震源深度为 6 km。

2)中源地震

震源深度为 60~300 km 的地震称为中源地震。中源地震的发震频率较低,占地震总数的 23.5%,所释放的能量约占地震总释放能量的 12%。绝大多数中源地震发生在环太平洋地震带上,分布在岛弧的里侧和海岸山脉一带。中源地震一般不造成灾害。

2010 年 9 月 24 日晚 19 时 47 分(北京时间 15 时 47 分),新西兰北岛发生里氏 5.6 级地震。震中位于北岛中部小镇托科罗阿以东 10 km 处,震源在地表以下 200 km 处。地震发生时,北岛中部地区有明显震感,但无人员伤亡或财产损失的报道。

3)深源地震

震源深度大于300 km的地震称为深源地震。深源地震约占地震总数的4%,所释放的能量约占地震总释放能量的3%。深源地震大多分布于太平洋一带的深海沟附近。深源地震一般不会造成灾害。1963年发生在印度尼西亚伊里安查亚省北部海域的地震,震源深度达768 km。

地震时,岩层的破裂往往不是沿一个平面发展,而是形成由一系列裂缝组成的破碎地带,沿整个破碎地带的岩层不可能同时达到平衡,因此每次大地震的发生都不是孤立的。在一定的地方和一定时间内连续发生的一系列具有共同发震构造的一组地震,称为地震序列。在某一地震序列中,其中最大的一次地震,称为主震。主震前发生的地震,称为前震。主震后发生的地震,称为余震。

主震震级很突出,释放的地震波能量占全序列总能量的90%以上,或最大震级和次大震级之差在0.8~2.4级,称为主震型序列;在地震序列中没有一个突出的主震,而是由震级相近的两次或多次地震组成,最大地震释放的能量一般只占全序列总能量的80%以下,或最大震级和次大震级之差小于0.7级,称为震群型或多震型序列;主震震级特别突出,前震和余震都很少且震级也很小,大小地震极不成比例,最大震级和次大震级大于2.5级,称为孤立型或单发型序列。

## 5.1.2 地震波、震级和烈度

1. 地震波

地震引起的振动以波的形式从震源向各个方向传播并释放能量,这就是地震波。它包括在地球内部传播的体波和只限于在地面附近传播的面波。

体波又包括两种形式的波,即纵波与横波,如图5-4所示。

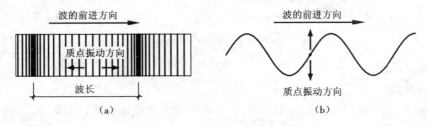

**图5-4 纵波和横波的传播**
(a)纵波 (b)横波

在纵波的传播过程中,其介质质点的振动方向与波的前进方向一致,故又称为压缩波或疏密波。纵波的特点是周期短、振幅小(图5-4(a))。在地球内部的传播速度一般为200~1 400 m/s。

在横波的传播过程中,其介质质点的振动方向与波的前进方向垂直,故又称为剪切波。横波的周期较长、振幅较大(图5-4(b))。在地球内部的传播速度一般为100~800 m/s。

根据弹性理论,纵波的传播速度$v_p$与横波的传播速度$v_s$可分别用下列公式计算:

$$v_p = \sqrt{\frac{E(1-v)}{\rho(1+v)(1-2v)}} \tag{5-1a}$$

$$v_{\mathrm{s}} = \sqrt{\frac{E}{2\rho(1+\upsilon)}} = \sqrt{\frac{G}{\rho}} \tag{5-1b}$$

式中　$E$——介质的弹性模量；

$G$——介质的剪切模量；

$\rho$——介质的密度；

$\upsilon$——介质的泊松比。

由式(5-1a)、式(5-1b)可得

$$\frac{v_{\mathrm{p}}}{v_{\mathrm{s}}} = \sqrt{\frac{2(1-\upsilon)}{(1-2\upsilon)}} \tag{5-1c}$$

当取泊松比 $\upsilon = 0.2 \sim 0.25$ 时,可得 $v_{\mathrm{p}} = (1.63 \sim 1.73)v_{\mathrm{s}}$,故纵波比横波传播速度快。在仪器的观测记录纸上,纵波先于横波到达,因而也可将纵波称为"初波"(primary wave)或 P 波,将横波称为"次波"(secondary wave)或 S 波。分析地震波记录图上 P 波和 S 波的到达时间差,可以确定震源的距离。

面波是体波经地层界面多次反射形成的次生波,它包括两种形式的波,即瑞利波(R 波)和洛夫波(L 波)。瑞利波传播时,质点在波的传播方向和地面法线组成的平面($xz$ 平面)内做与波的传播方向相反的椭圆形运动,而在与该平面垂直的水平方向($y$ 方向)没有振动,质点在地面上呈滚动形式(图5-5(a))。洛夫波传播时,质点只是在与传播方向相垂直的水平方向($y$ 方向)运动,在地面上呈蛇形运动形式(图5-5(b))。

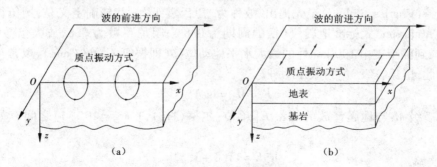

**图 5-6　面波的传播**

(a)瑞利波质点振动　(b)洛夫波质点振动

面波振幅大、周期长,只在地表附近传播,比体波衰减慢,故能传播到很远的地方。

由于地震波类型不同,则速度不同,它们到达时间也就先后不同,从而形成一组序列,它解释了地震时地面开始摇晃后人们经历的感觉。记录仪器则可以让我们看到实际地面运动的状态,如图5-6所示。

从震源首先到达某地的第一波是 P 波。它们一般以陡倾角出射地面,因此造成铅垂方向的地面运动,垂直摇动一般比水平摇晃容易经受住,因此一般它们不是最具破坏性的波。P 波之后到达的是 S 波,它包括 SH 和 SV 波动:前者在水平面上,后者在垂直面上振动。S 波比 P 波持续时间长些。地震主要通过 P 波的作用使建筑物上下摇动,通过 S 波的作用侧向晃动。

S 波之后或正好与 S 波同时,洛夫波开始到达,地面开始垂直于波动传播方向的横向摇动。下一个是横过地球表面传播的瑞利波,它使地面在纵向和垂直方向都产生摇动。这些波可能持续许多旋回,引起大地震时熟知的描述为"摇滚运动"的振动。此时,地面振动最猛烈,造成的危害也最大。因为它们随着距离衰减的速率比 P 波或 S 波慢,在距震源距离大时感知的或长时间记录下来的主要是面波。

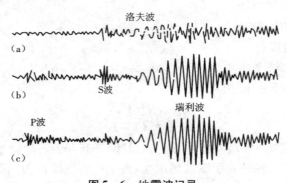

**图 5-6　地震波记录**
(a)东—西方向　(b)北—南方向　(c)上—下方向

**2. 震级**

地震有强有弱,衡量地震强弱的尺度叫震级(earthquake magnitude),用"$M$"表示。

震级的大小与地震释放的能量有关,地震能量越大,震级就越大。震级可以通过地震仪器的记录计算得到。

目前,震级是按照地震仪器探测到的地震波的振幅大小来衡量的,由美国地震学家查尔斯·里克特(Charles Richter)最先提出,故称为"里氏震级"。其精确定义是:用伍德 – 安德森(Wood-Anderson)式标准地震仪(摆的周期为 0.8 s,阻尼系数为 0.8,放大倍数为 2 800倍)所记录到的距震中 100 km 处的最大水平地动位移(即振幅 $A$,单位 mm),以常用对数值表示。因此,里氏震级 $M_L$ 可表示为

$$M_L = \lg A \tag{5-2}$$

里氏震级 $M_L$ 与地震释放的能量 $E$[单位:尔格(erg),1 erg = $10^{-7}$ J]之间有如下对应关系:

$$\lg E = 11.8 + 1.5 M_L \tag{5-3}$$

式(5-3)表明,震级每增加一级,地面振幅增加约 10 倍,地震释放的能量增大约 32倍。也就是说,一个 6 级地震相当于 32 个 5 级地震,而 1 个 7 级地震则相当于 1 000 个 5 级地震。一次里氏 6 级地震所释放的能量为 $6.3 \times 10^{20}$ erg,相当于 $1.5 \times 10^4$ t TNT 炸药,接近于美国投掷在日本广岛的原子弹所具有的能量。目前,世界上最大的地震的震级为 8.9 级。

按震级大小,可把地震划分为几类:①$M_L < 2$ 的地震,人们一般感觉不到,称为微震;②$M_L = 2 \sim 4$ 的地震,人们能够感觉到,但一般不会造成破坏,称为有感地震;③$M_L > 5$ 的地震,会对建筑物引起不同程度的破坏,统称为破坏性地震;④$M_L > 7$ 的地震,称为强烈地震或大地震;⑤$M_L > 8$ 的地震,称为特大地震。

**3. 地震烈度**

地震烈度(seismic intensity)是指某一地区的地面和各类建筑物遭受到一次地震影响的强弱程度。对于一次地震,表示地震大小的震级只有一个,但在不同地点,它的影响是不一样的。一般来说,随距离震中的远近不同,烈度就有差异,距震中愈远,地震影响愈小,烈度就愈低;反之,距震中愈近,烈度就愈高。此外,地震烈度还与地震大小、震源深度、地震传播介质、表土性质、建筑物动力特性、施工质量等许多因素有关。

为评定地震烈度,需要建立一个标准,这个标准就称为地震烈度表。它以描述震害宏观现象为主,即根据建筑物的损坏程度、地貌变化特征、地震时人的感觉、家具及器皿的反应等方面,并辅以水平加速度、速度等物理量对地震烈度进行区分。由于对烈度影响轻重的分段不同以及在宏观现象和定量指标确定方面存在差异,加之各国建筑情况及地表条件的不同,各国所制定的烈度表也就不同。日本采用从 0 到 7 度分成 8 等的烈度表;少数欧洲国家用10 度划分的地震烈度表,大多数国家(包括中国)都采用 12 度划分的地震烈度表。附录 C为最新《中国地震烈度表》GB/T 17742—2008。

4. 震级和地震烈度的关系

定性来讲,震级越大,确定地点上的烈度也越大;定量的关系只在特定条件下存在大致的对应关系,根据我国的地震资料,对于多发性的浅源地震(震源深度在 10 ~ 30 km),可建立起震中烈度 $I_0$ 与震级 $M_L$ 之间的近似关系(见表 5 – 1),即

$$M_L = 1 + 2I_0/3 \tag{5-4}$$

表 5 – 1    地震烈度与震级对照关系

| 震中烈度 $I_0$ | 1 | 2 | 3 | 4 | 5 | 6 | 7 | 8 | 9 | 10 | 11 | 12 |
|---|---|---|---|---|---|---|---|---|---|---|---|---|
| 震级 $M_L$ | 1.9 | 2.5 | 3.1 | 3.7 | 4.3 | 4.9 | 5.5 | 6.1 | 6.7 | 7.3 | 7.9 | 8.5 |

## 5.2    工程抗震设防

工程抗震的目的是减轻工程结构的破坏,最大限度地减少地震灾害造成的人员伤亡和财产损失。减轻灾害的有效措施是对新建工程进行抗震设防、对既有工程进行抗震加固。但在采取抗震措施之前,必须了解工程结构所处区域的地震危险性及其危害程度。

### 5.2.1    地震烈度区划

地震的发生具有很大的随机性,地点、时间和强度均是不确定的。因此,目前主要采用基于概率含义的地震预测方法来预测某地区未来一定时间内可能发生的最大地震烈度。

该方法将地震的发生及其影响看作随机事件,首先根据区域地质构造、地震活动性和历史地震资料,确定地震危险区,即未来 50 年期限内可能发震的地段,并估计每个发震地段可能发生的最大地震,从而确定出震中烈度。然后,预测这些地震的影响范围,即根据地震衰减规律、用概率方法评价其周围地区的烈度。

基于上述方法编制的《中国地震烈度区划图(1990)》(图 5 – 7),经国务院批准,由国家地震局和建设部于 1992 年 5 月颁布实施。该图以基本烈度表示地震危险性,把全国划分为基本烈度不同的 5 个区域,给出了全国各地地震基本烈度的分布,可以作为中小工程(不包括大型工程)和民用建筑的抗震设防依据、国家经济建设和国土利用规划的基础资料,同时也是制定减轻和防御地震灾害对策的依据。

《中国地震烈度区划图(1990)》给定的地震基本烈度,是指在 50 年期限内、一般场地土条件下、可能遭遇的地震事件中超越概率为 10% 所对应的烈度值(50 年期限内超越概率为10% 的风险水平是国际上普遍采用的一般建筑物抗震设计标准)。

地震烈度区划图上标明的某一地区的基本烈度,总是相应于一定震源的,当然也包括几

个不同震源所造成的同等烈度的影响。

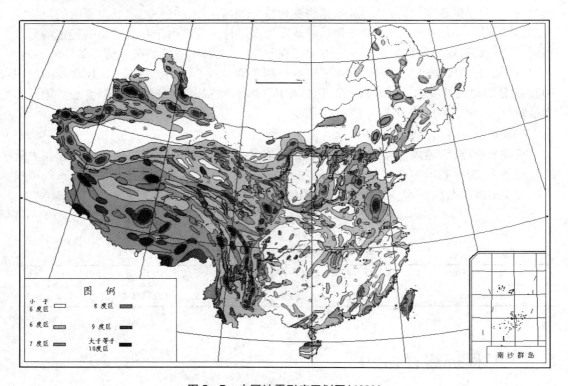

图例
小于6度区    8度区
6度区       9度区
7度区       大于等于10度区

南沙群岛

**图 5 – 7　中国地震烈度区划图(1990)**

但由于地震地地质构造的变化,一个地区的基本烈度并不是一成不变的。因此,2001年根据《中华人民共和国防震减灾法》(1997 年 10 月施行)的有关规定及工程建设对编制地震动参数区划图的需求,由国家地震局编制、国家质量技术监督局颁布了《中国地震动参数区划图》GB 18306—2001,替代《中国地震烈度区划图(1990)》。

《中国地震动参数区划图》GB 18306—2001 由《中国地震动峰值加速度区划图》(1:400万)、《中国地震动反应谱特征周期区划图》(1:400 万)和《地震动反应谱特征周期调整表》组成,根据地震危险性分析方法,提供了一般中硬场地条件下,设防水准为 50 年超越概率10%时的地震动参数(地震动峰值加速度和反应谱特征周期)。该区划图吸收了我国自1990 年以来新增的、大量的地震区划基础资料及其综合研究的最新成果,并与国际接轨,采用了国际上最新的编图方法,能更准确地反映地震动的物理效应和满足现代工程对地震区划的需求。

## 5.2.2　抗震设防分类与设防标准

抗震设防是指对建筑进行抗震设计,包括地震作用、抗震承载力计算和采取抗震措施以达到抗震的效果。

抗震设防的依据是抗震设防烈度(seismic fortification intensity)。在我国,一个地区的抗震设防烈度,一般情况下可采用《中国地震动参数区划图(2001)》的地震基本烈度(或与《建筑抗震设计规范》GB 50011—2010 规定的设计基本地震加速度值对应的烈度值)。对已编制抗震设防区划的城市,可采用已批准的抗震设防烈度或设计地震动参数。

地震经验表明,在宏观烈度相似的情况下,处在大震级远震中距下的柔性建筑,其震害要比中、小震级近震中距的情况重很多;理论分析也发现,震中距不同时反应谱频谱特性并不相同。《建筑抗震设计规范》GB 50011—2010 将建筑工程的设计地震划分为三组,即对同样场地条件、同样烈度的地震,按震源机制、震级大小和震中距远近区别对待。

1. 建筑重要性分类

在进行建筑设计时,应根据建筑的重要性不同,采取不同的抗震设防标准。《建筑工程抗震设防分类标准》GB 50223—2008 将建筑按其重要程度不同,分为以下四类。

(1)特殊设防类:指使用上有特殊设施,涉及国家公共安全的重大建筑工程和地震时可能发生严重次生灾害等特别重大灾害后果,需要进行特殊设防的建筑,简称甲类。

(2)重点设防类:指地震时使用功能不能中断或需尽快恢复的生命线相关建筑以及地震时可能导致大量人员伤亡等重大灾害后果,需要提高设防标准的建筑,简称乙类。

(3)标准设防类:指大量的除(1)、(2)、(4)类以外按标准要求进行设防的建筑,简称丙类。

(4)适度设防类:指使用上人员稀少且震损不致产生次生灾害,允许在一定条件下适度降低要求的建筑,简称丁类。

2. 抗震设防标准

各抗震设防类别建筑的抗震设防标准(seismic fortification criterion),应符合下列要求。

(1)特殊设防类:应按高于本地区抗震设防烈度提高一度的要求加强其抗震措施;但抗震设防烈度为 9 度时应按比 9 度更高的要求采取抗震措施。同时,应按批准的地震安全性评价的结果且高于本地区抗震设防烈度的要求确定其地震作用。

(2)重点设防类:应按高于本地区抗震设防烈度一度的要求加强其抗震措施;但抗震设防烈度为 9 度时应按比 9 度更高的要求采取抗震措施;地基基础的抗震措施,应符合有关规定。同时,应按本地区抗震设防烈度确定其地震作用。

(3)标准设防类:应按本地区抗震设防烈度确定其抗震措施和地震作用,达到在遭遇高于当地抗震设防烈度的预估罕遇地震影响时不致倒塌或发生危及生命安全的严重破坏的抗震设防目标。

(4)适度设防类:允许比本地区抗震设防烈度的要求适当降低其抗震措施,但抗震设防烈度为 6 度时不应降低。一般情况下,仍应按本地区抗震设防烈度确定其地震作用。

## 5.2.3 抗震设防目标与抗震设计方法

建筑结构的抗震设防目标,是对于建筑结构应具有的抗震安全性的要求。即建筑结构物遭遇不同水准的地震影响时,结构、构件、使用功能、设备的损坏程度的总要求。

1. "三水准"设防目标

《建筑抗震设计规范》GB 50011—2010 规定,进行一般建筑的抗震设计,其基本的抗震设防目标如下。

第一水准:当遭受低于本地区抗震设防烈度的多遇地震影响(众值烈度)时,主体结构不受损坏或不需修理可继续使用。

第二水准:当遭受相当于本地区抗震设防烈度的设防地震影响(基本烈度)时,可能损坏,但经一般性修理仍可继续使用。

第三水准:当遭受高于本地区抗震设防烈度的罕遇地震影响时,不致倒塌或发生危及生命的严重破坏。

基于上述设防目标,建筑物在使用期间,对不同强度的地震应具有不同的抵抗能力,一般多遇地震(小震)发生的几率较大,因此要做到结构不损坏,这在技术上、经济上是可以做到的。而罕遇地震(大震)发生的几率较小,如果此时要求结构仍不损坏,在经济上是不合理的,因此可以允许结构破坏,但不应导致建筑物倒塌。概括起来,"三水准"抗震设防目标就是要做到"小震不坏、中震可修、大震不倒"。

使用功能或其他方面有专门要求的建筑,当采用抗震性能化设计时,具有更具体或更高的抗震设防目标。

2. 多遇地震烈度与罕遇地震烈度

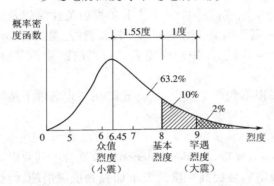

**图 5-8 多遇地震烈度、罕遇地震烈度与基本烈度**

根据大量地震发生概率的数据统计分析,确认我国地震烈度的概率分布服从极限 Ⅲ 型(图 5-8)。所谓多遇地震,就是发生机会较多的地震,故多遇地震烈度应是烈度概率密度函数曲线峰值点所对应的烈度,50 年期限内多遇地震烈度的超越概率为 63.2%,这就是第一水准的烈度。基本烈度是 50 年内超越概率约 10% 的烈度,相当于《中国地震动参数区划图》规定的峰值加速度所对应的烈度,将它定义为第二水准的烈度。罕遇地震就是发生机会较少的地震,50 年超越概率约为 2% 的烈度称为罕遇烈度,作为第三水准烈度。

根据我国华北、西北和西南地区地震发生概率的统计分析,多遇地震烈度比基本烈度约低 1.55 度,罕遇地震烈度比基本烈度高约 1 度,当基本烈度 6 度时为 7 度强,7 度时为 8 度强,8 度时为 9 度弱,9 度时为 9 度强。

3. "二阶段"设计法

在进行建筑抗震设计时,原则上应满足"三水准"抗震设防目标的要求,在具体做法上,为了简化计算起见,《建筑抗震设计规范》GB 50011—2010 采取了"二阶段"设计法。

第一阶段设计是承载力和弹性变形验算。在方案布置符合抗震原则的前提下,取第一水准(多遇地震烈度)的地震动参数计算结构的地震作用标准值和相应的地震作用效应,采用《建筑结构可靠度设计统一标准》GB 50068—2001 规定的分项系数设计表达式进行结构构件的截面承载力验算,对较高的建筑物还要进行变形验算,以控制侧向变形不要过大。这样,既满足了第一水准下必要的强度可靠度,又满足第二水准的设防要求(损坏可修)。对大多数的结构,可只进行第一阶段设计,并通过概念设计和抗震构造措施来满足第三水准的设防要求。

第二阶段设计是弹塑性变形验算。对特殊要求的建筑、地震时易倒塌的结构以及有明显薄弱层的不规则结构,除进行第一阶段设计外,还要按与基本烈度相对应的罕遇烈度进行结构薄弱部位的弹塑性层间变形验算并采取相应的抗震构造措施,以实现第三水准的设防要求(大震不倒)。

这里的抗震措施,是指除地震作用计算和抗力计算以外的抗震设计内容,包括抗震构造措施;抗震构造措施是指根据抗震概念设计原则,一般不需计算而对结构和非结构各部分必须采取的各种细部要求。

## 5.3　地震作用计算理论概述

地震释放的能量,以地震波的形式向四周扩散,地震波到达地面后引起地面运动,使地面原来处于静止的建筑物受到动力作用而产生强迫振动。在振动过程中作用在结构上的惯性力就是地震作用。因此,地震作用可以理解为一种能反映地震影响的等效荷载,是由于地面运动引起结构的动态作用,属于间接作用;同时也属于动态作用,它不仅取决于地震烈度,而且与工程结构的动力特性(结构自振周期、阻尼)有密切关系。因此,地震作用的计算比一般荷载要复杂得多。

地震震动使工程结构产生内力与变形的动态反应通常称为结构的地震反应。工程结构的地震反应大小取决于地震震动和工程结构的情况,结构地震反应的分析理论的发展可以分为静力理论、反应谱理论和动态分析三个阶段。

### 5.3.1　静力理论阶段

静力理论创始于意大利,发展于日本。20 世纪初,日本学者大森房吉等提出了分析结构地震反应的静力理论。即假设建筑物为绝对刚体,地震时建筑物和地面一起运动而无相对于地面的位移,建筑物各部分的加速度与地面加速度大小相同,并取其最大值用于结构抗震设计。因此,作用在建筑物每一楼层上的水平地震作用(原称反映地震对建筑物影响的等效荷载)为

$$F_i = m_i \ddot{x}_{\text{gmax}} = \frac{G_i}{g} \ddot{x}_{\text{gmax}} = kG_i \tag{5-5}$$

式中　$G_i$——集中在第 $i$ 层的重量;

$k$——地震系数,是地面运动最大加速度 $\ddot{x}_{\text{gmax}}$ 与重力加速度 $g$ 的比值,反映该地区地震的强烈程度,通常取 0.2。

显然,这种方法完全忽略了结构本身的动力特性(结构自振周期、阻尼等)的影响,根据现在的地震反应理论,可以理解为式(5-5)只适用于刚性结构。

### 5.3.2　反应谱理论阶段

1940 年,美国比奥特(M. A. Biot)教授通过对强地震动记录的研究,首先提出反应谱这一概念,为抗震设计理论进入一个新的发展阶段奠定了基础。20 世纪 50 年代初,美国豪斯纳(G. W. Housener)等人发展了这一理论,并在美国加州抗震设计规范中首先采用反应谱概念作为抗震设计理论,以取代静力法。这一理论至今仍然是我国和世界上许多国家工程结构设计规范中地震作用计算的理论基础。

反应谱理论考虑了结构的动力特性与地震动特性之间的动力关系,并保持了原有的静力理论的简单形式。按照反应谱理论,单自由度弹性体系的结构物所受的最大地震基底剪力或地震作用为

$$F = F_{\text{Ek}} = k \cdot \beta \cdot G \tag{5-6}$$

式中　$G$——结构的重力荷载代表值;

$k$——地震系数。

$\beta$——动力系数。

与式(5-5)相比,式(5-6)中多了一项动力系数 $\beta$,$\beta$ 与结构自振周期和阻尼比有关。因而式(5-6)表明:结构地震作用的大小不仅与地震强度有关,还与结构的动力特性有关。这也是地震作用区别于一般作用(荷载)的主要特征。

随着震害经验的积累和研究的不断深入,人们逐步认识到建筑场地(包括表层土的动力特性和覆盖层厚度)、震级和震中距对反应谱的影响。考虑到这些因素,一般抗震规范中都规定了不同的反应谱形状。利用振型分解原理,可有效地将上述概念用于多质点体系的抗震计算,这就是抗震设计规范中给出的振型分解反应谱法。它以结构自由振动的 $N$ 个振型为广义坐标,将多质点体系的振动分解成 $n$ 个独立的等效单质点体系的振动,然后利用反应谱概念求出各个(或前几个)振型的地震作用,并按一定的法则进行组合,即可求出结构总的地震作用。

### 5.3.3　动态分析阶段

由于强震时地面和建筑物的振动记录不断积累以及核电站、海洋平台、超高层建筑的大量兴建,需要计算这些重要建(构)筑物在地震作用下的弹塑性变形以防止结构倒塌。另一方面,20世纪60年代后,随着计算技术和计算机技术的发展,工程地震反应的数值分析成为现实,从而使抗震设计理论进入到动态分析阶段。动态分析的主要特点如下。

(1)对一些重要的建(构)筑物的抗震设计采用按地震动的时间历程直接求解结构体系运动微分方程的时程分析法。

(2)强调结构的延性对抗震的有利作用,强调结构变形反应,并且简化成在设计中可以采用的弹性层间位移和弹塑性层间位移,用结构的强度和变形验算来取代单一的强度验算,把"小震不坏、大震不倒"的抗震设计原则具体化、规范化。

(3)以结构在地震作用下的破坏机理的研究成果为基础,在结构抗震设计中充分考虑地振动特性的三要素(振幅、频谱和地震持续时间)对结构的破坏作用,不再满足于目前仅考虑地震动的加速度峰值和频谱特性两个要素,从单一的变形验算转变为同时考虑结构的最大弹塑性变形和弹塑性耗能的双重破坏准则,来判断结构的安全度。

《建筑抗震设计规范》GB 50011—2010规定,各类建筑结构的地震作用,应根据不同的情况,分别采用下列计算方法。

(1)高度不超过40 m、以剪切变形为主且质量和刚度沿高度分布比较均匀的结构以及近似于单质点体系的结构,可采用底部剪力法等简化方法。

(2)不满足上述条件的建筑结构宜采用振型分解反应谱法。

(3)特别不规则的建筑、甲类建筑和表5-2所列高度范围的高层建筑,应采用弹性时程分析法进行多遇地震下的补充计算。

本章中主要介绍反应谱方法。

表5-2　采用弹性时程分析法的房屋高度范围

| 抗震设防烈度、场地类别 | 7度 | 8度 Ⅰ、Ⅱ类场地 | 8度 Ⅲ、Ⅳ类场地 | 9度 |
|---|---|---|---|---|
| 建筑高度范围/m | >100 | >100 | >80 | >60 |

# 5.4　单质点弹性体系的水平地震作用计算

对于各类工程结构,其质量沿结构高度的分布是连续的或大都集中在屋盖或楼盖处。在结构抗震分析中,一般将结构的全部质量假想地集中到位于屋盖或楼盖处的若干质点上,结构杆件本身则看成是无重量的弹性直杆,这样既可使计算得到简化,同时又能够较好地反映结构的动力性能。

### 5.4.1　单质点弹性体系的水平地震反应

所谓单质点弹性体系,是指可以将结构参与振动的全部质量集中于一点,用无重量的弹性直杆支承于地面上的体系。例如,水塔、单层房屋,其质量大部分集中于结构的顶部,通常可将这些结构都简化成单质点体系(图 5 - 9)。

计算弹性体系的地震反应时,一般假定地基不产生转动,而把地基的运动分解为一个竖向和两个水平向的分量,然后分别计算这些分量对结构的影响。

一般情况下,水平地震作用可以分为两个主轴方向进行验算。因此,一个单质点弹性体系在单一水平方向地震作用下,可作为一个单自由度体系来分析。

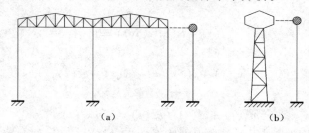

**图 5 - 9　单质点体系**
(a)单层厂房　(b)水塔

1.运动方程的建立

图 5 - 10(a)表示地震时单自由度弹性体系的运动状态。其中,$x_g(t)$ 为地面水平位移,是时间 $t$ 的函数,其变化规律可由地震时地面运动实测记录求得;$x(t)$ 为质点对于地面的相对位移反应,它也是时间 $t$ 的函数,是待求的未知量。

为了确定当地面位移按 $x_g(t)$ 的规律运动时单质点弹性体系的相对位移反应 $x(t)$,下面来讨论如何建立运动方程及其求解方法。

取质点 $m$ 为隔离体(图 5 - 10(b)),由动力学可知,作用在它上面的力有以下几种。

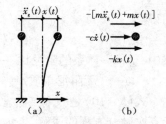

**图 5 - 10　单自由度弹性体系**
(a)计算简图　(b)隔离体

1)弹性恢复力 $S$

弹性恢复力 $S$ 是使质点从振动位置回到平衡位置的一种力,其大小与质点 $m$ 的相对位移 $x(t)$ 成正比,方向总是和位移方向相反,即

$$S(t) = -kx(t) \tag{5-7a}$$

式中　$k$——弹性直杆的刚度系数,即质点发生单位水平位移时在质点处所施加的力;

　　　$x(t)$——质点相对于地面的水平位移。

2）阻尼力 $R$

在振动过程中，由于外部介质阻力、构件和支座部分连接处的摩擦、材料的非弹性变形以及通过地基（地基振动）等原因引起能量的散失，结构的振动将逐渐衰减。这种使结构振动衰减的力就称为阻尼力。在工程计算中一般采用粘滞阻尼理论确定，假定阻尼力与速度成正比，力的指向总是和速度 $\dot{x}(t)$ 的方向相反，即

$$R(t) = -c\dot{x}(t) \tag{5-7b}$$

式中　$c$——阻尼系数；

　　　$\dot{x}(t)$——质点相对于地面的速度。

3）惯性力 $I$

根据牛顿第二定律，惯性力大小等于质点的质量与质点绝对加速度的乘积，方向与绝对加速度的方向相反，即

$$I(t) = -m[\ddot{x}_g(t) + \ddot{x}(t)] \tag{5-7c}$$

式中　$m$——质点的质量；

　　　$\ddot{x}(t)$——质点相对于地面的加速度；

　　　$\ddot{x}_g(t)$——地面运动加速度。

在地震作用下，体系上并无外扰力存在，根据达伦贝尔（D'Alembert）原理，质点的平衡条件为

$$I(t) + R(t) + S(t) = 0 \tag{5-8a}$$

因此可得

$$m[\ddot{x}_g(t) + \ddot{x}(t)] = -kx(t) - c\dot{x}(t) \tag{5-8b}$$

经整理后，得

$$m\ddot{x}(t) + c\dot{x}(t) + kx(t) = -m\ddot{x}_g(t) \tag{5-9}$$

式（5-9）就是在地震作用下单自由度体系的运动微分方程，其右端项为地面运动对质点的影响，相当于在质点上加一个动荷载 $F(t)$，其值等于 $m\ddot{x}_g(t)$，方向与地面运动加速度方向相反。因此，计算结构的地震反应时，必须知道地震地面运动加速度 $\ddot{x}_g(t)$ 的变化规律。

2. 运动方程的解答

为将式（5-9）进行简化，设

$$\omega^2 = \frac{k}{m}, \quad \zeta = \frac{c}{2\sqrt{km}} = \frac{c}{2m\omega}$$

则得

$$\ddot{x}(t) + 2\zeta\omega \cdot \dot{x}(t) + \omega^2 x(t) = -\ddot{x}_g(t) \tag{5-10}$$

式中　$\zeta$——体系的阻尼比，一般工程结构的阻尼比为 $0.01 \sim 0.1$；

　　　$\omega$——无阻尼单质点弹性体系的圆频率。

式（5-10）是一个二阶常系数线性非齐次微分方程。它的解包含两部分：一个是对应于齐次微分方程的通解，表示自由振动；另一个是微分方程的特解，表示强迫振动。

1）齐次微分方程的通解

对应于方程（5-10）的齐次方程为

$$\ddot{x}(t) + 2\zeta\omega \cdot \dot{x}(t) + \omega^2 x(t) = 0 \tag{5-11}$$

根据微分方程理论，其通解为

$$x(t) = e^{-\zeta\omega \cdot t}(A\cos \omega't + B\sin \omega't) \tag{5-12}$$

式中 $A$、$B$——待定常数,其值可按问题的初始条件确定;

ω'——有阻尼的圆频率,按下式计算:

$$\omega' = \omega\sqrt{1-\zeta^2} \qquad (5-13)$$

当阻尼比为零(即 $\zeta=0$)时,$\omega' = \omega$,式(5-12)变为

$$x(t) = A\cos\omega t + B\sin\omega t \qquad (5-14)$$

式(5-14)是无阻尼单质点体系自由振动的通解,表示质点作简谐振动。对比式(5-14)和式(5-12)可知,有阻尼单质点体系的自由振动为按指数函数衰减的等时振动,其振动频率为 $\omega'$。

由式(5-12)的初始条件当 $t=0$ 时,$x(t)=x(0)$,$\dot{x}(t)=\dot{x}(0)$,可得

$$\begin{cases} A = x(0) \\ B = \dfrac{\dot{x}(0) + \zeta\omega \cdot x(0)}{\omega'} \end{cases} \qquad (5-15)$$

式中 $x(0)$、$\dot{x}(0)$——质点相对于地面的初始位移和初始速度。

由此可得,式(5-11)在给定初始条件下的解为

$$x(t) = \mathrm{e}^{-\zeta\omega\cdot t}\left[x(0)\cos\omega' t + \frac{\dot{x}(0)+\zeta\omega\cdot x(0)}{\omega'}\sin\omega' t\right] \qquad (5-16)$$

从式(5-16)可以看出:只有当体系的初始位移 $x(0)$ 或初始速度 $\dot{x}(0)$ 不为零时,体系才产生自由振动,而且振动幅值随时间不断衰减。图5-11是由式(5-16)得出的单质点弹性体系不同阻尼比时的自由振动位移时程曲线,比较各曲线可知,无阻尼时,振幅始终不变;有阻尼时,振幅逐渐衰减;阻尼比 $z$ 越大,振幅的衰减也越快。

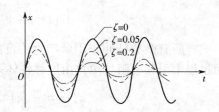

图 5-11　不同阻尼比时的自由振动位移时程曲线

由式(5-13)可知,在不同的阻尼比 $\zeta$ 下,体系的振动可以有以下三种情况。

(1)当阻尼比 $\zeta<1$ 时,$\omega'>0$,则体系产生振动。

(2)当阻尼比 $\zeta>1$ 时,$\omega'$ 无解,则体系不产生振动,这种形式的阻尼称为过阻尼。

(3)当阻尼比 $\zeta=1$ 时,$\omega'=0$,则体系不产生振动,此时 $\zeta = c/(2m\omega) = c/c_r = 1$,其中 $c_r = 2m\omega$ 称为临界阻尼系数。$\zeta$ 则表示体系的阻尼系数 $c$ 与临界阻尼系数 $c_r$ 的比值,称为临界阻尼比,简称阻尼比。结构的阻尼比可以通过结构的振动试验确定。

2)非齐次微分方程的特解——杜哈梅(Duhamel)积分

运动方程(5-10)的特解就是质点由外荷载(地震作用)引起的强迫振动,它可由瞬时冲量的概念出发进行推导。

图5-12(a)是一条地面运动加速度时程曲线 $\ddot{x}_g(t)$,它可看作是由无穷多个连续作用的微分脉冲组成的。图中的阴影部分就是一个微分脉冲,它在 $t=(\tau-\mathrm{d}\tau)$ 时刻开始作用在体系上,其作用时间为 $\mathrm{d}\tau$,大小为 $-\ddot{x}_g(t)\mathrm{d}\tau$。到 $\tau$ 时刻这一微分脉冲从体系上移去后,体系只产生自由振动 $\mathrm{d}x(\tau)$,如图5-12(b)所示。将这无穷多个微分脉冲作用后产生的自由振动叠加,就可求得方程式(5-10)的解。

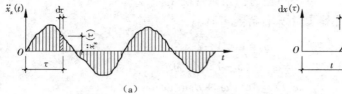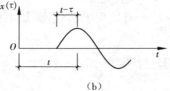

（a）　　　　　　　　　　　　　　（b）

**图 5 - 12　有阻尼单自由度弹性体系地震作用下运动方程解的图示**

（a）地面运动加速度时程曲线　（b）微分脉冲引起的自由振动

体系在微分脉冲作用前处于静止状态，体系的位移、速度均为零。由于微分脉冲作用的时间极短，体系的位移不会发生变化，故初位移 $x(t) = 0$；但速度有变化，速度的变化按动量定律（冲量等于动量的增量）求得。

在作用时间为 $d\tau$ 内，冲量为荷载与作用时间的乘积，即 $-m\ddot{x}_g(t)d\tau$；而动量的增量为 $-m\dot{x}(t)$。由动量定律，两者相等，可得体系自由振动时的初速度 $\dot{x}(\tau)$ 为

$$\dot{x}(\tau) = -\ddot{x}_g(\tau)d\tau \tag{5-17}$$

由式（5 - 16）可求得，当 $t = \tau - d\tau$ 时刻作用一个 $-m\ddot{x}_g(t)d\tau$ 微分脉冲的位移反应 $dx(t)$ 为

$$dx(t) = -e^{-\zeta\omega(t-\tau)}\frac{\ddot{x}_g(\tau)}{\omega'}\sin\omega'(t-\tau)d\tau \tag{5-18}$$

将所有微分脉冲作用后产生的自由振动叠加，即将式（5 - 18）积分，就可以得到地震作用过程中引起有阻尼单自由度弹性体系总的位移反应方程

$$x(t) = -\frac{1}{\omega'}\int_0^t \ddot{x}_g(\tau)e^{-\zeta\omega(t-\tau)}\sin\omega'(t-\tau)d\tau \tag{5-19}$$

式（5 - 19）是非齐次线性微分方程（5 - 10）的特解，通称杜哈梅（Duhamel）积分，它与齐次微分方程的通解式（5 - 16）之和构成了运动方程（5 - 10）的通解，即

$$x(t) = e^{-\zeta\omega\cdot t}\left[x(0)\cos\omega't + \frac{\dot{x}(0) + \zeta\omega x(0)}{\omega'}\sin\omega't\right]$$
$$-\frac{1}{\omega'}\int_0^t \ddot{x}_g(\tau)e^{-\zeta\omega(t-\tau)}\sin\omega'(t-\tau)d\tau \tag{5-20}$$

由于地震前体系处于静止状态，体系的初位移 $x(0)$ 和初速度 $\dot{x}(0)$ 均为零，即式（5 - 20）的第一项为零。因此，常用式（5 - 19）计算有阻尼单自由度弹性体系的位移反应 $x(t)$。

将式（5 - 19）对时间求导数，就可以得到单自由度弹性体系在水平地震作用下相对于地面的速度反应为

$$\dot{x}(t) = -\int_0^t \ddot{x}_g(\tau)e^{-\zeta\omega(t-\tau)}\cos\omega'(t-\tau)d\tau + \frac{\zeta\omega}{\omega'}\int_0^t \ddot{x}_g(\tau)e^{-\zeta\omega(t-\tau)}\sin\omega'(t-\tau)d\tau$$
$$\tag{5-21}$$

再将式（5 - 21）和式（5 - 19）回代到体系的运动方程（5 - 10）中，可求得单自由度弹性体系在水平地震作用下的绝对加速度为

$$\ddot{x}(t) + \ddot{x}_g(t) = -2\zeta\omega\dot{x}(t) - \omega^2 x(t)$$
$$= 2\zeta\omega\int_0^t \ddot{x}_g(\tau)e^{-\zeta\omega(t-\tau)}\cos\omega'(t-\tau)d\tau - \frac{2\zeta^2\omega^2}{\omega'}\int_0^t \ddot{x}_g(\tau)e^{-\zeta\omega(t-\tau)}\sin\omega'(t-\tau)d\tau$$

$$+ \frac{\omega^2}{\omega'} \int_0^t \ddot{x}_g(\tau) e^{-\zeta\omega(t-\tau)} \sin \omega'(t-\tau) d\tau \tag{5-22}$$

由式(5-19)、式(5-21)、式(5-22)可求得体系的地震反应。但由于地面运动加速度时程曲线 $\ddot{x}_g(t)$ 是随机过程,不能用确定的函数来表达,因此上述求解过程只能用数值积分来完成。即将时程曲线 $\ddot{x}_g(t)$ 划分成以 $\Delta t$ 为步长的时段而对运动方程直接积分求出地震反应。

对于结构设计来说,关注的是结构的最大反应。因此,设

$$\begin{cases} S_d = \left| x(t) \right|_{max} \\ S_v = \left| \dot{x}(t) \right|_{max} \\ S_a = \left| \ddot{x}(t) + \ddot{x}_g(t) \right|_{max} \end{cases} \tag{5-23}$$

再对式(5-19)、式(5-21)、式(5-22)作以下简化处理。

(1)忽略带 $\zeta$ 和 $\zeta^2$ 项,并取 $\omega' = \omega$。因为阻尼比 $\zeta$ 值较小,一般结构 $\zeta = 0.02 \sim 0.05$。

(2)用 $\sin \omega(t-\tau)$ 替代 $\cos \omega(t-\tau)$。这样处理并不影响最大值,仅在相位上相差 $\pi/2$。

则可以得到

$$\begin{cases} S_d = \left| x(t) \right|_{max} = \frac{1}{\omega} \left| \int_0^t \ddot{x}_g(\tau) e^{-\zeta\omega(t-\tau)} \sin \omega(t-\tau) d\tau \right|_{max} \\ S_v = \left| \dot{x}(t) \right|_{max} = \left| \int_0^t \ddot{x}_g(\tau) e^{-\zeta\omega(t-\tau)} \cos \omega(t-\tau) d\tau \right|_{max} \\ S_a = \left| \ddot{x}(t) + \ddot{x}_g(t) \right|_{max} = \omega \left| \int_0^t \ddot{x}_g(\tau) e^{-\zeta\omega(t-\tau)} \cos \omega(t-\tau) d\tau \right|_{max} \end{cases} \tag{5-24}$$

式中　$S_d$、$S_v$、$S_a$——单自由度弹性体系的最大位移反应、最大速度反应、最大绝对加速度反应。

显然,有下列关系式:

$$S_a = \omega S_v = \omega^2 S_d \tag{5-25}$$

## 5.4.2　单质点弹性体系水平地震作用——反应谱法

对于单自由度弹性体系,通常把惯性力看作一种反映地震对结构体系影响的等效作用,即把动态作用转化为静态作用,并用其最大值来对结构进行抗震验算。

1. 单自由度弹性体系的水平地震作用

结构在地震持续过程中经受的最大地震作用为

$$F = \left| F(t) \right|_{max} = m \left| \ddot{x}(t) + \ddot{x}_g(t) \right|_{max} = mS_a$$

$$= mg \cdot \frac{S_a}{\left| \ddot{x}_g(t) \right|_{max}} \cdot \frac{\left| \ddot{x}_g(t) \right|_{max}}{g} = k \cdot \beta \cdot G \tag{5-26}$$

式中　$G$——集中于质点处的重力荷载代表值;

$\quad\quad g$——重力加速度;

$\quad\quad k$——地震系数,是地面运动最大加速度(绝对值)与重力加速度 $g$ 之比,即

$$k = \frac{\left| \ddot{x}_g(t) \right|_{max}}{g} \tag{5-27}$$

$\beta$——动力系数,单质点弹性体系在地震作用下最大反应加速度与地面运动最大加速度之比,即

$$\beta = \frac{S_a}{\left|\ddot{x}_g(t)\right|_{max}} \qquad (5-28)$$

式(5-26)就是计算水平地震作用 $F$ 的基本公式。其关键在于求出地震系数 $k$ 和动力系数 $\beta$。

**1)地震系数 $k$**

由式(5-27)可知,地震系数 $k$ 实际上是以重力加速度为单位的地震动峰值加速度。显然,地面加速度 $\ddot{x}_g(t)$ 愈大,地震的影响就愈强烈,即地震烈度愈大。所以,地震系数 $k$ 与地震烈度有关,它们都是表示地震强烈程度的参数。例如,在一次地震中某处强震加速度记录中的最大值,就是这次地震在该处的 $k$ 值(以重力加速度为单位);同时,也可根据该处地表的破坏现象、建筑物的破坏程度等,按地震烈度表评定该处的宏观烈度 $I$。根据许多这样的资料,就可以用统计分析的方法确定 $I-k$ 的对应关系,详见表5-3。从表5-3中可以看出,烈度每增加一度,$k$ 值增加一倍。

需要指出,烈度是通过宏观震害调查判断的,而 $k$ 值中的 $\left|\ddot{x}_g(t)\right|_{max}$ 是从地震记录中获得的物理量,宏观调查结果和实测物理量之间既有联系又有区别。由于地震是一种复杂的地质现象,造成结构破坏的因素不仅取决于地面运动的最大加速度,还取决于地震动的频谱特征和持续时间,有时会出现 $\left|\ddot{x}_g(t)\right|_{max}$ 值较大,但由于持续时间很短、烈度不高、震害不重的现象。表5-3反映的关系是具有统计特征的总趋势。

表5-3 地震基本烈度 $I$ 与地震系数 $k$ 的对应关系

| 地震基本烈度 $I$ | 6 | 7 | 8 | 9 |
|---|---|---|---|---|
| 地震系数 $k$ | 0.05 | 0.10 | 0.20 | 0.40 |

**2)动力系数 $\beta$**

由式(5-28)可知,动力系数 $\beta$ 是无量纲的,主要反映结构的动力效应,是质点最大加速度反应 $S_a$ 相对于地面最大加速度 $\left|\ddot{x}_g(t)\right|_{max}$ 的放大倍数。将式(5-24)代入式(5-28),并将圆频率用自振周期表示,即 $\omega = 2\pi/T$,则动力系数 $\beta$ 的表达式又可写成:

$$\beta = \frac{S_a}{\left|\ddot{x}_g(t)\right|_{max}} = \frac{2\pi}{T} \cdot \frac{1}{\left|\ddot{x}_g(t)\right|_{max}} \left|\int_0^t \ddot{x}_g(\tau) e^{-\zeta\frac{2\pi}{T}(t-\tau)} \sin\frac{2\pi}{T}(t-\tau) d\tau\right|_{max} \qquad (5-29)$$

式(5-29)表明,动力系数 $\beta$ 与地面运动加速度时程曲线 $\ddot{x}_g(t)$ 的特征、结构的自振周期 $T$ 以及阻尼比 $\zeta$ 有关。当给定地面加速度时程曲线 $\ddot{x}_g(t)$ 和阻尼比 $\zeta$ 时,由式(5-29)可以得到一条 $\beta-T$ 曲线,称为动力系数反应谱曲线。由于动力系数是单质点 $m$ 最大加速度反应 $S_a$ 与地面运动最大加速度 $\left|\ddot{x}_g(t)\right|_{max}$ 之比,所以 $\beta-T$ 曲线实质上是一种加速度反应谱曲线。

图5-13是根据某次地震时地面运动加速度记录曲线 $\ddot{x}_g(t)$ 和阻尼比 $\zeta = 0.05$ 绘制的动力系数反应谱

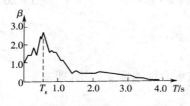

**图5-13 动力系数反应谱曲线**

曲线。

由图 5 - 13 可见,当结构的自振周期 $T$ 小于某一数值 $T_g$ 时,$\beta$ 反应谱曲线将随 $T$ 的增加急剧上升;当 $T = T_g$ 时,动力系数 $\beta$ 达到最大值;当 $T > T_g$ 时,曲线波动下降。$T_g$ 是对应于反应谱曲线峰值的结构自振周期,这个周期与场地土的振动卓越周期(自振周期)相符。所以,当结构的自振周期与场地土的卓越周期相等或接近时,结构的地震反应最大。这种现象与结构在动荷载作用下的共振相似。在结构抗震设计中,应使结构的自振周期远离土层的卓越周期,以避免发生类共振现象。

3)标准反应谱

分析表明,虽然在每次地震中测得的地面加速度 $\ddot{x}_g(t)$ 曲线各不相同,从外观上看极不规律,但是根据它们绘制的动力系数反应谱 $\beta - T$ 曲线,却有某些共同的特征。也就是说,不同地震的地面运动加速度时程曲线 $\ddot{x}_g(t)$ 是不同的,$S_a$ 不具有可比性,但 $\beta$ 却具有可比性。这就给应用反应谱曲线确定水平地震作用提供了可能性。

但是,上面的加速度反应谱曲线是根据一次地震的地面加速度记录 $\ddot{x}_g(t)$ 绘制的。不同的地震记录会有不同的反应谱曲线,虽然这些曲线具有某些共同特征,但仍有差别。在结构抗震设计中,不可能预知建筑物将遭到怎样的地面运动,因而也就无法知道地面运动加速度 $\ddot{x}_g(t)$ 的变化曲线。因此,在建筑抗震设计中,只采用按某一次地震记录 $\ddot{x}_g(t)$ 绘制的反应谱曲线作为设计依据是没有意义的。

不同地面运动记录的统计分析表明,场地的特性、震中距的远近对反应谱曲线有比较明显的影响(图 5 - 14)。例如,场地愈软,震中距愈远,曲线主峰位置愈向右移,曲线主峰也愈扁平。因此,应按场地类别、近震、远震分别绘出反应谱曲线,然后根据统计分析,从大量的反应谱曲线中找出每种场地和近、远震有代表性的平均反应谱曲线,作为设计用的标准反应谱曲线。

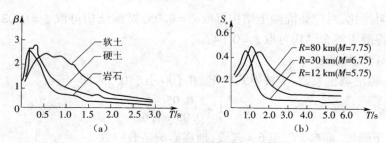

**图 5 - 14 影响反应谱的因素**

(a)场地条件对谱曲线的影响 (b)震级与震中距对谱曲线的影响

2. 抗震设计反应谱——地震影响系数 $\alpha$

为了简化计算,将地震系数 $k$ 和动力系数 $\beta$ 以乘积 $\alpha$ 表示,即 $\alpha = k\beta$,$\alpha$ 称为地震影响系数。这样,式(5 - 26)可以写成

$$F_{Ek} = \alpha G \tag{5-30}$$

$$\alpha = k\beta = \frac{\left| \ddot{x}_g(t) \right|_{max}}{g} \cdot \frac{S_a}{\left| \ddot{x}_g(t) \right|_{max}} = \frac{S_a}{g} \tag{5-31}$$

由式(5 - 30)可知,地震影响系数 $\alpha$ 就是单质点弹性体系在地震时最大反应加速度(以重力加速度 $g$ 为单位)。另一方面,若将式(5 - 31)写成 $\alpha = F_{Ek}/G$,则可认为,地震影响系数

实际是作用在质点上的地震作用与结构重力荷载代表值之比。

《建筑抗震设计规范》GB 50011—2010 就是以地震影响系数 $\alpha$ 作为抗震设计参数的,其值应根据烈度、场地类别、设计地震分组以及结构的阻尼比确定。

建筑结构的地震影响系数曲线分为四段,如图 5 – 15 所示,各段的形状参数和阻尼调整应符合下列要求。

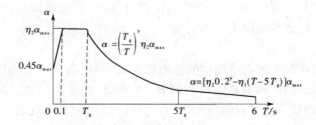

**图 5 – 15　地震影响系数曲线**

$\alpha$—地震影响系数;$\alpha_{\max}$—地震影响系数最大值;$\gamma$—衰减指数;$T_g$—特征周期;

$\eta_1$—直线下降段的斜率调整系数;$T$—结构自振周期;$\eta_2$—阻尼调整系数

(1)直线上升段,即周期小于 0.1 s 的区段,地震影响系数按直线变化。

(2)直线水平段,即自 0.1 s 至特征周期 $T_g$ 区段,地震影响系数应取最大值 $\eta_2 \alpha_{\max}$。

(3)曲线下降段,即自 $T_g$ 至 $5T_g$ 区段,地震影响系数应取

$$\alpha = \left( \frac{T_g}{T} \right)^{\gamma} \eta_2 \alpha_{\max} \tag{5 – 32}$$

式中　$\gamma$——衰减指数,应按下式确定

$$\gamma = 0.9 + \frac{0.05 - \zeta}{0.3 + 6\zeta} \tag{5 – 33}$$

$\zeta$——阻尼比,对钢筋混凝土结构可取 $\zeta = 0.05$,对钢结构可取 $\zeta = 0.02$,对钢和钢筋
混凝土混合结构可取 $\zeta = 0.04$;

$T_g$——特征周期;

$\eta_2$——阻尼调整系数,应按下式确定,并不应小于 0.55,即

$$\eta_2 = 1 + \frac{0.05 - \zeta}{0.08 + 1.6\zeta} \tag{5 – 34}$$

(4)直线下降段,即自 $5T_g$ 至 6 s 区段,地震影响系数应取

$$\alpha = \left[ \eta_2 \, 0.2^{\gamma} - \eta_1 (T - 5T_g) \right] \cdot \alpha_{\max} \tag{5 – 35}$$

式中　$\eta_1$——直线下降段的斜率调整系数,应按下式确定,小于 0 时取 0,即

$$\eta_1 = 0.02 + \frac{0.05 - \zeta}{4 + 32\zeta} \tag{5 – 36}$$

地震影响系数曲线中一些参数的取值说明如下。

1)特征周期 $T_g$

特征周期 $T_g$ 的值应根据建筑物所在地区的地震环境确定。所谓地震环境,是指建筑物所在地区及周围可能发生地震的震源机制、震级大小、震中距远近以及建筑物所在地区的场地条件等。《中国地震动参数区划图》GB 18306—2001 附录 B《中国地震动反应谱特征周期区划图》中给出相应的一般(中硬、Ⅱ类)场地的特征周期值,在附录 C 中给出了相应于各特征周期分区、各种场地类别下的反应谱特征周期调整值。在此基础上,《建筑抗震设计规

范》GB 50011—2010 进行了调整,用设计地震分组对应于各特征周期分区,并将 Ⅰ 类场地(坚硬土和岩石场地)细分为 Ⅰ₀ 类(岩石场地)和 Ⅰ₁ 类(坚硬土场地),即可根据不同地区所属的设计地震分组和场地类别确定其特征周期,见表 5 - 4。

**表 5 - 4　特征周期 $T_g$**　　　　　　　　　　　　　　　　　　　　(s)

| 设计地震分组 | 场地类别 | | | | |
|---|---|---|---|---|---|
| | $I_0$ | $I_1$ | II | III | IV |
| 第一组 | 0.20 | 0.25 | 0.35 | 0.45 | 0.65 |
| 第二组 | 0.25 | 0.30 | 0.40 | 0.55 | 0.75 |
| 第三组 | 0.30 | 0.35 | 0.45 | 0.65 | 0.90 |

注:计算罕遇地震作用时,特征周期应增加 0.05 s。

2)$\alpha_{max}$ 的取值

地震资料统计结果表明,动力系数最大值 $\beta_{max}$ 与地震烈度、地震环境影响不大,《建筑抗震设计规范》GB 50011—2010 中取 $\beta_{max} = 2.25$。将 $\beta_{max} = 2.25$ 与表 5 - 3 所列 $k$ 值相乘,便得到不同设防烈度时的 $\alpha_{max}$ 值,见表 5 - 5。

**表 5 - 5　抗震设防烈度 $I$ 与地震影响系数 $\alpha_{max}$ 的对应关系**

| 地震影响 | 抗震设防烈度 $I$ | | | | | |
|---|---|---|---|---|---|---|
| | 6 度 | 7 度(0.10g) | 7 度(0.15g) | 8 度(0.20g) | 8 度(0.30g) | 9 度 |
| 多遇地震 | 0.04 | 0.08 | 0.12 | 0.16 | 0.24 | 0.32 |
| 设防地震 | 0.12 | 0.23 | 0.34 | 0.45 | 0.68 | 0.90 |
| 罕遇地震 | 0.28 | 0.50 | 0.72 | 0.90 | 1.20 | 1.40 |

注:周期大于 6.0 s 的建筑结构,所采用的计算地震影响系数应专门研究。

在此基础上,推算多遇地震烈度和罕遇地震烈度时的 $\alpha_{max}$ 值。如前所述,多遇地震烈度比基本(设防)烈度平均低 1.55 度,罕遇地震烈度比基本(设防)烈度高 1 度左右。经研究分析,多遇地震烈度时的 $\alpha_{max}$ 值约为基本(设防)地震烈度时的 1/2.82,见表 5 - 5;罕遇地震烈度时的 $\alpha_{max}$ 值分别大致取表 5 - 5 中相应基本(设防)地震烈度 6、7、8、9 度时 $\alpha_{max}$ 值的 2.33、2.13、1.88、1.56 倍。

3)当 $T = 0$ 时,$\alpha = 0.45\alpha_{max}$

因为 $\alpha = k\beta$,当 $T = 0$ 时,结构为刚性体系,则其动力系数 $\beta = 1$(不放大),即有 $\alpha = k\beta = k \times 1 = 1$,而 $\alpha_{max} = k\beta_{max}$,因此

$$\alpha = k = \frac{\alpha_{max}}{\beta_{max}} = \frac{\alpha_{max}}{2.25} = 0.45\alpha_{max}$$

### 5.4.3　例题

【例 5 - 1】　某单层单跨钢筋混凝土框架,如图 5 - 16 所示。屋盖梁刚度为无穷大,质量集中于屋盖处的重力荷载代表值 $G = 1\ 000$ kN。已知设防烈度为 8 度,设计地震基本加速度为 0.20g,

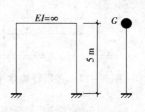

**图 5 - 16　例 5 - 1 图**

设计地震分组为二组,Ⅱ类场地;框架柱截面尺寸为 $b \times h = 400 \text{ mm} \times 400 \text{ mm}$,混凝土强度等级为 C30。试求该结构多遇地震时的水平地震作用标准值。

**【解】** 1)求结构体系的自振周期

柱的惯性矩:

$$I = \frac{1}{12}bh^3 = \frac{1}{12} \times 0.40 \times 0.40^3 = 2.133 \times 10^{-3} \text{ m}^4$$

柱的总侧移刚度:

$$K = \frac{12i}{h^2} \times 2 = \frac{12EI}{h^3} \times 2 = \frac{12 \times 3.0 \times 10^7 \times 2.133 \times 10^{-3}}{5^3} \times 2$$
$$= 1.229 \times 10^4 \text{ kN/m}$$

自振周期:

$$T = 2\pi\sqrt{\frac{m}{K}} = 2\pi\sqrt{\frac{G}{gK}} = 2\pi\sqrt{\frac{1\ 000}{9.8 \times 1.229 \times 10^4}} = 0.572 \text{ s}$$

2)求水平地震作用标准值

查表 5-5,设防烈度为 8 度,设计地震基本加速度为 $0.20g$,多遇地震时,$\alpha_{\max} = 0.16$;设计地震分组为二组、Ⅱ类场地时,$T_g = 0.40 \text{ s}$。

因为 $T_g < T < 5T_g$,故按图 5-15 中曲线下降段计算地震影响系数

$$\alpha = \left(\frac{T_g}{T}\right)^{0.9}\alpha_{\max} = \left(\frac{0.40}{0.572}\right)^{0.9} \times 0.16 = 0.116$$

按式(5-30)计算水平地震作用标准值:

$$F_{\text{Ek}} = \alpha G = 0.116 \times 1\ 000 = 116 \text{ kN}$$

## 5.5　多质点弹性体系的水平地震作用计算

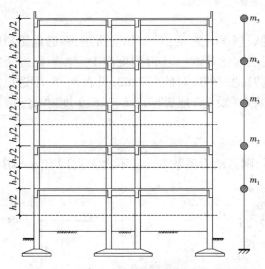

**图 5-17　多层框架水平地震作用的计算简图**

实际工程中,除了少数结构可以简化成单质点体系外,大量的多层工业与民用建筑结构、多跨不等高厂房、高层建筑和高耸结构等,均应简化成多质点体系来计算,才能得出比较切合实际的结果。

### 5.5.1　多质点弹性体系的地震反应

对于图 5-17 所示的多层框架结构,应按集中质量法将各层的结构重力荷载、楼面和屋面可变荷载集中于楼面和屋面标高处。集中后的质量为 $m_i(i = 1,2,\cdots,n)$,并假设这些质点由无重量的弹性直杆支承于地面上。这样,就可以将多层框架简化成多质点弹性体系。一般说来,$n$ 层框架可以简化成 $n$ 个质点的多自由度弹性体系。

1. 多自由度弹性体系的运动方程

多自由度弹性体系在水平地震作用下的位移情况如图 5–18 所示。图中，$x_g(t)$ 为地震时地面运动的水平位移，$x_i(t)$、$\dot{x}_i(t)$、$\ddot{x}_i(t)$ 分别为质点 $i$ 在 $t$ 时刻相对于地面的弹性位移、速度和加速度，作用在体系上的外荷载 $P_i(t)=0$。此时，作用在质点 $i$ 上的力有以下几种。

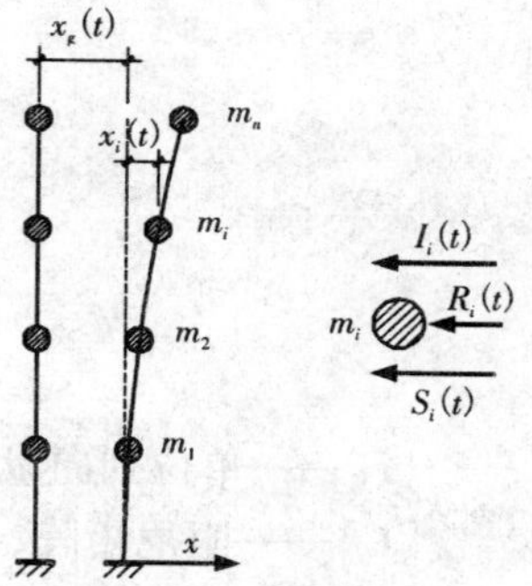

惯性力：

$$I_i(t) = -m_i[\ddot{x}_g(t) + \ddot{x}_i(t)] \qquad (5-37a)$$

弹性回复力：

$$S_i(t) = -[K_{i1}x_1(t) + K_{i2}x_2(t) + \cdots + K_{ii}x_i(t) + \cdots +$$

$$K_{in}x_n(t)] = -\sum_{k=1}^{n} K_{ik}x_k(t) \qquad (5-37b)$$

图 5–18　多质点体系示意

阻尼力：

$$R_i(t) = -[C_{i1}\dot{x}_1(t) + C_{i2}\dot{x}_2(t) + \cdots + C_{ii}\dot{x}_i(t) + \cdots + C_{in}\dot{x}_n(t)] = -\sum_{k=1}^{n} C_{ik}\dot{x}_k(t)$$

$$(5-37c)$$

式中　$m_i$——集中在 $i$ 质点上的集中质量；

　　　$K_{ik}$——质点 $k$ 处产生单位侧移，而其他质点保持不动时，在质点 $i$ 处引起的弹性反力；

　　　$C_{ik}$——质点 $k$ 处产生单位速度，而其他质点保持不动时，在质点 $i$ 处引起的阻尼力。

根据达伦贝尔原理，作用在质点 $i$ 上的惯性力、弹性回复力、阻尼力应保持平衡，即

$$m_i\ddot{x}_i(t) + \sum_{k=1}^{n} C_{ik}\dot{x}_k(t) + \sum_{k=1}^{n} K_{ik}x_k(t) = -m_i\ddot{x}_g(t) \qquad (5-38)$$

对于一个 $n$ 质点的弹性体系，由 $n$ 个质点处的平衡方程（共 $n$ 个）组成的微分方程组可用以下矩阵形式表示：

$$[M]\{\ddot{x}(t)\} + [C]\{\dot{x}(t)\} + [K]\{x(t)\} = -[M]\{I\}\{\ddot{x}_g(t)\} \qquad (5-39)$$

式中　$\{x(t)\}$、$\{\dot{x}(t)\}$、$\{\ddot{x}(t)\}$——各质点相对于地面的位移、速度和加速度的列向量，有

$$\left.\begin{array}{l} \{x(t)\} = \{x_1(t) \quad x_2(t) \quad \cdots \quad x_i(t) \quad \cdots \quad x_n(t)\}^{\mathrm{T}} \\ \{\dot{x}(t)\} = \{\dot{x}_1(t) \quad \dot{x}_2(t) \quad \cdots \quad \dot{x}_i(t) \quad \cdots \quad \dot{x}_n(t)\}^{\mathrm{T}} \\ \{\ddot{x}(t)\} = \{\ddot{x}_1(t) \quad \ddot{x}_2(t) \quad \cdots \quad \ddot{x}_i(t) \quad \cdots \quad \ddot{x}_n(t)\}^{\mathrm{T}} \end{array}\right\} \qquad (5-40)$$

$[M]$——质量矩阵，为对角矩阵，有

$$[M] = \begin{bmatrix} m_1 & & & & & \\ & m_2 & & & 0 & \\ & & \ddots & & & \\ & & & m_i & & \\ & 0 & & & \ddots & \\ & & & & & m_n \end{bmatrix} \qquad (5-41)$$

$[K]$——刚度矩阵，为 $n \times n$ 阶的对称方阵，有

$$[K] = \begin{bmatrix} K_{11} & K_{12} & \cdots & K_{1i} & \cdots & K_{1n} \\ K_{21} & K_{22} & \cdots & K_{2i} & \cdots & K_{2n} \\ \vdots & \vdots & & \vdots & & \vdots \\ K_{i1} & K_{i2} & \cdots & K_{ii} & \cdots & K_{in} \\ \vdots & \vdots & & \vdots & & \vdots \\ K_{n1} & K_{n2} & \cdots & K_{ni} & \cdots & K_{nn} \end{bmatrix} \qquad (5-42)$$

$\{I\}$——单位列向量;

$[C]$——阻尼矩阵,通常取为质量矩阵和刚度矩阵的线性组合,即

$$[C] = \alpha[M] + \beta[K] \qquad (5-43)$$

其中,$\alpha$、$\beta$ 为比例常数。

$$\left. \begin{aligned} \alpha &= \frac{2\omega_1\omega_2(\zeta_1\omega_2 - \zeta_2\omega_1)}{\omega_2^2 - \omega_1^2} \\ \beta &= \frac{2(\zeta_2\omega_2 - \zeta_1\omega_1)}{\omega_2^2 - \omega_1^2} \end{aligned} \right\} \qquad (5-44)$$

式中　$\omega_1$、$\omega_2$——多质点体系第一、二振型的自振圆频率;

$\zeta_1$、$\zeta_2$——多质点体系第一、二振型的阻尼比,可由试验确定。

在方程(5-39)中,除质量矩阵是对角矩阵,不存在耦联外,刚度矩阵和阻尼矩阵都不是对角矩阵。刚度矩阵对角线以外的项表示:作用在给定侧移的某一质点上的弹性恢复力不仅取决于该点的侧移,而且还与其他各质点的侧移有关,因而存在着刚度耦联。在求解方程组时,需要进行振型分解并运用振型的正交性原理解耦,以使方程组的求解大大简化。

用振型分解反应谱法计算多质点弹性体系的地震反应和地震作用时,首先要求解体系的自由振动方程,得到各个振型及其对应的自振周期。

2. 多质点弹性体系的自由振动

将方程(5-39)中的阻尼项和右端项略去,即可得到无阻尼多自由度弹性体系的自由振动方程:

$$[M]\{\ddot{x}(t)\} + [K]\{x(t)\} = 0 \qquad (5-45)$$

设方程(5-45)的解为

$$\{x(t)\} = \{X\}\sin(\omega t + \varphi) \qquad (5-46)$$

则

$$\{\ddot{x}(t)\} = -\omega^2\{X\}\sin(\omega t + \varphi) = -\omega^2\{x(t)\} \qquad (5-47)$$

式中　$\{X\}$——体系的振动幅值向量,即振型;

$\varphi$——初相角。

将式(5-46)和式(5-47)代入式(5-45)中,得

$$\{[K] - \omega^2[M]\}\{X\} = 0 \qquad (5-48)$$

振动幅值向量$\{X\}$的元素 $x_1, x_2, \cdots, x_n$ 不可能全部为零,否则体系就不可能产生振动。$\{X\}$存在非零解的充分必要条件是方程(5-48)的系数行列式必须等于零,即

$$|[K] - \omega^2[M]| = \begin{vmatrix} K_{11} - \omega^2 m_1 & K_{12} & \cdots & K_{1i} & \cdots & K_{1n} \\ K_{21} & K_{22} - \omega^2 m_2 & \cdots & K_{2i} & \cdots & K_{2n} \\ \vdots & \vdots & & \vdots & & \vdots \\ K_{i1} & K_{i2} & \cdots & K_{ii} - \omega^2 m_i & & K_{in} \\ \vdots & \vdots & & \vdots & & \vdots \\ K_{n1} & K_{n2} & \cdots & K_{ni} & \cdots & K_{nn} - \omega^2 m_n \end{vmatrix} = 0$$

$$(5-49)$$

式(5-49)称为体系的频率方程,展开后是一个以 $\omega^2$ 为未知数的一元 $n$ 次方程,该方程的 $n$ 个根(特征值)就是体系的 $n$ 个自振频率。将求得的 $n$ 个 $\omega$ 值按由小到大顺序排列:

$$\omega_1 < \omega_2 < \cdots < \omega_j < \cdots < \omega_n$$

由 $n$ 个 $\omega$ 值可求得 $n$ 个自振周期 $T$,按由大到小顺序排列:

$$T_1 > T_2 > \cdots > T_j > \cdots > T_n$$

$\omega_j$ 和 $T_j$ 即为对应体系第 $j$ 振型的自振频率和自振周期。其中,对应第一振型的自振频率 $\omega_1$ 和自振周期 $T_1$ 称为第一频率(或基本频率)和第一周期(或基本周期)。

将求得的 $\omega_j$ 依次代回到方程(5-48),就可得到对应于每一频率值时的体系各质点的相对振幅值 $\{X\}_j$,用这些相对振幅值绘制的体系各质点的侧移曲线就是对应于该频率的主振型,简称振型。通常将第一振型称为基本振型,其余振型统称为高振型。一般来说,当体系的质点数多于 3 个时,频率方程(5-49)的求解就比较困难,需采用一些近似方法或利用计算程序求解。

多质点弹性体系的自由振动方程(5-45)是用刚度矩阵 $[K]$ 表示的。同样,也可以用柔度矩阵 $[\delta]$ 表示。体系的柔度矩阵 $[\delta]$ 就是刚度矩阵 $[K]$ 的逆矩阵,即 $[\delta] = [K]^{-1}$。

将方程(5-45)的两端乘以刚度矩阵 $[K]$ 的逆矩阵 $[K]^{-1}$,得

$$\{[K]^{-1}[K] - \omega^2[K]^{-1}[M]\}\{X\} = 0$$

再令 $\lambda = 1/\omega^2$,整理后得

$$\{[\delta][M] - \lambda[I]\}\{X\} = 0 \qquad (5-50)$$

式(5-50)也是一个齐次线性方程组。同样,振型 $\{X\}$ 有非零解的充分必要条件也是系数行列式等于零,即

$$|[\delta][M] - \lambda[I]| = \begin{vmatrix} \delta_{11}m_1 - \lambda & \delta_{12}m_2 & \cdots & \delta_{1i}m_i & \cdots & \delta_{1n}m_n \\ \delta_{21}m_1 & \delta_{22}m_2 - \lambda & \cdots & \delta_{2i}m_i & \cdots & \delta_{2n}m_n \\ \vdots & \vdots & & \vdots & & \vdots \\ \delta_{i1}m_1 & \delta_{i2}m_2 & \cdots & \delta_{ii}m_i - \lambda & & \delta_{in}m_n \\ \vdots & \vdots & & \vdots & & \vdots \\ \delta_{n1}m_1 & \delta_{n2}m_2 & \cdots & \delta_{ni}m_i & \cdots & \delta_{nn}m_n - \lambda \end{vmatrix} = 0$$

$$(5-51)$$

式中　$\delta_{ik}$——在 $k$ 质点处作用单位力,在 $i$ 质点处引起的位移。

式(5-51)展开后是一个以 $\lambda$ 为未知数的一元 $n$ 次方程。该方程的解就是体系的 $n$ 个自振频率。故式(5-51)也是体系的频率方程。

以一个两质点弹性体系为例,体系的自由振动方程为

$$\begin{bmatrix} K_{11} - \omega^2 m_1 & K_{12} \\ K_{21} & K_{22} - \omega^2 m_2 \end{bmatrix} \begin{Bmatrix} x_1 \\ x_2 \end{Bmatrix} = 0 \tag{5-52}$$

令其系数行列式等于零,展开后得到一个以 $\omega^2$ 为未知数的一元二次方程:

$$(\omega^2)^2 - \left(\frac{K_{11}}{m_1} + \frac{K_{22}}{m_2}\right)\omega^2 + \frac{K_{11}K_{22} - K_{12}K_{21}}{m_1 m_2} = 0 \tag{5-53}$$

解出 $\omega^2$ 的两个根为

$$\omega^2_{1,2} = -\frac{1}{2}\left(\frac{K_{11}}{m_1} + \frac{K_{22}}{m_2}\right) \mp \sqrt{\left[\frac{1}{2}\left(\frac{K_{11}}{m_1} + \frac{K_{22}}{m_2}\right)\right]^2 - \frac{K_{11}K_{22} - K_{12}K_{21}}{m_1 m_2}} \tag{5-54}$$

可以证明,这两个根都是正的。式(5-52)是齐次方程组,故两个方程是线性相关的。即将 $\omega^2_1$ 回代到式(5-52),只能求得比值 $x_1/x_2$。该比值所确定的振动形式是与第一频率 $\omega_1$ 相对应的振型,称为第一振型或基本振型。

$$\frac{x_{11}}{x_{12}} = \frac{-K_{12}}{K_{11} - \omega^2_1 m_2} \tag{5-55}$$

式中 $x_{11}$、$x_{12}$——第一振型质点 1 和质点 2 的相对振幅值。

同样,将 $\omega^2_2$ 回代到式(5-52),可得第二振型两个质点振幅的比值为

$$\frac{x_{21}}{x_{22}} = \frac{-K_{12}}{K_{11} - \omega^2_2 m_1} \tag{5-56}$$

式中 $x_{21}$、$x_{22}$——第二振型质点 1 和质点 2 的相对振幅值。

对于每个主振型 $j$,质点 1 和质点 2 都是按同一频率 $\omega$ 和同一相位角 $\varphi$ 作简谐振动,并同时达到各自的最大幅值,在整个振动过程中,两个质点的振幅比值 $x_{j1}/x_{j2}$ 是一个常数。详见【例5-2】。

3. 振型的正交性

多自由度弹性体系作自由振动时,各振型对应的频率各不相同,任意两个振型之间存在着正交性。利用振型正交性原理可以大大简化多自由度弹性体系运动微分方程组的求解。

1) 振型关于质量矩阵的正交性

振型关于质量矩阵的正交性的表达式为

$$\{X\}^{\mathrm{T}}_j[M]\{X\}_k = 0 \quad (j \neq k) \tag{5-57a}$$

式中 $\{X\}_j$、$\{X\}_k$——体系第 $j$ 振型、第 $k$ 振型的振幅向量。

式(5-57a)可以改写成

$$\sum_{i=1}^{n} m_i x_{ji} x_{ki} = 0 \quad (j \neq k) \tag{5-57b}$$

式中 $x_{ji}$、$x_{ki}$——体系第 $j$ 振型、第 $k$ 振型 $i$ 质点的振幅。

振型对质量矩阵的正交性可由虚功原理证明。其物理意义是:某一振型在振动过程中所引起的惯性力在其他振型上所做的功为零。这说明某一个振型的动能不会转移到其他振型上去,或者说体系按某一振型作自由振动时不会激起该体系其他振型的振动。

2) 振型关于刚度矩阵的正交性

振型关于刚度矩阵的正交性的表达式为

$$\{X\}^{\mathrm{T}}_j[K]\{X\}_k = 0 \quad (j \neq k) \tag{5-58}$$

由式(5-45),可得

$$[K]\{X\}_k = \omega^2[M]\{X\}_k \tag{5-59}$$

上式两端都左乘$\{X\}_j^{\mathrm{T}}$,得

$$\{X\}_j^{\mathrm{T}}[K]\{X\}_k = \omega^2\{X\}_j^{\mathrm{T}}[M]\{X\}_k \tag{5-60}$$

根据振型关于质量矩阵的正交性原理式(5-57a),当$j \neq k$时,式(5-60)的等式右边等于零,故式(5-58)成立。

可以看出,$[K]\{X\}_k$表示体系按第$k$振型振动时,各质点处引起的弹性恢复力,则式(5-58)表示体系按第$k$振型振动引起的弹性力在第$j$振型的虚位移上所做的功为零。因此,振型对刚度矩阵正交性的物理意义是,体系按某一振型振动时,它的位能不会转移到其他振型上去。

3)振型关于阻尼矩阵的正交性

由于阻尼矩阵是质量矩阵和刚度矩阵的线性组合(式(5-43)),运用振型关于质量矩阵和刚度矩阵的正交性原理,振型关于阻尼矩阵也是正交的,即

$$\{X\}_j^{\mathrm{T}}[C]\{X\}_k = 0 \quad (j \neq k) \tag{5-61}$$

当$j = k$时,式(5-57a)、式(5-58)和式(5-61)都不等于零,分别表示为

$$\left.\begin{array}{l} M_j^* = \{X\}_j^{\mathrm{T}}[M]\{X\}_j \\ K_j^* = \{X\}_j^{\mathrm{T}}[K]\{X\}_j \\ C_j^* = \{X\}_j^{\mathrm{T}}[C]\{X\}_j \end{array}\right\} \tag{5-62}$$

式中　$M_j^*$、$K_j^*$、$C_j^*$——体系第$j$振型的广义质量、广义刚度、广义阻尼。

4.振型分解

振型又称作振动体系的形状函数,它表示体系按某一振型振动过程中各个质点的相对位置。由结构动力学知道,一个$n$个自由度的弹性体系具有$n$个独立振型。以一个三质点体系为例,其三个振型如图5-19所示。

第一振型:

$$\{X\}_1 = \begin{bmatrix} x_{11} & x_{12} & x_{13} \end{bmatrix}^{\mathrm{T}} \tag{5-63a}$$

第二振型:

$$\{X\}_2 = \begin{bmatrix} x_{21} & x_{22} & x_{23} \end{bmatrix}^{\mathrm{T}} \tag{5-63b}$$

第三振型:

$$\{X\}_3 = \begin{bmatrix} x_{31} & x_{32} & x_{33} \end{bmatrix}^{\mathrm{T}} \tag{5-63c}$$

式中　$x_{ji}$——体系第$j$振型$i$质点的水平相对位移。

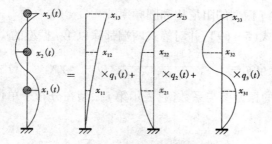

图 5-19　多自由度弹性体系的振型分解

将各个振型汇集在一起就形成振型矩阵$[A]$，它是一个$n \times n$阶方阵（$n$为体系的质点数）。上述三质点体系的振型矩阵为

$$[A] = [\ \{X\}_1 \quad \{X\}_2 \quad \{X\}_3\ ] = \begin{bmatrix} x_{11} & x_{21} & x_{31} \\ x_{12} & x_{22} & x_{32} \\ x_{13} & x_{23} & x_{33} \end{bmatrix} \qquad (5-64)$$

按照振型叠加原理，弹性结构体系中每个质点在振动过程中的位移$x_i(t)$可以表示为

$$x_i(t) = \sum_{j=1}^{n} x_{ji} q_j(t) \qquad (5-65)$$

式中　$q_j(t)$——$j$振型的广义坐标，它是以振型为坐标系的位移值，即把$x_{ji}$看作广义坐标$q_j(t)$的"单位"，是时间的函数。

将广义坐标的列向量写成$\{q\} = \{q_1 \quad q_2 \quad \cdots \quad q_n\}^{\mathrm{T}}$，则整个结构体系的位移列向量、速度列向量、加速度列向量可分别表示为

$$\{x\} = \begin{Bmatrix} x_1(t) \\ x_2(t) \\ \vdots \\ x_n(t) \end{Bmatrix} = [\ \{X\}_1 \quad \{X\}_2 \quad \cdots \quad \{X\}_n\ ] \begin{Bmatrix} q_1 \\ q_2 \\ \vdots \\ q_n \end{Bmatrix} = [A]\{q\} \qquad (5-66a)$$

$$\{\dot{x}\} = [A]\{\dot{q}\} \qquad (5-66b)$$

$$\{\ddot{x}\} = [A]\{\ddot{q}\} \qquad (5-66c)$$

式（5-66）的三式就是体系的各种反应量按振型进行分解的表达式。

5. 多自由度弹性体系运动微分方程组的解

将式（5-66）代入运动微分方程（式（5-39）），并对等式两端都左乘$[A]^{\mathrm{T}}$，得

$$[A]^{\mathrm{T}}[M] \cdot [A]\{\ddot{q}\} + [A]^{\mathrm{T}}[C] \cdot [A]\{\dot{q}\} + [A]^{\mathrm{T}}[K] \cdot [A]\{q\} = -[A]^{\mathrm{T}}[M]\{I\}\ddot{x}_{\mathrm{g}}(t) \qquad (5-67)$$

运用振型关于质量矩阵、刚度矩阵和阻尼矩阵的正交性原理，对式（5-67）进行简化，展开后可以得到$n$个独立的二阶微分方程，对于第$j$振型，可写为

$$\{X\}_j^{\mathrm{T}}[M]\{X\}_j \ddot{q}_j + \{X\}_j^{\mathrm{T}}[C]\{X\}_j \dot{q}_j + \{X\}_j^{\mathrm{T}}[K]\{X\}_j q_j = -\{X\}_j^{\mathrm{T}}[M]\{I\}\ddot{x}_{\mathrm{g}}(t) \qquad (5-68)$$

再引入式（5-62）定义的广义质量、广义刚度和广义阻尼，得

$$M_j^* \ddot{q}_j + C_j^* \dot{q}_j + K_j^* q_j = -\{X\}_j^{\mathrm{T}}[M]\{I\}\ddot{x}_{\mathrm{g}}(t) \qquad (5-69)$$

广义刚度、广义阻尼与广义质量有如下关系

$$\left. \begin{array}{l} C_j^* = 2\zeta_j \omega_j M_j^* \\ K_j^* = \omega_j^2 M_j^* \end{array} \right\} \qquad (5-70)$$

式中　$\zeta_j$、$\omega_j$——体系第$j$振型的阻尼比和圆频率。

将式（5-70）代入式（5-69），并对等式两端都除以第$j$振型的广义质量$M_j^*$，得

$$\ddot{q}_j + 2\zeta_j \omega_j \dot{q}_j + \omega_j^2 q_j = -\frac{\{X\}_j^{\mathrm{T}}[M]\{I\}}{\{X\}_j^{\mathrm{T}}[M]\{X\}_j} \ddot{x}_{\mathrm{g}}(t) = -\gamma_j \ddot{x}_{\mathrm{g}}(t) \quad (j=1,2,\cdots,n) \qquad (5-71)$$

式中　$\gamma_j$——第$j$振型的振型参与系数，它表示第$j$振型在分布于单位质量外荷载中所占的分量。

$$\gamma_j = \frac{\{X\}_j^{\mathrm{T}}[M]\{I\}}{\{X\}_j^{\mathrm{T}}[M]\{X\}_j} = \frac{\sum\limits_{i=1}^{n} m_i x_{ji}}{\sum\limits_{i=1}^{n} m_i x_{ji}^2} \qquad (5-72)$$

运用振型关于质量矩阵的正交性原理,可以证明

$$\sum_{j=1}^{n} \gamma_j x_{ji} = 1 \qquad (5-73)$$

式(5-71)完全相当于一个单自由度弹性体系的运动方程,与式(5-10)相比,不同之处在于:一是以广义坐标 $q_j(t)$ 作为未知量而不是 $x(t)$;二是方程右端多了一项第 $j$ 振型的振型参与系数 $\gamma_j$。

多自由度弹性体系的运动方程从式(5-39)变换到式(5-71),称为方程解耦。其实质是将式(5-39)化为一组由 $n$ 个以广义坐标 $q_j(t)$ 作为未知量的独立方程,每个方程都对应体系的一个振型,大大简化了多自由度弹性体系运动微分方程组的求解。

参照式(5-10)的解,式(5-71)的解为

$$q_j(t) = -\frac{\gamma_j}{\omega_j} \int_0^t \ddot{x}_g(\tau) e^{-\zeta_j \omega_j(t-\tau)} \sin \omega_j(t-\tau) d\tau = \gamma_j \Delta_j(t) \qquad (j=1,2,\cdots,n) \quad (5-74)$$

式中　$\Delta_j(t)$——阻尼比和自振频率分别为 $\zeta_j$ 和 $\omega_j$ 的单自由度弹性体系的位移。

$$\Delta_j(t) = -\frac{1}{\omega_j} \int_0^t \ddot{x}_g(\tau) e^{-\zeta_j \omega_j(t-\tau)} \sin \omega_j(t-\tau) d\tau \qquad (5-75)$$

将式(5-74)代回式(5-66),即得多自由度弹性体系 $i$ 质点相对于地面的位移和加速度:

$$x_i(t) = \sum_{j=1}^{n} \gamma_j \Delta_j(t) x_{ji} \qquad (5-76a)$$

$$\ddot{x}_i(t) = \sum_{j=1}^{n} \gamma_j \dot{\Delta}_j(t) x_{ji} \qquad (5-76b)$$

6. 例题

【例 5-2】　已知某两质点弹性体系(图 5-20),其结构参数为 $m_1 = m_2 = m$,$K_1 = K_2 = K$。试求该体系的自振周期和振型,并验算振型关于质量矩阵和刚度矩阵的正交性。

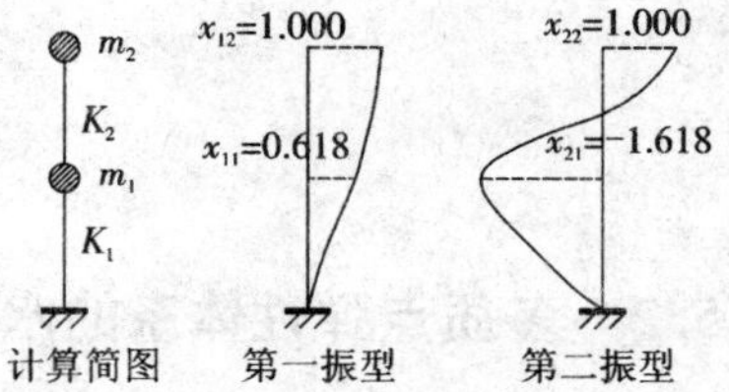

【解】　1)求自振频率和周期

$$K_{11} = K_1 + K_2 = 2K$$

$$K_{12} = K_{21} = -K$$

$$K_{22} = K_2 = K$$

图 5-20　两质点弹性体系

将质点的质量和刚度系数代入式(5-54)得

$$\omega_{1,2}^2 = -\frac{1}{2}\left(\frac{2K}{m} + \frac{K}{m}\right) \mp \sqrt{\left[\frac{1}{2}\left(\frac{2K}{m} + \frac{K}{m}\right)\right]^2 - \frac{2K \cdot K - K \cdot K}{m^2}} = (1.500 \mp 1.118)\frac{K}{m}$$

$$\omega_1 = \sqrt{(1.500 - 1.118)\frac{K}{m}} = 0.618\sqrt{\frac{K}{m}}; \quad T_1 = \frac{2\pi}{\omega_1} = 10.167\sqrt{\frac{m}{K}}$$

$$\omega_2 = \sqrt{(1.500 + 1.118)\frac{K}{m}} = 1.618\sqrt{\frac{K}{m}}; \quad T_2 = \frac{2\pi}{\omega_2} = 3.883\sqrt{\frac{m}{K}}$$

2)求振型

将 $\omega_1$、$\omega_2$ 的值分别代入式(5-55)和式(5-56),得

第一振型

$$\frac{x_{11}}{x_{12}} = \frac{-K_{12}}{K_{11} - \omega_1^2 m_2} = \frac{K}{2K - 0.382\frac{K}{m} \cdot m} = \frac{0.618}{1}$$

第二振型

$$\frac{x_{21}}{x_{22}} = \frac{-K_{12}}{K_{11} - \omega_2^2 m_1} = \frac{K}{2K - 2.618\frac{K}{m} \cdot m} = \frac{-1.618}{1}$$

故体系的振型为

$$\{X\}_1 = \begin{bmatrix} 0.618 & 1.000 \end{bmatrix}^T$$

$$\{X\}_2 = \begin{bmatrix} -1.618 & 1.000 \end{bmatrix}^T$$

3)验算振型关于质量矩阵和刚度矩阵的正交性

质量矩阵:

$$[M] = \begin{bmatrix} m & 0 \\ 0 & m \end{bmatrix}$$

刚度矩阵:

$$[K] = \begin{bmatrix} 2K & -K \\ -K & K \end{bmatrix}$$

$$\{X\}_j^T [M] \{X\}_k = \{0.618 \quad 1.000\} \begin{bmatrix} m & 0 \\ 0 & m \end{bmatrix} \begin{Bmatrix} -1.618 \\ 1.000 \end{Bmatrix}$$

$$= \{0.618 \quad 1.000\} \begin{Bmatrix} -1.618m \\ 1.000m \end{Bmatrix} = 0$$

$$\{X\}_j^T [K] \{X\}_k = \{0.618 \quad 1.000\} \begin{bmatrix} 2K & -K \\ -K & K \end{bmatrix} \begin{Bmatrix} -1.618 \\ 1.000 \end{Bmatrix}$$

$$= \{0.618 \quad 1.000\} \begin{Bmatrix} -4.236K \\ 2.618K \end{Bmatrix} = 0$$

### 5.5.2 多质点弹性体系的水平地震作用和作用效应

1. 振型分解反应谱法

多质点体系在地震时,质点 $i$ 在 $t$ 时刻受到的地震作用等于质点 $i$ 上的惯性力

$$F_i(t) = -m_i[\ddot{x}_g(t) + \ddot{x}_i(t)] \tag{5-77}$$

将式(5-76b)代入式(5-77),得

$$F_i(t) = -m_i\left\{ \sum_{j=1}^n [\gamma_j K\ddot{\Delta}_j(t) x_{ji}] + \ddot{x}_g(t) \right\} \tag{5-78}$$

运用式(5-73),式(5-78)可以改写为

$$F_i(t) = -m_i\left\{ \sum_{j=1}^n [\gamma_j\ddot{\Delta}_j(t) x_{ji}] + \left( \sum_{j=1}^n \gamma_j x_{ji} \right)\ddot{x}_g(t) \right\} = -m_i\sum_{j=1}^n \gamma_j x_{ji}[\ddot{\Delta}_j(t) + \ddot{x}_g(t)]$$

$$\tag{5-79}$$

由此可得,体系 $t$ 时刻第 $j$ 振型 $i$ 质点的水平地震作用 $F_{ji}(t)$ 为

$$F_{ji}(t) = -m_i\gamma_j x_{ji}[\ddot{\Delta}_j(t) + \ddot{x}_g(t)] \tag{5-80}$$

式中 $\ddot{\Delta}_j(t) + \ddot{x}_g(t)$ ——第 $j$ 振型相应振子(阻尼比为 $\zeta_j$、自振频率为 $\omega_j$)的绝对加速度。

体系第 $j$ 振型 $i$ 质点水平地震作用标准值 $F_{ji}$ 为式 $(5-80)F_{ji}(t)$ 的最大绝对值,即

$$F_{ji} = m_i \gamma_j x_{ji} \left| \ddot{\Delta}_j(t) + \ddot{x}_g(t) \right|_{\max} \tag{5-81}$$

令

$$\alpha_j = \frac{\left| \ddot{\Delta}_j(t) + \ddot{x}_g(t) \right|_{\max}}{g} \tag{5-82}$$

$$G_i = m_i g \tag{5-83}$$

于是得到《建筑抗震设计规范》GB 50011—2010 中给出的振型分解反应谱法计算水平地震作用标准值的公式:

$$F_{ji} = \alpha_j \gamma_j x_{ji} G_i \quad (i = 1,2,\cdots,n; j = 1,2,\cdots,n) \tag{5-84}$$

式中　$F_{ji}$——第 $j$ 振型 $i$ 质点的水平地震作用标准值;

$\alpha_j$——相应于第 $j$ 振型自振周期的地震影响系数,应按图 5-15 确定;

$\gamma_j$——第 $j$ 振型的参与系数,按式 $(5-72)$ 计算;

$x_{ji}$——第 $j$ 振型 $i$ 质点的水平相对位移;

$G_i$——集中于 $i$ 质点的重力荷载代表值,应取结构和构配件自重标准值与各可变荷载组合值之和,各可变荷载的组合值系数,应按表 5-6 采用。

表 5-6　可变荷载组合值系数

| 可变荷载种类 | 组合值系数 | 可变荷载种类 | | 组合值系数 |
|---|---|---|---|---|
| 雪荷载 | 0.5 | 按等效均布荷载计算的楼面活荷载 | 藏书库、档案库 | 0.8 |
| 屋面积灰荷载 | 0.5 | | 其他民用建筑 | 0.5 |
| 屋面活荷载 | 不计入 | 吊车悬吊物重力 | 硬钩吊车 | 0.3 |
| 按实际情况计算的楼面活荷载 | 1.0 | | 软钩吊车 | 不计入 |

注:硬钩吊车的吊重较大时,组合值系数应按实际情况采用。

求出第 $j$ 振型第 $i$ 质点上的水平地震作用后,便可以按一般力学方法计算结构的地震作用效应,包括弯矩、剪力、轴力和变形等。

需要注意的是,根据式 $(5-84)$ 确定的相应于各振型的地震作用 $F_{ji}$ 均为最大值。所以,按 $F_{ji}$ 求得的各振型的地震作用效应也是最大值。然而,各振型的地震作用 $F_{ji}$ 的最大值并不出现在同一时刻,其相应的最大地震作用效应也不会同时发生。因此,需要进行合理的振型组合方式,以确定合理的地震作用效应。

《建筑抗震设计规范》GB 50011—2010 规定了两种组合方式:一种是"平方和开平方法"(SRSS 法),另一种是完全二次项组合法(CQC 法)。后一种方法主要用于平动 – 扭转耦连体系。"平方和开平方法"是基于假定地震时地面运动为平稳的随机过程,各振型反应之间相互独立而导出的,主要用于平面振动的多质点弹性体系。采用振型分解反应谱方法时,各振型地震作用效应的组合方式为

$$S = \sqrt{\sum S_j^2} \quad (i = 1, 2, \cdots, n) \tag{5-85}$$

式中　$S$——水平地震作用效应;

$S_j$——第 $j$ 振型水平地震作用所产生的作用效应,包括内力和变形。

各个振型在地震总反应中的贡献将随着频率的增加而迅速减小,因此在实际计算中,一

般采用前 2～3 个振型即可。考虑到周期较长结构的各个自振频率比较接近,《建筑抗震设计规范》GB 50011—2010 规定,当基本自振周期大于 1.5 s 或房屋高宽比大于 5 时,可适当增加参与组合的振型个数。

2. 底部剪力法

用振型分解反应谱法计算建筑结构的水平地震作用是比较复杂的,特别是房屋层数较多时,不能手算,必须用程序计算。

理论分析表明,对于重量和刚度沿高度分布比较均匀、高度不超过 40 m、以剪切变形为主(房屋高宽比小于 4 时)的结构,结构振动具有两个特点:①位移反应以基本振型为主;②基本振型接近于直线。

为了简化计算,《建筑抗震设计规范》GB 50011—2010 规定,在满足上述条件时,可采用近似方法计算,即底部剪力法。

1)底部剪力的计算

由振型分解反应谱法的式(5 – 84),可以得出第 $j$ 振型 $i$ 质点处的水平地震作用标准值,因而第 $j$ 振型的结构总水平地震作用标准值,即第 $j$ 振型结构底部剪力为

$$V_{j0} = \sum_{i=1}^{n} F_{ji} = \sum_{i=1}^{n} \alpha_1 \gamma_j x_{ji} G_i = \alpha_1 G \sum_{i=1}^{n} \frac{\alpha_j}{\alpha_1} \gamma_j x_{ji} \frac{G_i}{G} \quad (i = 1, 2, \cdots, n) \tag{5 – 86}$$

式中　$G$——结构的总重力荷载代表值,取各质点重力荷载代表值 $G_i$ 之和。

再根据式(5 – 85),结构总水平地震作用标准值,即结构底部剪力 $F_{Ek}$ 为

$$F_{Ek} = \sqrt{\sum_{j=1}^{n} V_{j0}^2} = \alpha_1 G \sqrt{\sum_{j=1}^{n} \left( \sum_{i=1}^{n} \frac{\alpha_j}{\alpha_1} \gamma_j x_{ji} \frac{G_i}{G} \right)^2} = \alpha_1 q G \quad (i = 1, 2, \cdots, n) \tag{5 – 87}$$

式中　$q$——高振型影响系数,有

$$q = \sqrt{\sum_{j=1}^{n} \left( \sum_{i=1}^{n} \frac{\alpha_j}{\alpha_1} \gamma_j x_{ji} \frac{G_i}{G} \right)^2} \tag{5 – 88}$$

经大量计算资料的统计分析表明,当结构体系各质点重量相等,且重量和刚度沿高度分布比较均匀时,$q = 1.5(n+1)/(2n+1)$,$n$ 为质点数。

当结构为单质点体系时,$q = 1$;如为无穷多质点体系时,$q = 0.75$。为简化计算,《建筑抗震设计规范》GB 50011—2010 规定,结构总水平地震作用标准值按下式计算:

$$F_{Ek} = \alpha_1 G_{eq} \tag{5 – 89}$$

式中　$F_{Ek}$——结构总水平地震作用标准值;

　　　$\alpha_1$——对应于结构基本自振周期 $T_1$ 的水平地震影响系数值,按图 5 – 15 确定;

　　　$G_{eq}$——计算水平地震作用时,结构等效总重力荷载,单质点体系应取总重力荷载代表值,即 $G_{eq} = G$,多质点体系取总重力荷载代表值的 85%,即 $G_{eq} = 0.85 G_E$($G_E$ 为结构总重力荷载代表值,取各质点重力荷载代表值之和)。

2)各质点的水平地震作用标准值计算

在满足底部剪力法的条件下,计算各质点的水平地震作用时,可仅考虑基本振型,而忽略高振型的影响。这样,基本振型各质点的相对水平位移 $x_{1i}$ 将与质点的计算高度 $H_i$ 成正比,即 $x_{1i} = \eta H_i$,其中 $\eta$ 为比例常数,$H_i$ 为质点计算高度。于是,作用在第 $i$ 质点上的水平地震作用标准值可写成

$$F_i \approx F_{1i} = \alpha_1 \gamma_1 \eta H_i G_i \tag{5 – 90}$$

结构总水平地震作用标准值,即结构底部剪力,可表示为

$$F_{Ek} = \sum_{k=1}^{n} F_{1k} = \alpha_1 \gamma_1 \eta \sum_{k=1}^{n} H_k G_k \qquad (5-91)$$

$$\alpha_1 \gamma_1 \eta = \frac{F_{Ek}}{\sum_{k=1}^{n} H_k G_k} \qquad (5-92)$$

将式(5-92)代入式(5-90),得

$$F_i = \frac{G_i H_i}{\sum_{k=1}^{n} G_k H_k} F_{Ek} \qquad (i=1,2,\cdots,n) \qquad (5-93)$$

由此得出,地震作用下各楼层水平地震层间剪力为

$$V_i = \sum_{k=i}^{n} F_k \qquad (i=1,2,\cdots,n) \qquad (5-94)$$

3)顶部附加地震作用计算

当结构层数较多时,通过大量的计算分析发现,用式(5-93)计算出的结构顶部地震作用往往小于按振型分解反应谱法的计算结果,特别是基本周期较长的多、高层建筑相差较大。这是由于高振型对结构地震反应的影响主要在结构上部,而按式(5-93)计算 $F_i$ 时忽略了高振型影响的缘故。同时,震害经验也表明,某些基本周期较长的建筑,上部震害较为严重。因此,需采取调整地震作用的方法,使顶部剪力有所增加。

对于上述情况,《建筑抗震设计规范》GB 50011—2010 规定,按下式计算作用于质点 $i$ 的水平地震作用标准值 $F_i$(图5-21):

$$F_i = \frac{G_i H_i}{\sum_{j=1}^{n} G_j H_j} F_{Ek}(1-\delta_n) \qquad (i=1,2,\cdots,n) \qquad (5-95)$$

$$\Delta F_n = \delta_n F_{Ek} \qquad (5-96)$$

式中　　$F_i$——作用于第 $i$ 层质点处的水平地震作用标准值;

$G_i$、$G_j$——集中于质点 $i$、$j$ 的重力荷载代表值;

$H_i$、$H_j$——质点 $i$、$j$ 的计算高度;

$\Delta F_n$——主体结构顶层附加水平地震作用。

$\delta_n$——顶部附加地震作用系数,可按表5-7采用。

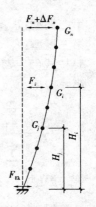

图5-21　底部剪力法

当考虑顶部附加水平地震作用时,结构顶部的水平地震作用为按式(5-85)计算的 $F_n$ 与 $\Delta F_n$ 两项之和(图5-21)。

表5-7　顶部附加地震作用系数 $\delta_n$

| $T_g/s$ | $T_1 > 1.4 T_g$ | $T_1 \leqslant 1.4 T_g$ |
|---|---|---|
| $T_g \leqslant 0.35$ | $\delta_n = 0.08 T_1 + 0.07$ | $\delta_n = 0$ |
| $0.35 < T_g \leqslant 0.55$ | $\delta_n = 0.08 T_1 + 0.01$ | |
| $T_g > 0.55$ | $\delta_n = 0.08 T_1 - 0.02$ | |

注:$T_1$ 为结构基本自振周期,$T_g$ 为特征周期。

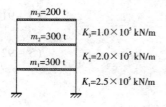

图 5 – 22　三层框架

3. 例题

【例 5 – 3】　试用振型分解反应谱法计算三层框架（图 5 – 22）多遇地震时的层间地震剪力。抗震设防烈度为 8 度，设计地震分组为第一组，场地类别为Ⅲ类。

【解】　1）求解结构体系的自振周期和振型。

已经计算出该结构体系的三个振型和相应的自振周期分别为（具体计算见【例 5 – 5】）：

第一振型：
$$\{X\}_1^T = [0.333\ 8 \quad 0.667\ 3 \quad 1.00], \quad T_1 = 0.487\ 2\ \text{s}$$

第二振型：
$$\{X\}_2^T = [-0.666\ 5 \quad -0.665\ 6 \quad 1.00], \quad T_2 = 0.217\ 4\ \text{s}$$

第三振型：
$$\{X\}_3^T = [3.980\ 6 \quad -2.989\ 7 \quad 1.00], \quad T_3 = 0.140\ 7\ \text{s}$$

2）计算各振型的地震影响系数 $\alpha_j$

由表 5 – 5 查得抗震设防烈度为 8 度时，$\alpha_{\max} = 0.16$；由表 5 – 4 查得设计地震分组为第一组，场地类别为Ⅲ类时，$T_g = 0.45\ \text{s}$。

第一振型：$T_g < T_1 < 5T_g$，故 $\alpha_1 = \left(\dfrac{T_g}{T_1}\right)^{0.9} \times \alpha_{\max} = \left(\dfrac{0.45}{0.487\ 2}\right)^{0.9} \times 0.16 = 0.149$。

第二振型：$T_2 < T_g$，故 $\alpha_2 = \alpha_{\max} = 0.16$。

第三振型：$T_3 < T_g$，故 $\alpha_3 = \alpha_{\max} = 0.16$。

3）按式（5 – 72）计算各振型的振型参与系数 $\gamma_j$

第一振型：
$$\gamma_1 = \frac{\sum_{i=1}^n m_i x_{ji}}{\sum_{i=1}^n m_i x_{ji}^2} = \frac{300 \times 0.333\ 8 + 300 \times 0.667\ 3 + 200 \times 1.00}{300 \times 0.333\ 8^2 + 300 \times 0.667\ 3^2 + 200 \times 1.00^2} = 1.363\ 2$$

第二振型：
$$\gamma_2 = \frac{\sum_{i=1}^n m_i x_{ji}}{\sum_{i=1}^n m_i x_{ji}^2} = \frac{300 \times (-0.666\ 5) + 300 \times (-0.665\ 6) + 200 \times 1.00}{300 \times (-0.666\ 5)^2 + 300 \times (-0.665\ 6)^2 + 200 \times 1.00^2} = -0.428\ 2$$

第三振型：
$$\gamma_3 = \frac{\sum_{i=1}^n m_i x_{ji}}{\sum_{i=1}^n m_i x_{ji}^2} = \frac{300 \times 3.980\ 6 + 300 \times (-2.989\ 7) + 200 \times 1.00}{300 \times 3.980\ 6^2 + 300 \times (-2.989\ 7)^2 + 200 \times 1.00^2} = 0.065\ 1$$

4）用式（5 – 84）计算各振型各楼层的水平地震作用 $F_{ji}$

第一振型：
$$F_{11} = \alpha_1 \gamma_1 x_{11} G_1 = 0.149 \times 1.363\ 2 \times 0.333\ 8 \times 300 \times 9.8 = 199.33\ \text{kN}$$
$$F_{12} = \alpha_1 \gamma_1 x_{12} G_2 = 0.149 \times 1.363\ 2 \times 0.667\ 3 \times 300 \times 9.8 = 398.49\ \text{kN}$$
$$F_{13} = \alpha_1 \gamma_1 x_{13} G_3 = 0.149 \times 1.363\ 2 \times 1.00 \times 200 \times 9.8 = 398.11\ \text{kN}$$

第二振型：

$$F_{21} = \alpha_2 \gamma_2 x_{21} G_1 = 0.16 \times (-0.4282) \times (-0.6665) \times 300 \times 9.8 = 134.25 \text{ kN}$$
$$F_{22} = \alpha_2 \gamma_2 x_{22} G_2 = 0.16 \times (-0.4282) \times (-0.6656) \times 300 \times 9.8 = 134.07 \text{ kN}$$
$$F_{23} = \alpha_2 \gamma_2 x_{23} G_3 = 0.16 \times (-0.4282) \times 1.00 \times 200 \times 9.8 = -134.28 \text{ kN}$$

第三振型：

$$F_{31} = \alpha_3 \gamma_3 x_{31} G_1 = 0.16 \times 0.0651 \times 3.9806 \times 300 \times 9.8 = 121.90 \text{ kN}$$
$$F_{32} = \alpha_3 \gamma_3 x_{32} G_2 = 0.16 \times 0.0651 \times (-2.9897) \times 300 \times 9.8 = -91.55 \text{ kN}$$
$$F_{33} = \alpha_3 \gamma_3 x_{33} G_3 = 0.16 \times 0.0651 \times 1.00 \times 200 \times 9.8 = 20.42 \text{ kN}$$

5) 计算各振型的层间剪力 $V_{ji}$

第一振型（图 5 - 23（a））：

$$V_{11} = F_{11} + F_{12} + F_{13} = 199.33 + 398.49 + 398.11 = 995.93 \text{ kN}$$
$$V_{12} = F_{12} + F_{13} = 398.49 + 398.11 = 796.60 \text{ kN}$$
$$V_{13} = F_{13} = 398.11 \text{ kN}$$

第二振型（图 5 - 23（b））：

$$V_{21} = F_{21} + F_{22} + F_{23} = 134.25 + 134.07 - 134.28 = 134.04 \text{ kN}$$
$$V_{22} = F_{22} + F_{23} = 134.07 - 134.28 = -0.21 \text{ kN}$$
$$V_{23} = F_{23} = -134.28 \text{ kN}$$

第三振型（图 5 - 23（c））：

$$V_{31} = F_{31} + F_{32} + F_{33} = 121.90 - 91.55 + 20.42 = 50.77 \text{ kN}$$
$$V_{32} = F_{32} + F_{33} = -91.55 + 20.42 = -71.13 \text{ kN}$$
$$V_{33} = F_{33} = 20.42 \text{ kN}$$

6) 用式（5 - 85）计算水平地震效应——各层层间剪力 $V_i$（图 5 - 23（d））

$$V_1 = \sqrt{V_{11}^2 + V_{21}^2 + V_{31}^2} = \sqrt{995.93^2 + 134.04^2 + 50.77^2} = 1006.19 \text{ kN}$$
$$V_2 = \sqrt{V_{12}^2 + V_{22}^2 + V_{32}^2} = \sqrt{796.6^2 + (-0.21)^2 + (-71.13)^2} = 799.77 \text{ kN}$$
$$V_3 = \sqrt{V_{13}^2 + V_{23}^2 + V_{33}^2} = \sqrt{398.11^2 + (-134.28)^2 + 20.42^2} = 420.64 \text{ kN}$$

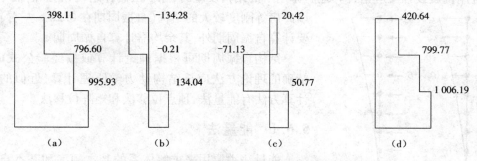

**图 5 - 23　地震作用效应——各层层间剪力计算**

（a）第一振型　（b）第二振型　（c）第三振型　（d）振型组合后各层地震剪力

【例 5 - 4】　试用底部剪力法求【例 5 - 3】中三层框架的层间地震剪力。已知结构基本自振周期 $T_1 = 0.4872$ s。其他结构参数、地震参数和场地类别同例 5 - 3。

**【解】** 1）计算结构等效总重力荷载代表值 $G_{eq}$

$$G_{eq} = 0.85 \sum_{i=1}^{n} G_i = 0.85 \times (300 + 300 + 200) \times 9.8 = 6\ 664\ kN$$

2）计算基本振型的地震影响系数 $\alpha_1$

由例 5 - 3 知，$\alpha_{max} = 0.16；T_g = 0.45\ s$。因 $T_g < T_1 < 5T_g$，故

$$\alpha_1 = \left(\frac{T_g}{T_1}\right)^{0.9} \times \alpha_{max} = \left(\frac{0.45}{0.487\ 2}\right)^{0.9} \times 0.16 = 0.149$$

3）按式（5 - 89）计算结构总水平地震作用标准值 $F_{Ek}$

$$F_{Ek} = \alpha_1 G_{eq} = 0.149 \times 6\ 664 = 992.94\ kN$$

4）按式（5 - 93）计算各层的水平地震作用标准值 $F_i$

$$F_1 = \frac{300 \times 9.8 \times 3.5}{300 \times 9.8 \times 3.5 + 300 \times 9.8 \times 7.0 + 200 \times 9.8 \times 10.5} \times 992.94 = 198.59\ kN$$

$$F_2 = \frac{300 \times 9.8 \times 7.0}{300 \times 9.8 \times 3.5 + 300 \times 9.8 \times 7.0 + 200 \times 9.8 \times 10.5} \times 992.94 = 397.18\ kN$$

$$F_3 = \frac{200 \times 9.8 \times 10.5}{300 \times 9.8 \times 3.5 + 300 \times 9.8 \times 7.0 + 200 \times 9.8 \times 10.5} \times 992.94 = 397.18\ kN$$

5）用式（5 - 94）计算各楼层水平地震层间剪力 $V_i$

$$V_1 = F_1 + F_2 + F_3 = 198.59 + 397.18 + 397.18 = 992.94\ kN$$

$$V_2 = F_2 + F_3 = 397.18 + 397.18 = 794.36\ kN$$

$$V_3 = F_3 = 397.18\ kN$$

本题计算结果与例 5 - 3 用振型分解法计算的结果非常接近，相差在 5% 以内。由此可见，对于重量和刚度沿高度分布比较均匀、高度不超过 40 m、以剪切变形为主的结构，采用底部剪力法可以得到满意的结果。

# 5.6　结构自振周期和振型的计算

应用抗震设计反应谱计算地震作用下的结构反应时，除多层砌体结构、底部框架 - 抗震墙砖房等刚度较大的结构（自振周期在 0.20 s 左右）不需要计算自振周期外，其余均需计算自振周期。

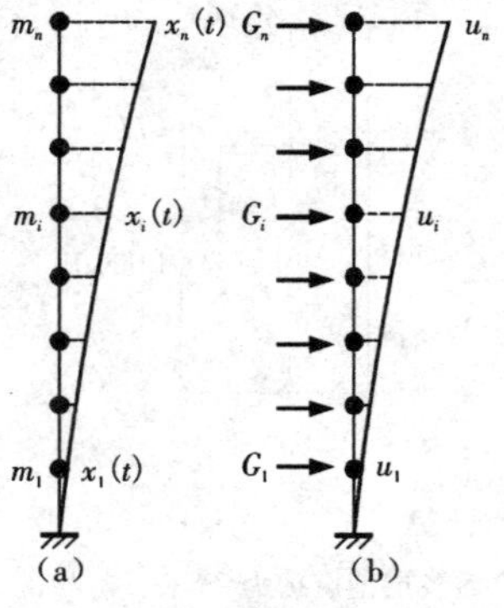

结构自振周期可根据理论计算或按经验公式确定。精确的理论方法应按结构动力学原理计算，近似的理论计算方法有能量法、顶点位移法和矩阵位移法。

## 5.6.1　能量法

能量法主要用来求解体系的基本频率和基本自振周期。其理论基础是能量守恒原理，即一个无阻尼的弹性体系作自由振动时，体系在任何时刻的总能量（变形位能和动能之和）应当保持不变。

图 5 - 24（a）表示一个 $n$ 质点的弹性体系，质点 $i$ 处的质量为 $m_i$，体系按第一振型作自由振动时的频率为 $\omega_1$。

假设以各质点的重力荷载 $G_i = m_i g$ 水平作用于相应

**图 5 - 24　多质点弹性体系基本自振周期计算**

（a）多质点弹性体系

（b）各质点的重力荷载作为水平荷载作用引起的位移

质点 $i$ 上的弹性曲线为基本振型，$u_i$ 为质点 $i$ 处的水平位移(图 5-24(b))，则体系最大的变形位能 $U_{\max}$ 和动能 $T_{\max}$ 分别为

$$U_{\max} = \frac{1}{2} \sum_{i=1}^{n} G_i u_i = \frac{1}{2} g \sum_{i=1}^{n} m_i u_i \tag{5-97}$$

$$T_{\max} = \frac{1}{2} \sum_{i=1}^{n} m_i \left( \omega_1 u_i \right)^2 \tag{5-98}$$

根据能量守恒原理，$T_{\max} = U_{\max}$，得体系的基本频率为

$$\omega_1 = \sqrt{\frac{g \sum\limits_{i=1}^{n} m_i u_i}{\sum\limits_{i=1}^{n} m_i u_i^2}} \tag{5-99}$$

取 $g = 9.8 \text{ m/s}^2$，注意到 $G_i = m_i g$，得体系的基本自振周期为

$$T_1 = \frac{2\pi}{\omega_1} \approx 2 \sqrt{\frac{\sum\limits_{i=1}^{n} G_i u_i^2}{\sum\limits_{i=1}^{n} G_i u_i}} \tag{5-100}$$

式中　$u_i$——将集中于各质点 $i$ 处的重力荷载 $G_i$ 视为水平荷载，在其作用下质点 $i$ 处产生的水平位移(m)。

### 5.6.2　顶点位移法

顶点位移法也是求解多质点体系基本自振周期的一种近似方法。其基本原理是，将结构按其质量分布情况，简化成有限个质点或无限个质点的悬臂直杆，然后求出以结构顶点位移表示的基本自振周期计算公式。

对于质量、刚度沿竖向分布比较均匀的框架结构、框架-抗震墙结构、抗震墙结构，将各质点的重力荷载总和 $\sum G_i$ 作为水平荷载，均布于整个结构高度 $H$ 上时，即可按下式计算结构基本自振周期：

$$T_1 = 1.7 \sqrt{u_\text{T}} \tag{5-101}$$

式中　$u_\text{T}$——在水平均布荷载 $q = \sum G_i / H$ 作用下，结构顶点处产生的水平位移(m)。

### 5.6.3　矩阵位移法

矩阵位移法又称为 Strodula 法，是求解多质点弹性体系多个频率和振型的近似方法。它是一种多次迭代逐步逼近的方法。

多质点弹性体系的无阻尼自由振动方程为

$$\{ [K] - \omega^2 [M] \} \{X\} = 0$$

将上式的两端左乘 $[K]^{-1}$，整理后得

$$\{X\} = \omega^2 [K]^{-1} [M] \{X\} = \omega^2 [\delta] [M] \{X\} \tag{5-102}$$

计算步骤与原理如下。

1)求体系的基本振型和基本自振频率

先假定一个基本振型 $\{X\}^{(0)}$，代入式(5-102)的右端，从而求得第一振型的第一次近

似值 $\{X\}^{(1)}$（角标表示迭代次数）；将 $\{X\}^{(1)}$ 代回式（5 – 102）的右端，求得第二次近似值 $\{X\}^{(2)}$，逐次计算，直至迭代输入值 $\{X\}^{(i)}$ 和输出值 $\{X\}^{(i+1)}$ 相等或非常接近为止。此时，由式（5 – 102）可以得 $\omega^2[\delta][M]=1$，即可求得基本自振频率 $\omega_1$。

2）求体系的高振型及其相应的自振频率

求得第一振型后，可利用振型的正交性原理使式（5 – 102）的矩阵降一阶，再重复上述迭代计算，即可求得第二振型及第二自振频率。重复上述步骤，使矩阵阶数逐次下降，求出其余的高振型及其相应的自振频率。

## 5.6.4　例题

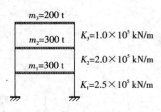

**图 5 – 25　三层框架**

【例 5 – 5】　某三层框架，各层的层间总侧移刚度和质量如图 5 – 25 所示。

（1）试用能量法求其基本自振周期。

（2）试用矩阵位移法求各个振型和自振周期。

【解】　1）用能量法求基本自振周期

（1）计算各层层间剪力 $V_i$

$$V_3 = G_3 = m_3 g = 200 \times 9.8 = 1\,960\ \text{kN}$$

$$V_2 = G_3 + G_2 = m_3 g = (300+200) \times 9.8 = 4\,900\ \text{kN}$$

$$V_1 = G_3 + G_2 + G_1 = m_3 g = (300+300+200) \times 9.8 = 7\,840\ \text{kN}$$

（2）计算各楼层处的水平位移 $u_i$

$$u_1 = V_1/K_1 = 7\,840/2.5 \times 10^{-5} = 0.031\,36\ \text{m}$$

$$u_2 = V_1/K_1 + V_2/K_2 = 7\,840/2.5 \times 10^{-5} + 4\,900/2.0 \times 10^{-5} = 0.055\,86\ \text{m}$$

$$u_3 = V_1/K_1 + V_2/K_2 + V_3/K_3 = 7\,840/2.5 \times 10^{-5} + 4\,900/2.0 \times 10^{-5} + 1\,960/1.0 \times 10^{-5}$$
$$= 0.075\,46\ \text{m}$$

（3）按式（5 – 100）计算基本自振周期 $T_1$

$$T_1 = 2\sqrt{\dfrac{\sum\limits_{i=1}^{n} G_i u_i^2}{\sum\limits_{i=1}^{n} G_i u_i}} = 2\sqrt{\dfrac{300 \times 0.031\,36^2 + 300 \times 0.055\,86^2 + 200 \times 0.075\,46^2}{300 \times 0.031\,36 + 300 \times 0.055\,86 + 200 \times 0.075\,46}} = 0.479\,3\ \text{s}$$

2）用矩阵位移法求例题各个振型和自振周期

（1）求柔度系数、柔度矩阵和质量矩阵

$$\delta_{11} = \delta_{12} = \delta_{21} = \delta_{13} = \delta_{31} = 1/K_1 = 4.0 \times 10^{-6}\ \text{m/kN}$$

$$\delta_{22} = \delta_{23} = \delta_{32} = 1/K_1 + 1/K_2 = 9.0 \times 10^{-6}\ \text{m/kN}$$

$$\delta_{33} = 1/K_1 + 1/K_2 + 1/K_3 = 19.0 \times 10^{-6}\ \text{m/kN}$$

柔度矩阵为

$$[\delta] = 10^{-6}\begin{bmatrix} 4.0 & 4.0 & 4.0 \\ 4.0 & 9.0 & 9.0 \\ 4.0 & 9.0 & 19.0 \end{bmatrix}$$

质量矩阵为

$$[M] = \begin{bmatrix} 300 & 0 & 0 \\ 0 & 300 & 0 \\ 0 & 0 & 200 \end{bmatrix}$$

柔度矩阵和质量矩阵的乘积

$$[\delta][M] = 10^{-6} \begin{bmatrix} 4.0 & 4.0 & 4.0 \\ 4.0 & 9.0 & 9.0 \\ 4.0 & 9.0 & 19.0 \end{bmatrix} \begin{bmatrix} 300 & 0 & 0 \\ 0 & 300 & 0 \\ 0 & 0 & 200 \end{bmatrix} = 10^{-6} \begin{bmatrix} 1\,200 & 1\,200 & 800 \\ 1\,200 & 2\,700 & 1\,800 \\ 1\,200 & 2\,700 & 3\,800 \end{bmatrix}$$

2)求第一振型

假设第一振型的迭代初始振型为

$$\{X\}^0 = \begin{bmatrix} x_{11} & x_{12} & x_{13} \end{bmatrix}^T = \begin{bmatrix} 1 & 1 & 1 \end{bmatrix}^T$$

代入式(5－102)右端,求得第一次迭代近似值:

$$\begin{Bmatrix} x_{11} \\ x_{12} \\ x_{13} \end{Bmatrix}^1 = \omega_1^2 \times 10^{-6} \begin{bmatrix} 1\,200 & 1\,200 & 800 \\ 1\,200 & 2\,700 & 1\,800 \\ 1\,200 & 2\,700 & 3\,800 \end{bmatrix} \begin{Bmatrix} 1 \\ 1 \\ 1 \end{Bmatrix} = \omega_1^2 \times 7\,700 \times 10^{-6} \begin{Bmatrix} 0.415\,6 \\ 0.740\,3 \\ 1.000\,0 \end{Bmatrix}$$

第二次迭代近似值

$$\begin{Bmatrix} x_{11} \\ x_{12} \\ x_{13} \end{Bmatrix}^2 = \omega_1^2 \times 10^{-6} \begin{bmatrix} 1\,200 & 1\,200 & 800 \\ 1\,200 & 2\,700 & 1\,800 \\ 1\,200 & 2\,700 & 3\,800 \end{bmatrix} \begin{Bmatrix} 0.415\,6 \\ 0.740\,3 \\ 1.000\,0 \end{Bmatrix} = \omega_1^2 \times 6\,297.53 \times 10^{-6} \begin{Bmatrix} 0.347\,3 \\ 0.682\,4 \\ 1.000\,0 \end{Bmatrix}$$

第三次迭代近似值

$$\begin{Bmatrix} x_{11} \\ x_{12} \\ x_{13} \end{Bmatrix}^3 = \omega_1^2 \times 10^{-6} \begin{bmatrix} 1\,200 & 1\,200 & 800 \\ 1\,200 & 2\,700 & 1\,800 \\ 1\,200 & 2\,700 & 3\,800 \end{bmatrix} \begin{Bmatrix} 0.347\,3 \\ 0.682\,4 \\ 1.000\,0 \end{Bmatrix} = \omega_1^2 \times 6\,059.24 \times 10^{-6} \begin{Bmatrix} 0.336\,0 \\ 0.669\,9 \\ 1.000\,0 \end{Bmatrix}$$

第四次迭代近似值

$$\begin{Bmatrix} x_{11} \\ x_{12} \\ x_{13} \end{Bmatrix}^4 = \omega_1^2 \times 10^{-6} \begin{bmatrix} 1\,200 & 1\,200 & 800 \\ 1\,200 & 2\,700 & 1\,800 \\ 1\,200 & 2\,700 & 3\,800 \end{bmatrix} \begin{Bmatrix} 0.336\,0 \\ 0.669\,9 \\ 1.000\,0 \end{Bmatrix} = \omega_1^2 \times 6\,011.93 \times 10^{-6} \begin{Bmatrix} 0.333\,8 \\ 0.667\,3 \\ 1.000\,0 \end{Bmatrix} \quad (a)$$

迭代四次后,所得到的振型 $\{x\}^4$ 已与第三次迭代近似值非常接近,可以终止迭代,把第四次迭代近似值确定为基本振型,即

$$\{X\}_1 = \begin{Bmatrix} x_{11} \\ x_{12} \\ x_{13} \end{Bmatrix} = \begin{Bmatrix} 0.334 \\ 0.667 \\ 1.000 \end{Bmatrix}$$

经第四次迭代后,等式两边的振型基本一致。因此,由式(a)得

$$1 = \omega_1^2 \times 6\,011.93 \times 10^{-6}$$

$$\omega_1 = 12.90 \text{ rad/s}$$

基本周期为

$$T_1 = \frac{2\pi}{\omega_1} = \frac{2\pi}{12.90} = 0.487\,2 \text{ s}$$

3)求第二振型

由式(5－102)得

$$\begin{Bmatrix} x_{21} \\ x_{22} \\ x_{23} \end{Bmatrix} = \omega_2^2 \times 10^{-6} \begin{bmatrix} 1\ 200 & 1\ 200 & 800 \\ 1\ 200 & 2\ 700 & 1\ 800 \\ 1\ 200 & 2\ 700 & 3\ 800 \end{bmatrix} \begin{Bmatrix} x_{21} \\ x_{22} \\ x_{23} \end{Bmatrix} \tag{b}$$

由振型关于质量的正交性原理,有

$$\{X\}_1^{\mathrm{T}}[M]\{X\}_2 = 0$$

即

$$\{0.333\ 8 \quad 0.667\ 3 \quad 1.000\ 0\} \begin{bmatrix} 300 & 0 & 0 \\ 0 & 300 & 0 \\ 0 & 0 & 200 \end{bmatrix} \begin{Bmatrix} x_{21} \\ x_{22} \\ x_{23} \end{Bmatrix} = 0$$

将上式展开后,得

$$100.14x_{21} + 200.19x_{22} + 200x_{23} = 0$$

$$x_{23} = \frac{1}{200}(-100.14x_{21} - 200.19x_{22}) \tag{c}$$

将式(c)代入式(b)并展开,其第一、二式为

$$\begin{Bmatrix} x_{21} \\ x_{22} \end{Bmatrix} = \omega_2^2 \times 10^{-6} \begin{bmatrix} 799.44 & 399.24 \\ 298.74 & 898.29 \end{bmatrix} \begin{Bmatrix} x_{21} \\ x_{22} \end{Bmatrix} \tag{d}$$

假定 $\begin{Bmatrix} x_{21} \\ x_{22} \end{Bmatrix} = \begin{Bmatrix} 1 \\ 1 \end{Bmatrix}$,代入式(d)右端,得第二振型第一次近似值为

$$\begin{Bmatrix} x_{21} \\ x_{22} \end{Bmatrix}^1 = \omega_2^2 \times 10^{-6} \begin{bmatrix} 799.44 & 399.24 \\ 298.74 & 898.29 \end{bmatrix} \begin{Bmatrix} 1 \\ 1 \end{Bmatrix} = \omega_2^2 \times 1\ 197.03 \times 10^{-6} \begin{Bmatrix} 1.001\ 4 \\ 1.000\ 0 \end{Bmatrix}$$

第一次迭代近似值已经与假定值非常接近,可以终止迭代。将 $x_{21} = 1.004\ 1$,$x_{22} = 1.000\ 0$ 代入式(c),得

$$x_{23} = \frac{1}{200}(-100.14x_{21} - 200.19x_{22}) = -1.502\ 4$$

即第二振型为

$$\{X\}_2 = \begin{Bmatrix} x_{21} \\ x_{22} \\ x_{23} \end{Bmatrix} = \begin{Bmatrix} 1.001\ 4 \\ 1.000\ 0 \\ -1.502\ 4 \end{Bmatrix} = \begin{Bmatrix} -0.666\ 5 \\ -0.665\ 6 \\ 1.000\ 0 \end{Bmatrix}$$

同理有:

$$1 = \omega_2^2 \times 1\ 197.03 \times 10^{-6}$$

$$\omega_2 = 28.903\ \text{rad/s}$$

第二周期为

$$T_2 = \frac{2\pi}{\omega_2} = \frac{2\pi}{28.903} = 0.217\ 4\ \text{s}$$

4)求第三振型

由式(5-102),有

$$\begin{Bmatrix} x_{31} \\ x_{32} \\ x_{33} \end{Bmatrix} = \omega_3^2 \times 10^{-6} \begin{bmatrix} 4.0 & 4.0 & 4.0 \\ 4.0 & 9.0 & 9.0 \\ 4.0 & 9.0 & 19.0 \end{bmatrix} \begin{bmatrix} 300 & 0 & 0 \\ 0 & 300 & 0 \\ 0 & 0 & 200 \end{bmatrix} \begin{Bmatrix} x_{31} \\ x_{32} \\ x_{33} \end{Bmatrix} \tag{e}$$

根据第一、二振型与第三振型关于质量的正交性原理,得

$$\begin{Bmatrix} 0.333\,8 \\ 0.667\,3 \\ 1.000\,0 \end{Bmatrix} \begin{bmatrix} 300 & 0 & 0 \\ 0 & 300 & 0 \\ 0 & 0 & 200 \end{bmatrix} \begin{Bmatrix} x_{31} \\ x_{32} \\ x_{33} \end{Bmatrix} = 0 \qquad (f)$$

$$\begin{Bmatrix} -0.666\,5 \\ -0.665\,6 \\ 1.000\,0 \end{Bmatrix} \begin{bmatrix} 300 & 0 & 0 \\ 0 & 300 & 0 \\ 0 & 0 & 200 \end{bmatrix} \begin{Bmatrix} x_{31} \\ x_{32} \\ x_{33} \end{Bmatrix} = 0 \qquad (g)$$

将式(f)、(g)两式展开后,得

$$\begin{cases} 100.14x_{31} + 200.19x_{32} + 200x_{33} = 0 \\ 199.95x_{31} + 199.68x_{32} - 200x_{33} = 0 \end{cases}$$

解得

$$x_{31} = 3.992\,3x_{33}, \quad x_{32} = -2.996\,1x_{33}$$

设 $x_{33} = 1.000\,0$,则 $x_{31} = 3.992\,3$,$x_{32} = -2.996\,1$,将 $\begin{Bmatrix} x_{31} \\ x_{32} \\ x_{33} \end{Bmatrix} = \begin{Bmatrix} 3.992\,3 \\ -2.996\,1 \\ 1.000\,0 \end{Bmatrix}$ 代入式(e)右

端,得第三振型第一次近似值为

$$\begin{Bmatrix} x_{31} \\ x_{32} \\ x_{33} \end{Bmatrix}^1 = \omega_3^2 \times 10^{-6} \begin{bmatrix} 1\,200 & 1\,200 & 800 \\ 1\,200 & 2\,700 & 1\,800 \\ 1\,200 & 2\,700 & 3\,800 \end{bmatrix} \begin{Bmatrix} 3.992\,3 \\ -2.996\,1 \\ 1.000\,0 \end{Bmatrix} = \omega_3^2 \times 501.29 \times 10^{-6} \begin{Bmatrix} 3.980\,6 \\ -2.989\,7 \\ 1.000\,0 \end{Bmatrix}$$

第一次迭代近似值已经与假定值非常接近,可以终止迭代。第三振型为

$$\{X\}_3 = \begin{Bmatrix} x_{31} \\ x_{32} \\ x_{33} \end{Bmatrix} = \begin{Bmatrix} 3.980\,6 \\ -2.989\,7 \\ 1.000\,0 \end{Bmatrix}$$

同理有:

$$1 = \omega_3^2 \times 501.29 \times 10^{-6}$$

$$\omega_3 = 44.66 \text{ rad/s}$$

第三周期为

$$T_3 = \frac{2\pi}{\omega_3} = \frac{2\pi}{44.66} = 0.140\,7 \text{ s}$$

5)最终结果

第一、第二和第三振型如图 5 – 26 所示,对应的第一、第二和第三周期:$T_1 = 0.487\,2$ s;$T_2 = 0.217\,4$ s;$T_3 = 0.140\,7$ s。

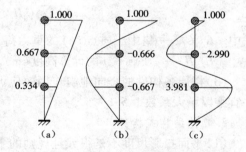

**图 5 – 26　振型**

(a)第一振型　(b)第二振型　(c)第三振型

## 5.7　竖向地震作用的计算

一般来说,水平地震作用是导致房屋破坏的主要原因。但当烈度较高时,震害现象表明,竖向地震地面运动相当可观。研究表明,竖向地震作用对结构物的影响至少在以下几方面应予以考虑。

（1）高耸结构、高层建筑和对竖向运动敏感的结构物。

（2）以竖向地震作用为主要地震作用的结构物或构件。

（3）位于高烈度地区（如大震震中区等）的结构物，特别是有迹象表明竖向地震动分量可能很大的地区的结构物。

竖向地震作用的计算方法一般可以分为以下三种。

（1）静力法，取结构或构件重量的一定百分数作为竖向地震作用，并考虑上、下两个方向。

（2）反应谱方法。

（3）规定结构或构件所受的竖向地震作用为水平地震作用的某一个百分数。

《建筑抗震设计规范》GB 50011—2010 规定：8、9 度时的大跨度结构、长悬臂结构以及 9 度时的高层建筑，应考虑竖向地震作用。

1. 高层建筑

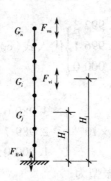

图 5-27　竖向地震作用

高层结构竖向地震作用标准值可采用时程分析方法或振型分解反应谱方法计算，也可按下列规定计算（图 5-27）：

（1）结构的竖向地震作用标准值 $F_{Evk}$，应按下列公式计算：

$$F_{Evk} = \alpha_{v,max} G_{eq} \tag{5-103}$$

$$G_{eq} = 0.75 G_E \tag{5-104}$$

$$\alpha_{v,max} = 0.65 \alpha_{max} \tag{5-105}$$

式中　$\alpha_{v,max}$——竖向地震影响系数的最大值；

$\alpha_{max}$——水平地震影响系数的最大值；

$G_{eq}$——计算竖向地震作用时，结构等效总重力荷载；

$G_E$——结构总重力荷载，取各层重力荷载代表值之和。

（2）作用于第 $i$ 层质点处的竖向地震作用标准值 $F_{vi}$，应按下式计算：

$$F_{vi} = \frac{G_i H_i}{\sum_{j=1}^{n} G_j H_j} F_{Evk} \quad (i = 1, 2, \cdots, n) \tag{5-106}$$

式中　$G_i$、$G_j$——集中于质点 $i$、$j$ 的重力荷载代表值（kN）；

$H_i$、$H_j$——质点 $i$、$j$ 的计算高度（m）。

（3）楼层各构件的竖向地震作用效应可按各构件承受的重力荷载代表值的比例分配，并宜乘以增大系数 1.5。

2. 其他结构或构件

（1）平面投影尺度不是很大且规则的平板型网架屋盖、跨度大于 24 m 的屋架、屋盖横梁及托架，其竖向地震作用标准值，宜取其重力荷载代表值和竖向地震作用系数的乘积；竖向地震作用系数可按表 5-8 采用。

表 5 - 8  竖向地震作用系数

| 结构类型 | 设防烈度 | 场地类别 | | |
|---|---|---|---|---|
| | | I | II | III、IV |
| 平板型网架、钢屋架 | 8 | 可不计算(0.10) | 0.08(0.12) | 0.10(0.15) |
| | 9 | 0.15 | 0.15 | 0.20 |
| 钢筋混凝土屋架 | 8 | 0.10(0.15) | 0.13(0.19) | 0.13(0.19) |
| | 9 | 0.20 | 0.25 | 0.25 |

注:括号中数值用于设计基本地震加速度为 0.30g 的地区。

（2）长悬臂构件、平面投影尺度很大的大跨结构，其竖向地震作用标准值，8 度和 9 度可分别取该结构、构件重力荷载代表值的 10% 和 20%，设计基本地震加速度为 0.30g 时，可取该结构、构件重力荷载代表值的 15%。

（3）大跨度空间结构的竖向地震作用，尚可按竖向振型分解反应谱方法计算。其竖向地震影响系数可采用相应水平地震影响系数的 65%，但特征周期可均按设计第一组采用。

平面投影尺度很大的空间结构，指跨度大于 120 m，或长度大于 300 m，或悬臂大于 40 m 的结构。

## 思 考 题

1. 简述地震的类型及成因。

2. 简述地震波的定义和分类，并说明各自的传播特点。

3. 地震震级和地震烈度是如何定义的？两者有何关联？

4. 地震基本烈度和抗震设防烈度是怎样确定的？两者间关系如何？

5. 地震系数和动力系数的物理意义是什么？

6. 什么是多遇地震烈度和罕遇地震烈度，它们与基本烈度有何关系？

7. 建筑依其重要性分为哪几类？分类的作用是什么？

8. 简述《建筑抗震设计规范》GB 50011—2010"三水准"设防要求、二阶段设计方法的具体内容。

9. 地震反应谱的影响因素有哪些？《建筑抗震设计规范》GB 50011—2010 中的标准反应谱如何反映这些影响因素？

10. 简述确定结构地震作用的底部剪力法和振型分解反应谱法的基本原理和步骤。

11. 简述底部剪力法中顶部附加地震作用的计算条件和计算方法。

12. 如何计算结构自振周期？

13. 哪些结构需要考虑竖向地震作用？如何确定这些结构的竖向地震作用？

## 习 题

1. 某三层钢筋混凝土剪切型结构，如图 5 - 28 所示。场地为 II 类，设防烈度为 7 度（0.15g），设计地震分组为第一组，$T_g = 0.35$ s，$\gamma = 0.9$，$\alpha_{max} = 0.12$。已知该结构的各振型和相应自振周期如下。

第一振型：$\{X\}_1 = \{0.301, 0.648, 1.00\}^T$，$T_1 = 0.433$ s。

第二振型：$\{X\}_2 = \{-0.676, -0.601, 1.00\}^T$，$T_2 = 0.202$ s。

第三振型：$\{X\}_3 = \{2.470, -2.570, 1.00\}^T$，$T_3 = 0.136$ s。

试采用振型分解反应谱法求该结构在地震作用下的底部最大剪力和顶部最大位移。

2. 某钢筋混凝土框架结构高层建筑，屋面结构标高 36.30 m，室内外高差 600 mm。抗震设防烈度为 7 度（0.10g），设计地震分组为第一组，场地类别为 II 类。各层质量和抗侧刚度沿房屋高度分布均较均匀，如图 5 - 29 所示。结构基本自振周期 $T_1 = 1.03$ s，各层竖向荷载的标准值为恒载 14 580 kN、活载 2 430 kN。

试用底部剪力法求各层水平地震作用标准值 $F_i$ 及层剪力标准值 $V$。

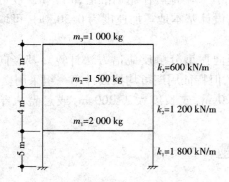

图 5 - 28　习题 1 图

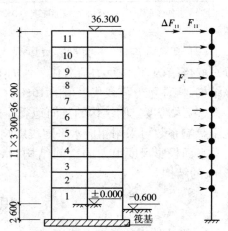

图 5 - 29　钢筋混凝土高层框架结构

# 第6章　偶然荷载及其他作用

【内容提要】

本章首先介绍了两种偶然荷载(爆炸荷载和撞击荷载)对工程结构的影响,并给出了相应的计算公式;然后分析了温度作用、变形作用在结构上引起的变形和内力,扼要说明了预应力的概念及施加方法;最后介绍了塔架结构和缆索上的覆冰荷载的产生机理和计算方法。

偶然荷载包括爆炸、撞击、火灾及其他偶然(意外)出现的灾害引起的荷载。其主要特点是作用持续时间很短,但其量值很大。随着我国社会经济的可持续发展和全球反恐面临的新形势,在工程结构设计中偶然荷载越来越重要。本章中仅介绍爆炸荷载和撞击荷载。

## 6.1　爆炸荷载

爆炸是物质发生急剧的物理、化学变化,在瞬间释放出大量能量并伴有巨大声响的过程。在爆炸过程中,爆炸物质所含能量的快速释放,变为对爆炸物质本身、爆炸产物及周围介质的压缩能或运动能。物质爆炸时,大量能量在极短的时间内在有限体积内突然释放并聚积,造成高温高压,对邻近介质形成急剧的压力突变并引起随后的复杂运动。爆炸介质在压力作用下,表现出不寻常的运动或机械破坏效应以及爆炸介质受振动而产生的音响效应。

爆炸的破坏作用与爆炸物质的数量和性质、爆炸时的条件以及爆炸位置等因素有关。如果爆炸发生在均匀介质的自由空间,在以爆炸点为中心的一定范围内,爆炸力的传播是均匀的,并使这个范围内的物体粉碎、飞散。

爆炸发生时,爆炸力的冲击波最初使气压上升,随后气压下降使空气振动产生局部真空,呈现出所谓的吸收作用。由于爆炸的冲击波呈升降交替的波状气压向四周扩散,从而造成附近建(构)筑物的震荡破坏。

### 6.1.1　爆炸的类型及其特点

爆炸的种类很多,如核爆炸、炸药爆炸、气体爆炸(高压乙炔的分解爆炸、燃气爆炸、矿井下瓦斯爆炸、蒸汽锅炉爆炸)、粉尘爆炸、熔盐池爆炸等。按照爆炸发生的机理和作用的性质,可分为以下几点

(1)物理爆炸。物理爆炸是指物质的物理状态发生急剧变化而引起的爆炸。例如蒸汽锅炉、压缩气体、液化气体过压等引起的爆炸等。物质的化学成分和化学性质在物理爆炸后均不发生变化。

(2)化学爆炸。化学爆炸是指物质发生急剧化学反应,产生高温高压而引起的爆炸。例如炸药爆炸、爆炸性气体、蒸气或粉尘与空气的混合物爆炸。物质的化学成分和化学性质在化学爆炸后均发生了质的变化。

(3)核爆炸。原子弹的核裂变和氢弹的核聚变。

核爆炸发生时,压力波在几毫秒内即可达到峰值,且压力峰值相当高,正压作用后还有

一段负压段,如图 6-1(a)所示。化学爆炸和物理爆炸压力升高相对依次较慢,如图 6-1 (b)、(c)所示,峰值压力亦较核爆炸低较多,但化学爆炸正压作用时间短,约从几毫秒到几十毫秒,负压段更短。物理爆炸是一个缓慢衰减的过程,正压作用时间较长,负压段很小,甚至测不出负压段。

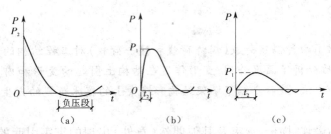

**图 6-1　压力-时间曲线**

(a)核爆炸　(b)化学爆炸　(c)物理爆炸

由于爆炸是在极短的时间内压力达到峰值,使周围气体迅猛地被挤压和推进,从而产生过高的运动速度,形成波的高速推进,这种使气体压缩而产生的压力称为冲击波。它会在瞬间压缩周围空气而产生超压(即爆炸压力超过正常大气压),核爆、化爆和燃爆都产生不同幅度的超压。冲击波的前峰犹如一道运动着的高压气体墙面,被称为波阵面,超压向发生超压空间内的各表面施加挤压力,作用效应相当于静压。冲击波所到之处,除产生超压外,还带动波阵,而后空气质点高速运动引起动压,动压与物体形状和受力面方位有关,类似于风压。燃气爆炸的效应以超压为主,动压很小,可以忽略,所以燃气爆炸波属压力波。

## 6.1.2　爆炸荷载计算

爆炸是一种复杂的荷载,爆炸荷载对工程结构的破坏作用程度与爆炸类型、爆炸源能量大小、爆炸距离及周围环境、建筑物本身的振动特性等有关。爆炸物质数量越大,积聚和释放的能量越多,破坏作用也越剧烈。爆炸发生的环境或位置不同,其破坏作用也不同,在封闭的房间、密闭的管道内发生的爆炸其破坏作用比在结构外部发生的爆爆要严重得多。

当冲击波作用在结构物上时,在冲击波超压和动压共同作用下,结构物受到巨大的挤压作用,加之前后压力差的作用,使得整个结构物受到超大水平推力,导致结构物平移和倾斜。而对于烟囱、桅杆、塔楼及桁架等细长形结构物,由于它们的横向线性尺寸很小,则所受合力就只有动压作用,因此结构物容易遭到抛掷和弯折。

地面爆炸冲击波对地下结构物的作用与对地上结构的作用有很大不同,主要影响因素有:①地面上空气冲击波压力参数,它引起岩土压缩波向下传播并衰减;②压缩波在自由场中传播时的参数变化;③压缩波作用于结构物时产生反射,这个反射压力取决于波与结构物的相互作用。

由炸药、燃气、粉尘等引起的爆炸荷载宜按等效静力荷载采用。

1.常规炸药的爆炸荷载

根据《人民防空地下室设计规范》GB 50038—2005,综合考虑各种因素,采用简化的综合反射系数法的半经验实用计算方法确定常规炸药的爆炸荷载。先求得地面爆炸空气冲击波的超压,然后计算结构物各构件的动载峰值,再换算成作用在结构物上的等效均布静荷载。

1）确定爆炸冲击波的波形参数及等效动荷载

参照国家标准《人民防空地下室设计规范》GB 50038—2005 的规定，常规炸药地面爆炸空气冲击波波形可取按等冲量简化的无升压时间的三角形，如图 6 - 2 所示。

冲击波最大超压 $\Delta P_{cm}$（MPa）及按等冲量简化无升压时间的三角形作用时间 $t_0$（s）可按下式计算：

$$\Delta P_{cm} = 1.316\left(\frac{\sqrt[3]{C}}{R}\right)^3 + 0.369\left(\frac{\sqrt[3]{C}}{R}\right)^{1.5} \quad (6-1)$$

$$t_0 = 4.0 \times 10^{-4} \cdot \Delta P_{cm}^{-0.5} \cdot \sqrt[3]{C} \quad (6-2)$$

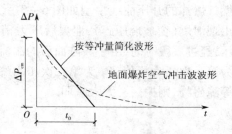

图 6 - 2　地面爆炸空气冲击波简化波形

式中　$R$——爆心至作用点的距离（m），爆心至外墙外侧水平距离应按国家现行有关规定取值；

　　　$C$——等效 TNT 装药量（kg），应按国家现行有关规定取值。

冲击波超压 $\Delta P_{cm}$ 直接作用在地上结构外墙上的水平均布动荷载最大压力 $p_c$ 按下式计算：

$$p_c = \left(2\Delta P_{cm} + \frac{6\Delta P_{cm}^2}{\Delta P_{cm} + 0.7}\right) \cdot C_e \quad (6-3)$$

式中　$C_e$——荷载均布化系数，可按表 6 - 1 采用。

表 6 - 1　外墙荷载均布化系数 $C_e$

| 外墙计算高度/m | 3 | 4 | 5 | 6 | 7 | 8 |
|---|---|---|---|---|---|---|
| 荷载均布化系数 $C_e$ | 0.969 | 0.958 | 0.945 | 0.930 | 0.914 | 0.897 |

2）按单自由度体系强迫振动的方法分析求得构件的内力

研究表明，在动荷载作用下，结构构件振型与相应静荷载作用下挠曲线很相近，且动荷载作用下结构构件的破坏规律与相应静荷载作用下的破坏规律基本一致，所以在动力分析时，可将结构构件简化为单自由度体系。运用结构动力学中对单自由度集中质量等效体系分析的结果，可获得相应的动力系数。

3）根据构件最大内力（弯矩、剪力或轴力）等效的原则确定等效均布静力荷载

在常规炸药爆炸动荷载作用下，结构构件的等效均布静力荷载标准值 $q_{ce}$，可按下式计算：

$$q_{ce} = K_{dc} \cdot p_c \quad (6-4)$$

式中　$p_c$——作用在结构构件上的均布动荷载最大压力（kN/m²），对地上结构的外墙，可按式（6-3）确定，对地上结构的其他构件和覆土下的地下结构构件，应按《人民防空地下室设计规范》GB 50038—2005 第 4.3.2 条、第 4.3.3 条的规定确定；

　　　$K_{dc}$——动力系数，根据构件在均布动荷载作用下的动力分析结果，按最大内力等效的原则确定。

2. 燃气的爆炸荷载

当燃气爆炸发生在密闭结构（如管道）中时，在直接遭受冲击波的围护结构上受到骤然

增大的反射超压,并产生高压区。

如果燃气爆炸发生在生产车间、居民厨房等室内环境下,一旦发生爆炸,常常是窗玻璃被压碎,屋盖被气浪掀起,导致室内压力下降,反而起到了泄压保护的作用。室内理想化的燃气爆炸的升压曲线模型如图 6-3 所示。图中 A 点是泄爆点,压力从 O 开始上升到 A 点出现泄爆(窗玻璃压碎),泄爆后压力稍有上升随即下降,下降过程中有时出现短暂的负超压,经过一段时间,由于波阵面后的湍流及波的反射出现高频振荡。图中 $P_v$ 为泄爆压力,$P_1$ 为第一次压力峰值,$P_2$ 为第二次压力峰值,$P_w$ 为高频振荡峰值。若室内有家具或其他器物等障碍物,则振荡会大大减弱。

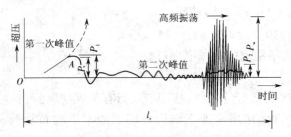

**图 6-3　室内理想化的燃气爆炸升压曲线模型**

对易爆建筑物在设计时需要估算压力峰值,作为确定窗户面积、屋盖轻重等的依据,使得易爆场所一旦发生燃爆能及时泄爆减压。最大爆炸压力计算公式为

$$\Delta P = 3 + 0.5 P_v + 0.04 \varphi^2 \tag{6-5}$$

式中　$\Delta P$——最大的爆炸压力(kPa);

　　　$\varphi$——泄压系数,取泄压面积与房间体积之比;

　　　$P_v$——泄压时的压力(kPa)。

据此,《建筑结构荷载规范》GB 50009—2012 规定,对于具有通口板的房屋结构,当通口板面积 $A_v$ 与爆炸空间体积 $V$ 之比为 0.05~0.15 且体积 $V < 1\ 000\ \text{m}^3$ 时,燃气爆炸的等效均布静力荷载 $p_k$ 可按下列公式计算并取其较大值,然后以此确定关键构件的偶然荷载。

$$p_k = 3 + p_v \tag{6-6a}$$

$$p_k = 3 + 0.5 p_v + 0.04 \left(\frac{A_v}{V}\right)^2 \tag{6-6b}$$

式中　$p_v$——通口板(一般指窗口的平板玻璃)的额定破坏压力(kPa);

　　　$A_v$——通口板面积($\text{m}^2$);

　　　$V$——爆炸空间的体积($\text{m}^3$)。

# 6.2　撞击作用

本节仅介绍建筑结构和桥梁结构中的撞击作用,水利、港口、船舶工程结构物的撞击荷载详见相关规范。

1. 电梯竖向撞击荷载

电梯的竖向撞击荷载是指偶然情况下,作用于电梯底坑的撞击力。作用方式有四种情况:①轿厢的安全钳通过导轨传至底坑;②对重的安全钳通过导轨传至底坑;③轿厢通过缓冲器传至底坑;④对重通过缓冲器传至底坑。但这四种情况不可能同时发生,故撞击力取值为这四种情况下的最大值。

电梯竖向撞击荷载标准值 $P_{vk}(kN)$ 可取

$$P_{vk} = \beta G \tag{6-7}$$

式中　$G$——电梯总重力荷载(kN)，取电梯核定载重和轿厢自重之和，忽略电梯装饰荷载的
　　　　　　影响；

　　　　$\beta$——与电梯运行速度有关的撞击系数，可取 $\beta = 4 \sim 6$，额定速度较大时，应取高值，
　　　　　　额定速度不小于 2.5 m/s 的高速电梯，宜取上限值。

2．建筑结构的车辆撞击力

可能受到车辆撞击的建筑结构主要包括地下车库及通道、路边建筑物等。汽车的撞击
荷载可按下列规定采用。

(1)顺行方向的汽车撞击力标准值 $P_k(kN)$ 可按下式计算：

$$P_k = \frac{mv}{t} \tag{6-8}$$

式中　$m$——汽车质量(t)，包括汽车自重和载重，宜按照实际情况采用，当无数据时，可取
　　　　　　$m = 15$ t；

　　　　$v$——车速(m/s)，宜按照实际情况采用，当无数据时，可取 $v = 22.2$ m/s(80 km/h)；

　　　　$t$——撞击时间(s)，宜按照实际情况采用，当无数据时，可取 $t = 1.0$ s。

(2)垂直行车方向的撞击力标准值可取顺行方向撞击力标准值的 0.5 倍。

(3)撞击力作用点的位置，可取路面以上 0.5 m 处(小型车)或 1.5 m 处(大型车)。

(4)顺行方向和垂直行车方向的汽车撞击力不同时考虑。

(5)可根据建筑物所处环境、车辆质量、车速等实际情况对上述计算值进行调整。

3．桥梁结构的车辆撞击力

《公路桥涵设计通用规范》JTG D60—2004 规定，桥梁结构的汽车撞击力标准值在车辆
行驶方向取 1 000 kN，在车辆行驶垂直方向取 500 kN，不考虑两个方向撞击力的同时作用。
撞击力作用于行车道以上 1.2 m 处，并直接分布于撞击涉及的构件上。

对于设有防撞设施的结构构件，可根据防撞设施的防撞能力，对结构构件的汽车撞击力
标准值予以折减，但折减后的汽车撞击力标准值不应低于上述规定值的 1/6。

4．桥梁防撞护栏的车辆撞击力

桥梁防撞护栏受到的撞击力，与车重、车速、碰撞角度等因素有关。按道路等级、设计车
速和车辆驶出桥外有可能造成的交通事故等级，《公路交通安全设施设计规范》JTG D81—
2006 将防撞护栏的防撞等级由低到高分为 B、A(Am)、SB(SBm)、SA(SAm)、SS 五级，见表
6-2。其中，m 指代中央分隔带。

表 6-2　护栏防撞等级

| 道路等级 | | 设计车速/(km/h) | 车辆驶出桥外有可能造成的交通事故等级 | |
|---|---|---|---|---|
| | | | 重大事故或特大事故 | 二次重大事故或二次特大事故 |
| 城市桥梁 | 快速路 | 100、80、60 | SB、SBm | SS |
| | 主干路 | 60 | | SA、SAm |
| | | 50、40 | A、Am | SB、SBm |
| | 次干路 | 50、40、30 | A | SB |
| | 支路 | 50、40、30 | B | A |

续表

| 道路等级 | | 设计车速/(km/h) | 车辆驶出桥外有可能造成的交通事故等级 | |
| --- | --- | --- | --- | --- |
| | | | 重大事故或特大事故 | 二次重大事故或二次特大事故 |
| 公路桥梁 | 高速公路 | 120 | SB、SBm | SS |
| | | 100、80 | | SA、SAm |
| | 一级公路 | 60 | A、Am | SB、SBm |
| | 二级公路 | 80、60 | A | SB |
| | 三级公路 | 40、30 | B | A |
| | 四级公路 | 20 | | |

护栏的碰撞荷载根据防撞等级和护栏的容许变形量按表 6-3 确定。碰撞荷载的作用点位置,对防撞栏杆,取防撞栏杆板的中心;对钢筋混凝土墙式护栏,取距护栏顶面 50 mm 处,并应按表 6-4 考虑碰撞荷载的分布宽度。

表 6-3　桥梁护栏碰撞荷载　　　　　　　　　　　　　　　（kN）

| 防撞等级 | | B | A、Am | SB、SBm | SA、SAm | SS |
| --- | --- | --- | --- | --- | --- | --- |
| 桥梁护栏的容许变形量 $Z$/m | $Z=0$ | 95 | 210 | 365 | 430 | 520 |
| | $Z=0.3\sim0.6$ | 75~60 | 170~140 | 295~250 | 360~310 | 435~375 |

表 6-4　墙式护栏碰撞荷载的分布宽度

| 防撞等级 | B | A、Am | SB、SBm | SA、SAm | SS |
| --- | --- | --- | --- | --- | --- |
| 碰撞荷载分布宽度/m | — | 4 | 4 | 5 | 5 |

**5. 直升机非正常着陆的撞击荷载**

直升机非正常着陆的撞击荷载可按下列规定采用。

(1)竖向等效静力撞击力标准值 $P_k$(kN)可按下式计算:

$$P_k = C \cdot \sqrt{m} \tag{6-9}$$

式中　$C$——系数(kN·kg$^{-0.5}$),取 3.0;

　　　$m$——直升机的质量(kg),可参考表 2-3 确定。

(2)竖向撞击力的作用范围宜包括停机坪内任何区域以及停机坪边缘线 7 m 之内的屋顶结构。

(3)竖向撞击力的作用区域宜取 2 m×2 m。

# 6.3　温度作用

在工程结构中,温度作用(thermal action)是指结构或结构构件中由于温度变化所引起的作用。产生温度变化的因素包括气温变化、太阳辐射及使用热源等因素。

在工程结构领域,使用热源的结构一般是指有散热设备的厂房、烟囱、储存热物的筒仓、冷库等,其温度作用按专门规范的相关规定确定。本节主要介绍由气温变化、太阳辐射引起的温度作用。

工程结构的温度作用效应,从约束条件看大致可分为以下两类。

(1)结构物的变形受到其他物体的阻碍或支承条件的制约,不能自由变形。例如,现浇钢筋混凝土框架结构的基础梁嵌固在两柱基之间,基础梁的伸缩变形受到柱基础的约束,没有任何变形余地(图 6-4);单层厂房排架结构的纵向柱列,当上部纵向连系梁因温度变化伸长时,横梁的变形使柱产生侧移,在柱中引起内力;柱子对横梁施加约束,在横梁中产生压力(图 6-5)。

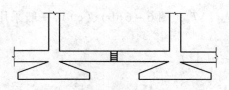

**图 6-4　基础梁嵌固于柱基之间**

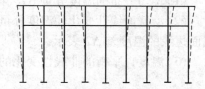

**图 6-5　排架结构受到支承条件的约束**

(2)构件内部各单元体之间相互制约,不能自由变形。例如,大体积混凝土梁硬化时,水化热使得中心温度较高,两侧温度偏低,内外温差不均衡在截面引起应力,温差较大时,混凝土产生裂缝。

## 6.3.1　温度的基本参数

1. 气温(shade air temperature)

大气的温度简称气温,是指在野外空气流通、规定高度(1.25~2.00 m,国内为 1.5 m)、在标准百叶箱内(不受太阳直射)测量所得按小时定时记录的空气温度。气温的单位一般用摄氏度(℃)表示,零上为正,零下为负。

气温是地面气象观测中所要测定的常规要素之一,分为定时气温(基本站每日观测 4次,基准站每日观测 24 次)、日最高气温和日最低气温。

气温变化分日变化和年变化。日变化,最高气温是正午 12 点左右,最低气温是日出前后。年变化,北半球陆地上 7 月份最热,海洋上 8 月份最热;南半球与北半球相反。

气温分布规律一般是从低纬度向高纬度递减,因此等温线与纬线大体上平行。同纬度海洋陆地的气温是不同的。夏季等温线陆地上向高纬方向凸出,海洋向低纬方向凸出。

2. 基本气温(reference air temperature)

基本气温是气温的基准值,是确定温度作用时的主要气象参数。根据国内的设计现状并参考国外规范,《建筑结构荷载规范》GB 50009—2012 将基本气温定义为 50 年一遇的月平均最高和月平均最低气温。它是根据全国各基本气象台站最近 30 年历年最高温度月的月平均最高和最低温度月的月平均最低气温为样本,经统计后确定的。

3. 均匀温度(uniform temperature)

均匀温度是指在结构构件的整个截面中为常数且主导结构构件膨胀或收缩的温度。均匀温度作用对结构影响最大,也是设计时最常考虑的。

4. 初始温度 $T_0$(initial temperature)

初始温度是指结构在施工某个特定阶段形成整体约束的结构系统时的温度,也称合拢温度。

混凝土结构的合拢温度一般可取后浇带封闭时的月平均气温。钢结构的合拢温度一般可取合拢时的日平均温度,但当合拢时有日照时,应考虑日照的影响。

结构设计时,往往不能准确确定施工工期,因此结构合拢温度通常是一个区间值。这个区间值应包括施工可能出现的合拢温度,即应考虑施工的可行性。

### 6.3.2　结构的温度作用

在结构构件的任意截面上,其温度分布一般认为可由以下三个分量叠加组成:

(1)均匀分布的温度分量 $\Delta T_u$(图6-6(a));

(2)沿截面线性变化的温度分量(梯度温差)$\Delta T_{My}$、$\Delta T_{Mz}$(图6-6(b)、(c)),一般采用截面边缘的温度差 $\Delta T$ 表示;

(3)温度自平衡的非线性变化的分量 $\Delta T_E$(图6-6(d))。

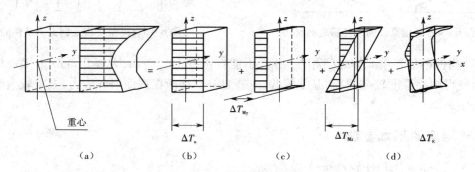

**图6-6　结构构件任意截面上的温度分布**

结构和构件的温度作用即指上述分量的变化,单位为摄氏度(℃),温升为正,温降为负。在某些情况下尚需考虑不同结构部件之间的温度变化。对大体积结构,尚需考虑整个温度场的变化。

以结构的初始温度(合拢温度)为基准,结构的温度作用效应要考虑温升和温降两种工况。这两种工况产生的效应和可能出现的控制应力或位移是不同的,温升工况会使构件产生膨胀,而温降则会使构件产生收缩,一般情况都应校核。

1.结构或结构构件的基本气温

对于热传导速率较慢且体积较大的混凝土及砌体结构,结构温度接近当地月平均气温,可直接取用月平均最高气温和月平均最低气温作为基本气温。

对于热传导速率较快的金属结构或体积较小的混凝土结构,它们对气温的变化比较敏感,需考虑昼夜气温变化的影响,必要时应对基本气温进行修正。气温修正的幅度大小与地理位置相关,可根据工程经验及当地极值气温与月平均最高和最低气温的差值酌情确定。

2.温度作用标准值 $\Delta T_k$

均匀温度作用的标准值应按下列规定确定。

(1)对结构最大温升的工况,均匀温度作用标准值 $\Delta T_k$ 按下式计算:

$$\Delta T_k = T_{s,\max} - T_{0,\min} \tag{6-10a}$$

式中　$T_{s,\max}$——结构最高平均温度(℃);

　　　$T_{0,\min}$——结构最低初始平均温度(℃)。

（2）对结构最大温降的工况，均匀温度作用标准值 $\Delta T_k$ 按下式计算：

$$\Delta T_k = T_{s,\min} - T_{0,\max} \tag{6-10b}$$

式中　$T_{s,\min}$——结构最低平均温度（℃）；

　　　$T_{0,\max}$——结构最高初始平均温度（℃）。

对暴露于环境气温下的室外结构（如露天栈桥、塔架等），结构最高平均温度 $T_{s,\max}$ 和最低平均温度 $T_{s,\min}$ 一般可分别取基本气温 $T_{\max}$ 和 $T_{\min}$。

房屋建筑结构属于有围护的室内结构，其构件表面通常覆盖有砂浆层、装饰面层，外墙还有保温、隔热层，屋面往往还铺设有防水层。其结构最高平均温度和最低平均温度可依据室内和室外的环境温度按热工学的原理确定。

在以日为周期的情况下，忽略随时间变化的非稳态温度场的影响，则建筑结构的导热计算就可以只考虑稳态温度场的影响。对应每一次对流换热或热传导的温差 $\Delta t_i$ 为

$$\Delta t_i = (t_{out} - t_{in}) \frac{R_i}{R_{out} + R_1 + \cdots + R_i + \cdots + R_n + R_{in}} \tag{6-11}$$

式中　$t_{out}$、$t_{in}$——室外、室内的环境温度；

　　　$R_{out}$——构件外表面对流换热热阻（$m^2 \cdot K/W$），夏季 $R_{out} = 0.05$，冬季 $R_{out} = 0.04$；

　　　$R_{in}$——构件内表面对流换热热阻（$m^2 \cdot K/W$），可取 $R_{in} = 0.11$；

　　　$R_i$——第 $i$ 层材料的导热热阻，有

$$R_i = d_i / l_i$$

式中　$d_i$——第 $i$ 层材料的厚度（m）；

　　　$l_i$——第 $i$ 层材料的导热系数 $[W/(m \cdot K)]$。

由 $\Delta t_i$ 即可得到构件内、外表面各层材料的界面温度。

当仅考虑单层结构材料且室内外环境温度接近时，结构平均温度可近似地取室内外环境温度的平均值。

对室内外温差较大且没有保温隔热面层的结构或太阳辐射较强的金属结构等，应考虑结构或构件的梯度温度作用，可近似假定为线性分布；对体积较大或约束较强的结构，必要时应考虑非线性温度作用。

3. 室内环境温度 $t_{in}$

室内环境温度应根据建筑设计资料的规定采用，当没有规定时，夏季可近似取 20 ℃，冬季可近似取 25 ℃。

4. 室外环境温度 $t_{out}$

室外环境温度一般可取基本气温。对温度敏感的金属结构，尚应根据结构表面的颜色深浅及朝向考虑太阳辐射的影响对结构表面温度予以增大，增加值可参考表 6-5 确定。

对地下室与地下结构的室外温度，一般应考虑离地表面深度的影响。当离地表面深度超过 10 m 时，土体基本为恒温，等于年平均气温。

表 6-5　考虑太阳辐射的围护结构表面温度的增加值　　（℃）

| 朝向 | | 平屋面 | 东向、南向、西向的垂直墙面 | 北向、东北向、西北向的垂直墙面 |
|---|---|---|---|---|
| 表面颜色 | 浅亮 | 6 | 3 | 2 |
| | 浅色 | 11 | 5 | 4 |
| | 深暗 | 15 | 7 | 6 |

### 6.3.3　结构的温度作用效应

当结构物所处环境的温度发生变化,且结构或构件的热变形受到边界条件约束或相邻部分的制约,不能自由胀缩时,就会在结构或构件内形成一定的应力,称之为温度应力或温度作用效应,即因温度变化引起的结构变形和附加力。温度作用效应不仅取决于结构物环境的温度变化,它还与结构或构件受到的约束条件有关。

当结构或构件在温度作用和其他可能组合的荷载共同作用下产生的效应(应力或变形)可能超过承载能力极限状态或正常使用极限状态时,例如结构某一方向平面尺寸超过伸缩缝最大间距或温度区段长度、结构约束较大、房屋高度较高、室内外温差较大等,结构设计中应适当考虑温度作用。当采取有效构造措施减少结构温度作用产生的效应时,如设置结构的活动支座或节点、采用隔热保温等,可以不考虑温度作用。

考虑温度作用效应的条件和措施,需根据工程结构的具体情况,根据相关的结构设计规范确定。

需通过计算考虑工程结构的温度作用效应时,应根据不同结构类型、材料和约束条件进行计算。

1. 静定结构

静定结构在温度变化时能够自由变形,结构内无约束应力产生,故不产生内力。但由于任何材料都具有热胀冷缩的性质,因此应考虑静定结构在满足其约束的条件下产生的自由变形是否超过允许范围。此变形可由变形体系的虚功原理并按下式计算:

$$\Delta_{pt} = \sum \, (\pm)\alpha t_0 \omega_{N_p} + \sum \, (\pm)\alpha \Delta t \omega_{M_p}/h \tag{6-12}$$

式中　$\Delta_{pt}$——结构中任一点 $P$ 沿任意方向 $p-p$ 的变形;

　　　$\alpha$——材料的线膨胀系数($1/℃$),即温度每升高或降低 $1\ ℃$,单位长度构件的伸长或缩短量,主要结构材料的线膨胀系数见表 $6-6$;

　　　$t_0$——杆件形心轴线处的温度升高值;

　　　$\Delta t$——杆件上、下侧温差的绝对值;

　　　$h$——杆件截面高度;

　　　$\omega_{N_p}$——杆件的 $\overline{N}_p$ 图的面积,$\overline{N}_p$ 图为虚拟状态下轴力大小沿杆件的分布图;

　　　$\omega_{M_p}$——杆件的 $\overline{M}_p$ 图的面积,$\overline{M}_p$ 图为虚拟状态下弯矩大小沿杆件的分布图。

设温度沿杆件截面高度 $h$ 按直线变化,则在发生变形后,截面仍保持为平面。杆件形心轴线处的温度升高值 $t_0$ 可按下式计算:

$$t_0 = \frac{t_1 h_1 + t_2 h_2}{h} \tag{6-13}$$

式中　$t_1$、$t_2$——杆件上侧和下侧的温度升高值;

　　　$h_1$、$h_2$——杆件形心轴至上、下边缘的距离。

当杆件截面对称于形心轴时,$h_1 = h_2 = h/2$,则 $t_0 = (t_1 + t_2)/2$。

表 6 – 6　常用材料线膨胀系数 $\alpha$　　　　　　　(1/℃)

| 结构种类 | 轻骨料混凝土 | 普通混凝土 | 钢、锻(铸)铁 | 不锈钢 | 铝、铝合金 | 砌体 |
|---|---|---|---|---|---|---|
| $\alpha$ | $0.7 \times 10^{-5}$ | $1.0 \times 10^{-5}$ | $1.2 \times 10^{-5}$ | $1.6 \times 10^{-5}$ | $2.4 \times 10^{-5}$ | $(0.6 \sim 1.0) \times 10^{-5}$ |

式(6 – 12)中的正负号( ± )可通过比较虚拟状态的变形与实际状态由于温度变化引起的变形来确定,若两者变形方向相同,取正号( + );反之,则取负号( – )。相应地,式中 $t_0$ 及 $\Delta t$ 均只取绝对值。

2. 超静定结构

超静定结构中存在着多余约束或结构内部单元体之间存在相互制约,温度改变引起的变形将受到限制,从而导致结构中产生内力。其温度作用效应的计算,可根据变形协调条件,按弹性理论方法确定。举例如下。

1)受均匀温差 $\Delta T$ 作用的两端嵌固于支座的梁(图 6 – 7)

先将该梁右端解除约束,成为一静定悬臂梁,则悬臂梁在温差 $\Delta T$ 的作用下产生的自由伸长量 $\Delta L$ 及相对变形值 $\varepsilon$ 可由下式求得:

$$\Delta L = \alpha \Delta T L \qquad (6 – 14)$$

$$\varepsilon = \frac{\Delta L}{L} = \alpha \Delta T \qquad (6 – 15)$$

式中　$\Delta T$ ——温差(℃);

　　　$L$ ——梁跨度(m)。

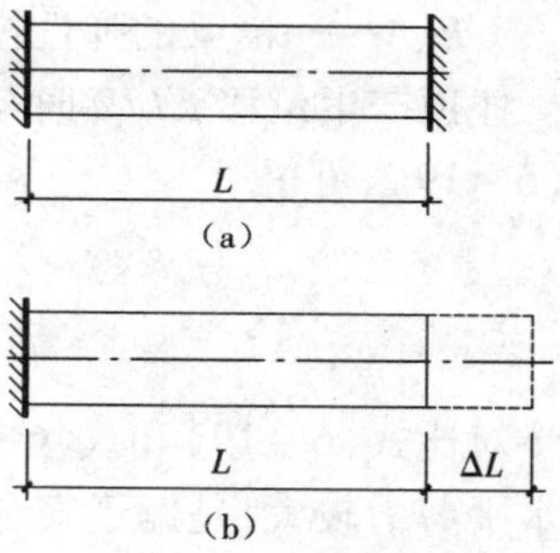

但实际右端受到嵌固不能自由伸长,相当于在悬臂梁右端施加压力 $N$,将自由伸长时产生的相对变形 $\varepsilon$ 抵消,即

图 6 – 7　温度作用下两端嵌固的梁

$$\varepsilon = \frac{\sigma}{E} = \frac{N}{EA} \qquad (6 – 16)$$

于是得,杆件约束应力 $\sigma$ 和约束轴力 $N$ 分别为

$$\sigma = -\varepsilon E = -\alpha \Delta T E \qquad (6 – 17a)$$

$$N = -\varepsilon EA = -\alpha \Delta T EA \qquad (6 – 17b)$$

式中　$E$ ——材料弹性模量;

　　　$A$ ——构件截面面积;

由式(6 – 17a)可知,杆件约束应力只与温差、线膨胀系数和弹性模量有关,其数值等于温差引起的应变与弹性模量的乘积。

2)受到均匀温差 $\Delta T$ 作用的排架(图 6 – 8)

在图 6 – 4 所示的单跨排架中,若假定横梁(屋架)的轴向刚度无限大($EA \to \infty$),则横梁受均匀温差 $\Delta T$ 作用产生的伸长量 $\Delta L = \alpha \Delta T L$ 即为柱顶产生的水平位移。假设 $K$ 为柱顶产生单位位移时所施加的力(柱的抗侧刚度),由结构力学可知

$$K = \frac{3EI}{H^3} \qquad (6 – 18)$$

式中　$I$ ——柱截面惯性矩;

　　　$H$ ——柱高。

由于横梁伸长而使柱顶所受到的水平剪力为

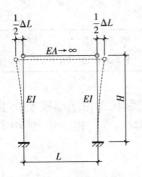

**图6-8 排架受温度应力示意**

$$V = \frac{1}{2}\Delta LK = \frac{1}{2}\alpha\Delta TLK \qquad (6-19)$$

式中　$L$——横梁长(结构物长)。

由此可见,温度变化在柱中引起的约束内力与结构长度成正比,也与结构的刚度大小有关,这也是超静定结构区别于静定结构的特征。

当结构单元长度很长时,必然在结构中产生较大温度应力。为了降低温度应力,只能缩短结构单元的长度,这就是过长的结构每隔一定距离必须设置伸缩缝的原因。

若考虑横梁的弹性变形,则横梁受温度影响伸长量为

$$\Delta L = \left(\alpha\Delta T - \frac{V}{EA}\right)L \qquad (6-20)$$

式中　$V$——柱对横梁变形的约束反力,也即柱顶的水平剪力;

　　　$E$、$A$——横梁的弹性模量和截面面积。

柱顶产生位移 $\Delta L/2$ 时与所施加的力 $V$ 之间的关系仍为式(6-19),将式(6-20)代入式(6-19),可得

$$V = \frac{\alpha\Delta TL}{\dfrac{2}{K} + \dfrac{L}{EA}} = \frac{1}{2}\alpha\Delta TLK\,\frac{1}{1 + \dfrac{K}{2EA}} \qquad (6-21)$$

对比式(6-19)和式(6-21)可知,假定横梁的轴向刚度无限大($EA\to\infty$),所求得的柱顶水平剪力较大,是偏于安全的。

# 6.4　变形作用

所谓变形作用,实质上是结构由于种种原因引起的变形受到多余约束的阻碍,而导致结构产生内力。其主要原因有:①由于外界因素造成结构基础的移动或不均匀沉降;②混凝土结构由于自身原因(收缩或徐变)使构件发生伸缩变形。以上两者均导致结构或构件产生应力和应变,这两种变形作用属于间接作用。

## 6.4.1　基础的移动或不均匀沉降

静定结构体系无多余约束,故当发生符合其约束条件的位移时,不会产生内力。对超静定结构体系,当其多余约束限制了结构自由变形(基础的移动或不均匀沉降)时,或当混凝土构件在空气中结硬产生收缩以及在不变荷载的长期作用下发生徐变时,由于构件与构件之间、钢筋与混凝土之间相互影响、相互制约,不能自由变形,都会引起结构内力。

超静定结构由于变形作用引起的内力和位移计算应遵循力学基本原理,可根据长期压实后的地基最终沉降量、收缩量、徐变量,由静力平衡条件和变形协调条件计算构件截面附加内力和附加变形。

## 6.4.2　收缩和徐变

混凝土结构的收缩(contraction)和徐变(creep)均是随时间而增长的变形,称为时随变形(time-depended deformation)。

1. 收缩

混凝土在空气中结硬时体积减小的现象称为收缩。混凝土的收缩是一种随时间而增长的变形，结硬初期收缩变形发展较快，两周可完成全部收缩的 1/4，一个月约可完成 1/2，三个月后增长缓慢，一般两年后趋于稳定，最终收缩应变为 $(2 \sim 5) \times 10^{-4}$。

混凝土产生收缩的原因主要来自于以下两方面。

1）水泥凝胶体本身体积减小（干缩）

混凝土组成、配比是影响混凝土收缩的重要原因。水泥用量愈多，水灰比愈大，收缩就愈大。骨料级配愈好，弹性模量愈高，收缩就愈小。

2）混凝土失水（湿缩）

干燥失水是引起收缩的重要原因，所以构件的养护条件、使用环境的温度和湿度以及凡是影响混凝土中水分保持的因素，都对混凝土的收缩有影响。高温蒸养可加快水化作用，减少混凝土中的自由水分，因而可使收缩减少。使用环境的温度越高，相对湿度越低，收缩就越大。如混凝土处于饱和湿度情况下，不仅不会收缩，反而会产生体积膨胀。

由于钢筋和混凝土间存在粘结力，混凝土的收缩受到钢筋的约束。粘结力将迫使钢筋随混凝土的收缩而缩短，产生压应力，其作用相当于将自由收缩的混凝土拉长。而这时并无外荷作用，因此钢筋内力与混凝土的截面应力处于平衡状态。混凝土的收缩应变愈大，收缩引起的钢筋压应力和混凝土的拉应力就愈大。如果结构截面配筋过多，有可能会导致收缩裂缝。在预应力混凝土结构中，收缩会导致预应力失效。

2. 徐变

混凝土在荷载的长期作用下，随时间而增长的变形称为徐变。混凝土受力后水泥凝胶体的黏性流动要持续一个很长的时间，这是产生徐变的主要原因。

影响混凝土徐变的因素有以下几种。

1）内在因素

混凝土的组成、配比是影响徐变的内在因素。骨料的刚度（弹性模量）愈大，骨料的体积比愈大，徐变就愈小。水灰比愈小，水泥用量愈少，徐变愈小。

2）环境影响

养护及使用条件下的温度、湿度是影响徐变的环境因素。受荷前养护的温度、湿度越高，水泥水化作用愈充分，徐变就愈小；采用蒸汽养护可使徐变减少 20% ~ 35%。试件受荷后所处环境的温度愈高，徐变就愈大；环境的相对湿度愈低，徐变愈大。

3）构件的体积与表面积

该因素与水分的逸发有关。

4）应力条件

施加初应力的水平（初应力 $\sigma$ 与 $f_c$ 的比值）和加荷时混凝土的龄期，是影响徐变的一项非常重要的因素。

当 $\sigma \leqslant 0.5 f_c$ 时，徐变与初应力成正比。

定义徐变变形 $\varepsilon_{cr}$ 与弹性变形 $\varepsilon_{el}$ 的比值为徐变系数 $\varphi$，即 $\varphi = \varepsilon_{cr} / \varepsilon_{el}$，而弹性变形 $\varepsilon_{el} = \sigma / E_c$，则当 $\sigma \leqslant 0.5 f_c$ 时，$\varphi = \varepsilon_{cr} / \varepsilon_{el} = E_c \varepsilon_{cr} / \sigma$ 为常数。

徐变系数 $\varphi$ 等于常数的情况称为线性徐变。线性徐变在两年以后趋于稳定，通常最终徐变系数为 2 ~ 4。

当初应力 $\sigma = (0.5 \sim 0.8) f_c$ 时，徐变与初应力不成比例，徐变系数随初应力增大而增大,这种情况称为非线性徐变。

当初应力 $\sigma \geqslant 0.8 f_c$ 时,徐变的发展是非收敛的,最终将导致混凝土的破坏,实际上 $\sigma = 0.8 f_c$ 即为混凝土的长期抗压强度。

受荷时混凝土的龄期愈长,混凝土中水泥石结晶体所占的比例愈大,胶体的黏性流动相对愈小,徐变也愈小。因此混凝土过早的受荷(即过早的拆除底模)对混凝土是不利的。

钢筋混凝土轴心受压构件在保持不变的荷载长期作用下,由于混凝土的徐变,将产生随时间而增长的塑性变形。而钢筋在常温下并没有徐变,由于钢筋与混凝土共同变形,混凝土的徐变迫使钢筋的变形随之增大,钢筋应力也相应增大。但此时外荷并不增大,由平衡条件可知,混凝土的压应力将减小,这样就发生了钢筋与混凝土之间内力分配的变化,这种变化称为徐变引起的应力重分布。

由于实际工程中大量的结构都属超静定结构,当这类结构由变形作用引起的内力足够大时,可能引起诸如房屋开裂、影响结构正常使用甚至构件破坏等问题,因此在结构的设计计算中必须加以考虑。

## 6.5　覆冰荷载

覆冰荷载也称裹冰荷载(wrapped ice load),是包围在塔架杆件、缆索、拉绳、电线表面上的结冰重量。在冬季或早春季节,处于特定气候条件下,在一些地区由冻雨、冻毛雨、气温低于 0 ℃的雾、云或融雪冻结形成。其值可根据覆冰厚度和覆冰自重确定。

在设计小截面构件组成的塔桅及绳索结构时,覆冰是一个严重问题。由于覆冰增大了杆件、缆索的截面,或封闭了某些格构间的较小空隙,不但使结构或构件的重量增大,而且由于结构挡风面积增大,显著地加大了风荷载,使结构受力更为不利。气温升高时,不均匀脱冰也将使结构受力不利。在覆冰严重地区,常导致结构倒塌或导线、绳索拉断等事故。2008年初,我国南方贵州、湖南等地经历了长达一个月的大范围冻雨,通信线路、输电线路的覆冰厚度达 100 mm、局部区域达到 200 mm,造成交通瘫痪、电力及通信中断,直接经济损失超过60 亿元人民币。为此,对覆冰荷载必须引起足够重视。

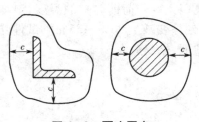

**图 6-9　覆冰厚度**

结构或构件外边缘至冰壳外边缘的距离(即冰壳厚度),称为覆冰层的厚度 $c$(图 6-9)。覆冰层的厚度取决于结构物在地面以上的高度和所在地区的气候情况。一般离地面愈高,空气的湿度亦愈大,因而覆冰层的厚度亦增加。

我国覆冰厚度分布地区见表 6-7。覆冰还会受地形和局部气候的影响,因此轻覆冰区内可能出现个别地点的重覆冰或无覆冰的情况;同样,重覆冰区内也可能出现个别地点的轻覆冰或超覆冰的情况。

**表6-7  覆冰厚度分布地区**

| 名称 | 覆冰厚度/mm | 主要分布地区 |
|---|---|---|
| 无冰区 | 0 | 四川盆地、闽南地区、台湾和珠江流域及以南的大部分地区 |
| 轻冰区 | 0.1~5.0 | 内蒙古、新疆、甘肃、东北三省以及华北和华南的大部分地区 |
| 中冰区 | 5.1~10.0 | 甘肃新疆交界、内蒙古东北部、小兴安岭地区、鲁中和豫鄂交界地区 |
| 重冰区 | 10.1~15.0 | 天山山地、大兴安岭地区、秦岭南侧、豫皖鄂交界和浙中浙南地区 |
| 超重冰区 | 15.1~20.0 | 秦岭、武夷山、黄山两侧、两湖盆地附近和云贵高原边缘地区 |
| 特重冰区 | >20.0 | 两湖盆地、云贵高原大部分和秦巴山区的一部分地区 |

一般建筑物可不考虑覆冰荷载,但在新疆、青海及东北等严寒地区,结冰时间长,建筑物挑檐、雨篷等部分所冻结的冰凌、冰柱很重,有时可达1 kN/m以上,应根据实测资料考虑冰荷载,但此项冰荷载一般不与活荷载同时考虑。

《高耸结构设计规范》GB 50135—2006规定,设计电视塔、无线电塔桅和送电杆塔等类似结构时,应考虑结构构件、架空线、拉绳表面覆冰后所引起的荷载及挡风面积增大的影响和不均匀脱冰时产生的不利影响。

## 6.5.1  基本覆冰厚度

《高耸结构设计规范》GB 50135—2006规定,基本覆冰厚度取当地离地10 m高度处、50年一遇的最大覆冰厚度;当无观测资料时,应通过实地调查确定,或采用下列经验数值。

(1)重覆冰区:大凉山、川东北、川滇、秦岭、湘黔、闽赣等地区,基本覆冰厚度可取10~30 mm。

(2)轻覆冰区:东北及华北的部分地区、淮河流域等地区,基本覆冰厚度可取5~10 mm。

(3)覆冰气象条件:同时风压0.15 kN/m$^2$,同时气温-5 ℃。

## 6.5.2  覆冰荷载的计算

管线及结构构件上的覆冰荷载按下列规定进行计算。

(1)圆截面的构件、架空线、缆索、拉绳等每单位长度上的覆冰荷载$q_l$(kN/m):

$$q_l = \pi b \alpha_1 \alpha_2 (d + b\alpha_1\alpha_2)\gamma \times 10^{-6} \tag{6-22}$$

式中  $b$——基本覆冰厚度(mm);

$d$——圆截面构件、拉绳、缆索、架空线的直径(mm);

$\alpha_1$——与构件直径有关的覆冰厚度修正系数,按表6-8采用;

$\alpha_2$——覆冰厚度的高度递增系数,按表6-9采用;

$\gamma$——覆冰重度,一般取9 kN/m$^3$。

**表6-8  与构件直径有关的覆冰厚度修正系数 $\alpha_1$**

| 直径/mm | 5 | 10 | 20 | 30 | 40 | 50 | 60 | 70 |
|---|---|---|---|---|---|---|---|---|
| $\alpha_1$ | 1.1 | 1.0 | 0.9 | 0.8 | 0.75 | 0.7 | 0.63 | 0.6 |

**表 6 - 9　覆冰厚度的高度递增系数 $\alpha_2$**

| 离地面高度/m | 10 | 50 | 100 | 150 | 200 | 250 | 300 | ≥350 |
|---|---|---|---|---|---|---|---|---|
| $\alpha_2$ | 1.0 | 1.6 | 2.0 | 2.2 | 2.4 | 2.6 | 2.7 | 2.8 |

（2）非圆截面的其他构件每单位表面面积上的覆冰荷载 $q_a(kN/m^2)$：

$$q_a = 0.6 b \alpha_2 \gamma \times 10^{-3} \qquad (6-23)$$

（3）重覆冰区输电导线、地线覆冰后，计算风荷载时，应乘覆冰增大系数 $\beta = 1.2$。

（4）重覆冰区输电高塔覆冰后，计算风荷载时，应乘覆冰增大系数 $\beta = 2.0$。

需要注意的是，覆冰是在风较弱、气温剧变的情况下形成的，与大风同时出现的可能性很低。但为安全起见，在覆冰荷载与风荷载效应组合时，需考虑 50% 的风荷载值，且不低于 $0.20 \ kN/m^2$。

### 6.5.3　例题

【例 6 - 1】　在我国秦岭地区有一架空线，离地面高度为 75 m，线的直径为 30 mm，已知该地区的基本覆冰厚度为 15 mm，覆冰重度 $\gamma = 9 \ kN/m^3$。试求架空线每单位长度上的裹冰荷载 $q_l$。

【解】　查表 6 - 8 得，与架空线直径有关的覆冰厚度修正系数 $\alpha_1 = 0.8$；查表 6 - 9 得，覆冰厚度的高度递增系数 $\alpha_2 = 1.8$。则架空线的覆冰厚度为

$$b\alpha_1\alpha_2 = 15 \times 0.8 \times 1.8 = 21.60 \ mm$$

架空线每单位长度上的覆冰荷载 $q_l$ 为

$$q_l = \pi b \alpha_1 \alpha_2 (d + b\alpha_1\alpha_2)\gamma \times 10^{-6} = \pi \times 21.60 \times (30 + 21.60) \times 9 \times 10^{-6} = 0.0315 \ kN/m$$

## 6.6　预应力

以特定的方式在结构构件上预先施加的、能产生与构件所承受的作用（荷载）效应相反的应力状态的力称为预应力（prestress），其目的是改善结构或构件在各种使用条件下的工作性能，提高其强度、刚度等。预应力属于永久性内应力，是永久作用的一种。

施加预应力的结构形式称为预应力结构。按结构主体的不同，预应力结构可分为预应力混凝土结构和预应力钢结构。

### 6.6.1　预应力混凝土结构的概念

预应力混凝土结构是由配置受力的预应力钢筋通过张拉或其他方法建立预应力的混凝土结构，它从本质上改善了钢筋混凝土结构的受力性能。

图 6 - 10 是一矩形截面简支梁在外荷载作用前后截面的应力变化。可以看出，在外荷载作用下，由于预压应力的存在，梁截面下边缘受拉区的拉应力减小，有时甚至仍维持在压应力状态。与普通混凝土相比，预应力混凝土具有以下特点。

1. 构件的抗裂度和刚度提高

由于钢筋混凝土中预应力的作用，当构件在使用阶段外荷载作用下产生拉应力时，首先要抵消预压应力。这就推迟了混凝土裂缝的出现，并限制了裂缝的发展，从而提高了混凝土

构件的抗裂度和刚度。

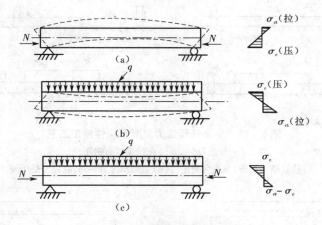

**图 6 – 10 预应力梁的受力情况**
(a)预压力作用 (b)荷载作用 (c)预压力与荷载共同作用

2. 构件的耐久性增加

预应力混凝土能避免或延缓构件出现裂缝，而且能限制裂缝的扩大，构件内的预应力筋不容易锈蚀，延长了使用期限。

3. 自重减轻、节省材料

由于采用高强度混凝土，构件截面尺寸相应减小，自重减轻。同时，与高强度混凝土匹配的高强钢筋的强度得以充分发挥，钢材和混凝土的用量均可减少。

预应力混凝土施工，需要专门的材料和设备、特殊的工艺，造价较高。

## 6.6.2 预应力混凝土

预应力混凝土按预加应力的方法可分为先张法预应力混凝土和后张法预应力混凝土；按预加应力的程度可分为全预应力混凝土和部分预应力混凝土；按预应力钢筋与混凝土的粘结状况可分为有粘结预应力混凝土和无粘结预应力混凝土；按预应力钢筋的位置可分为体内预应力混凝土和体外预应力混凝土。

1. 先张法预应力混凝土和后张法预应力混凝土

钢筋混凝土构件中配有纵向受力钢筋，通过张拉这些纵向受力钢筋并使其产生回缩，对构件施加预应力。根据张拉预应力钢筋和浇注混凝土的先后顺序，将建立预应力的方法分为先张法和后张法。

1）先张法预应力混凝土

先张法的主要工艺如图 6 – 11 所示。采用先张法时，预应力的建立主要依靠钢筋与混凝土之间的粘结力。该方法适用于以钢丝或直径小于 16 mm 钢筋配筋的中、小型构件，如预应力混凝土空心板等。

2）后张法预应力混凝土

后张法的主要工艺如图 6 – 12 所示。采用后张法时，预应力的建立主要依靠构件两端的锚固装置。该方法适用于钢筋或钢绞线配筋的大型预应力构件，如屋架、吊车梁、屋面梁。后张法施加预应力方法的缺点是工序多，预留孔道占截面面积大，施工复杂，压力灌浆费时，造价高。

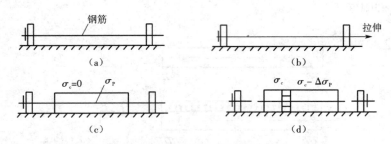

**图 6 - 11　先张法预应力混凝土构件施工工艺**

(a)钢筋就位　(b)张拉预应力钢筋

(c)临时锚固钢筋,浇筑混凝土　(d)切断预应力钢筋,混凝土受压图

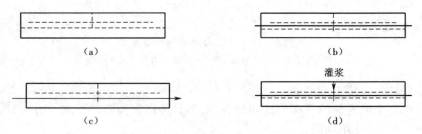

**图 6 - 12　后张法预应力混凝土构件施工工艺**

(a)制作构件,预留孔道(塑料管、铁管)　(b)穿筋

(c)张拉预应力钢筋　(d)锚固钢筋,孔道灌浆

2. 全预应力混凝土和部分预应力混凝土

1)全预应力混凝土

全预应力混凝土指预应力混凝土结构在最不利荷载效应组合作用下,混凝土中不允许出现拉应力。相当于《混凝土结构设计规范》GB 50010—2010 中裂缝控制等级为一级,即严格要求不出现裂缝的构件。

全预应力混凝土具有抗裂性好和刚度大等优点,但也存在以下缺点。

(1)抗裂要求高,预应力钢筋的配筋量取决于抗裂要求,而不是取决于承载力的需要,导致预应力钢筋配筋量增大。

(2)反拱值往往过大,由于截面预加应力值高,尤其对永久荷载小、可变荷载大的情况,会使构件的反拱值过大,导致混凝土在垂直于张拉方向产生裂缝。同时,在高压应力的作用下,随时间的增长,徐变和反拱增大,影响上部结构构件的正常使用。

(3)张拉应力高,对锚具和张拉设备要求高,锚具下混凝土受到较大的局部压力,需配置较多的钢筋网片或螺旋筋以加强混凝土的局部承压承载力。

(4)延性较差,由于全预应力混凝土构件的开裂荷载与破坏荷载较为接近,致使构件破坏时的变形能力较差,对结构抗震不利。

2)有限预应力混凝土

有限预应力混凝土属于部分预应力混凝土。使用荷载作用下,根据荷载效应组合情况,不同程度地保证混凝土不开裂的构件,则称为有限预应力混凝土,大致相当于《混凝土结构设计规范》GB 50010—2010 中裂缝控制等级为二级,即一般要求不出现裂缝的构件。

3）部分预应力混凝土

部分预应力混凝土是指预应力混凝土结构在最不利荷载效应组合作用下，容许混凝土受拉区出现拉应力或裂缝。大致相当于《混凝土结构设计规范》GB 50010—2010 中裂缝控制等级为三级，即允许出现裂缝的构件。

部分预应力混凝土的特点如下。

（1）可合理控制裂缝与变形，节约钢材。因可根据结构构件的不同使用要求、可变荷载的作用情况及环境条件等对裂缝和变形进行合理的控制，降低了预应力，从而减少了锚具的用量，适量降低了费用。

（2）可控制反拱值不致过大。由于预加应力值相对较小，构件的初始反拱值小，徐变变形亦减小。

（3）延性较好。在部分预应力混凝土构件中，通常配置非预应力钢筋，因而其正截面受弯的延性较好，有利于结构抗震，并可改善裂缝分布，减小裂缝宽度。

（4）与全预应力混凝土相比，可简化张拉、锚固等工艺，获得较好的综合经济效果。

（5）计算较为复杂。部分预应力混凝土构件需按开裂截面分析，计算较繁冗，在部分预应力混凝土多层框架的内力分析中，除需计算由荷载及预应力作用引起的内力外，还需考虑框架在预加应力作用下的轴向压缩变形引起的内力。此外，在超静定结构中还需考虑预应力次弯矩和次剪力的影响，并需计算配置非预应力筋。

有限或部分预应力混凝土介于全预应力混凝土和钢筋混凝土之间，有很大的选择范围，可根据结构的功能要求和环境条件，选用不同的预应力值以控制构件在使用条件下的变形和裂缝，并在破坏前具有必要的延性，因而是当前预应力混凝土结构的一个主要发展趋势。

3. 有粘结预应力混凝土和无粘结预应力混凝土

有粘结预应力混凝土是指预应力钢筋与其周围的混凝土有可靠的粘结强度，使得在荷载作用下预应力钢筋与其周围的混凝土有共同的变形。先张法预应力混凝土及后张灌浆的预应力混凝土均属于有粘结预应力混凝土。

无粘结预应力混凝土是指预应力钢筋与其周围的混凝土没有任何粘结强度，在荷载作用下预应力钢筋与其周围的混凝土各自变形。这种预应力混凝土采用的预应力筋全长涂有特制的防锈油脂，并套有防老化的塑料管保护。

无粘结预应力技术克服了一般后张法预应力构件施工工艺的缺点。因为后张法预应力混凝土构件需要有预留孔道、穿筋、灌浆等施工工序，而预留孔道（尤其是曲线形孔道）和灌浆都比较麻烦，灰浆不饱满或漏灌还易造成事故隐患。因此，若将预应力钢筋外表涂以防腐油脂并用油纸包裹，外套塑料管，它就可以像普通钢筋一样直接按设计位置放入钢筋骨架内，并浇灌混凝土。这种钢筋就是无粘结预应力钢筋，当混凝土达到规定的强度（如不低于混凝土设计强度等级的 75%），即可对无粘结预应力钢筋进行张拉，建立预应力。

无粘结预应力钢筋外涂油脂的作用是减少摩擦力，并能防腐，故要求它具有良好的化学稳定性，温度高时不流淌，温度低时不硬脆。无粘结预应力钢筋一般采用工业化生产。无粘结预应力混凝土技术综合了先张法和后张法施工工艺的优点，因而具有广阔的发展前景。

4. 体内预应力混凝土和体外预应力混凝土

体内预应力混凝土是指预应力筋布置在混凝土构件体内，并且混凝土件中的预加力通过张拉结构中的高强钢筋，使构件产生预压应力的预应力混凝土。先张法预应力混凝土和后张法预应力混凝土等均属此类。

　　体外预应力混凝土是指预应力钢筋布置在混凝土构件体外,并且结构构件中的预加力来自结构之外,仅在锚固及转向块处可能与结构相连的预应力混凝土(图 6 – 13)。如利用桥梁的有利地形和地质件,采用千斤顶对梁施加压力作用;在连续梁中利用千斤顶在支座施加反力,使内力作有利分布。混凝土斜拉桥与悬索桥属此类特例。

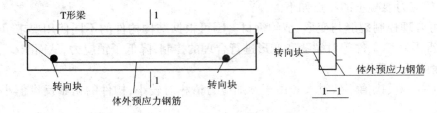

**图 6 – 13　体外预应力混凝土结构**

### 6.6.3　预应力钢结构

　　在钢结构承重体系中有意识地引人人为应力以抵消荷载应力、调整内力峰值、增强结构刚度及稳定性、改善结构其他属性以及利用预应力技术创建新结构体系的都可称之为预应力钢结构。

　　预应力钢结构的主要特点如下。

　　(1)充分、反复地利用钢材弹性强度幅值,从而提高结构承载力。

　　(2)改善结构受力状态,节省钢材。例如受弯构件中的部分弯矩可以施加预应力转换为轴拉力,降低弯矩峰值,从而构件截面可以缩小,降低用钢量。

　　(3)提高结构刚度及稳定性,改善结构的各种属性。

　　预应力结构产生的结构变形常与荷载下的变形反向,因而结构刚度得以提高;由于布索而改变结构边界条件,可以提高结构稳定性;预应力还可以调整结构循环应力特征而提高疲劳强度;由于降低结构自重而减小地震荷载,提高其抗震性能等。

　　预应力钢结构种类繁多,大致可归纳为以下四类。

　　1)传统结构型

　　在传统的钢结构体系上,布置索系施加预应力以改善应力状态、降低自重及成本。例如预应力桁架、网架、网壳、张弦桁架等。另一种是悬索结构,其结构由承重索与稳定索两组索系组成,施加预应力的目的不是降低与调整内力,而是提高与保证刚度。

　　2)吊挂结构型

　　结构由竖向支撑物(立柱、门架、拱脚架)、吊索及屋盖三部分组成。支撑物高出屋面,于其顶部下垂钢索吊挂屋盖。对吊索施加预应力以调整屋盖内力,减小挠度并形成屋盖结构的弹性支点。由于支撑物及吊索暴露于室外,所以又称暴露结构。

　　3)整体张拉型

　　整体张拉型结构体系,摒弃了传统的受弯构件,全部由受张索系及膜面和受压撑杆组成。屋面结构极轻,是目前最先进的新型结构体系。

　　4)张力金属膜型

　　金属膜片固定于边缘构件之上,既作为维护结构,又作为承重结构参与整体承受荷载。或在张力态下,将膜片固定于骨架结构之上,形成空间块体结构。两者都是在结构成型理论指导下诞生的预应力新型体系。

# 思 考 题

1. 简述爆炸的类型及各自释放能量的方式。
2. 如何确定房屋外墙在爆炸作用下的等效均布静荷载？
3. 如何确定公路桥梁防撞栏杆的撞击荷载？
4. 简述温度应力产生的原因及条件。
5. 举例说明地基不均匀沉降对结构的影响。
6. 简述塔架、缆索覆冰荷载的产生条件和基本覆冰厚度的定义。
7. 简述预应力在结构中的作用。
8. 简述预应力混凝土结构的分类及其特点。

# 第7章 荷载的统计分析

**【内容提要】**

本章介绍了荷载的概率分析模型,叙述了多种荷载同时出现时的荷载效应组合规则,对常遇荷载进行了分析,并介绍了《建筑结构荷载规范》GB 50009—2012 中各种荷载代表值的确定原则和方法。

如前所述,按随时间的变异分类,结构上的荷载可分为三类:永久荷载、可变荷载和偶然荷载。这些荷载在数理统计学上可采用两种概率模型来描述。

(1)随机变量概率模型,用来描述与时间无关的永久荷载(如结构自重)以及结构上作用在设计基准期内的最大值或最小值。

(2)随机过程概率模型,用来描述与时间参数有关的可变荷载(如楼面活荷载、雪荷载和风荷载等)。

设计基准期(design reference period)是指结构设计时,为确定可变荷载及与时间有关的材料性能等取值而选用的时间参数,用 $T$ 表示。各类工程结构的设计基准期列于表7–1。

**表 7 – 1　各类工程结构的设计基准期 $T$**

| 工程结构类型 | 房屋建筑结构 | 铁路桥涵结构 | 公路桥涵结构 | 水工建筑结构 | 港口工程结构 |
|---|---|---|---|---|---|
| 设计基准期 $T$/年 | 50 | 100 | 100 | 1 级 100,其他 50 | 50 |

基于设计基准期的不同,同一荷载在不同工程结构中的取值可能是不同的,例如房屋建筑结构中风荷载的设计基准期为 50 年,桥梁结构中风荷载的设计基准期为 100 年。

## 7.1　荷载的概率模型

在一个确定的设计基准期 $T$ 内,对荷载随机过程作一次连续观测,所获得依赖于观测时间的数据称为荷载随机过程的一个样本函数,每个随机过程由大量的样本函数构成。

荷载随机过程(random process)的样本函数十分复杂,它随荷载的种类不同而异,但目前对各类荷载过程的样本函数及其性质了解甚少。在以概率理论为基础的极限状态设计法中,各种基本变量均按随机变量考虑,且主要讨论的是结构设计基准期 $T$ 内的荷载最大值 $Q_T$。为便于分析,必须把荷载随机过程 $Q(t)$ 转换为设计基准期最大荷载随机变量 $Q_T = \max\{Q(t), t \in [0, T]\}$。

### 7.1.1　平稳随机过程

通常将楼面活荷载、风荷载、雪荷载等处理成平稳二项随机过程 $\{Q(t), t \in [0, T]\}$。

平稳随机过程的特点是随机过程的统计特性(如概率分布、统计参数等)不随时间的推移而变化,即其分布函数与时间无关,在设计基准期 $T$ 内均相同。当平稳随机过程 $\{Q(t), t$

$\in[0,T]\}$满足下列假定时，称为平稳二项随机过程（stationary binomial random process）。

（1）荷载一次持续施加于结构上的时段长度为$\tau$，而设计基准期$T$可分为$r$个相等的时段，即$r=T/\tau$。

（2）在每一时段上，荷载出现的概率为$p$，不出现的概率为$q=1-p$。

（3）在每一时段上，当荷载出现时，其幅值是非负随机变量，且在不同时段上其概率分布函数$F_Q(x)=P\{Q(t)\leqslant x,t\in\tau\}$相同，这种概率分布称为任意时点荷载概率分布。

（4）不同时段上的幅值随机变量是相互独立的，且与在时段上荷载是否出现也相互独立。

图7-1 荷载的样本函数

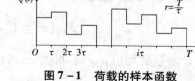

根据上述假定，可将荷载随机过程的样本函数模型化为等时段的矩形波函数（图7-1），并导出荷载在设计基准期$T$内最大值$Q_T$的概率分布$F_{Q_T}(x)$。

由假设(2)和(3)，可求得任一时段$r_i(i=1,2,\cdots,T/\tau)$内的概率分布函数：

$$\begin{aligned}F_{Q_r}(x)&=P[Q(\tau)\leqslant x,t\in\tau]=p\cdot P[Q(\tau)\neq0\leqslant x,t\in\tau]+(1-p)P[Q(\tau)=0\leqslant x,t\in\tau]\\&=p\cdot F_Q(x)+(1-p)\cdot1=1-p\cdot[1-F_Q(x)]\end{aligned}\tag{7-1}$$

由假设(1)和(4)，可求得整个设计基准期$T$内荷载最大值$Q_T$的概率分布函数：

$$\begin{aligned}F_{Q_T}(x)&=P[Q_T\leqslant x,x\geqslant0]=P[\max_{0\leqslant t\leqslant T}Q(t)\leqslant x]=\prod_{j=1}^{r}P[Q(t)\leqslant x,t\in\tau_j]\\&=\prod_{j=1}^{r}\{1-p[1-F_j(x)]\}=\{1-p[1-F_Q(x)]\}^r\end{aligned}\tag{7-2}$$

设荷载在设计基准期$T$年内出现的平均次数为$N$，则

$$N=pr\tag{7-3}$$

（1）当荷载在每一时段$\tau$上均必然出现时，显然有$p=1,N=r$，由式(7-2)得

$$F_{Q_T}(x)=[F_Q(x)]^N\tag{7-4}$$

（2）当荷载在每一时段$\tau$上非必然出现时，则$p<1$，若式(7-2)中，$p[1-F_j(x)]$项充分小，则可利用近似关系式$e^{-x}\approx1-x$（$x$为很小的数），同样得到

$$\begin{aligned}F_{Q_T}(x)&=\{1-p[1-F_Q(x)]\}^r\\&=\{e^{-p[1-F_Q(x)]}\}^r=\{e^{-[1-F_Q(x)]}\}^{pr}\\&\approx\{1-[1-F_Q(x)]\}^{pr}=[F_Q(x)]^N\end{aligned}\tag{7-5}$$

由此可见，设计基准期内最大荷载$Q_T$的概率分布函数$F_{Q_T}(x)$等于任意时点荷载概率分布函数$F_Q(x)$的$N$次方。

由上述可知，荷载统计时需确定3个统计参数：①在设计基准期$T$内，荷载一次持续施加于结构上的时段长度$\tau$或总时段数$r$；②在任一时段$\tau$内荷载$Q$出现的频率$p$；③荷载任意时点概率分布函数$F_Q(x)$。

统计参数$\tau$和$p$，可通过调查测定或经验判断确定；参数$F_Q(x)$应根据实测数据，选择典型概率分布（参见附录D）进行优度拟合，在检验的显著性水平统一取0.05的前提下，通过$K-S$检验或$\chi^2$检验后确定，并通过矩法估计确定其统计参数，即平均值、标准差和变异系数。

### 7.1.2 概率模型的统计参数

按照上述平稳二项随机过程模型，可以直接由任意时点荷载概率分布$F_Q(x)$的统计参

数推求设计基准期 $T$ 内荷载概率分布 $F_{Q_T}(x)$ 的统计参数。

1) $F_Q(x)$ 为正态分布

$$F_Q(x) = \int_{-\infty}^{x} \frac{1}{\sigma \sqrt{2\pi}} \exp\left[ -\frac{(y-\mu)^2}{2\sigma^2} \right] dy \tag{7-6}$$

式中　$\mu$、$\sigma$——任意时点荷载的均值和标准差。

若已知设计基准期 $T$ 内荷载出现的平均次数为 $N$，由式（7-4）或式（7-5）可以证明 $F_{Q_T}(x)$ 也近似服从正态分布，即

$$F_{Q_T}(x) = \int_{-\infty}^{x} \frac{1}{\sigma_T \sqrt{2\pi}} \exp\left[ -\frac{(y-\mu_T)^2}{2\sigma_T^2} \right] dy \tag{7-7}$$

其统计参数的均值 $\mu_T$ 和标准差 $\sigma_T$ 可按下列公式近似计算：

$$\left. \begin{array}{l} \mu_T \approx \mu + 3.5\left(1 - \dfrac{1}{\sqrt[4]{N}}\right)\sigma \\[3mm] \sigma_T \approx \dfrac{\sigma}{\sqrt[4]{N}} \end{array} \right\} \tag{7-8}$$

2) $F_Q(x)$ 为极值 I 型分布

$$F_Q(x) = \exp\{ -\exp[ -\alpha(x-u) ] \} \tag{7-9}$$

式中　$u$——分布的位置参数，即其分布的众值；

　　　$\alpha$——分布的尺度参数。

$\alpha$、$u$ 与样本平均值 $\mu$ 和标准差 $\sigma$ 的关系为

$$\left. \begin{array}{l} \alpha = 1.282\,55/\sigma \\ u = \mu - 0.577\,22/\alpha \end{array} \right\} \tag{7-10}$$

由式（7-4），得

$$F_{Q_T}(x) = [F_Q(x)]^N = \exp\{ -N\exp[ -\alpha(x-u) ] \} = \exp\{ -\exp(\ln N)\exp[ -\alpha(x-u) ] \}$$

$$= \exp\left\{ -\exp\left[ -\alpha\left( x - u - \frac{\ln N}{\alpha} \right) \right] \right\} \tag{7-11}$$

显然，$F_{Q_T}(x)$ 仍为极值 I 型分布，将其表达为

$$F_{Q_T}(x) = \exp\{ -\exp[ -\alpha_T(x-u_T) ] \} \tag{7-12}$$

对比式（7-12）与式（7-11），参数 $u_T$、$\alpha_T$ 与 $u$、$\alpha$ 间的关系为

$$\left. \begin{array}{l} \alpha_T = \alpha \\ u_T = u + \ln N/\alpha \end{array} \right\} \tag{7-13}$$

$F_{Q_T}(x)$ 的平均值 $\mu_T$、标准差 $\sigma_T$ 与参数 $u_T$、$\alpha_T$ 间的关系仍可用式（7-10）的形式表达，因此可得

$$\left\{ \begin{array}{l} \sigma_T = 1.282\,55/\alpha = \sigma \\ \mu_T = u_T + 0.577\,22/\alpha = \mu + \ln N/\alpha \end{array} \right. \tag{7-14}$$

由上式可知，任意时点荷载和设计基准期 $T$ 内最大荷载的概率密度曲线（图7-2）只是在 $x$ 轴方向平移了距离 $\ln N/\alpha$，两者的标准差相同，平均值相差 $\ln N/\alpha$。

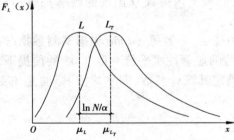

图7-2　服从极值 I 型分布的荷载概率密度

## 7.2　荷载效应组合规则

结构在设计基准期 $T$ 内,可能经常会遇到同时承受恒载及两种以上可变荷载的情况,如活荷载、风荷载、雪荷载等。在进行结构分析和设计时,必须研究和考虑两种以上可变荷载同时作用而引起的荷载效应组合问题,以确保结构安全,即须考虑多个可变荷载是否相遇以及相遇的概率大小问题。一般来说,多种可变荷载在设计基准期内最大值相遇的概率不是很大。例如最大风荷载与最大雪荷载同时存在的概率,除个别情况外,一般是极小的。

### 7.2.1　Turkstra 组合规则

Turkstra 组合规则假定:在所有参与组合的可变荷载效应中,只有其中一个荷载效应达到设计基准期最大值,而其余荷载效应均为时点值。轮流进行组合,其中起控制作用的组合为所要求的组合。起控制作用的组合为可靠度分析中可靠指标最小的组合。

假定有 $n$ 个可变荷载效应参与组合,其效应的随机过程可表示为 $\{S_i(t),t\in[0,T]\}$ $(i=1,2,\cdots,n)$,则共有 $n$ 个组合,表示为

$$S_{Ci}=S_1(t_0)+\cdots+S_{i-1}(t_0)+\max_{t\in[0,T]}S_i(t)+S_{i+1}(t_0)+\cdots+S_n(t_0)\quad(i=1,2,\cdots,n)$$

$$(7-15)$$

式中　$\max\limits_{t\in[0,T]}S_i(t)$——第 $i$ 个荷载效应在设计基准期 $T$ 内的最大值;

　　　$S_j(t_0)$——第 $j$ 个荷载效应对应于 $S_i(t)$ 达到最大值的时刻 $t_0$ 时的时点值,实际应用中可取为时段值 $(j=1,2,3\cdots n,j\neq i)$。

在设计基准期 $T$ 内,荷载效应组合的最大值 $S_C$ 取式(7-15)组合的最大值,即

$$S_C=\max(S_{C1},S_{C2},\cdots,S_{Cn})\qquad(7-16)$$

Turkstra 组合规则是从工程经验出发提出的一种组合规则,没有严格的理论基础。但多数情况下该规则都能给出合理的结果,因而被工程界广泛接受。港口工程、水利水电工程、铁路工程和公路工程中使用了该组合原则。

图 7-3 为三个荷载随机过程按 Turkstra 规则组合的情况。显然,该规则并不是偏于保守的,因为理论上还可能存在着更不利的组合。这种组合规则比较简单,并且通常与当一种荷载达到最大值时产生失效的观测结果相一致。近年来,对荷载效应方面的研究表明,在许多实际情况下,"Turkstra 组合规则"是一个较好的近似方法。

### 7.2.2　JCSS 组合规则

该规则是国际结构安全度联合委员会建议的荷载组合规则。其基本假定为:①荷载 $Q(t)$ 是等时段的平稳二项随机过程;②荷载 $Q(t)$ 与荷载效应 $S(t)$ 之间满足线性关系;③不考虑相互排斥的随机荷载间的组合,仅考虑在设计基准期 $T$ 内可能相遇的各种可变荷载的组合;④当一种荷载取设计基准期最大值或时段最大值时,其他参与组合的荷载仅在该最大值的持续时段内取相对最大值,或取任意时点值。

按照该规则,先假定可变荷载的样本函数为平稳二项随机过程,荷载效应的组合方式为:将某一可变荷载 $Q_1(t)$ 在设计基准期 $T$ 内的最大值效应 $\max S_1(t)\{t\in T$,持续时间为 $\tau_1\}$,与另一可变荷载 $Q_2(t)$ 在时间 $\tau_1$ 内的局部最大值效应 $\max S_2(t)\{t\in\tau_1$,持续时间为

$\tau_2$| 以及第三个可变荷载 $Q_3(t)$ 在时间 $\tau_2$ 内的局部最大值效应 $\max S_3(t)$|（$t \in \tau_2$，持续时间为 $\tau_3$| 相组合，依此类推。图 7－4 所示阴影部分为三个可变荷载效应组合的示意图。

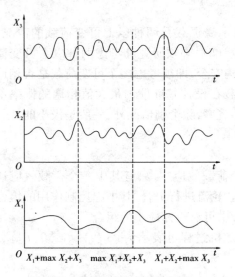

**图 7－3　Turkstra 组合规则**

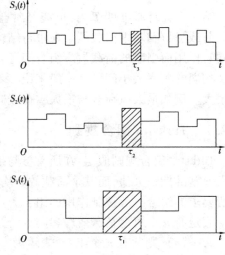

**图 7－4　JCSS 组合规则**

按该规则确定荷载效应组合的最大值时，可考虑所有可能的不利组合项，取其中最不利者。对于 $N$ 个荷载组合，一般有 $(2N-1)$ 项可能的不利组合，因而组合数量较多。

JCSS 组合规则与考虑基本变量概率分布类型的一次二阶矩分析方法相适应，《建筑结构可靠度设计统一标准》GB 50068—2001 中采用了该方法。

## 7.3　常遇荷载的概率模型统计参数

### 7.3.1　永久荷载

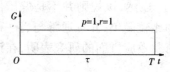

**图 7－5　永久荷载的样本函数**

永久荷载（恒载）在设计基准期 $T$ 内必然出现，即概率 $p=1$；其作用时间与设计基准期 $T$ 是相同的，即 $\tau=T$；且其量值基本上不随时间变化，故可认为时段数 $r=T/\tau=1$，如而，其模型化的样本函数为一条与时间轴 $t$ 平行的直线，如图 7－5 所示。由于 $N=pr=1$，故恒载在设计基准期内的最大值分布与任意时点的最大值分布相同。

以无量纲参数 $\Omega_G=G/G_k$ 作为基本统计对象，其中 $G$ 为实测重量，$G_k$ 为《建筑结构荷载规范》GB 50009—2012 规定的标准值（设计尺寸乘自重标准值）。经 $\chi^2$ 统计假设检验拟合其分布函数后，认为 $G$ 服从正态分布，统计参数为：平均值 $\mu=1.060 G_k$，标准差 $\sigma=0.074 G_k$。故根据式（7－6），其概率分布函数为

$$F_G(x)=\frac{1}{0.074 G_k \sqrt{2\pi}}\int_{-\infty}^{x}\exp\left[\frac{(y-1.060 G_k)^2}{0.011 G_k^2}\right]\mathrm{d}y \qquad (7-17)$$

根据式（7－7）可知，设计基准期最大恒载 $F_{GT}$ 的概率分布函数形式与上式相同。按式（7－8），取 $N=1$，得其统计参数为：平均值 $\mu_T=\mu=1.060 G_k$，标准差 $\sigma_T=\sigma=0.074 G_k$，即

统计参数不变。

## 7.3.2　民用建筑楼面活荷载

民用建筑楼面活荷载按其随时间变异的特点,可分为持久性活荷载 $L_i(t)$ 和临时性活荷载 $L_r(t)$ 两部分。

持久性活荷载是指楼面上在某个时段内基本保持不变的荷载,如办公楼内的家具、设备、办公用具、文件资料等的重量以及正常办公人员的体重;住宅内的家具、日用品等重量以及常住人员的体重;工业房屋内的机器、设备。这些荷载,除非楼面(或房间)功能发生变化,一般变化不大。持久性活荷载可由现场实测得到。

临时性活荷载是指偶尔出现的短期荷载,如聚会的人群、维修时工具和材料的堆积、室内扫除时家具的集聚等。临时性活荷载一般通过口头询问调查,要求住户提供他们在使用期内的最大值。

持久性活荷载 $L_i(t)$ 在设计基准期 $T$ 内任何时刻都存在,故出现概率 $p = 1$。经过对办公楼、住宅使用情况的调查,每次搬迁后的平均持续使用时间 $\tau$ 接近于 10 年,亦即在设计基准期 50 年内,总时段数 $r = 5$,荷载出现次数 $N = pr = 5$。据此,样本函数可模型化为图 7-6 所示的平稳二项随机过程。

临时性活荷载 $L_r(t)$ 在设计基准期 $T$ 内的平均出现次数很多,持续时间较短。在每一时段内出现的概率 $p$ 也很小,其样本函数经模型化后如图 7-7 所示。根据临时荷载的统计特性,包括荷载的变化幅度、平均出现次数、持续时段长度 $\tau$ 等,要取得精确的资料是困难的。近似的方法是,了解用户在最近若干年(平均取 10 年)内一次最大的临时性荷载值,以此作为时段内的最大荷载 $L_r(t)$,并作为荷载统计的基础,同时采用与持久性活荷载相同的概率模型,即荷载出现概率 $p = 1$,总时段数 $r = 5$,荷载出现次数 $N = pr = 5$。

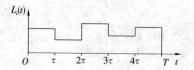

**图 7-6　持久性活荷载的样本函数**

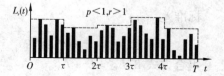

**图 7-7　临时性活荷载的样本函数**

经 $\chi^2$ 统计假设检验,任意时段内,持久性活荷载 $L_i(t)$ 和临时活荷载 $L_r(t)$ 的概率分布均服从极值 I 型分布函数。因此,根据前述推导可知,在设计基准期 $T = 50$ 年内,持久性活荷载 $L_{iT}(t)$ 和临时性活荷载 $L_{rT}(t)$ 的最大值概率分布函数同样服从极值 I 型分布函数。

根据已有的统计资料,部分城市楼面活荷载统计结果详见表 7-2。

表 7 – 2　部分城市楼面活荷载统计参数表

| 任意时段内荷载 | 办公楼/(kN/m²) | | | 住宅/(kN/m²) | | | 商店/(kN/m²) | | |
|---|---|---|---|---|---|---|---|---|---|
| | 平均值 $\mu$ | 标准差 $\sigma$ | 时段 $\tau$ | 平均值 $\mu$ | 标准差 $\sigma$ | 时段 $\tau$ | 平均值 $\mu$ | 标准差 $\sigma$ | 时段 $\tau$ |
| 持久性活荷载 $L_i$ | 0.386 | 0.178 | 10 年 | 0.504 | 0.162 | 10 年 | 0.580 | 0.351 | 1 年 |
| 临时性活荷载 $L_r$ | 0.355 | 0.244 | 10 年 | 0.468 | 0.252 | 10 年 | 0.955 | 0.428 | 1 年 |

按式(7 – 14)计算,可得在设计基准期 $T = 50$ 年内,持久性活荷载最大值 $L_{iT}$ 和临时性活荷载最大值 $L_{rT}$ 的统计参数 $\mu_T$ 和 $\sigma_T$,然后按 JCSS 组合规则,可求得设计基准期内楼面活荷载最大值 $L_T$ 的统计参数,详见表 7 – 3。

表 7 – 3　设计基准期楼面活荷载最大值统计参数

| 设计基准期内最大荷载 | 办公楼/(kN/m²) | | 住宅/(kN/m²) | | 商店/(kN/m²) | |
|---|---|---|---|---|---|---|
| | 平均值 $\mu_T$ | 标准差 $\sigma_T$ | 平均值 $\mu_T$ | 标准差 $\sigma_T$ | 平均值 $\mu_T$ | 标准差 $\sigma_T$ |
| 持久性活荷载 $L_{iT}$ | 0.610 | 0.178 | 0.707 | 0.162 | 1.651 | 0.351 |
| 临时性活荷载 $L_{rT}$ | 0.661 | 0.244 | 0.784 | 0.252 | 2.260 | 0.428 |
| 楼面活荷载 $L_T$ | 1.047 | 0.302 | 1.288 | 0.300 | 2.840 | 0.554 |

以办公楼为例,表 7 – 3 中数据计算过程如下。

组合方式 A:$L_{T_1} = L_{iT} + L_r$。

$L_T$ 的统计参数为

平均值

$$\mu_{L_{T_1}} = \mu_{L_{iT}} + \mu_{L_r} = 0.610 + 0.355 = 0.965 \ \text{kN/m}^2$$

标准差

$$\sigma_{L_{T_1}} = \sqrt{\sigma_{L_{iT}}^2 + \sigma_{L_r}^2} = \sqrt{0.178^2 + 0.244^2} = 0.302 \ \text{kN/m}^2$$

组合方式 B:$L_{T_2} = L_i + L_{rT}$。

$L_T$ 的统计参数为

平均值

$$\mu_{L_{T_2}} = \mu_{L_i} + \mu_{L_{rT}} = 0.386 + 0.661 = 1.047 \ \text{kN/m}^2$$

标准差

$$\sigma_{L_{T_1}} = \sqrt{\sigma_{L_i}^2 + \sigma_{L_{rT}}^2} = \sqrt{0.178^2 + 0.244^2} = 0.302 \ \text{kN/m}^2$$

取两者较大值,得 $\mu_{L_T} = 1.047 \ \text{kN/m}^2$,$\sigma_{L_T} = 0.302 \ \text{kN/m}^2$。

用同样的方法可求得住宅和商店楼面活荷载的统计参数。

### 7.3.3　风荷载与雪荷载

风荷载与雪荷载均以年最大值(年最大风速和年最大雪压)作为统计样本,因而荷载一次出现的持续时间 $\tau = T/50 = 1$ 年,设计基准期内的总时段数 $r = 50$,在每一时段内荷载出现的概率 $p = 1$,荷载出现的次数 $N = pr = 50$。

经 $\chi^2$ 统计假设检验,风速和雪压的年最大值的概率分布均服从极值 I 型分布,其分布

函数仍为式(7-9),则按式(7-12),设计基准期内 $T$ =50 年的年最大风速和最大雪压的概率分布函数为

$$F_T(x) = \exp\{ -\exp[ -\alpha_T(x - u_T) ] \}$$

$$(7-18)$$

式中参数为

$$\left. \begin{array}{l} \alpha_T = 1.282\,55/\sigma \\ u_T = \mu_T - 0.577\,22/\alpha_T \end{array} \right\} \quad (7-19)$$

**图 7-8　风荷载和雪荷载的样本函数**

样本数量有限时,一般用有限样本的平均值 $\bar{x}$ 和标准差 $\sigma$ 作为平均值 $\mu$ 和标准差 $\sigma$ 的近似估计,取

$$\left. \begin{array}{l} \alpha_T = C_1/\sigma_1 \\ u_T = \bar{x} - C_2/\alpha \end{array} \right\} \quad (7-20)$$

式中系数 $C_1$、$C_2$ 见表 7-4。

表 7-4　系数 $C_1$、$C_2$

| 样本数量 $n$ | 10 | 15 | 20 | 25 | 30 | 35 | 40 | 45 | 50 |
|---|---|---|---|---|---|---|---|---|---|
| $C_1$ | 0.9497 | 1.020 57 | 1.062 83 | 1.091 45 | 1.112 38 | 1.128 47 | 1.141 32 | 1.151 85 | 1.160 66 |
| $C_2$ | 0.459 2 | 0.518 2 | 0.523 55 | 0.530 86 | 0.536 22 | 0.540 34 | 0.543 62 | 0.546 30 | 0.548 53 |
| 样本数量 $n$ | 60 | 70 | 80 | 90 | 100 | 250 | 500 | 1 000 | $\infty$ |
| $C_1$ | 1.174 65 | 1.185 36 | 1.193 85 | 1.206 49 | 1.206 49 | 1.242 92 | 1.258 80 | 1.268 51 | 1.282 55 |
| $C_2$ | 0.552 08 | 0.554 77 | 0.556 88 | 0.558 60 | 0.560 02 | 0.568 78 | 0.572 40 | 0.574 50 | 0.577 22 |

### 7.3.4　基本气温

基本气温包括最高温度月的月平均最高气温值与最低温度月的月平均最低气温值,并假定均服从极值 I 型分布,基本气温取极值分布中平均重现期为 50 年的值。荷载一次出现的持续时间 $\tau = T/50 = 1$ 年,设计基准期内的总时段数 $r = 50$,在每一时段内荷载出现的概率 $p = 1$,荷载出现的次数 $N = pr = 50$。

## 7.4　荷载代表值的确定

荷载代表值是指设计中用以验算极限状态所采用的荷载量值,包括标准值、组合值、频遇值和准永久值。

建筑结构设计中,对不同荷载应采用不同的代表值。永久荷载采用标准值作为代表值;可变荷载应根据设计要求采用标准值、组合值、频遇值或准永久值作为代表值;偶然荷载应按建筑结构使用的特点确定其代表值。

《建筑结构荷载规范》GB 50009—2012 规定,荷载标准值是荷载的基本代表值,为设计基准期内最大荷载统计分布的特征值(如均值、众值、中值或某个分位值)。由于最大荷载值是随机变量,因此原则上应由设计基准期($T = 50$ 年)荷载最大值概率分布的某一分位数来确定。但是,有些荷载并不具备充分的统计参数,只能根据已有的工程经验确定,故实际

上荷载标准值取值的分位数并不统一。

## 7.4.1　永久荷载标准值

永久荷载标准值一般相当于永久荷载概率分布(也是设计基准期内最大荷载概率分布)的 0.5 分位值,即正态分布的平均值。由统计分析可知,对易于超重的钢筋混凝土板类构件(屋面板、楼板等),其标准值相当于统计平均值的 0.95 倍。因而,对大多数截面尺寸较大的梁、柱等承重构件,其标准值按设计尺寸与材料重力密度标准值计算,必将更接近于重力概率分布的平均值。

对于某些重量变异较大的材料和构件(如屋面的保温材料、防水材料、找平层以及钢筋混凝土薄板等),为在设计表达式中采用统一的永久荷载分项系数而又能使结构构件具有规定的可靠指标,其标准值应根据对结构的有利(或不利)状态,通过结构可靠度分析,取重力概率分布的某一分位值确定,例如取 $p_f = 0.95$(有利)或 $p_f = 0.05$(不利)分位值。其标准值 $G_k$ 可按下列公式计算:

$$G_k = \mu_G + k_f\sigma_G = \mu_G(1 + k_f\delta_G) \qquad (7-21)$$

式中　$\mu_G$、$\sigma_G$、$\delta_G$——永久荷载的平均值、标准差、变异系数;

　　　$k_f$——永久荷载标准值在标准正态分布概率 $p_f$ 的反函数,即 $k_f = \Phi^{-1}(p_f)$,可查附录 E 确定。

计算分析表明,按给定的设计表达式设计,对承受自重为主的屋盖结构,由保温、防水及找平层等产生的恒荷载宜取高分位值的标准值,具体数值应符合相关荷载规范的规定。

## 7.4.2　可变荷载标准值

可变荷载标准值是由设计基准期 $T$ 内荷载最大值概率分布的指定分位值 $p_f$ 确定的。上节中分析的可变荷载均服从极值 Ⅰ 型分布,则由式(7-12)可导出,可变荷载标准值 $Q_k$ 可按下式计算:

$$Q_k = \mu_Q - 0.450\,05\sigma_Q - 0.779\,70\ln\{-\ln[\Phi(k_f)]\}\sigma_Q$$
$$= \mu_Q\{1 - 0.450\,05\delta_Q - 0.779\,70\ln[-\ln[\Phi(k_f)]]\delta_Q\} \qquad (7-22)$$

式中　$\mu_Q$、$\sigma_Q$、$\delta_Q$——可变荷载的平均值、标准差、变异系数;

　　　$k_f$——可变荷载标准值在标准正态分布概率 $p_f$ 的反函数,即 $k_f = \Phi^{-1}(p_f)$,可查附录 E 确定。

1. 民用楼面活荷载标准值 $L_k$

按式(7-22),将民用楼面活荷载标准值 $L_k$ 表达为在设计基准期最大活荷载 $L_T$ 概率分布的平均值 $\mu_{L_T}$ 与 $a$ 倍标准差 $\sigma_{L_T}$ 之和,即

$$L_k = \mu_{L_T} + a\sigma_{L_T} \qquad (7-23)$$

式中　$a$——保证率,按下式计算。

$$a = -0.450\,05 - 0.779\,70\ln\{-\ln[\Phi(k_f)]\} \qquad (7-24)$$

根据统计资料,现行《建筑结构荷载规范》GB 50009—2012 规定的办公楼、住宅及商店的楼面活荷载标准值 $L_k$ 分别为 2.0 kN/m²、2.0 kN/m²、3.5 kN/m²。按表 7-3 的统计参数,可得相应的保证率 $a$ 分别为:办公楼 $a = 3.16$;住宅 $a = 2.37$;商店 $a = 1.19$。按式(7-23)计算,可得楼面活荷载标准值的分位值分别为:办公楼 $p_f = 99.0\%$;住宅 $p_f = 97.3\%$;商店 $p_f = 88.5\%$。

2. 基本风压 $w_0$ 与基本雪压 $s_0$

风荷载与雪荷载属于自然作用,其统计样本均为年最大值,故采用重现期 $R$ 年来表达其标准值 $x_k$ 比较方便。若假定风荷载(或雪荷载)的平均重现期为 $R$ 年,设计基准期 $R$ 内最大值概率分布 $F_R(x_k) = 1 - 1/R$,由式(7 - 21)可得平均重现期为 $R$ 的年最大风压(或最大雪压)$x_R$ 的计算式:

$$x_R = \mu_R - 0.450\,05\sigma_R - 0.779\,70\ln\left[\ln\left(\frac{R}{R-1}\right)\right]\sigma_R \tag{7 - 25a}$$

也可由统计参数得出 $u_R$ 和 $\alpha_R$,按式(7 - 18)计算,则 $x_R$ 为

$$x_R = u_R - \frac{1}{\alpha_R}\ln\left[\ln\left(\frac{R}{R-1}\right)\right] \tag{7 - 25b}$$

若已知重现期为 10 年和 100 年的风压(雪压)值,利用 $\ln(1-x) \approx -x$($x$ 为很小的数),用线性插值方法得出重现期为 $R$ 年的相应值,即

$$x_R = x_{10} + (x_{100} - x_{10})\left(\frac{\ln R}{\ln 10} - 1\right) \tag{7 - 26}$$

实际上,并非所有的荷载都能取得充分的统计资料,并以合理的统计分析来规定其特征值。因此,《建筑结构荷载规范》GB 50009—2012 没有对分位值作具体的规定,但对性质相类似的可变荷载,应尽可能使其取值在保证率上保持相同的水平。

3. 未列入《建筑结构荷载规范》GB 50009—2012 的楼面活荷载标准值的确定

设计中遇到该情形时,可按下列方法确定其标准值。

(1)对该种楼面活荷载的观测进行统计,当有足够资料并能对其统计分布作出合理估计时,则在房屋设计基准期(50 年)最大值的分布上,根据协定的百分位取其某分位值作为该种楼面活荷载的标准值。

所谓协定的百分位值,原则上可取荷载最大值分布上能表征其集中趋势的统计特征值,例如均值、中值或众值(概率密度最大值),当认为数据代表性不够充分或统计方法不够完善而没有把握时,也可取更完全的高分位值。

(2)对不能取得充分资料进行统计的楼面活荷载,可根据已有的工程经验,通过分析判断后,协定一个可能出现的最大值作为该类楼面活荷载的标准值。

(3)对房屋内部设施比较固定的情况,设计时可直接按给定布置图式或按对结构安全产生最不利效应的荷载布置图式,对结构进行计算。

(4)对使用性质类同的房屋,如内部配置的设施大致相同,一般可对其进行合理分类,在同一类别的房屋中,选取各种可能的荷载布置图式,经分析研究后选出最不利的布置作为该类房屋楼面活荷载标准值的确定依据,采用等效均布荷载方法求出楼面活荷载标准值。

## 7.4.3　可变荷载组合值

可变荷载组合值,主要用于承载能力极限状态的基本组合中,也用于正常使用极限状态的标准组合中。

当两种或两种以上可变荷载在结构上同时作用时,由于所有荷载同时达到其单独出现时可能达到的最大值的概率极小,因此除主导荷载(产生最大荷载效应的荷载)仍可以用其标准值为代表值外,其他伴随荷载均取小于其标准值的组合值为荷载代表值。

荷载组合值记为 $\psi_c Q_k$,其中 $\psi_c(\leqslant 1.0)$ 称为组合值系数,是对荷载标准值 $Q_k$ 的一种折

减系数,其值可根据两个或两个以上的可变荷载在组合后产生的总作用效应值在设计基准期内的超越概率与考虑单一作用时相应概率趋于一致的原则确定,其实质是要求结构在单一可变荷载作用下的可靠度与在两个及以上可变荷载作用下的可靠度保持一致。

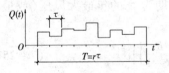

图7-9 等时段矩形波随机过程

可变作用组合值系数 $\psi_c$ 可按下述原则确定。

(1)可变作用近似采用等时段荷载组合模型,假设所有作用的随机过程 $Q(t)$ 都是由相等时段 $\tau$ 组成的矩形波平稳各态历经过程(图7-9)。

(2)根据各个作用在设计基准期内的时段数 $r$ 的大小将作用按序排列,在诸作用的组合中必然有一个作用取其最大作用 $Q_{max}$,而其他作用则分别取各自的时段最大作用或任意时点作用,统称为组合作用 $Q_c$。

(3)按设计值方法的原理,该最大作用的设计值 $Q_{max,d}$ 和组合作用 $Q_{cd}$ 各为

$$Q_{max,d} = F_{Q,max}^{-1}[\Phi(0.7\beta)] \tag{7-27a}$$

$$Q_{cd} = F_{Qc}^{-1}[\Phi(0.28\beta) \tag{7-27b}$$

由此,得到

$$\psi_c = \frac{Q_{cd}}{Q_{max,d}} = \frac{F_{Qc}^{-1}[\Phi(0.28\beta)]}{F_{Q,max}^{-1}[\Phi(0.7\beta)]} = \frac{F_{Q,max}^{-1}[\Phi(0.28\beta)']}{F_{Q,max}^{-1}[\Phi(0.7\beta)]} \tag{7-28a}$$

对极值 I 型的作用,可导出:

$$\psi_c = \frac{1 - 0.78\upsilon\{0.577 + \ln[-\ln[\Phi(0.28\beta)]] + \ln r\}}{1 - 0.78\upsilon\{0.577 + \ln[-\ln[\Phi(0.7\beta)]]\}} \tag{7-28b}$$

式中 $\upsilon$——作用最大值的变异系数。

《建筑结构荷载规范》GB 50009—2012 中规定,风荷载组合值系数取 $\psi_c = 0.6$,其余民用建筑中可变荷载组合值系数均取 $\psi_c = 0.7$;工业建筑的楼面活荷载根据其使用性质取用 $\psi_c \geqslant 0.7$。

### 7.4.4 可变荷载频遇值

可变荷载频遇值用于正常使用极限状态的频遇组合。它是指在设计基准期 $T$ 内,其超越的总时间为规定的较小比率或超越频数为规定频率的荷载值。国际标准 ISO 2394:1998 中规定,频遇值是设计基准期内荷载达到和超过该值的总持续时间与设计基准期的比值小于 0.1 的荷载代表值。

可变作用频遇值可按下述方法确定。

1. 按作用值被超越的总持续时间与设计基准期的规定比率确定频遇值

在可变作用的随机过程的分析中,用作用值超过某水平 $Q_x$ 的总持续时间 $T_x = \sum t_i$ 与设计基准期 $T$ 的比率 $\eta_x = T_x/T$ 来表征频遇值作用的短暂程度(图7-10(a))。图7-10(b)给出的是可变作用 $Q$ 在非零时域内任意时点作用值 $Q^*$ 的概率分布函数 $F_{Q^*}(x)$,超过 $Q_x$ 水平的概率 $p^*$ 可按下式确定:

$$p^* = 1 - F_{Q^*}(Q_x) \tag{7-29}$$

对各态历经的随机过程,存在下列关系式:

$$\eta_x = p^* q \tag{7-30}$$

式中　$q$——作用 $Q$ 的非零概率。

当 $\eta_x$ 为规定值时，相应的作用水平 $Q_x$ 可由式（7-12）求得，即

$$Q_x = F_{Q^*}^{-1}\left(1 - \frac{\eta_x}{q}\right) \tag{7-31}$$

对于与时间相关的正常使用极限状态，作用的频遇值可考虑按这种方式取值，当允许某些极限状态在一个较短的持续时间内被超越，或在总体上不长的时间内被超越，就可采用较小的 $\eta_x$ 值（不大于 0.1），按式（7-31）计算作用的频遇值。

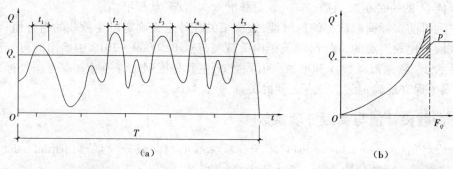

**图 7-10　以作用值超过某水平 $Q_x$ 的总持续时间与设计基准期 $T$ 的比率定义可变作用频遇值**
（a）频遇值作用的短暂程度　（b）可变作用 $Q$ 在非零时域内任意时间点作用值 $Q^*$ 的概率分布函数 $F_{Q^*}(x)$

2. 按作用值被超越的总频数或单位时间平均超越次数（跨阈率）确定频遇值

在可变作用的随机过程的分析中，将作用值超过某水平 $Q_x$ 的次数 $\eta_x$ 或单位时间内的平均超越次数（跨阈率）$v_x = \eta_x/T$ 用来表征频遇值出现的疏密程度。

跨阈率可通过直接观察确定，一般也可应用随机过程的某些特性（如谱密度函数）间接确定。当其任意时点作用 $Q^*$ 的平均值 $\mu_{Q^*}$ 及其跨阈率 $v_m$ 为已知，而且作用是高斯平稳各态历经的随机过程，则对应于跨阈率 $v_x$ 的作用水平 $Q_x$ 可按下式确定：

$$Q_x = \mu_{Q^*} + \sigma_{Q^*}\sqrt{\ln(v_m/v_x)^2} \tag{7-32}$$

式中　$\sigma_{Q^*}$——任意时点作用 $Q^*$ 的标准差。

对于与作用超越次数相关的正常使用极限状态，作用的频遇值可考虑按这种方式取值，当结构振动时涉及人的舒适性、影响非结构构件的性能和设备的使用功能等的极限状态，都可采用频遇值来衡量结构的适用性。

可变荷载的频遇值记为 $\psi_f Q_k$，其中 $\psi_f(\leqslant 1.0)$ 称为频遇值系数，可看作是对荷载标准值 $Q_k$ 的一种折减系数，即 $\psi_f =$ 荷载频遇值/荷载标准值。

### 7.4.5　可变荷载准永久值

可变荷载准永久值是指可变荷载中比较呆滞的部分（例如住宅中较为固定的家具、办公室的设备、学校的课桌椅等），在规定的时间内具有较长的总持续期。可变荷载准永久值对结构的影响犹如永久荷载，其值与可变荷载出现的频繁程度和持续时间长短有关，主要用于正常使用极限状态的准永久组合和频遇组合。在结构设计时，准永久值主要用于考虑荷载长期效应的影响。

可变作用准永久值可按下述原则确定。

（1）对在结构上经常出现的部分，可将其均值作为准永久值采用。

（2）对不易判别的可变作用，可以按作用值被超越的总持续时间与设计基准期的规定比率确定，此时比率可取 0.5。当可变作用可认为是各态历经的随机过程时，准永久值可直接按式（7−31）确定。

《建筑结构荷载规范》GB 50009—2012 中，荷载的准永久值都是根据在设计基准期内荷载达到和超过该值的总持续时间与设计基准期的比值为 0.5 确定的。对办公楼、住宅楼面活荷载及风荷载、雪荷载等，这相当于取其任意时点荷载概率分布的 0.5 分位数。

可变荷载的准永久值记为 $\psi_q Q_k$，其中 $\psi_q$（$\leqslant 1.0$）称为准永久值系数，同样可看作是对荷载标准值 $Q_k$ 的一种折减系数，即 $\psi_q$＝荷载准永久值/荷载标准值。

考虑到目前实际荷载取样的局限性，按严格的统计定义确定可变荷载的组合值、频遇值和准永久值是比较困难的，现行《建筑结构荷载规范》GB 50009—2012 中给出的可变荷载的组合值系数 $\psi_c$、频遇值系数 $\psi_f$ 和准永久值系数 $\psi_q$ 主要是根据工程经验并参考国外标准的相关内容，偏于保守地确定的。三者之间的关系为：$\psi_c \geqslant \psi_f \geqslant \psi_q$。

### 7.4.6　荷载设计值与荷载分项系数

荷载设计值（design value of load）等于荷载标准值与荷载分项系数（partial safety factor for load）的乘积。荷载分项系数一般大于 1.0，

荷载分项系数是在设计计算中，反映荷载的不确定性并与结构可靠度相关联的一个参数。其取值按各类工程结构的相应规范进行，详见第 10 章。

不同性质的荷载，其荷载分项系数可能是不同的。此外，在同一工程结构中，在不同的设计状况下，同一种荷载的效应对工程结构的影响（有利或不利）也是不同的，因此其分项系数可能有多个。

## 思　考　题

1. 为什么把荷载处理为平稳二项随机过程模型？简述其基本假定。
2. 荷载的统计参数有哪些？进行荷载统计时必须统计哪三个参数？
3. 简述 Turkstra 组合原则和 JCSS 组合原则的基本假定和组合方式。
4. 荷载统计时是如何处理荷载随机过程的？几种常遇荷载各有什么统计特性。
5. 荷载的各种代表值是如何确定的？有何意义？

# 第8章 结构构件抗力的统计分析

**【内容提要】**

本章分析了影响结构构件抗力的主要因素,介绍了结构构件抗力的概率模型及其统计参数,阐述了材料强度标准值的概念和取值标准。

结构抗力(structure resistance)指结构承受作用效应的能力,如承载能力、刚度、抗裂度等。结构抗力与作用(荷载)效应是对应的。当结构设计时所考虑的作用(荷载)效应是内力时,对应抗力即为结构的承载能力;当结构设计时所考虑的作用(荷载)效应是变形时,对应抗力即为结构的刚度。

结构抗力可分为四个层次:①整体结构抗力,如整体结构承受风荷载效应或水平地震作用效应的能力;②结构构件抗力,如结构构件在轴力、弯矩作用下的承载能力;③构件截面抗力,构件截面抗弯、抗剪的能力;④截面各点的抗力,截面各点抵抗正应力、剪应力的能力。

目前在结构设计中,变形验算可能针对结构构件(如受弯构件的挠度验算),也可能针对整体结构(如层间水平侧移验算)。承载力验算一般仅针对结构构件及构件截面。

直接对结构构件的抗力进行统计,并确定其统计参数的概率分布类型是非常困难的。通常先对影响结构构件抗力的各种主要因素分别进行统计,确定其统计参数;然后通过抗力与各有关因素的函数关系,从各种因素的统计参数求出结构构件抗力的统计参数;最后根据各主要影响因素的概率分布类型,用数学分析方法或经验判断方法确定结构构件抗力的概率分布类型。

将影响结构构件抗力的各种主要因素作为相互独立的随机变量,结构抗力作为综合随机变量,统计参数之间的关系可利用附录 D.3 公式得出。

设综合随机变量 $Y$ 为独立随机自变量 $X_i(i=1,2,\cdots,n)$ 的任意函数:

$$Y = \varphi(X_1, X_2, \cdots, X_n) \tag{8-1}$$

则综合随机变量 $Y$ 的统计参数如下。

平均值

$$\mu_Y = \varphi(\mu_{X_1}, \mu_{X_2}, \cdots, \mu_{X_n}) \tag{8-2a}$$

标准差

$$\sigma_Y = \sqrt{\sum_{i=1}^{n}\left(\frac{\partial \varphi}{\partial X_i}\bigg|_{\mu} \sigma_{X_i}\right)^2} \tag{8-2b}$$

变异系数

$$\delta_Y = \sigma_Y / \mu_Y \tag{8-2c}$$

式中　$\mu_{X_i}$——随机自变量 $X_i(i=1,2,\cdots,n)$ 的平均值;

　　$\sigma_{X_i}$——随机自变量 $X_i(i=1,2,\cdots,n)$ 的标准差;

　　$\mu$——表示偏导数中的随机自变量 $X_i$ 均以其平均值 $\mu_{X_i}$ 赋值。

# 8.1 结构构件抗力的不定性

影响结构构件抗力的主要因素是结构构件的材料性能 $m$、截面几何参数 $a$ 以及计算模式的精确性 $p$ 等。这些因素都是相互独立的随机变量,因而结构抗力是多元随机变量的函数。

## 8.1.1 结构构件材料性能的不定性

结构构件的强度、弹性模量、泊松比等物理力学性能称为结构构件的材料性能。材料性能的不定性,主要是指材质因素以及工艺、加载制度、环境条件、尺寸等因素引起的构件材料性能的变异性。在工程问题中,材料性能一般是采用标准试件和标准试验方法确定的,并以一个时期内由全国有代表性的生产单位(或地区)的材料性能的统计结果作为全国平均生产水平的代表。对于结构构件的材料性能,还要进一步考虑实际材料性能与标准试件材料性能的差别、实际工作条件与标准试验条件的差别等。

结构构件材料性能的不定性,可用随机变量 $X_m$ 表达:

$$X_m = \frac{f_c}{\omega_0 f_k} = \frac{1}{\omega_0} \cdot \frac{f_c}{f_s} \cdot \frac{f_s}{f_k} = \frac{1}{\omega_0} X_0 X_f \qquad (8-3)$$

式中   $f_c$——结构构件实际的材料性能值;

        $f_s$——试件材料性能值;

        $f_k$——相关设计规范规定的试件材料性能标准值;

        $\omega_0$——相关设计规范规定的反映结构构件材料性能与试件材料性能差别的系数,如考虑缺陷、外形、尺寸、施工质量、加载速度、试验方法、时间等因素影响的各种系数或其函数;

        $X_0$——反映结构构件材料性能与试件材料性能差别的随机变量,$X_0 = f_c/f_s$;

        $X_f$——反映试件材料性能不定性的随机变量,$X_f = f_s/f_k$。

根据式(8-1)及式(8-2),可得 $X_m$ 的统计参数如下。

平均值

$$\mu_{X_m} = \frac{1}{\omega_0} \mu_{X_0} \mu_{X_f} = \frac{\mu_{X_0} \mu_{f_s}}{\omega_0 f_k} \qquad (8-4)$$

变异系数

$$\delta_{X_m} = \sqrt{\delta_{X_0}^2 + \delta_{f_s}^2} \qquad (8-5)$$

式中   $\mu_{f_s}$、$\mu_{X_0}$、$\mu_{X_f}$——试件材料性能 $f_s$、随机变量 $X_0$、随机变量 $X_f$ 的平均值;

        $\delta_{f_s}$、$\delta_{X_0}$——试件材料性能 $f_s$、随机变量 $X_0$ 的变异系数。

经过大量的统计研究,我国常用结构材料强度性能的统计参数见表 8-1。

## 8.1.2 结构构件几何参数的不定性

结构构件几何参数的不定性,主要是指制作尺寸偏差和安装误差等引起的构件几何参数的变异性,它反映了所设计的构件和制作安装后的实际构件之间几何上的差异。根据对结构构件抗力的影响程度,一般构件可仅考虑截面几何参数(如宽度、有效高度、面积、面积矩、抵抗矩、惯性矩、箍筋间距及其函数等)的变异。

表 8 − 1　各种结构材料强度性质的统计参数

| 结构材料 | 材料品种和受力状况 | | $\mu_{x_f}$ | $\delta_{x_f}$ | 结构材料 | 受力状况 | $\mu_{x_f}$ | $\delta_{x_f}$ |
|---|---|---|---|---|---|---|---|---|
| 型钢 | 受拉 | Q235 钢 | 1.08 | 0.08 | 砖砌体 | 轴心受压 | 1.15 | 0.20 |
| | | Q420(16Mn) 钢 | 1.09 | 0.07 | | 小偏心受压 | 1.10 | 0.20 |
| 薄壁型钢 | 受拉 | Q235F 钢 | 1.12 | 0.10 | | 齿缝受剪 | 1.00 | 0.22 |
| | | Q235 钢 | 1.27 | 0.08 | | 受剪 | 1.00 | 0.24 |
| | | 20Mn 钢 | 1.05 | 0.08 | 木材 | 轴心受拉 | 1.48 | 0.32 |
| 钢筋 | 受拉 | HRB235(Q235F) 钢 | 1.02 | 0.08 | | 轴心受压 | 1.28 | 0.22 |
| | | HRB335(20MnSi) 钢 | 1.14 | 0.07 | | 受弯 | 1.47 | 0.25 |
| | | 25MnSi 钢 | 1.09 | 0.06 | | 顺纹受剪 | 1.32 | 0.22 |
| 混凝土 | 轴心受压 | C20 | 1.66 | 0.23 | | | | |
| | | C30 | 1.41 | 0.19 | | | | |
| | | C40 | 1.35 | 0.16 | | | | |

结构构件几何参数的不定性可采用随机变量 $X_a$ 表达：

$$X_a = a/a_k \tag{8-6}$$

式中　$a$、$a_k$——结构构件的几何参数值及几何参数标准值。

$X_a$ 的平均值和变异系数分别为

$$\mu_{X_a} = \mu_a/a_k \tag{8-7}$$

$$\delta_{X_a} = \delta_a \tag{8-8}$$

式中　$\mu_a$、$\delta_a$——结构构件几何参数的平均值及变异系数。

结构构件实际几何参数的统计参数，可根据正常生产情况下结构构件几何尺寸的实测数据，经统计分析得到。当实测数据不足时，也可根据有关标准中规定的几何尺寸公差，经分析判断确定。

经过大量的实测统计工作，我国各类结构构件几何尺寸的有关统计参数列于表 8 − 2 中。

表 8 − 2　各种结构构件几何特征 $X_a$ 的统计参数

| 构件类型 | 统计项目 | $\mu_{X_a}$ | $\delta_{X_a}$ | 构件类型 | 统计项目 | $\mu_{X_a}$ | $\delta_{X_a}$ |
|---|---|---|---|---|---|---|---|
| 型钢构件 | 截面面积 | 1.00 | 0.05 | 钢筋混凝土构件 | 截面高度、宽度 | 1.00 | 0.02 |
| 薄壁型钢构件 | 截面面积 | 1.00 | 0.05 | | 截面有效高度 | 1.00 | 0.03 |
| 砖砌体 | 单向尺寸(370 mm) | 1.00 | 0.02 | | 纵筋截面面积 | 1.00 | 0.03 |
| | 截面尺寸(370 mm×370 mm) | 1.01 | 0.03 | | 纵筋重心到截面近边距离（混凝土保护层厚度） | 0.85 | 0.30 |
| 木构件 | 单向尺寸 | 0.98 | 0.03 | | 箍筋平均间距 | 0.90 | 0.07 |
| | 截面面积 | 0.96 | 0.06 | | 纵筋锚固长度 | 1.02 | 0.09 |
| | 截面模量 | 0.94 | 0.08 | | | | |

一般来说，几何参数的变异系数随几何尺寸的增大而减小，故钢筋混凝土结构和砌体结构截面尺寸的变异系数，通常小于钢结构和薄壁型钢结构的相应值。此外，结构构件截面几

何特性的变异对其可靠度影响较大,不可忽视;而结构构件长度、跨度变异的影响则相对较小,有时可按确定量考虑。

## 8.1.3 结构构件计算模式的不定性

结构构件计算模式的不定性,主要是指在抗力计算中,采用的基本假定和计算公式的不精确等引起的变异性。例如,在建立计算公式的过程中,常采用理想弹性、理想塑性、匀质性、各向同性、平面变形等假定;常采用矩形、三角形、梯形等简单、线性的应力图形代替实际应力分布;常采用简支、固定支等典型边界条件代替实际边界条件;常采用铰接、刚接代替实际的连接条件;常采用线性方法简化计算表达式等。所有这些近似的处理,必然会导致按给定公式计算的构件抗力与实际的构件抗力之间的差异。例如,在计算钢筋混凝土受弯构件正截面强度时,通常常用"等效矩形应力图形"代替受压区混凝土实际的呈曲线分布的压应力图形。这种简化计算的假定,同样会使实际强度与计算强度之间产生误差(虽然不是太大)。计算模式的不定性就反映了这种差异。

结构构件计算模式的不定性,可用随机变量 $X_p$ 表达:

$$X_p = R^0 / R^c \tag{8-9}$$

式中    $R^0$——结构构件的实际抗力值,可取试验实测值或精确计算值;

       $R^c$——结构构件的计算抗力值,为排除 $X_f$、$X_a$ 的变异性对分析 $X_p$ 的影响,应根据材料性能和几何尺寸的实测值按相关设计规范给定的公式计算。

上述三个随机变量 $X_m$、$X_a$、$X_p$ 均为无量纲值,故按上述方法分析所得的统计参数(表8-3)适用于各地区和各种情况。

**表8-3 各种结构构件计算模式 $X_p$ 的统计参数**

| 构件类型 | 受力状态 | $\mu_{X_p}$ | $\delta_{X_p}$ | 构件类型 | 受力状态 | $\mu_{X_p}$ | $\delta_{X_p}$ |
|---|---|---|---|---|---|---|---|
| 钢结构构件 | 轴心受拉 | 1.05 | 0.07 | 钢筋混凝土结构构件 | 轴心受拉 | 1.00 | 0.04 |
| | 轴心受压(Q235F) | 1.03 | 0.07 | | 轴心受压 | 1.00 | 0.05 |
| | 偏心受压(Q235F) | 1.12 | 0.10 | | 偏心受压 | 1.00 | 0.05 |
| 薄壁型钢结构构件 | 轴心受压 | 1.08 | 0.10 | | 受弯 | 1.00 | 0.04 |
| | 偏心受压 | 1.14 | 0.11 | | 受剪 | 1.00 | 0.15 |
| 砖结构砌体构件 | 轴心受压 | 1.05 | 0.15 | 木结构构件 | 轴心受拉 | 1.00 | 0.03 |
| | 小偏心受压 | 1.14 | 0.23 | | 轴心受压 | 1.00 | 0.05 |
| | 齿缝受弯 | 1.06 | 0.10 | | 受弯 | 1.00 | 0.05 |
| | 受剪 | 1.02 | 0.13 | | 顺纹受剪 | 0.97 | 0.08 |

## 8.1.4 例题

【例8-1】 某钢筋材料屈服强度的平均值 $\mu_{f_y} = 280.3$ MPa,标准差 $\sigma_{f_y} = 21.3$ MPa。由于加荷速度及上、下屈服点的差别,构件中材料的屈服强度低于试件材料的屈服强度,两者比值 $X_0$ 的平均值 $\mu_{X_0} = 0.92$,标准差 $\sigma_{X_0} = 0.032$。《混凝土结构设计规范》GB 50010—2010规定的构件材料屈服强度值为 $\omega_0 f_k = 235$ MPa。试求该钢筋材料屈服强度 $f_y$ 的统计参数。

【解】 1）$X_0$ 和 $f_y$ 的变异系数

$$\delta_{X_0} = \sigma_{X_0}/\mu_{X_0} = 0.032/0.92 = 0.035$$

$$\delta_{f_y} = \sigma_{f_y}/\mu_{f_y} = 21.3/280.3 = 0.076$$

2）屈服强度 $f_y$ 的统计参数

由式（8-2）、式（8-3）可得屈服强度 $f_y$ 的统计参数如下。

平均值

$$\mu_{X_f} = \frac{\mu_{X_0}\mu_{f_y}}{\omega_0 f_k} = \frac{0.92 \times 280.3}{235} = 1.097$$

变异系数

$$\delta_{X_f} = \sqrt{\delta_{X_0}^2 + \delta_{f_y}^2} = \sqrt{0.035^2 + 0.076^2} = 0.084$$

【例 8-2】 某预制梁截面尺寸标准值为 $b_k \times h_k = 200\ \text{mm} \times 500\ \text{mm}$。根据《混凝土结构工程施工质量验收规范》GB 50204—2002（2011 版），截面宽度和高度的允许偏差均为 ±5 mm。假定截面尺寸服从正态分布，合格率应达到 95%。试求该梁截面宽度 $b$ 和高度 $h$ 的统计参数。

【解】 根据所规定的允许偏差，截面尺寸平均值为

$$\mu_b = b_k + \frac{\Delta b^+ - \Delta b^-}{2} = 200 + \frac{5-5}{2} = 200\ \text{mm}$$

$$\mu_h = h_k + \frac{\Delta h^+ - \Delta h^-}{2} = 500 + \frac{5-5}{2} = 500\ \text{mm}$$

由正态分布函数的性质，当合格率为 95% 时，有 $b_{min} = \mu_b - 1.645\sigma_b$，$h_{min} = \mu_h - 1.645\sigma_h$，故

$$\sigma_b = \frac{\mu_b - b_{min}}{1.645} = \frac{200-195}{1.645} = 3.040\ \text{mm}$$

$$\sigma_h = \frac{\mu_h - h_{min}}{1.645} = \frac{500-495}{1.645} = 3.040\ \text{mm}$$

根据式（8-7）、式（8-8）可得截面尺寸的统计参数如下。

平均值

$$\mu_{X_b} = \frac{\mu_b}{b_k} = \frac{200}{200} = 1.0$$

$$\mu_{X_h} = \frac{\mu_h}{h_k} = \frac{500}{500} = 1.0$$

标准差

$$\delta_{X_b} = \delta_b = \frac{\sigma_b}{\mu_b} = \frac{3.04}{200} = 0.0152$$

$$\delta_{X_h} = \delta_h = \frac{\sigma_h}{\mu_h} = \frac{3.04}{500} = 0.0061$$

由此可见，允许偏差相同时，构件截面尺寸愈大，则标准差愈小。

# 8.2 结构构件抗力的统计特征

## 8.2.1 结构构件抗力的统计参数

对于由几种材料构成的结构构件，在考虑上述三种主要因素的情况下，其抗力可采用下

列形式表达：

$$R = X_p R_p = X_p R(f_{c1} \cdot a_1, \cdots, f_{ci} \cdot a_i, \cdots, f_{cn} \cdot a_n) \tag{8-10a}$$

或写成

$$R = X_p R_p = X_p R(f_{c1} \cdot a_1, \cdots, f_{ci} \cdot a_i, \cdots, f_{cn} \cdot a_n) = X_p R(f_{ci} a_i) \quad (i = 1, 2, \cdots, n) \tag{8-10b}$$

则

$$R = X_p R_p = X_p R[(X_{f_i} \cdot \omega_{0i} \cdot f_{ki}) \cdot (X_{a_i} \cdot a_{ki})] \quad (i = 1, 2, \cdots, n) \tag{8-11}$$

式中　$R_p$——由计算公式确定的结构构件抗力，$R_p = R(\cdot)$，其中 $R(\cdot)$ 为抗力函数；

　　　$f_{ci}$——结构构件中第 $i$ 种材料的构件性能；

　　　$a_i$——与第 $i$ 种材料相应的结构构件几何参数；

　　　$X_{f_i}、f_{ki}$——结构构件中第 $i$ 种材料的材料性能随机变量及其试件标准值；

　　　$X_{a_i}、a_{ki}$——与第 $i$ 种材料相应的结构构件几何参数随机变量及其标准值。

按式（8-2）计算，得出由计算公式确定的结构构件抗力 $R_p$ 的统计参数：

$$\mu_{R_p} = R(\mu_{f_{ci}}, \mu_{a_i}) \quad (i = 1, 2, \cdots, n) \tag{8-12a}$$

$$\sigma_{R_p} = \sqrt{\sum_{i=1}^{n} \left( \frac{\partial R_p}{\partial X_i} \Big|_{\mu} \sigma_{X_i} \right)^2} \quad (i = 1, 2, \cdots, n) \tag{8-12b}$$

$$\delta_{R_p} = \frac{\sigma_{R_p}}{\mu_{R_p}} \tag{8-12c}$$

式中　$X_i$——抗力函数 $R(\cdot)$ 的有关变量 $f_{ci}$ 和 $a_i(i = 1, 2, \cdots, n)$。

从而，结构构件抗力 $R$ 的统计参数也可表达为

$$\kappa_R = \frac{\mu_R}{R_k} = \frac{\mu_{X_p} \mu_{R_p}}{R_k} \tag{8-13a}$$

$$\delta_R = \sqrt{\delta_{X_p}^2 + \delta_{R_p}^2} \tag{8-13b}$$

式中　$R_k$——按相关设计规范规定的材料性能和几何参数标准值以及抗力计算公式求得的结构构件抗力值。

结构构件抗力标准值 $R_k$ 可表达为

$$R_k = R(\omega_{0i} f_{ki} \cdot a_{ki}) \quad (i = 1, 2, \cdots, n) \tag{8-14}$$

如果结构构件仅由单一材料构成，则抗力计算公式（8-11）可简化为

$$R = X_p \cdot (X_f \cdot \omega_0 \cdot f_k) \cdot (X_a \cdot a_k) = X_p X_f X_a R_k \tag{8-15}$$

式中，$R_k = \omega_0 \cdot f_k \cdot a_k$，则

$$\kappa_R = \frac{\mu_R}{R_k} = \mu_{X_p} \cdot \mu_{X_f} \cdot \mu_{X_a} \tag{8-16a}$$

$$\delta_R = \sqrt{\delta_{X_p}^2 + \delta_{X_f}^2 + \delta_{X_a}^2} \tag{8-16b}$$

对于钢筋混凝土、钢骨混凝土、配筋砖砌体等由两种或两种以上材料构成的结构构件，可采用式（8-12）、式（8-13）计算抗力的统计参数。对于钢、木等由单一材料构成的结构构件，可采用式（8-16）计算抗力的统计参数。

综上所述，根据三个随机变量 $X_m$、$X_a$、$X_p$ 的统计参数，即可求得各种结构构件在不同受力情况下的抗力的统计参数 $\kappa_R$、$\delta_R$（表 8-4）。

表 8 - 4　各种结构构件抗力的统计参数

| 构件类型 | 受力状态 | $\kappa_R = \mu_R/R_k$ | $\delta_R$ | 构件类型 | 受力状态 | $\kappa_R = \mu_R/R_k$ | $\delta_R$ |
|---|---|---|---|---|---|---|---|
| 钢结构构件 | 轴心受拉(Q235F) | 1.13 | 0.12 | | 轴心受拉(短柱) | 1.10 | 0.10 |
| | 轴心受压(Q235F) | 1.11 | 0.12 | | 轴心受压(短柱) | 1.33 | 0.17 |
| | 偏心受压(Q235F) | 1.21 | 0.15 | 钢筋混凝土结构构件 | 小偏心受压(短柱) | 1.30 | 0.15 |
| 薄壁型钢结构构件 | 轴心受压(Q235F) | 1.21 | 0.15 | | 大偏心受压(短柱) | 1.16 | 0.13 |
| | 偏心受压(16Mn) | 1.20 | 0.15 | | 受弯 | 1.13 | 0.10 |
| | | | | | 受剪 | 1.24 | 0.19 |
| 砖结构砌体构件 | 轴心受压 | 1.21 | 0.25 | | 轴心受拉 | 1.42 | 0.33 |
| | 小偏心受压 | 1.26 | 0.30 | 木结构构件 | 轴心受压 | 1.23 | 0.23 |
| | 齿缝受弯 | 1.06 | 0.24 | | 受弯 | 1.38 | 0.27 |
| | 受剪 | 1.02 | 0.27 | | 顺纹受剪 | 1.23 | 0.25 |

## 8.2.2　例题

**【例 8 - 3】**　试求钢筋混凝土短柱轴心受压承载力的统计参数 $\kappa_R$ 和 $\delta_R$。已知相关参数如下。

混凝土:强度等级 C30,$f_{ck} = 20.1$ MPa,$\mu_{X_{f_c}} = 1.41$,$\delta_{X_{f_c}} = 0.19$。

钢筋:强度等级 HRB335,$f_{yk} = 335$ MPa,$\mu_{X_{f_y'}} = 1.14$,$\delta_{X_{f_y'}} = 0.07$。

截面尺寸:$b_k \times h_k = 400$ mm $\times 400$ mm,$\mu_{X_b} = \mu_{X_h} = 1.0$,$\delta_{X_b} = \delta_{X_h} = 0.02$。

配筋率:$\rho_s' = 1.1\%$,$\mu_{X_{A_s'}} = 1.0$,$\delta_{X_{A_s'}} = 0.03$。

计算模式:$\mu_{X_p} = 1.0$,$\delta_{X_p} = 0.05$。

**【解】**　按《混凝土结构设计规范》GB 50010—2010,轴心受压短柱的承载力计算公式为

$$N_p = f_c bh + f_y' A_s'$$

按式(8-1)及式(8-2),可得

$$\mu_{N_p} = \mu_{f_c}\mu_b\mu_h + \mu_{f_y}\mu_{A_s'} = \mu_{X_f}f_{ck} \cdot \mu_{X_b}b_k \cdot \mu_{X_b}h_k + \mu_{X_{f_y}}f_{yk} \cdot \mu_{X_{A_s}}\rho_s'b_k h_k$$

$$= 1.41 \times 20.1 \times 1.0 \times 400 \times 1.0 \times 400 + 1.14 \times 335 \times 1.0 \times 0.011 \times 400 \times 400$$

$$= 5\ 206.704\ \text{kN}$$

$$\sigma_{N_p}^2 = \sigma_{f_c}^2\mu_b^2\mu_h^2 + \mu_{f_c}^2\sigma_b^2\mu_h^2 + \mu_{f_c}^2\mu_b^2\sigma_h^2 + \mu_{f_y'}^2\sigma_{A_s'}^2 + \sigma_{f_y'}^2\mu_{A_s'}^2$$

$$= \mu_{f_c}^2\mu_b^2\mu_h^2(\delta_{f_c}^2 + \delta_b^2 + \delta_h^2) + \mu_{f_y}^2\mu_{A_s'}^2(\delta_{f_y'}^2 + \delta_{A_s'}^2)$$

取

$$C = \frac{\mu_{f_y}\mu_{A_s'}}{\mu_{f_c}\mu_b\mu_h} = \rho_s'\frac{\mu_{X_{f_y}}f_{yk}}{\mu_{X_f}f_{ck}} = 0.011 \times \frac{1.14 \times 335}{1.41 \times 20.1} = 0.148\ 2$$

则得

$$\delta_{N_p}^2 = \frac{\sigma_{N_p}^2}{\mu_{N_p}^2} = \frac{\delta_{f_c}^2 + \delta_b^2 + \delta_h^2 + C^2(\delta_{f_y'}^2 + \delta_{A_s'}^2)}{(1 + C)^2}$$

$$= \frac{0.19^2 + 0.02^2 + 0.02^2 + 0.148\ 2^2(0.07^2 + 0.03^2)}{(1 + 0.148\ 2)^2}$$

$$= 0.028\ 1$$

再由式(8 – 13),可得

$$\kappa_R = \frac{\mu_N}{N_k} = \frac{\mu_{X_P}\mu_{N_P}}{f_{ck}b_kh_k + f'_{yk}A'_{sk}} = \frac{1.0 \times 5\,206.704 \times 10^3}{(20.1 + 335 \times 0.011) \times 400 \times 400} = 1.368$$

$$\delta_R = \sqrt{\delta_{X_P}^2 + \delta_{R_P}^2} = \sqrt{0.05^2 + 0.028\,1^2} = 0.057\,4$$

### 8.2.3　结构构件抗力的分布类型

由式(8 – 10a)、式(8 – 15)可知,结构构件抗力 $R$ 是多个随机变量的函数。即使每个随机变量的概率分布函数已知,在理论上推导抗力 $R$ 的概率分布函数也有很大的数学困难。实际工程中,常根据概率论原理假定结构构件抗力的概率分布函数。

概率论的中心极限定理(详见附录 D.5)指出,若随机变量 $X_1,X_2,\cdots,X_n$ 相互独立,且其中任何一个均不占优势,当 $n$ 充分大时,无论 $X_1,X_2,\cdots,X_n$ 服从哪种类型的概率分布,只要满足定理条件,则各随机变量之和 $Y = \sum_{i=1}^{n} X_i$ 近似服从正态分布。

由概率理论可知,若随机变量 $Y$ 是由多个独立随机自变量 $X_i$ 的乘积构成的,即 $Y = X_1X_2\cdots X_n$,则 $\ln Y = \ln X_1 + \ln X_2 + \cdots + \ln X_n$。由中心极限定理可知,当 $n$ 充分大时,无论 $\ln X_1,\ln X_2,\cdots,\ln X_n$ 服从哪种类型的概率分布,$\ln Y$ 总是近似服从正态分布,从而 $Y$ 的分布近似服从对数正态分布。

由于结构构件抗力 $R$ 常用多个影响相近的随机变量相乘而得,其计算模式大多为 $Y = X_1X_2\cdots X_n$ 或 $Y = X_1X_2X_3 + X_4X_5X_6\cdots + X_n$ 等形式,因此可近似认为,无论 $X_1,X_2,\cdots,X_n$ 为何种分布,结构构件抗力 $R$ 的概率分布函数均近似服从对数正态分布。这样处理比较简便,能满足一次二阶矩方法分析结构可靠度的精度要求。

## 8.3　材料强度的标准值和设计值

材料强度的标准值 $f_k$ 是结构设计时所用的材料强度 $f$ 的基本代表值,它不仅是设计表达式中材料性能取值的依据,而且也是生产中控制材料性能质量的主要依据。

材料强度的标准值应根据符合规定质量的材料性能的概率分布的某一分位值确定。统计表明,材料强度 $f$ 一般服从正态分布,则其标准值 $f_k$ 可按下列公式计算:

$$f_k = \mu_f - \alpha_f\sigma_f = \mu_f(1 - \alpha_f\delta_f) \tag{8 – 17a}$$

式中　$\mu_f,\sigma_f,\delta_f$——永久荷载的平均值、标准差、变异系数;

$\alpha_f$——材料强度标准值在标准正态分布概率 $p_f$ 的反函数,即 $\alpha_f = \Phi^{-1}(p_f)$,可查附录 E 确定。

从当前的发展来看,一般将材料强度标准值 $f_k$ 定义在设计限定质量相应的材料强度 $f$ 概率分布的 0.05 分位值上,这时相应的偏低率 $p_f$ 为 5%。查附录 E 得,$\alpha_f = 1.645$,则

$$f_k = \mu_f - \alpha_f\sigma_f = \mu_f - 1.645\sigma_f \tag{8 – 17b}$$

当材料强度符合式(8 – 17b)所定义的标准值时,可近似地认为其在质量上等同于极限质量水平。

材料强度设计值是材料强度标准值除以材料分项系数值后的值,即

$$材料强度设计值 = \frac{材料强度标准值}{材料分项系数} \tag{8 – 18}$$

其中,材料强度分项系数是结构设计时,考虑材料性能不确定性并与结构可靠度相关联的分项系数。

常用材料强度设计值的定义如下。

1. 混凝土

混凝土的轴心抗压强度设计值$f_c$和轴心抗拉强度设计值$f_t$分别为

$$f_c = \frac{f_{ck}}{\gamma_c} \qquad (8-19a)$$

$$f_t = \frac{f_{tk}}{\gamma_c} \qquad (8-19b)$$

式中 $f_{ck}$、$f_{tk}$——混凝土轴向抗压和轴向抗拉强度标准值;

$\gamma_c$——混凝土强度分项系数。

在现行建筑结构相关规范和公路桥涵结构相关规范中,混凝土轴向抗压和轴向抗拉强度标准值是相同的。按照可靠度分析法和工程经验校准法计算,《混凝土结构设计规范》GB 50010—2010 规定,取 $\gamma_c = 1.4$;《公路钢筋混凝土及预应力混凝土桥涵设计规范》JTG D62—2004 规定,取 $\gamma_c = 1.45$;《公路圬工桥涵设计规范》JTG D61—2005 中规定,对轴心抗压取 $\gamma_c = 1.45/0.85 = 1.71$,对弯曲抗拉取 $\gamma_c = 1.45/0.75 = 1.87$。

2. 混凝土中的钢筋

混凝土中的钢筋的强度设计值$f_y$定义为

$$f_y = f_{yk}/\gamma_s \qquad (8-20)$$

式中 $f_{yk}$——钢筋的强度标准值,对普通热轧钢筋,取其屈服强度标准值;对预应力筋,取其条件屈服强度标准值($\sigma_{p0.2}$);

$\gamma_s$——钢筋强度分项系数。

钢筋的强度标准值取自现行国家标准的钢筋屈服点,具有不低于 95% 的保证率。钢筋强度分项系数也按照可靠度分析法和工程经验校准法确定。由于钢筋材料质量的差别,各品种钢筋采用不同的强度分项系数。

《混凝土结构设计规范》GB 50010—2010 规定:对 HPB300、HRB335 及 HRB400 级热轧钢筋,取 $\gamma_s = 1.10$;对 HRB500 级热轧钢筋,适当提高安全储备,取 $\gamma_s = 1.15$;对预应力钢丝、钢绞线,取 $\gamma_s = 1.20$;对中强度预应力钢丝和预应力螺纹钢筋,取 $\gamma_s = 1.20 \sim 1.21$。

《公路钢筋混凝土及预应力混凝土桥涵设计规范》JTG D62—2004 规定,对各类热轧钢筋,取 $\gamma_s = 1.25$;对无明显屈服台阶的钢绞线、碳素钢丝,取 $\gamma_s = 1.47$。

3. 砌体

各类砌体的各种强度设计值,均按式(8-20)求得。《砌体结构设计规范》GB 50003—2011 中,依据施工质量的不同,材料分项系数取值为 B 级取 1.6,C 级取 1.8;《公路圬工桥涵设计规范》JTG D61—2005 中,各类砌体的材料分项系数均取 1.6。

4. 钢结构中的钢材

钢结构中的钢材的强度设计值$f$定义为

$$f = \frac{f_y}{\gamma_R} \qquad (8-21)$$

式中 $f_y$——钢材的屈服强度值;

$\gamma_R$——钢材强度(钢构件抗力)分项系数。

《钢结构设计规范》GB 50017—2003 根据钢材应力种类对不同牌号的钢材采用不同的强度分项系数,详见表 8 - 5。

表 8 - 5　钢材强度(钢构件抗力)分项系数 $\gamma_R$

| 钢材牌号 | | Q235 | Q345、Q390、Q420 |
|---|---|---|---|
| 应力种类 | 抗拉、抗压和抗弯 | 1.087 | 1.111 |
| | 端断承压(刨平顶紧) | 1.15 | 1.175 |

# 思 考 题

1. 简述结构抗力的定义、分类及其影响因素。
2. 结构构件材料性能的不定性是什么原因引起的?
3. 什么是结构计算模式的不定性? 如何统计?
4. 结构构件几何参数的不定性主要包括哪些?
5. 结构构件的抗力分布可近似为什么类型? 其统计参数如何计算?
6. 材料的强度标准值和设计值如何确定?

# 习 题

1. 试求 16Mn 钢筋屈服强度的统计参数。

已知:试件钢筋本身屈服强度的平均值 $\mu_{f_y} = 380$ MPa,变异系数 $\delta_{f_y} = 0.053$。由于加荷速度及上、下屈服点的差别,构件中材料的屈服强度低于试件材料的屈服强度,经统计两者比值 $K_0$ 的平均值 $\mu_{K_0} = 0.975$,变异系数 $\delta_{K_0} = 0.011$。钢筋轧制时截面面积变异,其平均值 $\mu_{K_0} = 1.015$,变异系数 $\mu_{K_0} = 0.0247$,设计中选用规格引起的钢筋截面面积变异,其平均值 $\mu_{K_0} = 1.025$,变异系数 $\delta_{K_0} = 0.05$。规范规定的构件材料屈服强度值为 $K_0 f_k = 335$ MPa。

2. 求优良等级钢筋混凝土预制板截面宽度和高度的统计参数。

已知:根据钢筋混凝土工程施工及验收规范,预制板截面宽度允许偏差 $\Delta b$ 为( - 5 mm, 3 mm),截面高度允许偏差 $\Delta h$ 为( - 3 mm, 25 mm),截面尺寸标准值为 $b_k \times h_k = 500$ mm × 100 mm,假定截面尺寸符合正态分布,合格率应达到 90%。

3. 求钢筋混凝土斜压抗剪强度计算公式不精确性的统计参数。设对 10 根梁进行试验,相关数据见表 8 - 6。

表 8 - 6　各种结构构件抗力 $R$ 的统计参数

| 序 号 | $f_a^s$/MPa | $b_k \times h_k/(\text{mm} \times \text{mm})$ | $a^s/h_0^s$ | $Q_p^s$ | $Q_p$ | $Q_p^s/Q_p$ |
|---|---|---|---|---|---|---|
| 1 | 385 | 79 × 180 | 0.8 | 12.2 | 15.1 | 0.807 |
| 2 | 194 | 101 × 549 | 1.0 | 29.9 | 33.1 | 0.905 |
| 3 | 252 | 75 × 554 | 1.0 | 29.9 | 32.6 | 0.916 |
| 4 | 256 | 66 × 545 | 1.0 | 24.9 | 27.7 | 0.900 |
| 5 | 195 | 51 × 551 | 1.0 | 16.9 | 16.8 | 1.015 |
| 6 | 266 | 51 × 551 | 1.5 | 20.0 | 21.4 | 0.936 |
| 7 | 266 | 50 × 545 | 1.5 | 21.7 | 20.7 | 1.048 |
| 8 | 230 | 62 × 548 | 2.0 | 17.5 | 20.8 | 0.840 |
| 9 | 282 | 55 × 450 | 2.0 | 18.5 | 18.6 | 0.983 |
| 10 | 282 | 61 × 452 | 3.6 | 17.3 | 18.3 | 0.946 |

# 第9章  结构可靠度分析与计算

【内容提要】

本章首先介绍了结构可靠度的基本概念,包括结构的功能要求、极限状态和功能函数;在此基础上,详细阐述了结构可靠度计算的中心点法和一次二阶矩法。简述了相关随机变量的结构可靠度和结构体系的可靠度分析及计算方法。

## 9.1  结构可靠度的基本概念

### 9.1.1  结构的功能要求

工程结构设计的基本目的是:在一定的经济条件下,结构的设计、施工和维护应使结构在设计使用年限内以适当的可靠度且经济的方式满足各项规定的功能要求。

《工程结构可靠性设计统一标准》GB 50153—2008 规定,结构在规定的设计使用年限内应满足下列功能要求:①能承受在施工和使用期间可能出现的各种作用;②保持良好的使用性能;③具有足够的耐久性能;④当发生火灾时,在规定的时间内可保持足够的承载力;⑤当发生爆炸、撞击、人为错误等偶然事件时,结构能保持必需的整体稳固性,不出现与起因不相称的破坏后果,防止出现结构的连续倒塌。

上述①、④、⑤项为结构的安全性要求,第②项为结构的适用性要求,第③项为结构的耐久性要求。

这些功能要求概括起来称为结构的可靠性,即结构在规定的时间内(如设计基准期为50 年)、在规定的条件下(正常设计、正常施工、正常使用维护)完成预定功能(安全性、适用性和耐久性)的能力。显然,增大结构设计的余量,如加大结构构件的截面尺寸或钢筋数量,或提高对材料性能的要求,总是能够增加或改善结构的可靠性要求,但这将使结构造价提高,不符合经济的要求。因此,结构设计要根据实际情况,解决好结构可靠性与经济性之间的矛盾,既要保证结构具有适当的可靠性,又要尽可能降低造价,做到经济合理。

### 9.1.2  结构的极限状态

整个结构或结构的一部分超过某一特定状态就不能满足设计规定的某一功能要求,此特定状态称为该功能的极限状态。

极限状态是区分结构工作状态可靠或失效的标志。结构失效形式包括功能失效、服务失效、几何组成失效、传递失效、稳定失效、材料过应力失效。

根据结构功能要求,《工程结构可靠度设计统一标准》GB 50153—2008 将结构的极限状态分为两类:承载力极限状态和正常使用极限状态。

1. 承载力极限状态(ultimate limit states)

承载力极限状态对应于结构或结构构件达到最大承载能力或不适于继续承载的变形。

结构或结构构件出现下列状态之一时,应认为超过了承载力极限状态。

(1)结构构件或连接因超过材料强度而破坏,或因过度变形而不适于继续承载。

(2)整个结构或结构的一部分作为刚体失去平衡。

(3)结构转变为机动体系。

(4)结构或结构构件丧失稳定。

(5)结构因局部破坏而发生连续倒塌。

(6)地基丧失承载力而破坏。

(7)结构或结构构件的疲劳破坏。

承载力极限状态分为构件层次和结构层次,各种承载能力极限状态通过规定明确的标志进行计算。

此外,同一结构或构件可能存在对应上述不同状态的承载能力极限状态,此时应以承载能力最小的情况作为该结构或构件的承载能力极限状态。

2. 正常使用极限状态(serviceability limit states)

这种极限状态对应于结构或构件达到正常使用或耐久性能的某项规定限值。结构或结构构件出现下列状态之一时,应认为超过了承载力极限状态。

(1)影响正常使用或外观的变形,如过大的挠度。

(2)影响正常使用或耐久性能的局部损失,如不允许出现裂缝结构的开裂;对允许出现裂缝的构件,其裂缝宽度超过了允许限值。

(3)影响正常使用的振动。

(4)影响正常使用的其他特定状态,如水池渗漏、钢材腐蚀、混凝土冻害等。

虽然正常使用极限状态的后果一般不如越过承载能力极限状态那样严重,但是也不可忽视,例如过大变形会造成房屋内粉刷剥落、门窗变形、填充墙和隔断墙开裂及屋面积水等后果;在多层精密仪表车间中,过大的楼面变形还可能影响到产品的质量;水池和油罐等结构开裂会引起渗漏;混凝土构件出现过大的裂缝会影响使用寿命。此外,结构或构件出现过大的变形和裂缝将引起用户心理上的不安全感。当然,正常使用极限状态被超越后,其后果的严重程度比承载能力极限状态被超越要轻一些,因此对其出现概率的控制可放宽一些。

对于结构的各种极限状态,均应规定明确的标志及限值。

## 9.1.3 结构功能函数

按极限状态进行结构设计时,可以根据结构预定功能所要求的各种结构性能(如强度、刚度、应力、裂缝等),建立包括各种变量(如荷载、材料性能、几何参数等)的函数,该函数称为结构功能函数,用 $Z$ 来表示:

$$Z = g(X_1, X_2, \cdots, X_i, \cdots, X_n) \quad (i = 1, 2, \cdots, n) \tag{9-1}$$

式中 $X_i$——影响结构性能的基本变量,包括结构上的各种作用和环境影响,如荷载、材料性能、几何参数等。

在进行可靠度分析时,一般将上述各种基本变量 $X_i$ 从性质上归纳为两类综合基本变量,即结构抗力 $R$ 和作用效应 $S$,则结构功能函数 $Z$ 可简化为

$$Z = g(R, S) = R - S \tag{9-2}$$

按式(9-2)表达的结构功能函数,结构或构件完成预定功能的工作状态可分为以下三种情况(图9-1)。

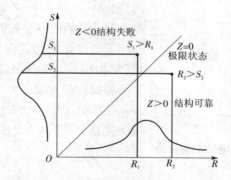

**图 9 - 1 结构完成预定功能的工作状态**

（1）当 $Z > 0$ 时，即 $R > S$，结构能够完成预定的功能，处于可靠状态。

（2）当 $Z < 0$ 时，即 $R < S$，结构不能完成预定的功能，处于失效状态。

（3）当 $Z = 0$ 时，即 $R = S$，结构处于临界的极限状态。

因此，结构的极限状态可采用下列方程描述：

$$Z = R - S = g(X_1, X_2, \cdots, X_i, \cdots, X_n) = 0 \quad (i = 1, 2, \cdots, n) \tag{9-3}$$

式（9-3）称为结构的极限状态方程，它是结构可靠与失效的临界点，要保证结构处于可靠状态，结构功能函数 $Z$ 应符合下列要求：

$$Z = g(X_1, X_2, \cdots, X_i, \cdots, X_n) \geqslant 0 \quad (i = 1, 2, \cdots, n) \tag{9-4a}$$

或

$$Z = R - S \geqslant 0 \tag{9-4b}$$

由第 7 章和第 8 章的分析可知，荷载（作用）、材料性能、几何参数等均为随机变量，故作用效应 $S$ 和结构抗力 $R$ 也是随机变量，结构处于可靠状态（$Z \geqslant 0$）显然也具有随机性。

## 9.1.4 结构可靠度和可靠指标

结构在规定的时间内，在规定的条件下完成预定功能的概率，称为结构的可靠度，即结构可靠度是对结构可靠性的概率度量。

结构能够完成预定功能的概率称为可靠概率 $p_s$；反之，则称为失效概率 $p_f$。显然，两者是互补的，即 $p_s + p_f = 1.0$。由于结构的失效概率比可靠概率有更明确的物理意义，习惯上常用结构的失效概率来度量结构可靠性，失效概率 $p_f$ 愈小，则表明结构可靠度愈大。

若已知结构抗力 $R$ 和荷载效应 $S$ 的概率密度函数分别为 $f_R(r)$ 和 $f_S(s)$，可得失效概率 $p_f$ 为

$$p_f = P(Z = R - S < 0) = \iint\limits_{r < s} f_R(r) \cdot f_S(s) \mathrm{d}r \mathrm{d}s \tag{9-5}$$

按上式求解失效概率 $p_f$ 涉及复杂的概率运算，还需要作多重积分。而且实际工程中，结构功能函数 $Z$ 的基本自变量并不是两个，即使将这些变量归纳为结构抗力 $R$ 和荷载效应 $S$，$R$ 和 $S$ 的分布也并不一定是简单函数；因而，除了特别重要的和新型的结构外，一般并不采用直接计算 $p_f$ 的设计方法。《工程结构可靠度设计统一标准》GB 50153—2008 和一些国外标准均采用可靠指标 $b$ 代替失效概率 $p_f$ 来度量结构的可靠性。

1. 基本变量 $R$ 和 $S$ 均服从正态分布

假设结构抗力 $R$ 和荷载效应 $S$ 都是服从正态分布的随机变量，且 $R$ 和 $S$ 是相互独立

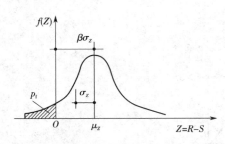

**图 9-2　结构功能函数 $Z$ 的概率分布曲线**

的,则结构功能函数 $Z = R - S$ 也是正态分布的随机变量。$Z$ 的概率分布曲线如图 9-2 所示。

下面以结构功能函数只包含两个综合基本变量(结构抗力 $R$ 和荷载效应 $S$)的情况,说明如何建立可靠指标与失效概率之间的关系。

结构处于失效状态时,$Z = R - S < 0$,其出现的概率就是失效概率 $p_f$(图 9-2 中的阴影面积):

$$p_f = P(Z = R - S < 0) = \int_{-\infty}^{0} f(Z)\mathrm{d}Z \quad (9-6)$$

式中　$f(Z)$——结构功能函数 $Z$ 的概率密度分布函数。

取结构抗力 $R$ 的平均值为 $\mu_R$,标准差为 $\sigma_R$;荷载效应的平均值为 $\mu_S$,标准差为 $\sigma_S$,则结构功能函数 $Z$ 的平均值 $\mu_Z$ 及标准差 $\sigma_Z$ 分别为

$$\mu_Z = \mu_R - \mu_S \quad (9-7)$$

$$\sigma_Z = \sqrt{\sigma_R^2 + \sigma_S^2} \quad (9-8)$$

根据正态分布的概率分布函数,式(9-6)可写为

$$p_f = \int_{-\infty}^{0} f(Z)\mathrm{d}Z = \frac{1}{\sigma_Z \sqrt{2\pi}} \int_{-\infty}^{0} \exp\left[ -\frac{(Z - \mu_Z)^2}{2\sigma_Z^2} \right]\mathrm{d}Z \quad (9-9)$$

取 $\mu_Z = \beta\sigma_Z$,并令 $X = (Z - \mu_Z)/\sigma_Z$,将式(9-9)化为标准正态分布函数,可得

$$p_f = \frac{1}{\sqrt{2\pi}} \int_{-\infty}^{-\beta} \exp\left[ -\frac{1}{2}X^2 \right]\mathrm{d}X = 1 - \frac{1}{\sqrt{2\pi}} \int_{\beta}^{\infty} \exp\left[ -\frac{1}{2}X^2 \right]\mathrm{d}X = 1 - \Phi(\beta) \quad (9-10)$$

由图 9-2 可见,结构失效概率 $p_f$ 与结构功能函数 $Z$ 的平均值 $\mu_Z$ 到坐标原点的距离有关,$\mu_Z = \beta\sigma_Z$。$\beta$ 值越大,失效概率 $p_f$ 就小;反之亦然。因此,$\beta$ 与 $p_f$ 一样,可作为度量结构可靠度的一个指标,故称 $\beta$ 为结构的可靠指标。$\beta$ 值可按下式计算:

$$\beta = \frac{\mu_Z}{\sigma_Z} = \frac{\mu_R - \mu_S}{\sqrt{\sigma_R^2 + \sigma_S^2}} \quad (9-11)$$

再由式(9-10)计算,可得对应的失效概率 $p_f$,见表 9-1。式(9-10)中的函数 $\Phi(\beta)$ 可由概率理论的相关计算得到(参见附录 E)。显然,$\beta$ 与 $p_f$ 之间存在着一一对应关系,分析表 9-1 中的计算结果可知,$\beta$ 值相差 0.5,失效概率 $p_f$ 大致相差一个数量级;而且不论 $\beta$ 值多大,$p_f$ 也不可能为零。

因此,失效概率 $p_f$ 总是存在的,要使结构设计做到绝对的可靠($R > S$)是不可能的。从概率的角度,结构设计的目的就是使 $Z < 0$ 的概率 $p_f$ 足够小,以达到人们可接受的程度。

**表 9-1　可靠指标 $\beta$ 与失效概率 $p_f$ 的对应关系**

| 可靠指标 $\beta$ | 1.0 | 1.5 | 2.0 | 2.5 | 2.7 | 3.0 |
|---|---|---|---|---|---|---|
| 失效概率 $p_f$ | $15.90 \times 10^{-2}$ | $6.68 \times 10^{-2}$ | $2.28 \times 10^{-2}$ | $6.21 \times 10^{-3}$ | $3.50 \times 10^{-3}$ | $1.35 \times 10^{-3}$ |
| 可靠指标 $\beta$ | 3.2 | 3.5 | 3.7 | 4.0 | 4.2 | 4.7 |
| 失效概率 $p_f$ | $6.90 \times 10^{-4}$ | $2.33 \times 10^{-4}$ | $1.10 \times 10^{-4}$ | $3.17 \times 10^{-5}$ | $1.30 \times 10^{-5}$ | $1.30 \times 10^{-6}$ |

2.基本变量 $R$ 和 $S$ 均服从对数正态分布

上述计算过程中,可靠指标 $\beta$ 的导出是基于结构抗力 $R$ 和荷载效应 $S$ 都服从正态分布

的假设。若结构抗力 $R$ 和荷载效应 $S$ 都服从对数正态分布,且相互独立,则结构功能函数

$$Z = \ln(R/S) = \ln R - \ln S \tag{9-12}$$

也服从正态分布,可靠指标为

$$\beta = \frac{\mu_Z}{\sigma_Z} = \frac{\mu_{\ln R} - \mu_{\ln S}}{\sqrt{\sigma_{\ln R}^2 + \sigma_{\ln S}^2}} \tag{9-13}$$

由附录 D 所列对数正态分布函数及其数字特征,可得出 $\ln X$ 的统计参数$(\mu_{\ln X}、\sigma_{\ln X})$与 $X$ 的统计参数$(\mu_X、\sigma_X)$之间有如下关系:

$$\mu_{\ln X} = \ln \mu_X - \ln \sqrt{1 + \delta_X^2} \tag{9-14}$$

$$\sigma_{\ln X} = \sqrt{\ln(1 + \delta_X^2)} \tag{9-15}$$

由此得到,可靠指标的表达式为

$$\beta = \frac{\mu_Z}{\sigma_Z} = \frac{\ln \dfrac{\mu_R \sqrt{1 + \delta_S^2}}{\mu_S \sqrt{1 + \delta_R^2}}}{\sqrt{\ln(1 + \delta_R^2) + \ln(1 + \delta_S^2)}} \tag{9-16}$$

当变异系数 $\delta_R、\delta_S$ 都很小(小于 0.3)时,利用 $\ln(1 + x) \approx x$,式(9-16)可简化为

$$\beta = \frac{\mu_Z}{\sigma_Z} = \frac{\ln \mu_R - \ln \mu_S}{\sqrt{\delta_R^2 + \delta_S^2}} \tag{9-17}$$

从式(9-11)和式(9-17)可见,采用结构的可靠指标 $\beta$ 度量结构的可靠性,几何意义明确、直观,并且计算过程只涉及随机变量的统计参数,计算方便,因而在实际计算中得到广泛应用。

### 9.1.5　例题

【例 9-1】　某热轧 H 型钢轴心受压短柱,截面面积 $A = 12\ 040\ \text{mm}^2$,材质为 Q235B。设荷载服从正态分布,轴力 $N$ 的平均值 $\mu_N = 2\ 200\ \text{kN}$,变异系数 $\delta_N = 0.10$。钢材屈服强度 $f$ 服从正态分布,其平均值 $\mu_f = 280\ \text{MPa}$,变异系数 $\delta_f = 0.08$。不考虑构件截面尺寸的变异和计算模式的不精确性,试计算该短柱的可靠指标 $\beta$。

【解】　1)荷载效应 $S$ 的统计参数

$$\mu_S = \mu_N = 2\ 200\ \text{kN}$$

$$\sigma_S = \sigma_N = \delta_N \mu_N = 2\ 200 \times 0.10 = 220\ \text{kN}$$

2)构件抗力 $R$ 的统计参数

短柱的抗力为 $R = fA$,抗力的统计参数为

$$\mu_R = \mu_f A = 280 \times 12\ 040 \times 10^{-3} = 3\ 371.2\ \text{kN}$$

$$\sigma_R = \delta_R \mu_R = 0.08 \times 3\ 371.2 = 269.696\ \text{kN}$$

3)可靠指标 $\beta$

$$\beta = \frac{\mu_R - \mu_S}{\sqrt{\sigma_R^2 + \sigma_S^2}} = \frac{3\ 371.2 - 2\ 200}{\sqrt{269.696^2 + 220^2}} = 3.365$$

查标准正态分布表(附录 E),可得 $\Phi(\beta) = 0.999\ 6$,相应的失效概率 $p_f = 1 - 0.999\ 6 = 4.0 \times 10^{-4}$。

## 9.2   结构可靠度计算

在实际工程中,结构功能函数通常是由多个随机变量组成的非线性函数,而且这些随机变量也并不都服从正态分布,因此不能简单地用上述方法计算其可靠指标。

当组成结构功能函数的多个随机变量相互独立时,可采用以下方法计算。

### 9.2.1   中心点法

中心点法是在结构可靠度研究初期提出的一种方法。其基本思路为:利用随机变量的统计参数(平均值和标准差)的数学模型,分析结构的可靠度,并将极限状态功能函数在平均值(即中心点处)作 Taylor 级数展开,使之线性化,然后求解可靠指标。

设 $X_1, X_2, \cdots, X_i, \cdots, X_n$ 是相互独立的随机变量,由这些随机变量所表示的结构功能函数为

$$Z = g(X_1, X_2, \cdots, X_i, \cdots, X_n) \quad (i = 1, 2, \cdots, n) \tag{9-18}$$

将 $Z$ 在随机变量 $X_i$ 的平均值(即中心点)处展开为 Taylor 级数,并仅保留至一次项,即

$$Z = g(\mu_{X_1}, \mu_{X_2}, \cdots, \mu_{X_i}, \cdots, \mu_{X_n}) + \sum_{i=1}^{n} \frac{\partial g}{\partial X_i}\bigg|_{\mu} (X_i - \mu_{X_i}) \tag{9-19}$$

式中   $\mu_{X_i}$——随机变量 $X_i$ 的平均值 $(i = 1, 2, \cdots, n)$;

$\dfrac{\partial g}{\partial X_i}\bigg|_{\mu}$——功能函数 $Z$ 对 $X_i$ 的偏导数在平均值 $\mu_{X_i}$ 处赋值。

功能函数 $Z$ 的平均值和标准差可分别近似表示为

$$\mu_Z = g(\mu_{X_1}, \mu_{X_2}, \cdots, \mu_{X_i}, \cdots, \mu_{X_n}) \tag{9-20}$$

$$\sigma_Z = \sqrt{\sum_{i=1}^{n} \left( \frac{\partial g}{\partial X_i}\bigg|_{\mu} \cdot \sigma_{X_i} \right)^2} \tag{9-21}$$

式中   $\sigma_{X_i}$——随机变量 $X_i$ 的标准差 $(i = 1, 2, \cdots, n)$。

结构可靠指标为

$$\beta = \frac{\mu_Z}{\sigma_Z} = \frac{g(\mu_{X_1}, \mu_{X_2}, \cdots, \mu_{X_n})}{\sqrt{\sum_{i=1}^{n} \left( \frac{\partial g}{\partial X_i}\bigg|_{\mu} \cdot \sigma_{X_i} \right)^2}} \tag{9-22}$$

当结构功能函数为结构中 $n$ 个相互独立的随机变量 $X_i$ 组成的线性函数时,则得式(9-18)的解析表达式为

$$Z = a_0 + \sum_{i=1}^{n} a_i X_i \tag{9-23}$$

式中   $a_i$——常数 $(i = 1, 2, \cdots, n)$。

将 $Z$ 在随机变量 $X_i$ 的平均值处展开为 Taylor 级数,并仅保留至一次项,即

$$Z = a_0 + \sum_{i=1}^{n} a_i \mu_{X_i} + \sum_{i=1}^{n} a_i (X_i - \mu_{X_i}) \tag{9-24}$$

$Z$ 的平均值和标准差分别为

$$\mu_Z = a_0 + \sum_{i=1}^{n} a_i \mu_{X_i} \tag{9-25}$$

$$\sigma_Z = \sqrt{\sum_{i=1}^{n} a_i^2 \sigma_{X_i}^2} \qquad (9-26)$$

根据概率论的中心极限定理(附录 D),当随机变量的数量 $n$ 足够大时,可以认为 $Z$ 近似服从正态分布,则可靠指标可按下式计算:

$$\beta = \frac{\mu_Z}{\sigma_Z} = \frac{a_0 + \sum_{i=1}^{n} a_i \mu_{X_i}}{\sqrt{\sum_{i=1}^{n} a_i^2 \sigma_{X_i}^2}} \qquad (9-27)$$

由上述计算可以看出,中心点法概念清楚,计算比较简单,可直接给出可靠指标 $\beta$ 与随机变量统计参数之间的关系,分析问题方便灵活。但它也存在着以下缺点。

(1)未考虑随机变量的概率分布类型,而只采用其统计特征值进行运算。若基本变量的概率分布为非正态分布或非对数正态分布,则可靠指标的计算结果与其标准值有较大差异,不能采用。

(2)将非线性功能函数在随机变量的平均值处展开不合理,由于随机变量的平均值不在极限状态曲面上,展开后的线性极限状态平面可能会较大程度地偏离原来的极限状态曲面。可靠指标 $\beta$ 依赖于展开点的选择。

(3)对有相同力学含义但不同数学表达式的非线性功能函数,应用中心点法不能求得相同的可靠指标值,见【例 9-4】及【例 9-5】的分析。

### 9.2.2　例题

【例 9-2】　某悬臂梁,长度 $l = 3.0$ m,端部承受集中荷载 $P$,梁根部所承受的极限弯矩为 $M_u$。已知:集中力 $P$ 的平均值 $\mu_P = 20$ kN,标准差 $\sigma_P = 2.4$ kN;极限弯矩为 $M_u$,其平均值 $\mu_{M_u} = 80$ kN·m,标准差 $\sigma_{M_u} = 4.0$ kN·m。试用中心点法计算该梁的可靠指标 $\beta$。

【解】　悬臂梁为静定结构,由集中荷载产生的根部弯矩 $M = Pl > M_u$ 时,梁即失效,故取其受弯承载力功能函数为

$$Z = g(M_u, P) = M_u - Pl$$

由式(9-20)和式(9-21),可得 $Z$ 的平均值 $\mu_Z$ 和标准差 $\sigma_Z$ 为

$$\mu_Z = \mu_{M_u} - \mu_P l = 80 - 20 \times 3.0 = 20 \text{ kN·m}$$

$$\sigma_Z = \sqrt{\sigma_{M_u}^2 + \sigma_P^2 l^2} = \sqrt{4.0^2 + 2.4^2 \times 3.0^2} = 8.24 \text{ kN·m}$$

可靠指标 $\beta$ 为

$$\beta = \frac{\mu_Z}{\sigma_Z} = \frac{20}{8.24} = 2.427$$

【例 9-3】　某钢筋混凝土轴心受压短柱,截面尺寸为 $b \times h = 400$ mm $\times 400$ mm,配筋为 HRB335 级,8 $\Phi$ 20($A_s = 2\ 512$ mm$^2$)。设荷载服从正态分布,轴力 $N$ 的平均值 $\mu_N = 2\ 000$ kN,变异系数 $\delta_N = 0.10$。钢筋屈服强度 $f_y$ 服从正态分布,其平均值 $\mu_{f_y} = 380$ MPa,变异系数 $\delta_{f_y} = 0.06$。混凝土轴心抗压强度 $f_c$ 也服从正态分布,其平均值 $\mu_{f_c} = 24.80$ MPa,变异系数 $\delta_{f_c} = 0.20$。不考虑结构尺寸的变异和计算模式的不准确性,试计算该短柱的可靠指标 $\beta$。

【解】　取用抗力作为功能函数(单位:kN)

$$Z = f_c bh + f_y A_s - N = 160 f_c + 2.512 f_y - N$$

按式(9-25)和式(9-26)计算,$Z$ 的平均值和标准差分别为

$$\mu_Z = a_0 + \sum_{i=1}^{n} a_i \mu_{X_i} = 160 \times 24.8 + 2.512 \times 380 - 2\,000 = 2\,922.56 \text{ kN}$$

$$\sigma_Z = \sqrt{\sum_{i=1}^{n} a_i^2 \sigma_{X_i}^2}$$

$$= \sqrt{160^2 \times 0.20^2 \times 24.8^2 + 2.512^2 \times 0.06^2 \times 380^2 + 2\,000^2 \times 0.10^2} = 820.42 \text{ kN}$$

按式(9-27)计算,可靠指标$\beta$为

$$\beta = \frac{\mu_Z}{\sigma_Z} = \frac{2\,922.56}{820.42} = 3.56$$

【例9-4】　已知某钢梁截面的塑性抵抗矩$W$服从正态分布$\mu_W = 8.5 \times 10^5 \text{ mm}^3, \delta_W = 0.05$;钢梁材料的屈服强度$f$服从正态分布,$\mu_f = 270 \text{ MPa}, \delta_f = 0.10$。钢梁承受确定性的弯矩$M = 140.0 \text{ kN} \cdot \text{m}$。试用中心点法计算该梁的可靠指标$\beta$。

【解】　1)取用抗力作为功能函数(单位:N·mm)

$$Z = f \cdot W - M = f \cdot W - 140.0 \times 10^6$$

由式(9-20)、式(9-21)和式(9-22)得

$$\mu_Z = \mu_f \mu_W - M = 270 \times 8.5 \times 10^5 - 140.0 \times 10^6 = 8.95 \times 10^7 \text{ N} \cdot \text{mm}$$

$$\sigma_Z = \sqrt{\sum_{i=1}^{n} \left( \left. \frac{\partial g}{\partial X_i} \right|_{\mu} \sigma_{X_i} \right)^2} = \sqrt{\mu_f^2 \sigma_W^2 + \mu_W^2 \sigma_f^2} = \sqrt{\mu_f^2 \mu_W^2 (\delta_W^2 + \delta_f^2)}$$

$$= \sqrt{270^2 \times 8.5^2 \times 10^{10} (0.05^2 + 0.10^2)} = 25.66 \times 10^7 \text{ N} \cdot \text{mm}$$

$$\beta = \frac{\mu_Z}{\sigma_Z} = \frac{89.5 \times 10^7}{25.66 \times 10^7} = 3.49$$

2)取用应力作为功能函数(单位:N/mm²)

$$Z = f - M/W$$

由式(9-20)、式(9-21)和式(9-22)得

$$\mu_Z = \mu_f - M/\mu_W = 270 - \frac{140.0 \times 10^6}{8.5 \times 10^5} = 105.29 \text{ N/mm}^2$$

$$\sigma_Z = \sqrt{\sum_{i=1}^{n} \left[ \left. \frac{\partial g}{\partial X_i} \right|_{\mu} \sigma_{X_i} \right]^2} = \sqrt{\left( \frac{M}{\mu_W^2} \right)^2 \sigma_W^2 + \sigma_f^2} = \sqrt{\left( \frac{M}{\mu_W} \right)^2 \delta_W^2 + \mu_f^2 \delta_f^2}$$

$$= \sqrt{\left( \frac{140 \times 10^6}{8.5 \times 10^5} \right)^2 \times 0.05^2 + 0.10^2 \times 270^2} = 28.23 \text{ N/mm}^2$$

$$\beta = \frac{\mu_Z}{\sigma_Z} = \frac{105.29}{28.23} = 3.73$$

【例9-5】　某轴心受拉的无缝钢管,材质为Q235,规格D159×10,试用均值一次二阶矩法计算其可靠指标$\beta$。已知各变量的平均值和标准差,即材料屈服强度$f$为$\mu_f = 280 \text{ MPa}$,$\delta_f = 0.08$;钢管截面直径$D$为$\mu_D = 159 \text{ mm}, \delta_D = 0.05$;钢管截面壁厚$t$为$\mu_t = 10 \text{ mm}, \delta_t = 0.05$;承受的拉力$P$为$\mu_P = 720 \text{ kN}, \delta_P = 0.15$。

【解】　1)采用以承载力形式表达的功能函数

$$Z = g(f, D, t, P) = A \cdot f - P = \pi \cdot t(D - t) \cdot f - P$$

$$\mu_Z = \pi \cdot \mu_t(\mu_D - \mu_t) \cdot \mu_f - \mu_P = \pi \times 10(159 - 10) \times 280 - 720 \times 10^3 = 590\,672.5 \text{ N}$$

$$\left. \frac{\partial g}{\partial f} \right|_{\mu} \cdot \sigma_f = \pi \cdot \mu_t(\mu_D - \mu_t) \cdot \mu_f \cdot \delta_f = \pi \times 10(159 - 10) \times 280 \times 0.08 = 104\,853.8 \text{ N}$$

$$\left.\frac{\partial g}{\partial D}\right|_{\mu} \cdot \sigma_D = \pi \cdot \mu_t \cdot \mu_f \cdot \mu_D \cdot \delta_D = \pi \times 10 \times 280 \times 159 \times 0.05 = 69\,931.9 \text{ N}$$

$$\left.\frac{\partial g}{\partial t}\right|_{\mu} \cdot \sigma_t = \pi(\mu_D - 2\mu_t)\mu_f \cdot \mu_t \cdot \delta_t = \pi \times (159 - 2 \times 10) \times 280 \times 10 \times 0.05 = 61\,135.4 \text{ N}$$

$$\left.\frac{\partial g}{\partial P}\right|_{\mu} \cdot \sigma_P = -\mu_P \cdot \delta_P = -720\,000 \times 0.15 = -108\,000 \text{ N}$$

$$\sigma_Z = \sqrt{\sum_{i=1}^{n}\left(\left.\frac{\partial g}{\partial X_i}\right|_{\mu} \sigma_{X_i}\right)^2} = 176\,879.4 \text{ N}$$

可靠指标 $\beta$ 为

$$\beta = \frac{\mu_z}{\sigma_z} = \frac{590\,672.5}{176\,879.4} = 3.34$$

2）采用以应力形式表达的功能函数

$$Z = g(f, D, t, P) = f - \frac{P}{A} = f - \frac{P}{\pi \cdot t(D - t)}$$

$$\mu_Z = \mu_f - \frac{\mu_P}{\pi \cdot \mu_t(\mu_D - \mu_t)} = 280 - \frac{720 \times 10^3}{\pi \times 10(159 - 10)} = 126.19 \text{ MPa}$$

$$\left.\frac{\partial g}{\partial f}\right|_{\mu} \cdot \sigma_f = \mu_f \cdot \delta_f = 280 \times 0.08 = 22.4 \text{ MPa}$$

$$\left.\frac{\partial g}{\partial P}\right|_{\mu} \cdot \sigma_P = \frac{\mu_P \cdot \delta_P}{\pi \cdot \mu_t(\mu_D - \mu_t)} = \frac{720 \times 10^3 \times 0.15}{\pi \times 10(159 - 10)} = 23.07 \text{ MPa}$$

$$\left.\frac{\partial g}{\partial D}\right|_{\mu} \cdot \sigma_D = \frac{\mu_P \cdot \mu_D \cdot \delta_D}{\pi \cdot \mu_t(\mu_D - \mu_t)^2} = \frac{720 \times 10^3 \times 159 \times 0.05}{\pi \times 10(159 - 10)^2} = 8.21 \text{ MPa}$$

$$\left.\frac{\partial g}{\partial t}\right|_{\mu} \cdot \sigma_t = \frac{\mu_P}{\pi} \cdot \frac{\mu_D - 2\mu_t}{\mu_t^2(\mu_D - \mu_t)^2} \cdot \mu_t \cdot \delta_t = \frac{720 \times 10^3}{\pi} \cdot \frac{159 - 2 \times 10}{10^2(159 - 10)^2} \times 10 \times 0.05 = 7.17 \text{ MPa}$$

$$\sigma_Z = \sqrt{\sum_{i=1}^{n}\left(\left.\frac{\partial g}{\partial X_i}\right|_{\mu} \sigma_{X_i}\right)^2} = \sqrt{22.4^2 + 23.07^2 + 8.21^2 + 7.17^2} = 33.95 \text{ MPa}$$

可靠指标 $\beta$ 为

$$\beta = \frac{\mu_Z}{\sigma_Z} = \frac{126.19}{33.95} = 3.72$$

通过【例 9 - 4】和【例 9 - 5】两个例题可知，对于同一问题，由于所取的功能函数不同，计算出的可靠指标不同。其主要原因是，尽管随机自变量服从正态分布，但功能函数不是线性函数，不服从正态分布。

### 9.2.3 验算点法

中心点法只能针对正态分布的随机变量且极限状态方程为线性方程的情况进行结构可靠度指标的计算。

但通过前面几章对荷载与抗力的统计分析可知，永久荷载一般服从正态分布，截面抗力一般服从对数正态分布，而风荷载（风压）、雪荷载（雪压）、楼面活荷载等，一般服从极值 Ⅰ 型分布。因而，在工程结构可靠度分析中，需要一种方法能计算服从任意类型分布的随机变量，且极限状态方程为非线性的情况时的可靠指标 $\beta$ 值。《工程结构可靠度统一设计标准》GB 50153—2008 中采用了国际结构安全度联合委员会推荐的方法，该方法又称验算点法

（JC 法）。

针对中心点法的主要缺点，验算点法进行了如下改进。

（1）对于非线性的功能函数，线性化近似不是选在中心点处，而以通过极限状态方程 $Z = 0$ 上某一点 $P^*(X_1^*, X_2^*, \cdots, X_n^*)$ 的切平面作为线性近似，即把线性化近似选在失效边界上，以减小中心点法的误差。

（2）当基本变量 $X_i$ 具有分布类型的信息时，将非正态分布的变量 $X_i$ 在 $X_i^*$ 处当量化为正态分布，使可靠指标能真实反映结构的可靠性。

这里特定的点 $P^*$ 即称为设计验算点，其几何意义是标准化空间中极限状态曲面到原点的最近距离点。它与结构最大可能的失效概率相对应，并且根据该点可导出实用设计表达式中的各种分项系数，因而在近似概率法中有着重要的作用。

下面仍以两个正态基本变量 $R$、$S$ 情况，说明验算点法的基本概念。

假设基本变量 $R$、$S$ 都服从正态分布，且相互独立，则结构的极限状态方程为

$$Z = g(R, S) = R - S = 0 \tag{9-28}$$

将基本变量 $R$、$S$ 进行标准化，使其成为标准正态变量，即取

$$\left. \begin{aligned} \hat{R} &= \frac{R - \mu_R}{\sigma_R} \\ \hat{S} &= \frac{S - \mu_S}{\sigma_S} \end{aligned} \right\} \tag{9-29}$$

于是结构的极限状态方程式（9-28）变为

$$Z = \hat{R}\sigma_R - \hat{S}\sigma_S + \mu_R - \mu_S = 0 \tag{9-30}$$

将上式乘以法线化因子 $\dfrac{-1}{\sqrt{\sigma_R^2 + \sigma_S^2}}$，得其法线式方程：

$$\hat{R} \frac{(-\sigma_R)}{\sqrt{\sigma_R^2 + \sigma_S^2}} + \hat{S} \frac{\sigma_S}{\sqrt{\sigma_R^2 + \sigma_S^2}} - \frac{\mu_R - \mu_S}{\sqrt{\sigma_R^2 + \sigma_S^2}} = 0 \tag{9-31}$$

式中，前两项的系数为直线的方向余弦，最后一项即为可靠指标 $\beta$，则极限状态方程简化为

$$\hat{R}\cos\theta_R + \hat{S}\cos\theta_S - \beta = 0 \tag{9-32}$$

$$\left. \begin{aligned} \cos\theta_R &= -\frac{\sigma_R}{\sqrt{\sigma_R^2 + \sigma_S^2}} \\ \cos\theta_S &= \frac{\sigma_S}{\sqrt{\sigma_R^2 + \sigma_S^2}} \end{aligned} \right\} \tag{9-33}$$

由解析几何（图 9-3）可知，法线式直线方程中的常数项等于原点 $\hat{O}$ 到直线的距离 $\hat{O}P^*$。在标准化正态坐标系中，原点到极限状态直线的最短距离等于可靠指标 $\beta$（$\beta$ 的几何意义）。

法线的垂足 $P^*$ 即为"设计验算点"，它是满足极限状态方程中最可能使结构失效的一组变量值，其坐标值为

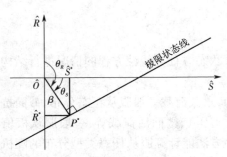

图 9-3　两个变量时可靠指标与极限状态方程

$$\left. \begin{aligned} \hat{S}^* &= \beta\cos\theta_S \\ \hat{R}^* &= \beta\cos\theta_R \end{aligned} \right\} \tag{9-34}$$

将上式代入式(9-29),即还原到原坐标系中,得验算点 $P^*$ 的坐标值为

$$\left.\begin{array}{l} R^* = \mu_R + \hat{R}^* \cdot \sigma_R = \mu_R + \sigma_R \cdot \beta\cos\theta_R \\ S^* = \mu_S + \hat{S}^* \cdot \sigma_S = \mu_S + \sigma_S \cdot \beta\cos\theta_S \end{array}\right\} \quad (9-35)$$

因 $P^*$ 点在极限状态方程直线上,其坐标值必然满足式(9-28),即

$$Z = g(R^*, S^*) = R^* - S^* = 0 \quad (9-36)$$

在已知随机变量 $R$、$S$ 的统计参数后,由式(9-33)、式(9-35)和式(9-36)即可求得可靠指标 $\beta$ 和设计验算点 $P^*$ 的坐标 $R^*$、$S^*$。

在此基础上,把两个正态分布随机变量的情况推广到多个随机变量的情况。

1. 多个正态随机变量情况

设结构功能函数中包含有多个相互独立的正态分布随机变量,极限状态方程为

$$Z = g(X_1, X_2, \cdots, X_n) = 0 \quad (9-37)$$

该方程可能是线性的,亦可能是非线性的,它代表以基本变量 $X_i (i = 1, 2, \cdots, n)$ 为坐标的 $n$ 维欧氏空间上的一个曲面(当式(9-37)为线性方程时,则为平面)。

作标准化变换,将线性化点选在设计验算点 $P^*(X_1^*, X_2^*, \cdots, X_n^*)$ 上,取

$$\hat{X}_i = \frac{X_i - \mu_{X_i}}{\sigma_{X_i}} \quad (9-38)$$

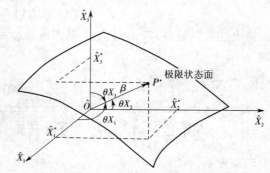

图 9-4　多个变量时可靠指标与极限状态方程

则在标准正态空间坐标系中,极限方程可表示为

$$Z = g(\mu_{X_1} + \hat{X}_1\sigma_{X_1}, \mu_{X_2} + \hat{X}_2\sigma_{X_2}, \cdots, \mu_{X_n} + \hat{X}_n\sigma_{X_n}) = 0 \quad (9-39)$$

此时,可靠指标 $\beta$ 是坐标系中原点 $\hat{O}$ 到极限状态曲面在 $P^*$ 点切平面的最小距离,即法线长度 $\hat{O}P^*$。如图 9-4 所示三个正态变量的情况,设计验算点 $P^*$ 的坐标为 $(\hat{X}_1^*, \hat{X}_2^*, \hat{X}_3^*)$。

将式(9-39)在验算点 $P^*$ 处按 Taylor 级数展开,并仅保留其一次项,得

$$g(\mu_{X_1} + \hat{X}_1^*\sigma_{X_1}, \mu_{X_2} + \hat{X}_2^*\sigma_{X_2}, \cdots, \mu_{X_n} + \hat{X}_n^*\sigma_{X_n}) + \sum_{i=1}^{n}(\hat{X}_i - \hat{X}_i^*)\frac{\partial g}{\partial \hat{X}_i}\bigg|_{P^*} = 0 \quad (9-40\text{a})$$

验算点 $P^*$ 为极限状态曲面上的一点,因此有

$$g(\mu_{X_1} + \hat{X}_1^*\sigma_{X_1}, \mu_{X_2} + \hat{X}_2^*\sigma_{X_2}, \cdots, \mu_{X_n} + \hat{X}_n^*\sigma_{X_n}) = 0$$

再将式(9-40a)的第二项分离,并乘以法线化因子 $\dfrac{-1}{\sqrt{\sum\limits_{i=1}^{n}\left(\dfrac{\partial g}{\partial \hat{X}_i}\bigg|_{P^*}\right)^2}}$,得

$$\frac{\sum\limits_{i=1}^{n}\left(-\dfrac{\partial g}{\partial \hat{X}_i}\bigg|_{P^*}\hat{X}_i\right)}{\sqrt{\sum\limits_{i=1}^{n}\left(\dfrac{\partial g}{\partial \hat{X}_i}\bigg|_{P^*}\right)^2}} - \frac{\sum\limits_{i=1}^{n}\left(-\dfrac{\partial g}{\partial \hat{X}_i}\bigg|_{P^*}\hat{X}_i^*\right)}{\sqrt{\sum\limits_{i=1}^{n}\left(\dfrac{\partial g}{\partial \hat{X}_i}\bigg|_{P^*}\right)^2}} = 0 \quad (9-40\text{b})$$

同二维的情形一样,可以证明,式(9-40b)中 $\hat{X}_i$ 的系数就是极限曲面在 $P^*$ 切平面法线 $\hat{O}P^*$ 对各坐标向量 $\hat{X}_i$ 的方向余弦,即

$$\cos \theta_{X_i} = \frac{-\left.\dfrac{\partial g}{\partial \hat{X}_i}\right|_{P^*}}{\sqrt{\sum_{i=1}^{n}\left(\left.\dfrac{\partial g}{\partial \hat{X}_i}\right|_{P^*}\right)^2}} = \frac{-\left.\dfrac{\partial g}{\partial X_i}\right|_{P^*} \sigma_{X_i}}{\sqrt{\sum_{i=1}^{n}\left(\left.\dfrac{\partial g}{\partial X_i}\right|_{P^*} \sigma_{X_i}\right)^2}} \tag{9-41a}$$

式(9-40b)中第二项为常数项,就是法线 $\hat{O}P^*$ 的长度,即可靠指标 $\beta$。

$$\beta = \frac{\sum_{i=1}^{n}\left(-\left.\dfrac{\partial g}{\partial \hat{X}_i}\right|_{P^*} \cdot \hat{X}_i^*\right)}{\sqrt{\sum_{i=1}^{n}\left(\left.\dfrac{\partial g}{\partial \hat{X}_i}\right|_{P^*}\right)^2}} \tag{9-41b}$$

将上述关系通过式(9-38)还原到原坐标系中,并引入式(9-41a),则可靠指标 $\beta$ 表示为

$$\beta = \frac{\sum_{i=1}^{n}\left(-\left.\dfrac{\partial g}{\partial \hat{X}_i}\right|_{P^*} \cdot \hat{X}_i^*\right)}{\sqrt{\sum_{i=1}^{n}\left(\left.\dfrac{\partial g}{\partial \hat{X}_i}\right|_{P^*}\right)^2}} = \frac{\sum_{i=1}^{n}\left[-\left.\dfrac{\partial g}{\partial X_i}\right|_{P^*}(X_i^* - \mu_{X_i})\right]}{\sqrt{\sum_{i=1}^{n}\left(\left.\dfrac{\partial g}{\partial X_i}\right|_{P^*} \sigma_{X_i}\right)^2}} = \frac{\sum_{i=1}^{n}\left[-\left.\dfrac{\partial g}{\partial X_i}\right|_{P^*}(X_i^* - \mu_{X_i})\right]}{\sum_{i=1}^{n}\left(-\left.\dfrac{\partial g}{\partial X_i}\right|_{P^*} \sigma_{X_i}\cos\theta_{X_i}\right)}$$

将上式整理后,可得

$$\left.\frac{\partial g}{\partial X_i}\right|_{P^*}(X_i^* - \mu_{X_i} - \beta \cos \theta_{X_i}\sigma_{X_i}) = 0$$

由于 $\left.\dfrac{\partial g}{\partial X_i}\right|_{P^*} \neq 0$,故必有

$$X_i^* - \mu_{X_i} - \beta \cos \theta_{X_i}\sigma_{X_i} = 0$$

从而可得设计验算点 $P^*$ 的坐标为

$$X_i^* = \mu_{X_i} + \beta \cos \theta_{X_i}\sigma_{X_i} \tag{9-42}$$

$P^*$ 点位于失效边界上,故其坐标必然满足式(9-37),即

$$g(X_1^*, X_2^*, \cdots, X_n^*) = 0 \tag{9-43}$$

求解由式(9-41)、式(9-43)和式(9-44)组成的方程组,可解得 $\cos \theta_{X_i}$、$X_i^*$ 及 $\beta$ 共 $(2n+1)$ 个未知数。但由于结构功能函数 $g(\cdot)$ 一般为非线性函数,而且在求得 $\beta$ 以前 $P^*$ 点是未知的,偏导数在 $P^*$ 点的赋值当然也就无法确定,因此通常采用迭代法解上述方程组。迭代步骤如图9-5所示。

**【例9-6】** 已知条件同【例9-4】,试用验算点法计算该梁的可靠指标 $\beta$。

**【解】** 取用抗力作为功能函数(单位:N·m),极限状态方程为

$$Z = f \cdot W - M = f \cdot W - 140.0 \times 10^3 = 0$$

$f$ 和 $W$ 均服从正态分布,进行坐标变换,取

$$\hat{f} = \frac{f - \mu_f}{\sigma_f}, \quad \hat{W} = \frac{W - \mu_W}{\sigma_W}$$

在标准正态坐标系中,极限状态方程为

$$Z = (\sigma_f \hat{f} + \mu_f)(\sigma_W \hat{W} + \mu_W) - 140.0 \times 10^3 = 0$$

$$\alpha_1 = \cos \theta_f = -\frac{W^* \sigma_f}{\sqrt{(W^* \sigma_f)^2 + (f^* \sigma_W)^2}}$$

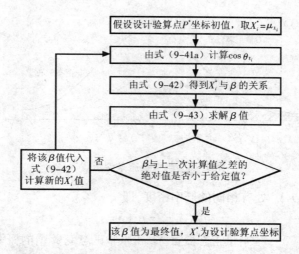

**图 9 - 5　求解多个正态变量的可靠指标 $\beta$ 的迭代框图**

$$\alpha_2 = \cos\theta_W = -\frac{f^*\sigma_W}{\sqrt{(W^*\sigma_f)^2 + (f^*\sigma_W)^2}}$$

第一次迭代,$f^*$ 和 $W^*$ 均赋平均值 $\mu_f$,$\mu_W$,按图 9 - 5 所示的迭代步骤进行计算求出 $\beta$,计算过程见表 9 - 2。迭代过程中的极限状态方程为

$$(\mu_f + \alpha_1\beta\sigma_f)(\mu_W + \alpha_2\beta\sigma_W) - M = 0$$

**表 9 - 2　求解可靠度指标 $\beta$ 的迭代计算过程**

| 迭代步数 | $X_i$ | $\beta$ | $X_i^*$ | $\alpha_i$ | $\beta$ | $\Delta\beta$ |
|---|---|---|---|---|---|---|
| 1 | $f$ | 0 | $270\times10^6\,(\mathrm{Pa})$ | $-0.8944$ | $3.740$ | $3.740$ |
| | $W$ | | $850\times10^{-6}\,(\mathrm{m}^3)$ | $-0.4472$ | $52.16$(舍去) | |
| 2 | $f$ | 3.74 | $179.68\times10^6\,(\mathrm{Pa})$ | $-0.9400$ | $3.710$ | $-0.030$ |
| | $W$ | | $778.92\times10^{-6}\,(\mathrm{m}^3)$ | $-0.3413$ | $65.53$(舍去) | |
| 3 | $f$ | 3.71 | $175.84\times10^6\,(\mathrm{Pa})$ | $-0.9446$ | $3.710$ | $0.000$ |
| | $W$ | | $796.19\times10^{-6}\,(\mathrm{m}^3)$ | $-0.3284$ | $67.78$(舍去) | |

验算点为

$$f^* = \mu_f + \sigma_f \cdot \beta\cos\theta_f = 270\times10^6 - 0.9446\times270\times10^6\times0.1\times3.71 = 175.380\times10^6$$

$$W^* = \mu_W + \sigma_W \cdot \beta\cos\theta_W = 850\times10^{-6} - 0.3284\times850\times10^{-6}\times0.05\times3.71 = 798.220\times10^{-6}$$

$f^*$ 和 $W^*$ 满足:

$$Z = f^* \cdot W^* - M = f^* \cdot W^* - 140.0\times10^3 = 0$$

2. 多个非正态随机变量情况

在实际工程中,并不是所有的变量都是正态分布的。计算结构可靠度时,需先将非正态分布的变量 $X_i$,"当量"化为正态分布的变量 $X_i'$,并确定其平均值和标准差。"当量正态化"的条件(图 9 - 6)如下。

(1)在设计验算点 $X_i^*$ 处有相同的分布函数,即

$$F_{X_i'}(X_i^*) = F_{X_i}(X_i^*) \tag{9-44}$$

式中　$F_{X_i'}(X_i^*)$、$F_{X_i}(X_i^*)$ ——当量正态变量 $X_i'$ 和原非正态变量 $X_i$ 的分布函数值。

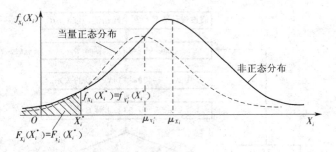

**图 9 – 6　当量正态条件示意**

（2）在设计验算点 $X_i^*$ 处有相同的概率密度，即

$$f_{X_i'}(X_i^*) = f_{X_i}(X_i^*) \tag{9 – 45}$$

式中　$f_{X_i'}(X_i^*)$、$f_{X_i}(X_i^*)$——当量正态变量 $X_i'$ 和原非正态变量 $X_i$ 的概率密度函数值。

由条件（1），可得

$$F_{X_i}(X_i^*) = \Phi\left(\frac{X_i^* - \mu_{X_i'}}{\sigma_{X_i'}}\right) \tag{9 – 46}$$

$$\mu_{X_i'} = X_i^* - \Phi^{-1}[F_{X_i}(X_i^*)] \cdot \sigma_{X_i'} \tag{9 – 47}$$

由条件（2），可得

$$f_{X_i}(X_i^*) = \frac{1}{\sigma_{X_i'}}\phi\left(\frac{X_i^* - \mu_{X_i'}}{\sigma_{X_i'}}\right) = \frac{1}{\sigma_{X_i'}}\phi\{\Phi^{-1}[F_{X_i}(X_i^*)]\} \tag{9 – 48}$$

$$\sigma_{X_i'} = \frac{\phi\{\Phi^{-1}[F_{X_i}(X_i^*)]\}}{f_{X_i}(X_i^*)} \tag{9 – 49}$$

式中　$\Phi(\cdot)$、$\Phi^{-1}(\cdot)$——当量正态变量 $X_i'$ 的概率分布函数及其反函数；

　　　$\phi(\cdot)$——当量正态变量 $X_i'$ 的概率密度函数；

　　　$\mu_{X_i'}$、$\sigma_{X_i'}$——当量正态变量 $X_i'$ 的平均值、标准差。

至此，即可用验算点法计算结构的可靠指标。

若随机变量 $X_i$ 服从对数正态分布，且已知其统计参数 $\mu_{X_i}$、$\sigma_{X_i}$ 时，可根据上述"当量正态化"条件以及式（9 – 14）和式（9 – 15），得

$$\mu_{X_i'} = X_i^*\left[1 + \ln X_i^* - \ln\frac{\mu_{X_i}}{\sqrt{(1 + \delta_{X_i}^2)}}\right] \tag{9 – 50a}$$

$$\sigma_{X_i'} = X_i^*\sqrt{\ln(1 + \delta_{X_i}^2)} \tag{9 – 50b}$$

在极限状态方程中，求得非正态变量的当量正态化参数（平均值及标准差）后，即可根据多个正态随机变量的情况迭代求解可靠指标和设计验算点 $P^*$ 点的坐标 $X_i'$。但应注意，每次迭代时，由于验算点的坐标不同，故需重新构造出新的当量正态分布。

多个非正态随机变量情况下，可靠指标 $\beta$ 和设计验算点 $P^*$ 的计算过程如图 9 – 7 所示。

### 9.2.4　随机变量间的相关性

以上讨论的都是基本变量相互独立（即互不相关）条件下的可靠指标 $\beta$ 的计算方法。在实际工程中，某些随机变量之间存在着一定的相关性。如地震作用效应与重力荷载效应之间、雪荷载与风荷载之间、结构构件截面尺寸与构件材料强度之间等，均存在一定的相关

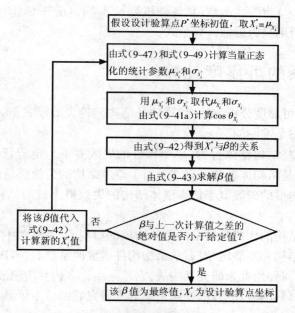

**图9-7　求解任意分布类型变量的可靠指标 $\beta$ 的迭代框图**

性。研究表明,随机变量间的相关性对结构的可靠度有着明显的影响。因此,若随机变量相关,则在结构可靠度分析中应予以考虑。

1. 变量相关的概念

由概率论可知,对于两个相关的随机变量 $X_1$ 和 $X_2$,相关性可用相关系数 $\rho_{12}$ 表示,即

$$\rho_{12} = \frac{\text{Cov}(X_1, X_2)}{\sigma_{X_1} \sigma_{X_2}} \tag{9-51}$$

式中　$\text{Cov}(X_1, X_2)$——$X_1$ 和 $X_2$ 的协方差;

　　$\sigma_{X_1}$、$\sigma_{X_2}$——$X_1$ 和 $X_2$ 的标准差。

相关系数 $\rho_{12}$ 的值域为 $[-1, 1]$。若 $\rho_{12} = 0$,则 $X_1$ 和 $X_2$ 不相关;若 $\rho_{12} = 1$,则 $X_1$ 和 $X_2$ 完全相关。

对于 $n$ 个基本变量 $X_1, X_2, \cdots, X_n$,它们之间的相关性可用相关矩阵表示,即

$$[C_x] = \begin{bmatrix} \text{Var}[X_1] & \text{Cov}[X_1, X_2] & \cdots & \text{Cov}[X_1, X_n] \\ \text{Cov}[X_2, X_1] & \text{Var}[X_2] & \cdots & \text{Cov}[X_2, X_n] \\ \vdots & \vdots & & \vdots \\ \text{Cov}[X_n, X_1] & \text{Cov}[X_n, X_2] & \cdots & \text{Var}[X_n] \end{bmatrix} \tag{9-52}$$

2. 相关变量可靠指标的计算

设结构功能函数为

$$Z = g(X_1, X_2, \cdots, X_n)$$

采用式(9-7)对 $Z$ 进行线性近似,并假设随机变量 $X_i$ 和 $X_j$ 间的相关系数为 $\rho_{ij}$(当 $i \neq j$ 时,$-1 \leqslant \rho_{ij} \leqslant 1$;当 $i = j$ 时,$\rho_{ij} = 1$),则可按下式近似计算结构可靠度指标:

$$\beta \approx \frac{\mu_Z}{\sigma_Z} = \frac{g(X_1, X_2, \cdots, X_n)}{\sqrt{\sum_{i=1}^{n} \sum_{j=1}^{n} \left( \frac{\partial g}{\partial X_i} \bigg|_{x=\mu} \frac{\partial g}{\partial X_j} \bigg|_{x=\mu} \rho_{ij} \sigma_{X_i} \sigma_{X_j} \right)}} \tag{9-53}$$

可以证明,当 $g(\cdot)$ 为线性函数,且各随机变量 $X_i$ 均为正态变量时,式(9-27)表达式的可靠度为精确式,否则只为近似计算公式。

# 9.3 结构体系的可靠度计算

上节介绍的结构可靠度分析方法,计算的是结构某种失效模式下一个构件或一个截面的可靠度,其极限状态是唯一的。

结构体系的失效是结构整体行为,单个构件的失效并不一定能代表整个体系的失效。结构设计中最关心的是结构体系的可靠性。由于整体结构的失效总是由结构构件的失效引起的,因此由结构各构件的失效概率估算整体结构的失效概率成为结构体系可靠度分析的主要研究内容。

在实际工程中,结构的构成是复杂的。从构成的材料看,有脆性材料和延性材料;从力学的图式看,有静定结构和超静定结构;从结构构件组成的系统看,有串联系统、并联系统和混联系统等。不论从何种角度来研究其构成,它总是由许多构件所组成的一个体系,根据结构的力学图式、不同材料的破坏形式、不同系统等来研究它的体系可靠度才能较真实地反映其可靠度。

## 9.3.1 结构系统的基本模型

组成结构体系的各个构件(包括连接),由于其材料和受力性质的不同,可以分成脆性构件和延性构件两类。

脆性构件是指一旦失效立即完全丧失功能的构件。例如,钢筋混凝土受压柱一旦破坏,就完全丧失承载力。

延性构件是指失效后仍能维持原有功能的构件。例如,钢筋混凝土适筋梁(采用具有明显屈服点的钢筋)在达到受弯屈服承载力后,仍能保持该承载力而继续变形直至达到受弯极限承载力。

构件失效的性质不同,其对结构体系可靠度的影响也将不同。但如果按照结构体系失效和构件失效之间的逻辑关系,将结构体系的各种失效方式模型化,一般均可归结于三种基本形式,即串联模型、并联模型和混联模型。

1. 串联模型

若结构中任一构件失效,则整个结构体系失效,具有这种逻辑关系的结构系统可用串联模型表示,如图9-8(a)所示。所有静定结构的失效分析均可采用串联模型。例如,桁架结构是典型的静定结构,其中每个杆件均可看成串联系统的一个元件,只要其中一个元件失效,整个系统就失效。对于静定结构,其构件的脆性或延性性质对结构体系的可靠度没有影响。

2. 并联模型

若结构中有一个或一个以上的构件失效,剩余的构件或其余失效的延性构件,仍能维持整体结构的功能,具有这种逻辑关系的结构系统可用并联模型表示,如图9-8(b)所示。

超静定结构的失效可用并联模型表示。例如,一个多跨的排架结构,每个柱子都可以看成是并联系统的一个元件,只有当所有柱子均失效后,该结构体系才失效;一个两端固定的刚梁,只有当梁两端和跨中形成了塑性铰(塑性铰截面当作一个元件),整个梁才失效。

对于并联模型,构件的脆性或延性性质将影响系统的可靠度及其计算模型。脆性构件在失效后将逐个从系统中退出工作,因此在计算系统的可靠度时,要考虑构件的失效顺序。而延性构件在失效后仍将在系统中维持原有的功能,因此只需考虑系统最终的失效形态。

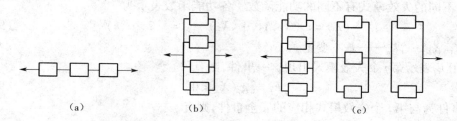

**图 9 - 8　结构体系失效的基本模型**
(a)串联模型　(b)并联模型　(c)混联模型

**3. 混联模型(串 - 并联系统)**

在实际工程中,超静定结构通常有多个破坏模式,每一个破坏模式可简化为一个并联体系,而多个破坏模式又可简化为串联体系,这就构成了混联模型,如图 9 - 8(c)所示。图 9 - 9 为单层单跨刚架的计算简图,在荷载作用下,最终形成机构而失效。失效的形态可能有 3 种,只要其中一种出现,就是结构体系失效。因此这一结构是一串并联子系统组成的串联系统,即串 - 并联系统。

对于由脆性元件组成的超静定结构,若超静定程度不高,当其中一个构件失效而退出工作后,其后的其他构件失效概率就会被大大提高,几乎不影响结构体系的可靠度,这类结构的并联子系统可简化为一个元件,因而可按串联模型处理。

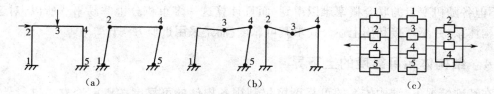

**图 9 - 9　单层单跨刚架的结构系统**
(a)塑料铰位置　(b)结构破坏模式　(c)串 - 并联模型

## 9.3.2　结构系统中功能函数的相关性

构件的可靠度取决于构件的荷载效应和抗力。在同一结构中,各构件的荷载效应最大值可能来源于同一荷载工况,因而不同构件的荷载效应之间可能具有高度的相关性;另一方面,结构中的部分或全部构件可能由同一批材料制成,因而各构件抗力之间也有一定的相关性。

由图 9 - 9 可知,超静定结构不同失效形式间可能包含相同构件的失效,因此评价结构体系的可靠性,还要考虑各失效形式间的相关性。

相关性的存在,使结构体系可靠度的分析问题变得非常复杂,这也是结构体系可靠度计算理论的难点所在。

### 9.3.3　结构体系可靠度计算

不同构件或不同构件集合的失效,将构成不同的体系失效模式。设结构体系有 $k$ 个失效模式,不同的失效模式有不同的功能函数。各功能函数表示为

$$g_j(X) = g_j(X_1, X_2, \cdots, X_n) \quad (j = 1, 2, \cdots, k) \tag{9-54}$$

式中　$X_1, X_2, \cdots, X_n$——基本变量。

若用 $E_j$ 表示第 $j$ 个失效模式出现这一事件,则有

$$E_j = [g_j(X) < 0] \tag{9-55}$$

$E_j$ 的逆事件为与第 $j$ 个失效模式相应的安全事件,则有

$$\overline{E}_j = [g_j(X) > 0] \tag{9-56}$$

于是结构体系安全这一事件可表示各失效模式均不出现的交集,即

$$\overline{E} = \overline{E}_1 \cap \overline{E}_2 \cap \cdots \cap \overline{E}_k \tag{9-57}$$

而结构体系失效事件可表示各失效模式出现的并集,即

$$E = E_1 \cup E_2 \cup \cdots \cup E_k \tag{9-58}$$

结构体系的可靠概率 $P_s$ 和失效概率 $P_f$ 可表示为

$$P_s = \int_{\overline{E}_1 \cap \cdots \cap \overline{E}_k} \cdots \int_{X_1, X_2, \cdots, X_n} f(x_1, x_2, \cdots, x_n) \, \mathrm{d}x_1 \cdots \mathrm{d}x_n \tag{9-59a}$$

$$P_f = \int_{E_1 \cup \cdots \cup E_k} \cdots \int_{X_1, X_2, \cdots, X_n} f(x_1, x_2, \cdots, x_n) \, \mathrm{d}x_1 \cdots \mathrm{d}x_n \tag{9-59b}$$

式中　$\int_{X_1, X_2, \cdots, X_n} f(x_1, x_2, \cdots, x_n) \, \mathrm{d}x_1 \cdots \mathrm{d}x_n$——各基本变量的联合概率密度函数。

由上式可见,求解结构体系的可靠度需要计算多重积分。对于大多数工程实际问题而言,不但各随机变量的联合概率难以得到,而且计算这一多重积分也非易事。所以,对于一般结构体系,并不直接利用上述公式求其可靠度,而是采用近似方法计算。

### 9.3.4　结构体系可靠度的上下界

在特殊情况下,结构体系的可靠度可仅利用各构件的可靠度按概率论方法进行计算。以下假定各构件的可靠状态为 $X_i$,失效状态为 $\overline{X}_i$,各构件的失效概率为 $p_{fi}$,结构系统的失效概率为 $P_f$。

1. 串联系统

对串联系统,设系统有 $n$ 个元件,当各元件的工作状态完全独立时,则

$$P_f = 1 - P\left(\prod_{i=1}^{n} X_i\right) = 1 - \prod_{i=1}^{n}(1 - p_{fi}) \tag{9-60}$$

当各元件的工作状态完全(正)相关时

$$P_f = 1 - P\left(\min_{i \in [1,n]} X_i\right) = 1 - \min_{i \in [1,n]}(1 - p_{fi}) = \max_{i \in [1,n]} p_{fi} \tag{9-61}$$

一般情况下,实际结构的构件之间既不完全独立,也不完全相关,结构系统处于上述两种极端情况之间,因此一般串联系统的失效概率也将介于上述两种极端情况的计算结果之间,即

$$\max_{i \in [1,n]} p_{fi} \leqslant P_f \leqslant 1 - \prod_{i=1}^{n}(1 - p_{fi}) \tag{9-62}$$

由此可见,对于静定结构,结构体系的可靠度总小于或等于构件的可靠度。

2. 并联系统

对并联系统,当各元件的工作状态完全独立时,有

$$P_f = P\left(\prod_{i=1}^{n} \bar{X}_i\right) = \prod_{i=1}^{n} p_{fi} \qquad (9-63)$$

当各元件的工作状态完全(正)相关时

$$P_f = P\left(\min_{i \in [1,n]} \bar{X}_i\right) = \min_{i \in [1,n]} p_{fi} \qquad (9-64)$$

因此,一般情况下

$$\prod_{i=1}^{n} p_{fi} \leqslant P_f \leqslant \min_{i \in [1,n]} p_{fi} \qquad (9-65)$$

　　显然,对于超静定结构,当结构的失效状态唯一时,结构体系的可靠度总大于或等于构件的可靠度;而当结构的失效状态不唯一(属于串 – 并联系统)时,结构每一失效状态对应的可靠度总大于或等于构件的可靠度,而结构体系的可靠度又总是小于或等于每一失效状态所对应的可靠度。

# 思　考　题

1. 结构的功能要求有哪些?
2. 简述结构功能函数的意义。
3. 何谓结构的可靠性和可靠度? 结构的可靠度与结构的可靠性之间有什么关系?
4. 可靠指标与失效概率有什么关系? 说明可靠指标的几何意义。
5. 试说明用验算点法计算具有服从任意类型分布的随机变量的结构可靠指标的步骤。
6. 简述结构系统的基本模型。
7. 简述结构体系可靠度的定义及其与结构构件可靠度间的关系。

# 第10章　概率极限状态设计法

**【内容提要】**

本章介绍了极限状态设计要求和基于可靠性理论的概率极限状态设计法;详细阐述了目标可靠指标和分项系数的概念、取值原则及两者之间的关系;以结构设计的目标为基础,简述了直接概率设计法,给出了建筑结构和桥梁结构概率极限状态的实用设计表达式。

《工程结构可靠性设计统一标准》GB 50153—2008 规定,工程结构设计宜采用以概率理论为基础、以分项系数表达的极限状态设计方法。当缺乏统计资料时,工程结构设计可根据可靠的工程经验或必要的试验研究进行,也可采用容许应力或单一安全系数等经验方法进行。

## 10.1　极限状态设计要求

### 10.1.1　设计要求

工程结构应满足的各项功能要求包括以下几方面。

1. 安全性要求(safety)

安全性要求是指结构设计必须保证结构在正常施工和正常使用时,能承受可能出现的各种作用,包括直接施加在结构上的直接作用(荷载)和引起结构外加变形或约束变形的原因(如温度、地基不均匀沉降等);同时还要求保证在偶然事件(如强烈地震、爆炸、撞击等)发生时及发生后,结构仍然保持必需的整体稳定性(即结构仅产生局部的损坏而不发生连续倒塌)。

为使结构具有合理的安全性,根据工程结构破坏所造成的后果(即危害人的生命、造成经济损失、对社会或环境产生影响等)的严重程度而划分的设计等级,称为安全等级(safety classes)。

安全等级分为三级,大量的一般结构应列入二级,重要的结构应提高一级,次要的结构应降低一级(表 10 – 1)。基于铁路桥涵结构的重要性,其安全等级均为一级。

对特殊的工程结构(如海底隧道、跨海大桥等),其安全等级可根据相关规范(规程)另行确定或经专门研究确定。

工程结构中各类结构构件的安全等级,宜与整个结构的安全等级相同,但也允许对部分结构构件根据其重要程度和综合经济效益进行适当调整。若提高某一结构构件的安全等级,所需额外费用很少,又能减轻整个结构的破坏,从而大大减少人员伤亡和财产损失,则可将该结构构件的安全等级比整个结构的安全等级提高一级;相反,如果某个结构构件的破坏并不影响整个结构或其他结构构件的安全性,则其安全等级可降低一级,但最低不低于三级。

表 10 - 1　工程结构的安全等级

| 安全等级 | | 一级 | 二级 | 三级 |
|---|---|---|---|---|
| 破坏后果 | | 很严重 | 严重 | 不严重 |
| 结构类型 | 房屋建筑结构 | 重要的房屋,如大型的公共建筑等 | 一般的房屋,如普通的住宅和办公楼等 | 次要的房屋,如小型的或临时性的贮存建筑等 |
| | 公路桥涵结构 | 重要结构,如特大桥、大桥、中桥、重要小桥 | 一般结构,如小桥、重要涵洞、重要挡土墙 | 次要结构,如涵洞、挡土墙、防撞护栏 |
| | 港口工程结构 | 有特殊要求的结构 | 一般结构 | 临时性结构 |
| | 水工建筑结构 | 1 级水工建筑物 | 2、3 级水工建筑物 | 4、5 级水工建筑物 |

2. 适用性要求( serviceability )

工程结构设计的适用性要求指的是结构在正常使用时应具有良好的工作性能,如不发生过大的变形、过宽的裂缝以及影响正常使用的振动等。

建筑结构过大的水平侧移可能会使建筑装修层开裂而影响观瞻,也可能导致电梯无法正常运行,甚至引起结构构件的破坏。楼面结构的挠度过大以及振动异常可能引起居住者的不适。工业厂房中,吊车梁挠度过大会影响吊车的正常运行。水池出现裂缝便不能蓄水。

因此,需要对变形、裂缝宽度、振动加速度、振幅等进行必要的限制。

3. 耐久性要求( durability )

结构耐久性是指在设计确定的环境作用和维修、使用条件下,结构构件在设计使用年限内保持其安全性和适用性的能力。

耐久性要求是指结构在正常维护下,具有足够的耐久性能,不发生钢筋( 钢材)锈蚀、木材腐朽和虫蛀以及混凝土严重风化等现象。耐久性设计主要解决环境作用与材料抵抗环境作用能力的问题,应根据具体工程结构的设计使用年限、所处的环境类别及环境作用等级确定相应的构造措施。

1)设计使用年限( design working life )

设计使用年限是指设计规定的结构或构件不需进行大修即可按预定目的使用的年限,即结构在正常设计、正常施工、正常使用和维护下所应达到的使用年限。在这个年限内,结构能够在自然和人为环境的化学和物理作用下,不出现无法接受的承载力减小、使用功能降低和不能接受的外观破损等耐久性问题。

设计使用年限与设计基准期在概念上是不同的,但在量值上可以相同,也可以不同。各类工程结构的设计使用年限见表 10 - 2。

表 10 - 2　各类工程结构的设计使用年限

| 工程结构类别 | 设计使用年限/年 | | 示例 |
|---|---|---|---|
| 房屋建筑工程 | 1 | 5 | 临时性建筑结构 |
| | 2 | 25 | 易于替换的结构构件 |
| | 3 | 50 | 普通房屋和构造物 |
| | 4 | 100 | 标志性建筑和特别重要的建筑结构 |

续表

| 工程结构类别 | | 设计使用年限/年 | 示例 |
|---|---|---|---|
| 公路桥涵结构 | 1 | 30 | 小桥、涵洞 |
| | 2 | 50 | 中桥、重要小桥 |
| | 3 | 100 | 特大桥、大桥、重要中桥 |
| 水工建筑结构 | 1 | 5～15 | 临时建筑物 |
| | 2 | 50 | Ⅱ、Ⅲ级永久性建筑物 |
| | 3 | 100 | Ⅰ级建筑物 |
| 港口工程结构 | 1 | 5～10 | 临时性港口建筑物 |
| | 2 | 50 | 永久性港口建筑物 |
| 铁路桥涵结构 | | 100 | 各类铁路桥涵结构 |

如果结构的实际使用年限达不到设计使用年限,则意味着在设计、施工、使用和维护的某一环节上出现了不正常情况,应查找并分析原因;当结构的实际使用年限超过设计使用年限后,则认为结构的可靠度降低,或失效概率将高于设计时的预期值,但并不意味着该结构立即丧失功能或报废。

2)环境类别(environmental classification)

混凝土结构的环境类别可分为一般环境、冻融环境、氯化物环境、化学腐蚀环境等,并按照《混凝土结构耐久性设计规范》GB/T 50476—2008 规定的环境作用等级进行耐久性设计。这里的环境作用(environmental action)是指温度、湿度及其变化以及二氧化碳、氧、盐、酸等环境因素对结构的作用。

高温高湿环境、微生物腐蚀环境、电磁环境、高压环境、杂散电流以及极端恶劣自然环境作用下的耐久性问题应另外考虑。

特殊腐蚀环境下混凝土结构的耐久性设计可按现行国家标准《工业建筑防腐蚀设计规范》GB 50046—2008 等专用标准进行。

4. 鲁棒性要求(robustness)

结构的鲁棒性是指当遭遇意外偶然事件和极端灾害时,结构系统仍应能保持其必要的整体性的能力。此时不应发生与其原因不相称的严重破坏,造成不可接受的重大人员伤亡和财产损失。2001 年美国 9·11 事件中,纽约世界贸易中心遭遇飞机撞击,产生爆炸、燃烧,最终导致整体倒塌,就是一个非常典型的案例。鲁棒性与安全性既有联系,又有区别。

一方面,两者关心的都是结构安全问题。结构的安全性是针对正常施工和可预期的正常使用而言的,而鲁棒性则是针对不可预期的意外荷载和极端灾害作用而言,因而两者所考虑的荷载(作用)的特征和量值有显著的差异。在设计使用年限内,工程结构可能遭遇一些不可预见的意外偶然事件和极端灾害的影响,如爆炸、意外撞击、强烈台风、恐怖袭击、特大地震等。由于意外偶然事件具有极大的不确定性,在正常设计中通常是不考虑的。因此,当遭遇不可预见的意外偶然事件和极端灾害时,工程结构可以允许破坏,即不满足安全性的要求,但其破坏程度应控制在可接受的范围内,即应满足鲁棒性要求。

另一方面,两者的目标不同。安全性仅关注结构构件,通常以保证结构构件可正常使用的最大承载能力为目标;而鲁棒性则关注整体结构,以意外偶然事件和极端灾害下整体结构不可接受的破坏程度为目标,此时结构中已有部分构件超出其承载能力极限状态,甚至完全破坏,但整体结构上仍有足够的生存空间,即整体结构不完全倒塌。

对于简单结构,构件的最大承载力与结构的最大承载力相近,而对于复杂的结构,结构的最大承载力并不简单等于构件的最大承载力。

由于意外偶然事件和极端灾害难以估计,同时对结构的鲁棒性也不可能有过高的预期,故应在结构满足正常安全度的前提下和经济许可范围内,根据可能遭遇的意外荷载(作用)的类型、特征和等级,确定恰当的鲁棒性目标。

5. 可维护修复性要求(maintainability and repairability)

除上述要求外,近年来对结构在使用期间的维护、维修以及在遭受意外作用破坏后的修复也提出了要求,称为可维护修复性。这是因为工程经济的概念不仅包括工程项目第一次建设费用,还应考虑其维护、修复及损失费用。例如,对于救灾指挥中心、医院、通信、桥梁等工程,一旦在灾害时产生破坏,其造成的损失将不仅仅是工程本身;而对一般工程,则往往要求在遭受破坏后,能尽快修复,以恢复正常的生活和生产活动。

为满足上述各项设计要求,结构设计时,应根据下列要求采取适当的措施,使结构不出现或少出现可能的损坏。

(1)避免、消除或减少结构可能受到的危害。

(2)采用对可能受到的危害反应不敏感的结构类型。

(3)采用当单个构件或结构的有限部分被意外移除或结构出现可接受的局部损坏时,结构的其他部分仍能保存的结构类型。

(4)不宜采用无破坏预兆的结构体系。

(5)使结构具有整体稳固性。

(6)采用适当的材料、合理的设计和构造,并对结构的设计、制作、施工和使用等制定相应的控制措施。

## 10.1.2　设计状况和设计方法

设计状况(design situations)代表一定时段内结构体系、承受的作用、材料性能等实际情况的一组设计条件,工程结构设计应做到在该条件下结构不超越有关的极限状态。根据结构在施工和使用中的环境条件和影响,《工程结构可靠度统一标准》GB 50153—2008 将设计状况分为下列 4 种。

1. 持久设计状况(persistent design situation)

在结构使用过程中一定出现且持续期很长的状况,其持续期一般与设计使用年限属同一数量级,适用于结构使用时的正常情况。

2. 短暂设计情况(transient design situation)

在结构施工和使用过程中出现概率较大,而与设计使用年限相比持续时间很短的状况,适用于结构出现的临时情况,如结构施工和维修时承受堆料和施工荷载的状况。

3. 偶然设计状况(accidental design situation)

在结构使用过程中出现的概率很小,且持续期很短的状况,适用于结构出现的异常情况,如结构遭受火灾、爆炸、撞击时的状况。

4. 地震设计状况(seismic design situation)

结构遭受地震时的设计状况。在抗震设防地区必须考虑地震设计状况。

由于结构物在建造和使用过程中所承受的作用和所处的环境不同,工程结构设计时,对于不同的设计状况,应采用相应的结构体系、可靠度水准、设计方法、基本变量和作用组合等。我国目前普遍采用的设计方法是极限状态设计法,在结构设计时,应考虑到所有可能的极限状态,以保证结构具有足够的安全性、适用性和耐久性,并按不同的极限状态采用相应的可靠度水平进行设计。

对于上述四种不同的设计状况,均应进行承载能力极限状态设计,以确保结构的安全性。对持久设计状况,尚应进行正常使用极限状态设计以保证结构的适用性和耐久性;对短暂设计状况和地震设计状况,可根据需要进行正常使用极限状态设计。对偶然设计状况,可不进行正常使用极限状态设计,允许主要承重结构因出现设计规定的偶然事件而局部破坏,但其剩余部分应具有在一段时间内不发生连续倒塌。

进行承载能力极限状态设计时,应根据不同的设计状况采用下列作用组合。

(1)基本组合,用于持久设计状况或短暂设计状况。

(2)偶然组合,用于偶然设计状况。在每一种偶然组合中,只考虑一个偶然作用。

(3)地震组合,用于地震设计状况。

进行正常使用极限状态设计时,可采用下列作用组合。

(1)标准组合,宜用于不可逆正常使用极限状态设计。

(2)频遇组合,宜用于可逆正常使用极限状态设计。

(3)准永久组合,宜用于长期效应是决定性因素的正常使用极限状态设计。

这里,可逆极限状态是指产生超越状态的作用被移去后,将不再保持超越状态的一种极限状态;不可逆极限状态是指产生超越状态的作用被移去后,仍将永久保持超越状态的一种极限状态。例如,某简支梁在某一数值的荷载作用后,其挠度超过了允许值,卸去该荷载后,若梁的挠度小于允许值,则为可逆极限状态,若梁的挠度还是超过允许值,则为不可逆极限状态。

设计状况、极限状态及作用组合之间的关系汇总于表 10 - 3。

表 10 - 3　设计状况、极限状态及作用组合之间的关系

| 极限状态 | | 承载力极限状态 | | 正常使用极限状态 | | |
| :---: | :---: | :---: | :---: | :---: | :---: | :---: |
| | | | | 不可逆 | 可逆 | 长期效应是决定性因素 |
| 作用组合类型 | | 基本组合 | 偶然组合 | 地震组合 | 标准组合 | 频遇组合 | 准永久组合 |
| 设计状况 | 持久设计状况 | √ | × | × | √ | √ | √ |
| | 短暂设计状况 | √ | × | × | ⊙ | ⊙ | × |
| | 偶然设计状况 | × | √ | × | × | × | × |
| | 地震设计状况 | × | × | √ | × | ⊙ | × |

注:√——应进行的作用组合;×——不需进行的作用组合;⊙——按需进行的作用组合。

## 10.1.3　目标可靠指标 $[\beta]$

在正常设计、正常施工和正常使用的情况下,若相关变量的统计参数已知,就可按第 9 章中的方法来计算其可靠指标 $\beta$。但这个可靠指标必须达到可以接受的可靠指标下限——目标可靠指标。

目标可靠指标是为了使结构设计既安全又经济合理,同时也能被公众接受,而确定的工

程结构的可靠指标,它代表了设计要求预期达到的结构可靠度,是预先给定作为结构设计依据的可靠指标,故又称设计可靠指标或允许可靠指标。目标可靠指标用 $[\beta]$ 表示,故有

$$\beta \geq [\beta] \tag{10-1}$$

目标可靠指标 $[\beta]$ 所对应的失效概率称为目标失效概率 $[p_f]$,由于可靠指标 $\beta$ 与失效概率 $p_f$ 具有一一对应的关系,故有

$$p_f \leq [p_f] \tag{10-2}$$

**1. 确定目标可靠指标的原则**

目标可靠指标 $[\beta]$ 与工程造价、使用维护费用以及投资风险、工程破坏后果等有关。如目标可靠指标定得较高,则相应的工程造价增大,而维修费用降低,风险损失减小;反之,目标可靠指标定得较低,工程造价降低,但维修费用及风险损失就会提高。因此,结构设计的目标可靠指标应综合考虑社会公众对工程事故的接受程度、可能的投资水平、结构重要性、结构破坏性质及其失效后果的严重程度等因素,以优化方法确定。

目标可靠指标 $[\beta]$ 的确定应遵循下面几个原则。

(1)建立在对原规范类比法或校准的基础上,运用近似概率法对原有各类结构设计规范所设计的各种构件进行分析,反算出原规范在各种情况下相应的可靠指标 $\beta$;然后在统计分析的基础上,针对不同情况作适当调整,确定合理且统一的目标可靠指标 $[\beta]$。

(2)目标可靠指标 $[\beta]$ 与结构安全等级有关。安全等级要求愈高,$[\beta]$ 就应该愈大。

(3)目标可靠指标 $[\beta]$ 与结构破坏性质有关。延性破坏结构的 $[\beta]$ 可稍低于脆性破坏结构的 $[\beta]$。因为构件的延性破坏有明显的预兆,如构件的裂缝过宽、变形较大等,破坏过程较缓慢;而构件的脆性破坏无明显的预兆,具有突然性,一旦破坏,其承载力急剧降低甚至断裂。例如,对钢筋混凝土构件,大偏心受压破坏、受弯破坏属于延性破坏;轴心受压破坏、小偏心受压破坏、受剪及受剪扭破坏则属于脆性破坏。

(4)目标可靠指标 $[\beta]$ 与不同的极限状态有关。承载能力极限状态下的 $[\beta]$ 应高于正常使用极限状态下的 $[\beta]$,因为承载能力极限状态是关系到结构构件是否安全的根本问题,而正常使用极限状态的验算则是在满足承载能力极限状态的前提下进行的,仅影响结构构件的正常适用性。

**2. 确定目标可靠指标的方法——校准法**

确定目标可靠指标,是编制各类工程结构可靠度设计标准的核心问题,理论上可以从工程结构失效引起的损失及社会影响来估计,但这种方法很难确定一个公认的合理数值。目前,采用近似概率法的设计规范,大多采用"校准法"来确定目标可靠指标。加拿大、美国及欧洲的一些国家都采用了该方法。我国《工程结构可靠性设计统一标准》GB 50153—2008 规定,结构构件设计的目标可靠指标,可在对现行结构规范中的各种结构构件进行可靠指标校准的基础上,根据结构安全和经济的最佳平衡确定。

校准法的原理是,采用一次二阶矩方法(即验算点法)计算原有规范的可靠指标,找出隐含于现有结构中相应的可靠指标,经综合分析和调整,确定现行规范的可靠指标。

结构可靠度校准可按下列步骤进行。

(1)确定校准范围,如选取结构物类型(建筑结构、桥梁结构、港工结构等)或结构材料形式(混凝土结构、钢结构等),根据目标可靠指标的适用范围选取代表性的结构或结构构件(包括构件的破坏形式)。

(2)确定设计中基本变量的取值范围,如可变作用标准值与永久作用标准值比值的

范围。

（3）根据每组有代表性的结构或结构构件在工程中的应用数量、造价大小，并结合工程经验，确定其权重系数 $\omega_i$，同一组内的权重系数之和应等于1，即

$$\sum_{i=1}^{n} \omega_i = 1 \qquad (10-3)$$

（4）分析传统设计方法的表达式，如受弯表达式、受剪表达式等。

（5）以现行设计规范的安全系数或允许应力为约束条件，以材料用量最少为目标，进行优化设计，并计算不同结构或结构构件的可靠指标 $\beta_i$。

（6）按下式确定所校准的同一组结构或结构构件可靠指标的加权平均值：

$$\beta_{ave} = \sum_{i=1}^{n} \omega_i \beta_i \qquad (10-4)$$

（7）根据可靠度校准的 $\beta_{ave}$，综合考虑安全与经济的最佳平衡，经分析判断后确定结构或结构构件的目标可靠指标 $[\beta]$。

目前，由于统计资料不够完备以及结构可靠度分析中引入了近似假定，因此所得的 $\beta$ 尚非实际值。这些值是一种与结构构件实际失效概率有一定联系的运算值，主要用于对各类结构构件可靠度作相对的度量。

下面以建筑《建筑结构可靠度设计统一标准》GB 50068—2001 为例，说明如何用校准法确定可靠指标。

在校核目标可靠指标 $[\beta]$ 时，需要考虑不同的荷载效应组合情况。在房屋建筑结构中，最常遇的荷载效应组合工况是 $S_G + S_Q$（恒荷载与楼面活荷载）、$S_G + S_w$（恒荷载与风荷载），所以在确定目标可靠指标 $[\beta]$ 时，主要考虑这两种基本的组合情况。在校核 $\beta$ 时，还需要考虑活荷载效应 $S_{Qk}$ 与恒荷载效应 $S_{Gk}$ 具有不同比值 $\rho(\rho = S_{Qk}/S_{Gk})$ 的情况。因为活荷载和恒荷载的变异性不同，当 $\rho$ 改变时，$\beta$ 也将变化。在确定了荷载效应组合情况及常遇的 $\rho$ 值后，建筑《建筑结构可靠度设计统一标准》GB 50068—2001 对钢、薄钢、混凝土、砖石和木结构设计规范中的 14 种有代表性的结构构件进行了分析，其结果列于表 10-4 中。从表中可以看到，在 3 种简单荷载效应组合下，对 14 种结构构件，原设计规范可靠指标的总平均值为 $\beta = 3.30$，相应的失效概率约为 $p_f = 4.8 \times 10^{-4}$。其中，属于延性破坏构件的平均值为 $\beta = 3.22$。

表 10-4　各种结构构件承载能力的可靠指标校准

| 序号 | 结构构件 | | 常用荷载效应比值 $\rho = S_{Qk}/S_{Gk}$ | 74 规范中的 $K$ 值 | 不同 $r$ 值下的 $\beta$ 平均值 | | |
|---|---|---|---|---|---|---|---|
| | 材料 | 受力状态 | | | （办）$S_G + S_Q$ | （住）$S_G + S_Q$ | （风）$S_G + S_w$ |
| 1 | 钢 | 轴心受压 | 0.25，0.50 | 1.41 | 3.16 | 2.89 | 2.66 |
| 2 | | 偏心受压 | 1.0，2.0 | 1.41 | 3.26 | 3.04 | 2.83 |
| 3 | 薄钢 | 轴心受压 | 0.5，1.0 | 1.50 | 3.42 | 3.16 | 2.94 |
| 4 | | 偏心受压 | 2.0，3.0 | 1.52 | 3.49 | 3.23 | 3.01 |
| 5 | 砖石 | 轴心受压 | 0.10，0.25 0.50，0.75 | 2.30 | 3.98 | 3.84 | 3.73 |
| 6 | | 偏心受压 | | 2.30 | 3.45 | 3.32 | 3.22 |
| 7 | | 受　剪 | | 2.50 | 3.34 | 3.21 | 3.09 |

续表

| 序号 | 结构构件 | | 常用荷载效应比值 $\rho = S_{Qk}/S_{Gk}$ | 74 规范中的 $K$ 值 | 不同 $r$ 值下的 $\beta$ 平均值 | | |
|---|---|---|---|---|---|---|---|
| | 材料 | 受力状态 | | | (办)$S_G + S_Q$ | (住)$S_G + S_Q$ | (风)$S_G + S_w$ |
| 8 | 木 | 轴心受压 | 0.25,0.5,1.5 | 1.83 | 3.42 | 3.23 | 3.07 |
| 9 | | 受 弯 | | 1.89 | 3.54 | 3.37 | 3.22 |
| 10 | 钢筋混凝土 | 轴心受拉 | 0.1 | 1.40 | 3.34 | 3.10 | 2.91 |
| 11 | | 轴心受压 | 0.25 | 1.55 | 3.84 | 3.65 | 3.50 |
| 12 | | 大偏心受压 | 0.5 | 1.55 | 3.84 | 3.63 | 3.47 |
| 13 | | 受 弯 | 1.0 | 1.40 | 3.51 | 3.28 | 3.09 |
| 14 | | 受 剪 | 2.0 | 1.55 | 3.24 | 3.04 | 2.88 |
| 平均值 | | | | | 3.49 | 3.29 | 3.12 |
| 总平均值 | | | | | 3.30 | | |

**3. 承载能力极限状态设计时的目标可靠指标**

根据以上的校核结果,《建筑结构设计统一标准》GBJ 68—84 确定了我国房屋结构设计规范的目标可靠指标 $[\beta]$:对安全等级为二级、属延性破坏的结构构件取 $[\beta]=3.2$,属脆性破坏的结构构件取 $[\beta]=3.7$;对于其他安全等级,$[\beta]$ 取值在此基础上分别增减 0.5,相应的失效概率约相差一个数量级。

上述目标可靠指标就是 89 系列结构设计规范的可靠度水准。考虑到新旧结构设计规范应有一定的继承性,两者的可靠度水准不能相差太大;同时考虑到原结构设计规范(74 规范)已在工程实践中使用了十多年甚至几十年,而出现事故的概率极小这一事实,可认为采用经验校准法确定的目标可靠度水准总体是合理的、可接受的。因此,《建筑结构可靠度设计统一标准》GB 50068—2001 仍维持了上述目标可靠指标,见表 10 – 5。

表 10 – 5 承载能力极限状态的目标可靠指标 $[\beta]$ 值

| 破坏类型 | | 安全等级 | | |
|---|---|---|---|---|
| | | 一级 | 二级 | 三级 |
| 房屋建筑结构(GB 50068—2001) | 延性破坏 | 3.7 | 3.2 | 2.7 |
| | 脆性破坏 | 4.2 | 3.7 | 3.2 |
| 公路桥梁结构(GB 50283—1999) | 延性破坏 | 4.7 | 4.2 | 3.7 |
| | 脆性破坏 | 5.2 | 4.7 | 4.2 |
| 水利水电结构(GB 50199—2013) | 一类破坏 | 3.7 | 3.2 | 2.7 |
| | 二类破坏 | 4.2 | 3.7 | 3.2 |
| 一般港口工程结构(GB 50158—2010) | | 4.0 | 3.5 | 3.0 |

注:表中目标可靠指标 $[\beta]$ 相对应的失效概率详见表 9 – 1。

其他工程结构确定目标可靠指标的方法与此类似。目前,各类工程结构可靠性设计统一标准根据结构的安全等级和破坏类型,在"经验校准法"的基础上,规定了承载能力极限状态设计时的目标可靠指标 $[\beta]$ 值,见表 10 – 5。该 $[\beta]$ 值是各类材料结构设计规范一般情况下应采用的目标可靠指标下限值。

**4. 正常使用极限状态设计时的目标可靠指标**

目前,对于正常使用极限状态下的目标可靠指标$[\beta]$取值问题,各类工程结构统一标准尚未给出具体规定。《建筑结构可靠度设计统一标准》GB 50068—2001 仍根据国际标准《结构可靠性的一般原则》ISO 2394:1998 的建议,结合国内近年来的分析研究成果,对结构构件正常使用极限状态的可靠指标,若为可逆极限状态,则取$[\beta]=0$;若为不可逆极限状态,则取$[\beta]=1.5$;当可逆程度介于可逆与不可逆两者之间时,按照作用效应的可逆程度宜取$[\beta]=0\sim1.5$,可逆程度较高的结构构件取较低值;可逆程度较低的结构构件取较高值。

# 10.2 直接概率设计法

所谓直接概率设计法,就是根据预先给定的目标可靠指标$[\beta]$及各基本变量的统计特征,通过可靠度计算公式反求结构构件抗力,然后进行构件截面设计的一种方法。简单地讲,就是要使所设计结构的可靠度满足某个规定的概率值,即要使失效概率$p_f$在规定的时间段内不应超过规定值$[p_f]$。直接概率设计法的设计表达式可以用式(10-1)和式(10-2)表示。

目前,直接概率设计法主要应用于以下方面。

(1)在特定情况下,直接设计某些重要的工程(例如核电站的安全壳、海上采油平台、大坝等)。

(2)根据规定的可靠度,核准分项系数模式中的分项系数。

(3)对不同设计条件下的结构可靠度进行一致性对比(校核)。

## 10.2.1 直接概率法的应用

**1. 结构构件的可靠度校核**

已知结构构件抗力和荷载效应的概率分布类型及相应的统计参数,检验其是否满足预定的目标可靠指标$[\beta]$,即为可靠度校核。其基本思路如下。

(1)建立结构某一功能下不同荷载组合时的各个极限状态方程。

(2)确定各极限状态方程中基本变量的概率分布类型及相应的统计参数(平均值、标准差)等。

(3)针对不同的荷载组合,按各自的极限状态方程计算其可靠度指标$\beta$,取其中的最小值验算是否满足$\beta\leqslant[\beta]$。

**2. 结构构件的截面设计**

当结构抗力 $R$ 和荷载效应 $S$ 都服从正态分布,且已知统计参数$\mu_R$、$\mu_S$、$\sigma_R$(或 $\sigma_R$)和 $\sigma_S$(或 $\delta_S$),同时极限状态方程也是线性方程,则根据可靠度指标计算公式(9-11)可以直接求出结构可靠度$\beta$,即

$$\beta = \frac{\mu_R - \mu_S}{\sqrt{\sigma_R^2 + \sigma_S^2}} \qquad (10-5)$$

从上式可以看出,对于所设计的结构,当$\mu_R$和$\mu_S$的差值愈大或者 $\sigma_R$ 和 $\sigma_S$值愈小,可靠指标$\beta$值就愈大,也就意味着失效概率愈小,结构愈可靠。但从概率统计而言,$\sigma_R$和 $\sigma_S$值不可能为零,故可靠指标$\beta$值不可能无限大。

当选定结构的目标可靠指标$[\beta]$,根据已知的统计参数$\mu_S$、$\sigma_S$和$\kappa_R$、$\sigma_R$时,把式(10-5)代入式(10-1),整理后可得

$$\mu_R \geqslant \mu_S + [\beta]\sqrt{(\mu_R\delta_R)^2 + (\mu_S\delta_S)^2} \qquad (10-6)$$

若同时已知抗力的统计参数$\kappa_R$(抗力平均值与标准值之比),则由$\kappa_R = \mu_R/R_k$即可求得抗力标准值$R_k$,而后根据$R_k$进行构件的截面设计。

上述方法仅仅是用直接概率法来进行构件设计的简单概念。一般情况下,构件抗力服从对数正态分布,荷载也并非都是正态变量,因而极限状态方程是非线性的,需用验算点法求解抗力$R$的平均值$\mu_R$,然后求出抗力标准值$R_k$,再进行构件的截面设计。其基本思路如下。

(1)建立结构某一功能下不同荷载组合时的各极限状态方程。

(2)确定各极限状态方程中基本变量的概率分布类型,荷载效应平均值$\mu_S$,标准差$\sigma_S$,构件抗力的变异系数$\sigma_R$及抗力平均值与标准值之比($\kappa_R = \mu_R/R_k$)。

(3)针对不同的荷载组合,按各自的极限状态方程和目标可靠指标$[\beta]$,逐个确定构件抗力平均值$\mu_{R'}$,然后由式(9-50a)可反算得$\mu_R$,即

$$\mu_R = \sqrt{1 + \delta_R^2} \cdot \exp\left(\frac{\mu_{R'}}{R^*} - 1 + \ln R^*\right) \qquad (10-7)$$

式中　$\mu_{R'}$——迭代计算求得的正态化抗力的平均值;

　　　$R^*$——迭代计算求得的抗力验算点值;

　　　$\sigma_R$——抗力的变异系数。

(4)根据构件抗力平均值$\mu_R$,确定抗力标准值$R_k$,即

$$R_k = \mu_R/\kappa_R \qquad (10-8)$$

(5)按$R_k$进行截面设计。

对钢筋混凝土构件,抗力$R_k$是由材料性能标准值$f_k$、几何参数的标准值$a_k$、钢筋的截面面积$A_s$组成的函数,选定$f_k$和$a_k$,即可求得截面配筋$A_s$。

一般情况下,上述求解$\mu_R$的计算过程需进行非线性与非正态的双重迭代,迭代过程如图10-1所示。

## 10.2.2　直接概率设计法目前存在的问题

(1)目前,对某些作用、作用效应组合、结构构件抗力等各基本变量尚缺乏足够的统计资料,难以获得其确切的统计参数和概率分布类型,因此在这方面还需要做大量的资料补充和完善的统计分析工作。

(2)在两种极限状态设计中,对承载能力极限状态已给出了度量结构构件可靠性的目标可靠指标,但对于正常使用极限状态,仍沿用过去的设计限值来控制,尚未给出相应的目标可靠指标。

(3)按照《工程结构可靠性设计统一标准》GB 50153—2008 规定的定义,结构可靠性是关于结构安全性、实用性和耐久性的概称,并以可靠指标作为度量结构可靠性的一种定量描述。根据概率论失效事件的规定,可靠性的失效概率必须包括上列三者的失效概率,但目前所规定的可靠指标仅仅考虑了安全性的单项指标,因此现在所说的可靠指标实质上是"安全指标"。

(4)由于可靠指标和构成极限状态方程的随机变量的物理意义是密切相关的,因而从

目前的极限状态方程中的两个基本变量 $R$ 和 $S$ 来看,前者为结构构件的截面抗力,后者为结构构件截面上的作用效应,则其对应的可靠指标,显然为结构构件截面的可靠指标,尚不是构件的可靠指标,更不是结构的可靠指标。

（5）有些基本假定与实际尚有出入,例如某些变量不是随机变量而是与实践密切相关的随机过程;某些作用效应往往是相互依存而并非是随机独立的。此外,整个结构体系的可靠性、结构在动态作用、重复荷载作用下的可靠性等均需要进一步的研究和发展。

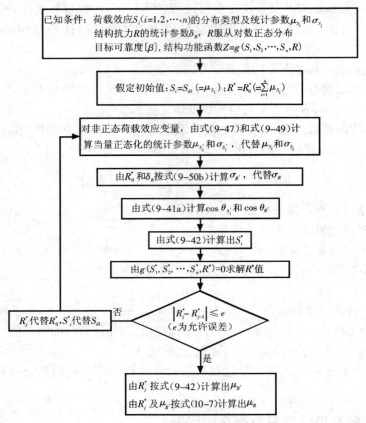

**图 10-1　直接概率设计法的迭代计算框图**

（图中 $R_j^*$ 的下标 $j$ 表示迭代次数）

## 10.2.3　例题

【**例 10-1**】　已知某拉杆,采用 Q235B 钢材,承受的轴向拉力和截面承载力服从正态分布,$\mu_N = 219$ kN,$\sigma_N = 0.08$,$\kappa_R = 1.16$,$\sigma_R = 0.09$,钢材屈服强度标准值 $f_y = 235$ N/mm²,目标可靠指标 $[\beta] = 3.2$。假定不计截面尺寸变异和计算公式精确度的影响,试求该拉杆所需的截面面积。

【**解**】　由式（10-6）,得

$$\mu_R = \mu_S + [\beta]\sqrt{(\mu_R\delta_R)^2 + (\mu_S\delta_S)^2} = 219 + 3.2\sqrt{(0.09\mu_R)^2 + (219 \times 0.08)^2}$$

解得

$$\mu_R = 329.13 \text{ kN}$$

则抗力标准值为

$$R_k = \mu_R / \kappa_R = 329.13 / 1.16 = 283.73 \text{ kN}$$

由 $R_k = f_y A_s$，得

$$A_s = R_k / f_y = 283.73 \times 10^3 / 235 = 1\,207.36 \text{ mm}^2$$

所以，拉杆所需的截面面积 $A_s = 1\,207.36 \text{ mm}^2$。

# 10.3　分项系数表达的概率极限状态设计法

用目标可靠指标 $[\beta]$ 值来直接进行结构设计或可靠度校核，能比较全面地反映荷载和结构抗力变异性对结构可靠度的影响，但计算过程烦琐、工作量大。考虑到工程结构设计人员长期以来习惯于采用基本变量的标准值和各种系数进行结构设计，我国现行规范中大都采用以可靠度理论为基础、以分项系数形式表达的概率极限状态设计方法。

该方法的基本思路是，在确定目标可靠指标后，将目标可靠度转化为单一安全系数或各种基本变量的分项系数，采用与传统设计习惯一致的设计表达式进行结构设计，且设计表达式具有与目标可靠指标相一致或接近的可靠度。

## 10.3.1　分项系数的分离

由可靠指标 $\beta$ 的基本表达式(式(10 – 5)或式(10 – 6))，可得

$$\mu_R - \mu_S = \beta \sqrt{\sigma_R^2 + \sigma_S^2} \tag{10 – 9}$$

式中　$\mu_R$、$\mu_S$——结构抗力、荷载效应的平均值；

　　　$\sigma_R$、$\sigma_S$——结构抗力、荷载效应的标准差。

取

$$\sigma_Z = \sqrt{\sigma_R^2 + \sigma_S^2} \tag{10 – 10}$$

则式(10 – 9)变换为

$$\mu_R - \mu_S = \beta \sigma_Z \cdot \frac{\sigma_R^2 + \sigma_S^2}{\sigma_Z^2} \tag{10 – 11}$$

即

$$\mu_R - \beta \cdot \frac{\sigma_R^2}{\sigma_Z} = \mu_S + \beta \cdot \frac{\sigma_S^2}{\sigma_Z} \tag{10 – 12}$$

引入结构抗力、荷载效应的变异系数 $\delta_R$，$\delta_S$，即

$$\delta_R = \frac{\sigma_R}{\mu_R} \tag{10 – 13a}$$

$$\delta_S = \frac{\sigma_S}{\mu_S} \tag{10 – 13b}$$

则由式(10 – 13)和式(10 – 12)，得

$$\mu_R \left( 1 - \beta \cdot \frac{\delta_R \sigma_R}{\sigma_Z} \right) = \mu_S \left( 1 + \beta \cdot \frac{\delta_S \sigma_S}{\sigma_Z} \right) \tag{10 – 14}$$

假定荷载与荷载效应为线性关系，则由第 7 章和第 8 章知，荷载效应标准值 $S_k$ 和抗力标准值 $R_k$ 可分别表示为

$$S_k = \mu_S (1 + \alpha_S \delta_S) \tag{10 – 15a}$$

$$R_k = \mu_R(1 - \alpha_R \delta_R) \tag{10-15b}$$

式中　$\alpha_S$、$\alpha_R$——与荷载取值和结构抗力的保证率有关的系数。

将式(10-15)代入式(10-14),得

$$\frac{R_k}{(1 - \alpha_R \delta_R)}\left(1 - \beta \cdot \frac{\delta_R \sigma_R}{\sigma_Z}\right) = \frac{S_k}{(1 + \alpha_S \delta_S)}\left(1 + \beta \cdot \frac{\delta_S \sigma_S}{\sigma_Z}\right) \tag{10-16}$$

上式可改写为下列形式:

$$\gamma_S S_k = \frac{R_k}{\gamma_R} \tag{10-17}$$

式中　$\gamma_R$、$\gamma_S$——结构抗力分项系数、荷载效应分项系数。

$$\gamma_R = \frac{1 - \alpha_R \delta_R}{1 - \beta \cdot \dfrac{\delta_R \sigma_R}{\sigma_Z}} \tag{10-18a}$$

$$\gamma_S = \frac{1 + \beta \cdot \dfrac{\delta_S \sigma_S}{\sigma_Z}}{1 + \alpha_S \delta_S} \tag{10-18b}$$

从上述推导过程可以看出,式(10-17)是结构极限状态方程的另一种表达,采用不等式形式将式(10-17)变换为

$$K S_k \leqslant R_k \tag{10-19}$$

式(10-19)即为采用单一系数的设计表达式,也是符合传统设计习惯的设计表达式。其中,$K$ 在传统设计习惯中称为安全系数:

$$K = \gamma_R \gamma_S = \frac{(1 - \alpha_R \delta_R)}{(1 + \alpha_S \delta_S)} \frac{\left(1 + \beta \cdot \dfrac{\delta_S \sigma_S}{\sigma_Z}\right)}{\left(1 - \beta \cdot \dfrac{\delta_R \sigma_R}{\sigma_Z}\right)} \tag{10-20}$$

可以看出,$K$ 与结构抗力的统计参数、荷载效应的统计参数以及设计要求的目标可靠指标有关。

我国 74 规范就采用了式(10-19)作为设计表达式,并按材料、构件受力状态分类采用不同的安全系数 $K$,从表 10-4 中可以看出,在多项荷载作用下,其可靠指标仍差异很大。

由于结构构件的设计条件是变化的,荷载效应和结构抗力的变异系数也是变化的,因此为使设计表达式的可靠度水准与规定的目标可靠指标相一致,安全系数 $K$ 不应是定值。

对于结构上仅作用有永久荷载和一种可变荷载的简单线性情况,将式(10-17)左端项 $\gamma_S S_k$ 分离为永久荷载效应 $S_G$ 和可变荷载效应 $S_Q$ 之和,并采用不等式形式,将式(10-17)变换为

$$\gamma_G S_{G_k} + \gamma_Q S_{Q_k} \leqslant \frac{R_k}{\gamma_R} \tag{10-21}$$

式中　$S_{G_k}$、$S_{Q_k}$——永久荷载效应和可变荷载效应的标准值;

　　　　$\gamma_G$、$\gamma_Q$——永久荷载分项系数、可变荷载分项系数。

根据概率可靠度设计方法,假定设计验算点为 $P^*(S_G^*、S_Q^*、R_k^*)$,则在设计验算点处,其极限状态方程可表示为

$$S_G^* + S_Q^* = R^* \tag{10-22}$$

为使分项系数设计法与概率可靠度直接设计法等效,即式(10-22)与式(10-21)等

效,则必须满足:

$$\gamma_G = S_G^*/S_{G_k} \tag{10-23a}$$

$$\gamma_Q = S_Q^*/S_{Q_k} \tag{10-23b}$$

$$\gamma_R = \frac{R_k}{R^*} \tag{10-23c}$$

由此可知,系数 $\gamma_G$、$\gamma_Q$、$\gamma_R$ 不仅与给定的可靠指标 $\beta$ 有关,而且与结构极限状态方程中所包含的全部基本变量的统计参数,如平均值、标准差等有关。

若要保证分项系数设计表达式设计的各类构件所具有的可靠指标与目标可靠指标相一致,则当可变荷载效应与永久荷载效应的比值 $\rho$ 改变时($\rho$ 的改变将导致综合荷载效应 $S$ 的统计参数 $\mu_S$、$\sigma_S$ 发生变化),各项系数的取值也必须随之改变。显然,分项系数取为变量不符合实用要求;从方便实用出发,我国规范将 $\gamma_G$、$\gamma_Q$ 取定值,$\gamma_R$ 随结构构件种类的不同而取不同的定值,这样按分项系数表达式(10-21)设计的构件具有的可靠指标就不可能与预先规定的目标可靠指标 $[\beta]$ 值(表 10-5)完全一致。最佳分项系数取值是使两者差值在各种情况下总体上为最小。

因此,分项系数设计表达式就是在设计验算点 $P^*$ 处将构件极限状态方程转化为以基本变量标准值和分项系数形式表达的极限状态设计表达式。

对于由不同材料组成的构件,如钢筋混凝土构件,可进一步将结构抗力分项系数 $\gamma_R$ 分离为钢筋和混凝土的材料分项系数 $\gamma_s$ 和 $\gamma_c$。也就是说,式(10-21)实际上是用材料分项系数和荷载效应分项系数来表达极限状态的。这样,给定的目标可靠指标可得到满足,而不必进行繁杂的概率运算,同时又与传统的设计习惯取得了一致。

## 10.3.2　分项系数的确定

结构或结构构件设计表达式中分项系数的确定,应符合下列原则。

(1)结构上的同种作用采用相同的分项系数,不同的作用采用各自的分项系数。

(2)不同种类的构件采用不同的抗力分项系数,同一种构件在任何可变作用下,抗力分项系数不变。

(3)对各种构件在不同的作用效应比下,按所选定的作用分项系数和抗力系数进行设计,使所得的可靠指标与目标可靠指标具有最佳的一致性。

结构或结构构件设计表达式中分项系数的确定可采用下列步骤。

(1)选定代表性的结构或结构构件(或破坏方式)、一个永久作用和一个可变作用组成的简单组合(如对建筑结构永久作用 + 楼面可变作用,永久作用 + 风作用)和常用的作用效应比(可变作用效应标准值与永久作用效应标准值之比)。

(2)对安全等级为二级的结构或结构构件,重要性系数 $\gamma_0$ 取为 1.0。

(3)对选定的结构或结构构件,确定分项系数 $\gamma_G$ 和 $\gamma_Q$ 下简单组合的抗力设计值。

(4)对选定的结构或结构构件,确定抗力系数 $\gamma_R$ 下简单组合的抗力标准值。

(5)计算选定结构或结构构件简单组合下的可靠指标 $\beta$。

(6)对选定的所有代表性结构或结构构件、所有 $\gamma_G$ 和 $\gamma_Q$ 的范围(以 0.1 或 0.05 的级差),优化确定 $\gamma_R$;选定一组使按分项系数表达式设计的结构或结构构件的可靠指标 $\beta$ 与目标可靠指标 $[\beta]$ 最接近的分项系数 $\gamma_G$、$\gamma_Q$ 和 $\gamma_R$。

(7)根据以往的工程经验,对优化确定的分项系数 $\gamma_G$、$\gamma_Q$ 和 $\gamma_R$ 进行判断,必要时进行调整。

（8）当永久作用起有利作用时，分项系数表达式中的永久作用取负号，根据已经选定的分项系数 $\gamma_R$ 和 $\gamma_Q$，通过优化确定分项系数 $\gamma_G$（以 0.1 或 0.05 的级差）。

（9）对安全等级为一、三级的结构或结构构件，以安全等级为二级时，以确定的结构或结构构件的分项系数为基础，同样以按分项系数表达式设计的结构或结构构件的可靠指标 $\beta$ 与目标可靠指标 $[\beta]$ 最接近为条件，优化确定结构重要性系数 $\gamma_0$。

为了满足可靠度的要求，在实际结构设计中要采取以下几条措施。

（1）计算荷载效应时，取足够大的荷载值；多种荷载作用时，考虑荷载的合理组合。

（2）在计算结构的抗力时，取足够低的强度指标。

（3）对安全等级不同的工程结构，采用一个重要性系数 $\gamma_0$ 进行调整，见表 10 – 6。

表 10 – 6　结构重要性系数 $\gamma_0$

| 结构类型和设计状况 | | 一级 | 二级 | 三级 |
|---|---|---|---|---|
| 房屋建筑结构 | 持久设计状况和短暂设计状况 | 1.1 | 1.0 | 0.9 |
| | 偶然设计状况和地震设计状况 | 1.0 | 1.0 | 1.0 |
| 公路桥涵结构 | | 1.1 | 1.0 | 0.9 |
| 港口工程结构 | | 1.1 | 1.0 | 0.9 |

因而，在分项系数设计表达式中目标可靠指标 $[\beta]$ 可通过三类分项系数表达，即结构重要性系数 $\gamma_0$，材料的分项系数 $\gamma_R$（或 $\gamma_s$ 和 $\gamma_c$），荷载效应分项系数 $\gamma_G$ 和 $\gamma_Q$。各类材料的分项系数 $\gamma_R$（或 $\gamma_s$ 和 $\gamma_c$）详见第 8.3 节。

## 10.3.3　以分项系数表达的极限状态设计表达式

考虑到传统设计表达式中并不出现抗力（或材料分项系数），而且作用（荷载）效应也是以综合作用（荷载）效应 $S$ 出现的，因此分项系数设计表达式（10 – 21）可改写为

$$\gamma_0 S \leqslant R \tag{10 – 24}$$

式中　$\gamma_0$——结构重要性系数，见表 10 – 6；

　　　$S$——作用组合的效应设计值；

　　　$R$——结构或结构构件的抗力设计值。

抗力设计值 $R$ 可表示为

$$R = R(\gamma_R, f_k, a_k, \cdots) \tag{10 – 25}$$

式中　$R(\cdot)$——结构构件的抗力函数，其具体形式体现在相关结构设计规范中的各项承载力计算中；

　　　$\gamma_R$——结构构件抗力分项系数，其值应符合各类材料的结构设计规范的规定，即对不同的材料有不同的取值；

　　　$f_k$——材料性能的标准值；

　　　$a_k$——几何尺寸的标准值。

在不同的极限状态下，式（10 – 24）的具体表达式详述如下。

1. 承载能力极限状态

结构或结构构件按承载力极限状态设计时，应考虑下列状态。

1)结构或结构构件(包括基础等)的破坏或过度变形

此时,结构的材料强度起控制作用,承载力极限状态设计表达式为

$$\gamma_0 S_d \leqslant R_d \tag{10-26a}$$

式中 $S_d$——作用组合效应(如轴力、弯矩或表示几个轴力、弯矩的向量)的设计值;

$R_d$——结构或结构构件的抗力设计值,应按相关结构设计规范的规定确定。

2)整个结构或其一部分作为刚体失去静力平衡

此时,结构材料或地基的强度不起控制作用,承载力极限状态设计表达式为

$$\gamma_0 S_{d,dst} \leqslant R_{d,stb} \tag{10-26b}$$

式中 $S_{d,dst}$——不平衡作用效应的设计值;

$R_{d,stb}$——平衡作用效应的设计值。

3)地基的破坏或过度变形

根据具体工程结构对地基的不同要求,该承载力极限状态设计可采用分项系数法进行,也可采用容许应力法进行。

4)结构或结构构件的疲劳破坏

此时,结构材料的疲劳强度起控制作用,该承载力极限状态的验算应以验算部位的计算名义应力不超过结构相应部位的疲劳强度设计值为准则。具体验算方法有等效等幅重复应力法、极限损伤度法、断裂力学方法等,根据需要确定。

2. 正常使用极限状态

考虑结构或结构构件的正常使用极限状态设计时,变形、抗裂度和裂缝宽度等作用(荷载)效应的设计值 $S_d$ 不超过相应的规定限值 $C$,其表达式为

$$S_d \leqslant C \tag{10-27}$$

式中 $S_d$——作用组合的效应(如变形、抗裂度、裂缝宽度等)设计值;

$C$——设计规定的相应限值,应按有关结构设计规范的规定采用。

## 10.3.4 作用组合的效应 $S_d$

当结构上同时作用有多种可变荷载时,应考虑到荷载效应的组合。即将所有可能同时出现的各种荷载加以组合,以求得组合后在结构或构件内产生的总效应。把其中对结构构件产生总效应最不利的一组组合称为最不利组合,并取最不利组合进行设计。

承载力极限状态设计表达式中的作用组合,应符合下列规定。

(1)作用组合应为可能同时出现的作用的组合。

(2)每个作用组合中应包括一个主导可变作用或一个偶然作用或一个地震作用。

(3)每个作用组合中均应包括永久作用,当结构中永久作用位置的变异、对静力平衡或类似的极限状态结果很敏感时,该永久作用的有利部分和不利部分应分别作为单个作用。

(4)当一种作用产生的几种效应非全相关时,对产生有利效应的作用,其分项系数的取值应予降低。

(5)对不同的设计状况应采用不同的作用组合。

进行承载能力极限状态计算时的作用组合包括基本组合、偶然组合和地震组合,所对应的设计状况见表 10-3。

对于正常使用极限状态,结构构件应根据不同的设计要求,分别采用荷载效应的标准组合、频遇组合和准永久组合或考虑荷载长期作用影响进行验算,所对应的设计状况见

表 10 – 3。

1. 基本组合

作用基本组合的效应设计值按下式确定：

$$S_d = S\left( \sum_{i \geqslant 1} \gamma_{G_i} G_{ik} + \gamma_P P + \gamma_{Q_1} \gamma_{L_1} Q_{1k} + \sum_{j \geqslant 2} \gamma_{Q_j} \psi_{c_j} \gamma_{L_j} Q_{jk} \right) \tag{10 – 28a}$$

式中　$S(\cdot)$——作用组合的效应函数（其中符号"$S$"和"$+$"均表示组合，即同时考虑所有作用对结构的共同影响，而不表示代数相加，以下均同）；

　　　$G_{ik}$——第 $i$ 个永久作用的标准值；

　　　$P$——预应力作用的有关代表值；

　　　$Q_{1k}$、$Q_{ik}$——第 1 个可变作用（即主导可变作用）、第 $i$ 个可变作用的标准值；

　　　$\gamma_{G_i}$——第 $i$ 个永久作用的分项系数，当永久作用效应对结构构件承载力起有利作用时，其值不应大于 1.0；

　　　$\gamma_P$——预应力作用的分项系数，当预应力作用效应对结构构件承载力起有利作用时，其值不应大于 1.0；

　　　$\gamma_{Q_1}$、$\gamma_{Q_j}$——第 1 个、第 $j$ 个可变作用的分项系数；

　　　$\gamma_{L_1}$、$\gamma_{L_j}$——第 1 个、第 $j$ 个可变作用考虑结构设计使用年限的调整系数，对结构设计使用年限与设计基准期相同的结构，应取 $\gamma_{L_1} = 1.0$、$\gamma_{L_j} = 1.0$；

　　　$\psi_{c_j}$——第 $j$ 个可变作用的组合值系数，其值不应大于 1.0。

当作用与作用效应按线性关系考虑时，基本组合的效应设计值按下式计算：

$$S_d = \sum_{i \geqslant 1} \gamma_{G_i} S_{G_i k} + \gamma_P S_P + \gamma_{Q_1} \gamma_{L_1} S_{Q_1 k} + \sum_{j \geqslant 2} \gamma_{Q_j} \psi_{c_j} \gamma_{L_j} S_{Q_j k} \tag{10 – 28b}$$

式中　$S_{G_i k}$——第 $i$ 个永久作用标准值的效应；

　　　$S_P$——预应力作用有关代表值的效应；

　　　$S_{Q_1 k}$——第 1 个可变作用（即主导可变作用）标准值的效应；

　　　$S_{Q_j k}$——第 $j$ 个可变作用标准值的效应。

式（10 – 28a）、式（10 – 28b）适用于持久设计状况和短暂设计状况，也可根据需要分别给出这两种设计状况下的作用组合的效应设计值。

2. 偶然组合

偶然组合的效应设计值按下式确定：

$$S_d = S\left[ \sum_{i \geqslant 1} G_{ik} + P + A_d + (\psi_{f_1} 或 \psi_{q_1}) \cdot Q_{1k} + \sum_{j \geqslant 2} \psi_{q_j} Q_{jk} \right] \tag{10 – 29a}$$

式中　$A_d$——偶然作用的设计值；

　　　$\psi_{f_1}$——第 1 个可变作用的频遇值系数，应按有关规范的规定采用；

　　　$\psi_{q_1}$、$\psi_{q_j}$——第 1 个和第 $j$ 个可变作用的准永久值系数，应按有关规范的规定采用。

当作用与作用效应按线性关系考虑时，偶然组合的效应设计值按下式计算：

$$S_d = \sum_{i \geqslant 1} S_{G_i k} + S_P + S_{A_d} + (\psi_{f_j} 或 \psi_{q_j}) \cdot S_{Q_1 k} + \sum_{j \geqslant 2} \psi_{q_j} S_{Q_j k} \tag{10 – 29b}$$

式中　$S_{A_d}$——偶然作用设计值的效应。

3. 地震组合

地震组合的效应设计值按下式确定：

$$S_d = S\left( \sum_{i \geqslant 1} G_{ik} + P + \gamma_I A_{Ek} + \sum_{j \geqslant 1} \psi_{q_j} Q_{jk} \right) \tag{10 – 30a}$$

式中　$\gamma_1$——地震作用重要性系数,按相关结构的抗震设计规范的规定采用;

$A_{Ek}$——根据重现期为 475 年的地震作用(基本烈度)确定的地震作用标准值。

当作用与作用效应按线性关系考虑时,地震组合的效应设计值按下式计算:

$$S_d = \sum_{i \geq 1} S_{G_ik} + S_P + \gamma_1 S_{A_{Ek}} + \sum_{j \geq 2} \psi_{q_j} S_{Q_jk} \qquad (10-30b)$$

式中　$S_{A_{Ek}}$——地震作用效应标准值。

地震组合的效应设计值,也可根据重现期为大于或小于 475 年的地震作用确定,其效应设计值应符合相关结构的抗震设计规范的规定。

4. 正常使用极限状态的各种组合

正常使用极限状态验算时,标准组合、频遇组合、准永久组合的效应设计值按下式确定:

标准组合

$$S_d = S\left( \sum_{i \geq 1} G_{ik} + P + Q_{1k} + \sum_{j \geq 2} \psi_{c_j} Q_{jk} \right) \qquad (10-31a)$$

频遇组合

$$S_d = S\left( \sum_{i \geq 1} G_{ik} + P + \psi_{f_1} Q_{1k} + \sum_{j \geq 2} \psi_{q_j} Q_{jk} \right) \qquad (10-31b)$$

准永久组合

$$S_d = S\left( \sum_{i \geq 1} G_{ik} + P + \sum_{j \geq 1} \psi_{q_j} Q_{jk} \right) \qquad (10-31c)$$

当作用与作用效应按线性关系考虑时,标准组合、频遇组合、准永久组合的效应设计值按下式计算:

标准组合

$$S_d = \sum_{i \geq 1} S_{G_ik} + S_P + S_{Q_1k} + \sum_{j \geq 2} \psi_{c_j} S_{Q_jk} \qquad (10-32a)$$

频遇组合

$$S_d = \sum_{i \geq 1} S_{G_ik} + S_P + \psi_{f_1} S_{Q_1k} + \sum_{j \geq 2} \psi_{q_j} S_{Q_jk} \qquad (10-32b)$$

准永久组合

$$S_d = \sum_{i \geq 1} S_{G_ik} + S_P + \sum_{j \geq 1} \psi_{q_j} S_{Q_jk} \qquad (10-32c)$$

式中　$\psi_{f_1}$——在频遇组合中起控制作用的一个可变作用频遇值系数;

$\psi_{q_j}$——第 $j$ 个可变作用的准永久值系数。

# 10.4　各类工程的分项系数设计表达式

下面主要介绍建筑结构和公路桥涵结构中所采用的分项系数设计表达式和相应荷载分项系数取值的规定。

## 10.4.1　建筑结构

下列设计表达式仅适用于荷载与荷载效应为线性关系的情况。

1. 基本组合

荷载效应基本组合的设计值 $S_d$,应从下列荷载组合值中取最不利的效应设计值确定。

（1）由可变荷载控制的效应设计值：

$$S = \sum_{j=1}^{m} \gamma_{G_j} S_{G_jk} + \gamma_{Q_1} \gamma_{L_1} S_{Q_1k} + \sum_{i=2}^{n} \gamma_{Q_i} \gamma_{L_i} \psi_{c_i} S_{Q_ik} \tag{10-33}$$

（2）由永久荷载控制的效应设计值：

$$S = \sum_{j=1}^{m} \gamma_{G_j} S_{G_jk} + \sum_{i=1}^{n} \gamma_{Q_i} \gamma_{L_i} \psi_{c_i} S_{Q_ik} \tag{10-34}$$

式中　$\gamma_{G_j}$——第 $j$ 个永久荷载的分项系数，当其效应对结构不利时，对式（10-33）应取
1.2，对式（10-34）应取 1.35，当其效应对结构有利时，不应大于 1.0；

$\gamma_{Q_i}$——第 $i$ 个可变荷载的分项系数，其中 $\gamma_{Q_1}$ 为第一可变荷载（主导荷载）$Q_1$ 的分项
系数，当可变荷载效应对结构构件不利时，一般情况下取 1.4，对标准值大于
4 kN/m$^2$ 的工业房屋楼面结构的活荷载应取 1.3，当可变荷载效应对结构构件
有利时应取 0；

$S_{G_jk}$——按第 $j$ 永久荷载标准值计算的荷载效应值；

$S_{Q_ik}$——按第 $i$ 可变荷载标准值计算的荷载效应值，其中 $S_{Q_1k}$ 为诸可变荷载效应中起
控制作用者；

$\psi_{c_i}$——可变荷载的组合值系数，其值不应大于 1.0，按《建筑结构荷载规范》GB
50009—2012 的有关规定取用；

$m$——参与组合的永久荷载数；

$n$——参与组合的可变荷载数。

在实际工程中，对由可变荷载控制的效应设计值，很难直观选择诸可变荷载中的主导荷
载，因此应轮次以各可变荷载效应为 $S_{Q_1k}$，按式（10-33）计算，并选其中最不利的荷载效应
设计值。

2. 偶然组合

荷载偶然组合的效应设计值 $S_d$ 可按下列规定确定。

（1）用于承载力极限状态计算的效应设计值：

$$S_d = \sum_{j=1}^{m} S_{G_jk} + S_{A_d} + \psi_{f_1} S_{Q_1k} + \sum_{i=2}^{n} \psi_{q_i} S_{Q_ik} \tag{10-35}$$

（2）用于偶然事件发生后受损结构整体稳固性验算的效应设计值：

$$S_d = \sum_{j=1}^{m} S_{G_jk} + \psi_{f_1} S_{Q_1k} + \sum_{i=2}^{n} \psi_{q_i} S_{Q_ik} \tag{10-36}$$

式中　$S_{A_d}$——按偶然荷载设计值 $A_d$ 计算的荷载效应值；

$\psi_{f_1}$——第 1 个可变荷载的频遇值系数；

$\psi_{q_i}$——第 $i$ 个可变荷载的准永久值系数。

3. 正常使用极限状态的各种组合

正常使用极限状态验算时，应根据不同的验算要求进行不同的效应组合。各作用（荷
载）分项系数均取 1.0。

荷载标准组合的效应设计值 $S_d$，应按下式求取：

$$S_d = \sum_{j=1}^{m} S_{G_jk} + S_{Q_1k} + \sum_{i=2}^{n} \psi_{c_i} S_{Q_ik} \tag{10-37}$$

荷载频遇组合的效应设计值 $S_d$，应按下式求取：

$$S_d = \sum_{j=1}^{m} S_{G_jk} + \psi_{f_1} S_{Q_1k} + \sum_{i=2}^{n} \psi_{q_i} S_{Q_ik} \qquad (10-38)$$

荷载准永久组合(长期效应组合)的效应设计值 $S_d$,应按下式求取:

$$S_d = \sum_{j=1}^{m} S_{G_jk} + \sum_{i=1}^{n} \psi_{q_i} S_{Q_ik} \qquad (10-39)$$

式中　$\psi_{f_1}$——在频遇组合中起控制作用的可变荷载的频遇值系数。

4. 地震组合

地震组合用于地震设计状况。《建筑抗震设计规范》GB 50011—2010 规定,进行建筑结构抗震设计时,采用两阶段设计法(详见第 5 章)。

1) 截面抗震设计表达式

按极限状态设计法进行抗震设计时,采用下列设计表达式:

$$S_d \leqslant R_d / \gamma_{RE} \qquad (10-40)$$

式中　$\gamma_{RE}$——承载力抗震调整系数,反映了各类构件在多遇地震烈度下的承载能力极限状态的可靠指标的差异,除另有规定外,应按表 10-7 采用;当仅考虑竖向地震作用组合时,对各类结构构件,均应取 $\gamma_{RE} = 1.0$。

**表 10-7　各类构件承载力抗震调整系数 $\gamma_{RE}$**

| 材料 | 结构构件 | | 受力状态 | $\gamma_{RE}$ |
|---|---|---|---|---|
| 钢 | 柱,梁,支撑,节点板件,螺栓,焊缝 | | 强度 | 0.75 |
| | 柱,支撑 | | 屈曲稳定 | 0.80 |
| 砌体 | 两端均有构造柱、芯柱的抗震墙 | | 受剪 | 0.9 |
| | 其他抗震墙 | | 受剪 | 1.0 |
| 混凝土 | 梁 | | 受弯 | 0.75 |
| | 柱 | 轴压比小于 0.15 | 偏压 | 0.75 |
| | | 轴压比不小于 0.15 | 偏压 | 0.80 |
| | 抗震墙(剪力墙) | | 偏压 | 0.85 |
| | | | 局部承压 | 1.0 |
| | 各类构件 | | 受剪、偏拉 | 0.85 |
| | 节点 | | 受剪 | 0.85 |
| 型钢(钢管)混凝土 | 型钢混凝土梁 | | 正截面承载力 | 0.75 |
| | 型钢混凝土柱及钢管混凝土柱 | | 正截面承载力 | 0.80 |
| | 剪力墙 | | 正截面承载力 | 0.85 |
| | 支撑 | | 正截面承载力 | 0.80 |
| | 各类构件及节点 | | 斜截面承载力 | 0.85 |

地震设计状况下,当作用与作用效应按线性关系考虑时,荷载与地震作用基本组合的效应设计值 $S_d$ 应按下式确定:

$$S_d = \gamma_G S_{GE} + \gamma_{Eh} S_{Ehk} + \gamma_{Ev} S_{Evk} + \psi_w \gamma_w S_{wk} \qquad (10-41)$$

式中　$S_{GE}$——重力荷载代表值的效应;

$S_{Ehk}$、$S_{Evk}$——水平地震作用标准值、竖向地震作用标准值的效应;

$S_{wk}$——风荷载标准值的效应;

$\gamma_G$——重力荷载分项系数;

$\gamma_{Eh}$、$\gamma_{Ev}$——水平地震作用、竖向地震作用的分项系数;

$\gamma_w$——风荷载分项系数;

$\psi_w$——风荷载的组合值系数,应取0.2。

地震设计状况下,荷载与地震作用基本组合的分项系数应按表10-8取用;当重力荷载效应对结构承载力有利时,表10-8中$\gamma_G$取括号内数值。

表10-8　地震设计状况时荷载和作用的分项系数

| 参与组合的荷载和作用 | $\gamma_G$ | $\gamma_{Eh}$ | $\gamma_{Ev}$ | $\gamma_w$ | 说　明 |
|---|---|---|---|---|---|
| 重力荷载及水平地震作用 | 1.2(1.0) | 1.3 | — | — | 抗震设计的高层建筑结构均应考虑 |
| 重力荷载及竖向地震作用 | 1.2(1.0) | — | 1.3 | — | 9度抗震设计时考虑;水平长悬臂和大跨度结构,7度(0.15g)、8度、9度抗震设计时考虑 |
| 重力荷载、水平地震作用及竖向地震作用 | 1.2(1.0) | 1.3 | 0.5 | — | |
| 重力荷载、水平地震作用及风荷载 | 1.2(1.0) | 1.3 | — | 1.4 | 60 m以上的高层建筑结构考虑 |
| 重力荷载、水平地震作用、竖向地震作用及风荷载 | 1.2(1.0) | 1.3 | 0.5 | 1.4 | 60 m以上的高层建筑结构,9度抗震设计时考虑;水平长悬臂和大跨度结构,7度(0.15g)、8度、9度抗震设计时考虑 |
| | 1.2(1.0) | 0.5 | 1.3 | 1.4 | 水平长悬臂和大跨度结构,7度(0.15g)、8度、9度抗震设计时考虑 |

注:"—"表示组合中不考虑该项荷载(作用)效应。

**2)抗震变形验算的设计表达式**

多遇地震作用下,楼层内最大的弹性层间位移,应符合下式要求:

$$\Delta u_e \leqslant [\theta_e]h \tag{10-42}$$

式中　$\Delta u_e$——多遇地震作用标准值产生的楼层内最大弹性层间位移;计算时,除以弯曲变形为主的高层建筑外,可不扣除结构整体弯曲变形,应计入扭转变形,钢筋混凝土结构构件的截面刚度可采用弹性刚度;

　　　$[\theta_e]$——弹性层间位移角限值,按表10-9采用;

　　　$h$——计算楼层层高。

表10-9　弹性层间位移角限值$[\theta_e]$

| 结　构　类　型 | $[\theta_e]$ |
|---|---|
| 钢筋混凝土框架 | 1/550 |
| 钢筋混凝土框架-抗震墙、板柱-抗震墙、框架-核心筒 | 1/800 |
| 钢筋混凝土抗震墙、筒中筒 | 1/1 000 |
| 钢筋混凝土框支层 | 1/1 000 |
| 多、高层钢结构 | 1/300 |

罕遇地震作用下,结构薄弱层(部位)弹塑性层间位移$\Delta u_p$应符合下式要求:

$$\Delta u_p \leq [\theta_p] h \tag{10-43}$$

式中 $[\theta_p]$——弹塑性层间位移角限值，一般可按表 10-10 采用；

$h$——薄弱层楼层高度或单层厂房上柱高度。

**表 10-10 弹塑性层间位移角限值 $[\theta_p]$**

| 结 构 类 型 | $[\theta_p]$ |
|---|---|
| 单层钢筋混凝土柱排架 | 1/30 |
| 钢筋混凝土框架 | 1/50 |
| 底部框架砖房中的框架-抗震墙 | 1/100 |
| 钢筋混凝土框架-抗震墙、板柱-抗震墙、框架-核心筒 | 1/100 |
| 钢筋混凝土抗震墙、筒中筒 | 1/120 |
| 多、高层钢结构 | 1/50 |

## 10.4.2 公路桥涵结构

**1. 承载力极限状态**

公路桥涵结构按承载力极限状态设计时，应采用以下两种作用效应组合。

**1) 基本组合**

永久作用的设计值效应应与可变作用的设计值效应进行组合，其效应组合表达式为

$$S_{ud} = \sum_{i=1}^{m} \gamma_{G_i} S_{G_i k} + \gamma_{Q_1} S_{Q_1 k} + \psi_c \sum_{j=2}^{n} \gamma_{Q_j} S_{Q_j k} \tag{10-44a}$$

或

$$S_{ud} = \sum_{i=1}^{m} S_{G_i d} + S_{Q_1 d} + \psi_c \sum_{j=2}^{n} S_{Q_j d} \tag{10-44b}$$

式中 $S_{ud}$——承载能力极限状态下作用基本组合的效应组合设计值；

$\gamma_{G_i}$——第 $i$ 个永久作用效应的分项系数，按表 10-11 采用；

$S_{G_i k}$、$S_{G_i d}$——第 $i$ 个永久作用效应的标准值和设计值；

$\gamma_{Q_1}$——汽车荷载效应（含汽车冲击力、离心力）的分项系数，取 $\gamma_{Q_1} = 1.4$（当某个为可变作用在效应组合中其值超过汽车荷载效应时，则该作用取代汽车荷载，其分项系数应采用汽车荷载的分项系数，对专为承受某作用而设置的结构或装置，设计时该作用的分项系数取与汽车荷载同值，计算人行道板和人行道栏杆，其分项系数也与汽车荷载取同值）；

$S_{Q_1 k}$、$S_{Q_1 d}$——汽车荷载效应（含汽车冲击力、离心力）的标准值和设计值；

$\gamma_{Q_j}$——在作用效应组合中，除汽车荷载效应（含汽车冲击力、离心力）、风荷载外的其他第 $j$ 个可变作用效应的分项系数，取 $\gamma_{Q_j} = 1.4$，但风荷载的分项系数取 $\gamma_{Q_j} = 1.1$；

$S_{Q_j k}$、$S_{Q_j d}$——在作用效应组合中，除汽车荷载效应（含汽车冲击力、离心力）外的第 $j$ 个可变作用效应的标准值和设计值；

$\psi_c$——在作用效应组合中,除汽车荷载效应(含汽车冲击力、离心力)外的其他可变作用效应的组合系数,当永久作用与汽车荷载和人群荷载(或其他一种可变作用)组合时,取 $\psi_c = 0.80$,当除汽车荷载(含汽车冲击力、离心力)外尚有两种其他可变作用参与组合时,其组合系数取 $\psi_c = 0.70$,尚有三种可变作用参与组合时,其组合系数取 $\psi_c = 0.60$,尚有四种集多于四种的可变作用参与组合时,取 $\psi_c = 0.50$。

设计弯桥,当离心力与制动力同时参与组合时,制动力标准值或设计值按70%取用。

**表 10 – 11　永久作用效应的分项系数**

| 编号 | 作用类别 | | 永久作用效应的分项系数 | |
|---|---|---|---|---|
| | | | 对结构的承载力不利时 | 对结构的承载力有利时 |
| 1 | 混凝土和圬工结构重力(包括结构附加重力) | | 1.2 | 1.0 |
| | 钢结构重力(包括结构附加重力) | | 1.1 或 1.2 | |
| 2 | 预加力 | | 1.2 | 1.0 |
| 3 | 土的重力 | | 1.2 | 1.0 |
| 4 | 混凝土的收缩及徐变作用 | | 1.0 | 1.0 |
| 5 | 土侧压力 | | 1.4 | 1.0 |
| 6 | 水的浮力 | | 1.0 | 1.0 |
| 7 | 基础变位 | 混凝土和圬工结构 | 0.5 | 0.5 |
| | | 钢结构 | 1.0 | 1.0 |

注:表中第1项内,当钢桥采用钢桥面板时,分项系数取1.1;当采用混凝土桥面板时,取1.2。

2)偶然组合

偶然组合是指永久作用标准值效应与可变作用某种代表值效应、一种偶然作用标准值效应组合。偶然荷载的效应分项系数取1.0;与偶然荷载同时出现的其他可变荷载,可根据观测资料和工程经验采用适当的代表值;地震作用标准值及其表达式按现行《公路工程抗震设计规范》JTG B02—2013 的规定采用。

2. 正常使用极限状态

公路桥涵结构按正常使用极限状态设计时,应根据不同的要求,采用以下两种效应组合。

1)作用短期效应组合

永久作用标准值效应与可变作用频遇值效应相组合,其效应组合表达式为

$$S_{sd} = \sum_{i=1}^{m} S_{G_ik} + \sum_{j=1}^{n} \psi_{1j} S_{Q_jk} \qquad (10 - 45)$$

式中　$S_{sd}$——作用短期效应组合设计值;

$\psi_{1j}$——第 $j$ 个可变作用效应的频遇值系数,汽车荷载效应(不计冲击力)$\psi_1 = 0.7$,人群荷载 $\psi_1 = 1.0$,风荷载 $\psi_1 = 0.75$,温度梯度作用 $\psi_1 = 0.80$,其他作用 $\psi_1 = 1.0$;

$S_{Q_jk}$——第 $j$ 个可变作用效应的频遇值。

2）作用长期效应组合

永久作用标准值效应与可变作用准永久值效应相组合，其效应组合表达式为

$$S_{ld} = \sum_{i=1}^{m} S_{G_ik} + \sum_{j=1}^{n} \psi_{2j} S_{Q_jk} \tag{10-46}$$

式中　$S_{ld}$——作用长期效应组合设计值；

　　　$\psi_{2j}$——第 $j$ 个可变作用效应的准永久值系数，汽车荷载效应（不计冲击力）$\psi_2 = 0.4$，人群荷载 $\psi_2 = 0.4$，风荷载 $\psi_2 = 0.75$，温度梯度作用 $\psi_2 = 0.80$，其他作用 $\psi_2 = 1.0$；

　　　$S_{Q_jk}$——第 $j$ 个可变作用效应的准永久值。

从以上可以看出，现行规范采用的分项系数设计表达式对于不同结构的可靠度要求有很大的适应性。当永久荷载和可变荷载对结构的效应相反时，通过调整作用（荷载）分项系数，使可靠度达到较好的一致性；当考虑多个可变荷载组合对结构的效应时，采用可变荷载的组合值系数，使结构设计的可靠度达到一致；对于安全等级不同的结构，通过结构重要性系数的调整使可靠度水准不同，来反映两者的重要性不同；对不同材料、不同工作性质的构件，通过调整抗力（材料）分项系数，以适应不同材料结构要求的不同。

### 10.4.3　例题

【例 10-2】　已知某屋面板在各种荷载作用下的弯矩标准值分别为：永久荷载 $M_{Gk} = 6.40$ kN·m，屋面均布活荷载 $M_{Qk} = 0.60$ kN·m，积灰荷载 $M_{Ak} = 0.85$ kN·m，雪荷载 $M_{sk} = 0.45$ kN·m。各可变荷载的组合值系数、频遇值系数、准永久系数分别为：屋面活荷载 $\psi_{c_1} = 0.7$，$\psi_{f_1} = 0.5$，$\psi_{q_1} = 0.4$，积灰荷载 $\psi_{c_2} = 0.9$，$\psi_{f_2} = 0.9$，$\psi_{q_2} = 0.8$，雪荷载 $\psi_{c_3} = 0.7$，$\psi_{f_3} = 0.6$，$\psi_{q_3} = 0.2$。安全等级为二级。

试求：（1）按承载能力极限状态设计时板的弯矩设计值 $M$；

（2）在正常使用极限状态下板的弯矩标准值 $M_k$、频遇值 $M_f$ 和准永久值 $M_q$。

【解】　（1）按承载能力极限状态，计算弯矩设计值 $M$。

按屋面活荷载的取值原则，屋面活荷载应取屋面均布活荷载和雪荷载二者的较大值与积灰荷载同时考虑。

因积灰荷载较大，故积灰荷载为第一可变荷载。

由可变荷载效应控制的组合：

$$\begin{aligned} M &= \gamma_0(\gamma_G M_{Gk} + \gamma_Q M_{Ak} + \gamma_Q \psi_{c_1} M_{Qk}) \\ &= 1.0 \times (1.2 \times 6.40 + 1.4 \times 0.85 + 1.4 \times 0.7 \times 0.60) = 9.46 \text{ kN·m} \end{aligned}$$

由永久荷载效应控制的组合：

$$\begin{aligned} M &= \gamma_0\left(\gamma_G M_{Gk} + \sum_{i=1}^{2} \gamma_{Q_i} \psi_{c_i} M_{Q_ik}\right) \\ &= 1.0 \times [1.35 \times 6.40 + 1.4 \times (0.7 \times 0.85 + 0.9 \times 0.60)] = 10.23 \text{ kN·m} \end{aligned}$$

取较大值，$M = 10.23$ kN·m。

（2）按正常使用极限状态计算荷载效应值 $M_k$、$M_f$、$M_q$。

弯矩标准值：

$$M = M_{Gk} + M_{Ak} + \psi_{c_1} M_{Qk} = 6.40 + 0.85 + 0.7 \times 0.60 = 7.67 \text{ kN·m}$$

弯矩频遇值：

$$M_f = M_{Gk} + \psi_{f2}M_{Ak} + + \psi_{q_1}M_{Qk} = 6.40 + 0.9 \times 0.85 + 0.6 \times 0.60 = 7.53 \text{ kN} \cdot \text{m}$$

弯矩准永久值：

$$M_q = M_{Gk} + \psi_{q2}M_{Ak} + + \psi_{q_1}M_{Qk} = 6.40 + 0.8 \times 0.85 + 0.4 \times 0.60 = 7.32 \text{ kN} \cdot \text{m}$$

# 思 考 题

1. 什么是结构的设计状况？包括哪几种？各需进行何种极限状态设计？
2. 什么是结构的设计使用年限？与结构的设计基准期有何不同？
3. 怎样确定结构构件设计的目标可靠指标？
4. 直接概率设计法的基本思路是什么？
5. 在概率极限状态的实用设计表达式中如何体现结构的安全等级和目标可靠指标？
6. 简述结构承载力抗震验算的设计表达式。

# 习 题

1. 已知某钢拉杆，其抗力和荷载的统计参数为：$\mu_N = 237 \text{ kN}$，$\sigma_N = 19.8 \text{ kN}$，$\delta_R = 0.07$，$\kappa_R = 1.12$，且轴向拉力 $N$ 和截面承载力 $R$ 都服从正态分布。当给定目标可靠指标为 $[\beta] = 3.7$ 时，若不考虑截面尺寸变异的影响，试求其抗力的标准值。

2. 某上人屋面的简支预制板，板跨度 $l_0 = 4.2 \text{ m}$，板宽 1.2 m。荷载的标准值为：永久荷载（包括板自重）$g_k = 6.2 \text{ kN/m}^2$，楼板活荷载 $q_k = 2.0 \text{ kN/m}^2$。结构安全等级为二级，试求简支板跨中截面弯矩设计值 $M$。

3. 当习题 2 中活荷载的准永久值系数为 0.5 时，求按正常使用极限状态计算时，板跨中截面荷载效应的标准组合和准永久组合弯矩值。

# 附录 A 常用材料和构件的自重

| 序号 | 材料名称 | 自重 | 备注 |
|---|---|---|---|
| 1. 木材/（kN/m³） | | | |
| 1 | 杉木 | 4 | 随含水率而不同 |
| 2 | 冷杉、云杉、红松、华山松、樟子松、铁杉、拟赤杨、红椿、杨木、枫杨 | 4~5 | 随含水率而不同 |
| 3 | 马尾松、云南松、油松、赤松、广东松、桤木、枫香、柳木、檫木、秦岭落叶松、新疆落叶松 | 5~6 | 随含水率而不同 |
| 4 | 东北落叶松、陆均松、榆木、桦木、水曲柳、苦楝、木荷、臭椿 | 6~7 | 随含水率而不同 |
| 5 | 锥木（栲木）、石栎、槐木、乌墨 | 7~8 | 随含水率而不同 |
| 6 | 青冈栎（槠木）、栎木（柞木）、桉树、木麻黄 | 8~9 | 随含水率而不同 |
| 7 | 普通木板条、椽檩木料 | 5 | 随含水率而不同 |
| 8 | 锯末 | 2~2.5 | 加防腐剂时为 3 kN/m³ |
| 9 | 木丝板 | 4~5 | |
| 10 | 软木板 | 2.5 | |
| 11 | 刨花板 | 6 | |
| 2. 胶合板材/（kN/m²） | | | |
| 1 | 胶合三夹板（杨木） | 0.019 | |
| 2 | 胶合三夹板（椴木） | 0.022 | |
| 3 | 胶合三夹板（水曲柳） | 0.028 | |
| 4 | 胶合五夹板（杨木） | 0.030 | |
| 5 | 胶合五夹板（椴木） | 0.034 | |
| 6 | 胶合五夹板（水曲柳） | 0.040 | |
| 7 | 甘蔗板（按 10 mm 厚计） | 0.030 | 常用厚度为 13,15,19,25 mm |
| 8 | 隔音板（按 10 mm 厚计） | 0.030 | 常用厚度为 13,20 mm |
| 9 | 木屑板（按 10 mm 厚计） | 0.120 | 常用厚度为 6,10 mm |
| 3. 金属矿产/（kN/m³） | | | |
| 1 | 铸铁 | 72.5 | |
| 2 | 锻铁 | 77.5 | |
| 3 | 铁矿渣 | 27.6 | |
| 4 | 赤铁矿 | 25~30 | |
| 5 | 钢 | 78.5 | |
| 6 | 紫铜、赤铜 | 89 | |

续表

| 序号 | 材料名称 | 自重 | 备注 |
|---|---|---|---|
| 7 | 黄铜、青铜 | 85 | |
| 8 | 硫化铜矿 | 42 | |
| 9 | 铝 | 27 | |
| 10 | 铝合金 | 28 | |
| 11 | 锌 | 70.5 | |
| 12 | 亚锌矿 | 40.5 | |
| 13 | 铅 | 114 | |
| 14 | 方铅矿 | 74.5 | |
| 15 | 金 | 193 | |
| 16 | 白金 | 213 | |
| 17 | 银 | 105 | |
| 18 | 锡 | 73.5 | |
| 19 | 镍 | 89 | |
| 20 | 水银 | 136 | |
| 21 | 钨 | 189 | |
| 22 | 镁 | 18.5 | |
| 23 | 锑 | 66.6 | |
| 24 | 水晶 | 29.5 | |
| 25 | 硼砂 | 17.5 | |
| 26 | 硫矿 | 20.5 | |
| 27 | 石棉矿 | 24.6 | |
| 28 | 石棉 | 10 | 压实 |
| 29 | 石棉 | 4 | 松散,含水率不大于15% |
| 30 | 石垩(高岭土) | 22 | |
| 31 | 石膏矿 | 25.5 | |
| 32 | 石膏 | 13~14.5 | 粗块堆放 $j=30°$,细块堆放 $j=40°$ |
| 33 | 石膏粉 | 9 | |

4. 土、砂、砂砾、岩石/(kN/m³)

| 1 | 腐殖土 | 15~16 | 干,$\varphi=40°$;湿,$\varphi=35°$;很湿,$\varphi=25°$ |
|---|---|---|---|
| 2 | | 13.5 | 干,松,空隙比为1.0 |
| 3 | 黏土 | 16 | 干,$\varphi=40°$,压实 |
| 4 | | 18 | 湿,$\varphi=35°$,压实 |
| 5 | | 20 | 很湿,$\varphi=20°$,压实 |
| 6 | | 12.2 | 干,松 |
| 7 | 砂土 | 16 | 干,$\varphi=35°$,压实 |
| 8 | | 18 | 湿,$\varphi=35°$,压实 |
| 9 | | 20 | 很湿,$\varphi=25°$,压实 |

续表

| 序号 | 材料名称 | 自重 | 备 注 |
|---|---|---|---|
| 10 | 砂土 | 14 | 干,细砂 |
| 11 | | 17 | 干,粗砂 |
| 12 | 卵石 | 16~18 | 干 |
| 13 | 黏土夹卵石 | 17~18 | 干,松 |
| 14 | 砂夹卵石 | 15~17 | 干,松 |
| 15 | | 16~19.2 | 干,压实 |
| 16 | | 18.9~19.2 | 湿 |
| 17 | 浮石 | 6~8 | 干 |
| 18 | 浮石填充料 | 4~6 | |
| 19 | 砂岩 | 23.6 | |
| 20 | 页岩 | 28 | |
| 21 | | 14.8 | 片石堆置 |
| 22 | 泥灰石 | 14 | $\varphi=40°$ |
| 23 | 花岗岩、大理石 | 28 | |
| 24 | 花岗岩 | 15.4 | 片石堆置 |
| 25 | 石灰石 | 26.4 | |
| 26 | | 15.2 | 片石堆置 |
| 27 | 贝壳石灰岩 | 14 | |
| 28 | 白云石 | 16 | 片石堆置,$\varphi=48°$ |
| 29 | 滑石 | 27.1 | |
| 30 | 火石(燧石) | 35.2 | |
| 31 | 云斑石 | 27.6 | |
| 32 | 玄武岩 | 29.5 | |
| 33 | 长石 | 25.5 | |
| 34 | 角闪石、绿石 | 30 | |
| 35 | | 17.1 | 片石堆置 |
| 36 | 碎石子 | 14~15 | 堆置 |
| 37 | 岩粉 | 16 | 黏土质或石灰质 |
| 38 | 多孔黏土 | 5~8 | 作填充料用,$\varphi=35°$ |
| 39 | 硅藻土填充料 | 4~6 | |
| 40 | 辉绿岩板 | 29.5 | |
| | | 5.砖及砌块/(kN/m³) | |
| 1 | 普通砖 | 18 | 240 mm×115 mm×53 mm(684 块/m³) |
| 2 | | 19 | 机器制 |
| 3 | 缸砖 | 21~21.5 | 230 mm×110 mm×65 mm(609 块/m³) |
| 4 | 红缸砖 | 20.4 | |
| 5 | 耐火砖 | 19~22 | 230 mm×110 mm×65 mm(609 块/m³) |

续表

| 序号 | 材料名称 | 自重 | 备注 |
|---|---|---|---|
| 6 | 耐酸瓷砖 | 23~25 | 230 mm×113 mm×65 mm(590 块/m³) |
| 7 | 灰砂砖 | 18 | 砂:白灰 = 92:8 |
| 8 | 煤渣砖 | 17~18.5 | |
| 9 | 矿渣砖 | 18.5 | 硬矿渣:烟灰:石灰 = 75:15:10 |
| 10 | 焦渣砖 | 12~14 | 炉渣:电石渣:烟灰 = 30:40:30 |
| 11 | 烟灰砖 | 14~15 | |
| 12 | 黏土坯 | 12~15 | |
| 13 | 锯末砖 | 9 | |
| 14 | 焦渣空心砖 | 10 | 290 mm×290 mm×140 mm(85 块/m³) |
| 15 | | 9.8 | 290 mm×290 mm×140 mm(85 块/m³) |
| 16 | 水泥空心砖 | 10.3 | 300 mm×250 mm×110 mm(121 块/m³) |
| 17 | | 9.6 | 300 mm×250 mm×160 mm(83 块/m³) |
| 18 | 蒸压粉煤灰砖 | 14~16 | 干自重 |
| 19 | 陶粒空心砌块 | 5 | 长 600、400 mm;宽 150、250 mm;高 250、200 mm |
| 20 | | 6 | 390 mm×290 mm×190 mm |
| 21 | 粉煤灰轻渣空心砌块 | 7~8 | 390 mm×290 mm×190 mm,390 mm×240 mm×190 mm |
| 22 | 蒸压粉煤灰加气混凝土砌块 | 5.5 | |
| 23 | 混凝土空心小砌块 | 11.8 | 39 mm×190 mm×190 mm |
| 24 | 碎砖 | 12 | 堆置 |
| 25 | 水泥花砖 | 19.8 | 200 mm×200 mm×24 mm(1 042 块/m³) |
| 26 | 瓷面砖 | 19.8 | 150 mm×150 mm×8 mm(5 556 块/m³) |
| 27 | 陶瓷马赛克 | 0.12 kg/m² | 厚 5 mm |

#### 6. 石灰、水泥、灰浆及混凝土/(kN/m³)

| | | | |
|---|---|---|---|
| 1 | 生石灰块 | 11 | 堆置,$\varphi$ = 30° |
| 2 | | 12 | 堆置,$\varphi$ = 35° |
| 3 | 熟石灰膏 | 13.5 | |
| 4 | 石灰砂浆、混合砂浆 | 17 | |
| 5 | 水泥石灰焦渣砂浆 | 14 | |
| 6 | 石灰炉渣 | 10~12 | |
| 7 | 水泥炉渣 | 12~14 | |
| 8 | 石灰焦渣砂浆 | 13 | |
| 9 | 灰土 | 17.5 | 石灰:土 =3:7,夯实 |
| 10 | 稻草石灰泥 | 16 | |
| 11 | 纸筋石灰泥 | 16 | |
| 12 | 石灰锯末 | 3.4 | 石灰:锯末 =1:3 |
| 13 | 石灰三合土 | 17.5 | 石灰、砂子、卵石 |

续表

| 序号 | 材料名称 | 自重 | 备　注 |
|------|----------|------|--------|
| 14 | | 12.5 | 轻质松散，$\varphi=20°$ |
| 15 | 水泥 | 14.5 | 散装，$\varphi=30°$ |
| 16 | | 16 | 袋装压实，$\varphi=40°$ |
| 17 | 矿渣水泥 | 14.5 | |
| 18 | 水泥砂浆 | 20 | |
| 19 | 水泥蛭石砂浆 | 5~8 | |
| 20 | 石棉水泥浆 | 19 | |
| 21 | 膨胀珍珠岩砂浆 | 7.5~15 | |
| 22 | 石膏砂浆 | 12 | |
| 23 | 碎砖混凝土 | 18.5 | |
| 24 | 素混凝土 | 22~24 | 振捣或不振捣 |
| 25 | 矿渣混凝土 | 20 | |
| 26 | 焦渣混凝土 | 16~17 | 承重用 |
| 27 | | 10~14 | 填充用 |
| 28 | 铁屑混凝土 | 28~65 | |
| 29 | 浮石混凝土 | 9~14 | |
| 30 | 沥青混凝土 | 20 | |
| 31 | 无砂大孔性混凝土 | 16~19 | |
| 32 | 泡沫混凝土 | 4~6 | |
| 33 | 加气混凝土 | 5.5~7.5 | 单块 |
| 34 | 石灰粉煤灰加气混凝土 | 6.0~6.5 | |
| 35 | 钢筋混凝土 | 24~25 | |
| 36 | 碎砖钢筋混凝土 | 20 | |
| 37 | 钢丝网水泥 | 25 | 用于承重结构 |
| 38 | 水玻璃耐酸混凝土 | 20~23.5 | |
| 39 | 粉煤灰陶砾混凝土 | 19.5 | |

7. 沥青、煤灰、油料/（$kN/m^3$）

| 序号 | 材料名称 | 自重 | 备　注 |
|------|----------|------|--------|
| 1 | 石油沥青 | 10~11 | 根据相对密度 |
| 2 | 柏油 | 12 | |
| 3 | 煤沥青 | 13.4 | |
| 4 | 煤焦油 | 10 | |
| 5 | | 15.5 | 整体 |
| 6 | 无烟煤 | 9.5 | 块状堆放，$\varphi=35°$ |
| 7 | | 8.0 | 碎块堆放，$\varphi=35°$ |
| 8 | 煤末 | 7.0 | 堆放，$\varphi=35°$ |
| 9 | 煤球 | 10.0 | 堆放 |

| 序号 | 材料名称 | 自重 | 备 注 |
|---|---|---|---|
| 10 | 褐煤 | 12.5 | |
| 11 | | 7 ~ 8 | 堆放 |
| 12 | 泥炭 | 7.5 | |
| 13 | | 3.2 ~ 3.4 | 堆放 |
| 14 | 木炭 | 3.0 ~ 5.0 | |
| 15 | 煤焦 | 12.0 | |
| 16 | | 7.0 | 堆放,$\varphi = 35°$ |
| 17 | 焦渣 | 10.0 | |
| 18 | 煤灰 | 6.5 | |
| 19 | | 8 | 压实 |
| 20 | 石墨 | 20.8 | |
| 21 | 煤蜡 | 9 | |
| 22 | 油蜡 | 9.6 | |
| 23 | 原油 | 8.8 | |
| 24 | 煤油 | 8 | |
| 25 | | 7.2 | 桶装,相对密度 0.82 ~ 0.89 |
| 26 | 润滑油 | 7.4 | |
| 27 | 汽油 | 6.7 | |
| 28 | | 6.4 | 桶装,相对密度 0.72 ~ 0.76 |
| 29 | 动物油、植物油 | 9.3 | |
| 30 | 豆油 | 8 | 大铁桶装,每桶 360 kg |

8. 杂 项/(kN/m³)

| 序号 | 材料名称 | 自重 | 备 注 |
|---|---|---|---|
| 1 | 普通玻璃 | 25.6 | |
| 2 | 夹丝玻璃 | 26 | |
| 3 | 泡沫玻璃 | 3 ~ 5 | |
| 4 | 玻璃棉 | 0.5 ~ 1 | 作绝缘层填充料用 |
| 5 | 岩棉 | 0.5 ~ 2.5 | |
| 6 | 沥青玻璃棉 | 0.8 ~ 1 | 导热系数 0.035 ~ 0.047 W/(m · K) |
| 7 | 玻璃棉板(管套) | 1 ~ 1.5 | 导热系数 0.035 ~ 0.047 W/(m · K) |
| 8 | 玻璃钢 | 14 ~ 22 | |
| 9 | 矿渣棉 | 1.2 ~ 1.5 | 松散,导热系数 0.031 ~ 0.044 W/(m · K) |
| 10 | 矿渣棉制品(板、砖、管) | 3.5 ~ 4.0 | 导热系数 0.047 ~ 0.07 W/(m · K) |
| 11 | 沥青矿渣棉 | 1.2 ~ 1.6 | 导热系数 0.041 ~ 0.052 W/(m · K) |
| 12 | 膨胀珍珠岩粉料 | 0.8 ~ 2.5 | 干,松散,导热系数 0.052 ~ 0.076 W/(m · K) |
| 13 | 水泥珍珠岩制品、憎水珍珠岩制品 | 3.5 ~ 4.0 | 强度 1.0 N/mm², 导热系数 0.052 ~ 0.076 W/(m · K) |
| 14 | 膨胀蛭石 | 0.8 ~ 2 | 导热系数 0.052 ~ 0.07 W/(m · K) |

| 序号 | 材料名称 | 自重 | 备　注 |
|---|---|---|---|
| 15 | 沥青蛭石制品 | 3.5 ~ 4.5 | 导热系数 0.081 ~ 0.105 W/(m·K) |
| 16 | 水泥蛭石制品 | 4.0 ~ 6.0 | 导热系数 0.093 ~ 0.14 W/(m·K) |
| 17 | 聚氯乙烯板(管) | 13.6 ~ 16 | |
| 18 | 聚苯乙烯泡沫塑料 | 0.5 | 导热系数不大于 0.035 W/(m·K) |
| 19 | 石棉板 | 13 | 含水率不大于 3% |
| 20 | 乳化沥青 | 9.8 ~ 10.5 | |
| 21 | 软性橡胶 | 9.3 | |
| 22 | 白磷 | 18.3 | |
| 23 | 松香 | 10.7 | |
| 24 | 磁 | 24 | |
| 25 | 酒精 | 7.85 | 100% 纯 |
| 26 | | 6.6 | 桶装,相对密度 0.79 ~ 0.82 |
| 27 | 盐酸 | 12 | 浓度 40% |
| 28 | 硝酸 | 15.1 | 浓度 91% |
| 29 | 硫酸 | 17.9 | 浓度 87% |
| 30 | 火碱 | 17 | 浓度 60% |
| 31 | 氯化铵 | 7.5 | 袋装堆放 |
| 32 | 尿素 | 7.5 | 袋装堆放 |
| 33 | 碳酸氢铵 | 8 | 袋装堆放 |
| 34 | 水 | 10 | 温度 4 ℃ 密度最大时 |
| 35 | 冰 | 8.96 | |
| 36 | 书籍 | 5 | 书架藏置 |
| 37 | 道林纸 | 10 | |
| 38 | 报纸 | 7 | |
| 39 | 宣纸类 | 4 | |
| 40 | 棉花、棉纱 | 4 | 压紧平均重量 |
| 41 | 稻草 | 1.2 | |
| 42 | 建筑碎料(建筑垃圾) | 15 | |

9. 食 品/(kN/m³)

| 序号 | 材料名称 | 自重 | 备　注 |
|---|---|---|---|
| 1 | 稻谷 | 6 | $\varphi = 35°$ |
| 2 | 大米 | 8.5 | 散放 |
| 3 | 豆类 | 7.5 ~ 8 | $\varphi = 20°$ |
| 4 | | 6.8 | 袋装 |
| 5 | 小麦 | 8 | $\varphi = 25°$ |
| 6 | 面粉 | 7 | |
| 7 | 玉米 | 7.8 | $\varphi = 28°$ |

续表

| 序号 | 材料名称 | 自重 | 备注 |
|---|---|---|---|
| 8 | 小米、高粱 | 7 | 散装 |
| 9 | | 6 | 袋装 |
| 10 | 芝麻 | 4.5 | 袋装 |
| 11 | 鲜果 | 3.5 | 散装 |
| 12 | | 3 | 装箱 |
| 13 | 花生 | 2 | 袋装带壳 |
| 14 | 罐头 | 4.5 | 装箱 |
| 15 | 酒、酱、油、醋 | 4 | 成瓶装箱 |
| 16 | 豆饼 | 9 | 圆饼放置,每块 28 kg |
| 17 | 矿盐 | 10 | 成块 |
| 18 | 盐 | 8.6 | 细粒散放 |
| 19 | | 8.1 | 袋装 |
| 20 | 砂糖 | 7.5 | 散装 |
| 21 | | 7 | 袋装 |

10. 砌 体/(kN/m³)

| 序号 | 材料名称 | 自重 | 备注 |
|---|---|---|---|
| 1 | 浆砌细方石 | 26.4 | 花岗石、方整石块 |
| 2 | | 25.6 | 石灰石 |
| 3 | | 22.4 | 砂岩 |
| 4 | 浆砌毛方石 | 24.3 | 花岗石、上下面大致平整 |
| 5 | | 24 | 石灰石 |
| 6 | | 20.8 | 砂岩 |
| 7 | 干砌毛石 | 20.8 | 花岗石、上下面大致平整 |
| 8 | | 20 | 石灰石 |
| 9 | | 17.6 | 砂岩 |
| 10 | 浆砌普通烧结黏土实心砖 | 18 | |
| 11 | 浆砌烧结机制黏土实心砖 | 19 | |
| 12 | 浆砌蒸压灰砂砖 | 20 | |
| 13 | 砌烧结机制多孔砖 | $(1 \sim 0.5q)19$ | $q$ 为孔洞率(%) |
| 14 | | 16.4 | 当孔洞率大于 28% 时 |
| 15 | 浆砌蒸压粉煤灰砖 | 17 | 掺有砂石的蒸压粉煤灰砖应按实际自重计算 |
| 16 | 浆砌缸砖 | 21 | |
| 17 | 浆砌耐火砖 | 22 | |
| 18 | 浆砌矿渣砖 | 21 | |
| 19 | 浆砌焦渣砖 | 12.5 ~ 14 | |
| 20 | 土坯砖砌体 | 16 | |

续表

| 序号 | 材料名称 | 自重 | 备 注 |
|---|---|---|---|
| 21 | 黏土砖空斗砌体 | 17 | 中填碎瓦砾,一眠一斗 |
| 22 | | 13 | 全斗 |
| 23 | | 12.5 | 不能承重 |
| 24 | | 15 | 能承重 |
| 25 | 粉煤灰泡沫砌块砌体 | 8～8.5 | 粉煤灰:电石渣:废石膏 = 74:22:4 |
| 26 | 三合土 | 17 | 灰:砂:土 = 1:1:9～1:1:4 |

**11. 隔墙与墙面/(kN/m²)**

| 1 | 双面抹灰板条隔墙 | 0.9 | 每面抹灰厚16～24 mm,龙骨在内 |
|---|---|---|---|
| 2 | 单面抹灰板条隔墙 | 0.5 | 灰厚16～24 mm,龙骨在内 |
| 3 | C 型轻钢龙骨隔墙 | 0.27 | 两层12 mm 纸面石膏板,无保温层 |
| 4 | | 0.32 | 两层12 mm 纸面石膏板,中填岩面保温板50 mm |
| 5 | | 0.38 | 三层12 mm 纸面石膏板,无保温层 |
| 6 | | 0.43 | 三层12 mm 纸面石膏板,中填岩面保温板50 mm |
| 7 | | 0.49 | 四层12 mm 纸面石膏板,无保温层 |
| 8 | | 0.54 | 四层12 mm 纸面石膏板,中填岩面保温板50 mm |
| 9 | 贴瓷砖墙面 | 0.5 | 包括水泥砂浆打底,共厚25 mm |
| 10 | 水泥粉刷墙面 | 0.36 | 20 mm 厚,水泥粗砂 |
| 11 | 水磨石墙面 | 0.55 | 25 mm 厚,包括打底 |
| 12 | 水刷石墙面 | 0.50 | 25 mm 厚,包括打底 |
| 13 | 石灰粗砂粉刷 | 0.34 | 20 mm 厚 |
| 14 | 剁假石墙面 | 0.50 | 25 mm 厚,包括打底 |
| 15 | 外墙拉毛墙面 | 0.70 | 包括25 mm,水泥砂浆打底 |

**12. 屋架、门窗/(kN/m²)**

| 1 | 木屋架 | $0.07 + 0.007l$ | 按屋面水平投影面积计算,跨度 $l$ 以 m 计 |
|---|---|---|---|
| 2 | 钢屋架(无天窗,包括支撑) | $0.12 + 0.011l$ | |
| 3 | 木框玻璃窗 | 0.20～0.30 | |
| 4 | 钢框玻璃窗 | 0.40～0.45 | |
| 5 | 木门 | 0.10～0.20 | |
| 6 | 钢铁门 | 0.40～0.45 | |

**13. 屋顶/(kN/m²)**

| 1 | 黏土平瓦屋面 | 0.55 | 按实际面积计算,下同 |
|---|---|---|---|
| 2 | 水泥平瓦屋面 | 0.5～0.55 | |
| 3 | 小青瓦屋面 | 0.9～1.1 | |
| 4 | 冷摊瓦屋面 | 0.5 | |
| 5 | 麦秸泥灰顶 | 0.16 | 以10 mm 厚计 |
| 6 | 石棉板瓦 | 0.18 | 仅瓦自重 |

| 序号 | 材料名称 | 自重 | 备　注 |
|---|---|---|---|
| 7 | | 0.46 | 厚 6.3 mm |
| 8 | 石板瓦屋面 | 0.71 | 厚 9.5 mm |
| 9 | | 0.96 | 厚 12.7 mm |
| 10 | 波形石棉瓦 | 0.2 | 1 820 mm×725 mm×8 mm |
| 11 | 镀锌薄钢板 | 0.05 | 24 号 |
| 12 | 瓦楞铁 | 0.05 | 26 号 |
| 13 | 彩色钢板波形瓦 | 0.12 ~ 0.13 | 0.6 mm 厚彩色钢板 |
| 14 | 拱形彩色钢板屋面 | 0.30 | 包括保温及灯具重 0.15 kN/m² |
| 15 | 有机玻璃屋面 | 0.06 | 厚 1.0 mm |
| 16 | 玻璃屋顶 | 0.3 | 9.5 mm 夹丝玻璃,框架自重在内 |
| 17 | 玻璃砖顶 | 0.65 | 框架自重在内 |
| 18 | | 0.05 | 一层油毡刷油两遍 |
| 19 | 油毡防水层(包括改性沥青防水卷材) | 0.25 ~ 0.30 | 四层做法,一毡二油上铺小石子 |
| 20 | | 0.30 ~ 0.35 | 六层做法,二毡三油上铺小石子 |
| 21 | | 0.35 ~ 0.40 | 八层做法,三毡四油上铺小石子 |
| 22 | 捷罗克防水层 | 0.10 | 厚 8 mm |
| 23 | 屋顶天窗 | 0.35 ~ 0.40 | 9.5 mm 夹丝玻璃,框架自重在内 |

14. 顶棚/(kN/m²)

| 序号 | 材料名称 | 自重 | 备　注 |
|---|---|---|---|
| 1 | 钢丝网抹灰吊顶 | 0.45 | |
| 2 | 麻刀灰板条顶棚 | 0.45 | 吊木在内,平均灰厚 20 mm |
| 3 | 砂子灰板条顶棚 | 0.55 | 吊木在内,平均灰厚 25 mm |
| 4 | 苇箔抹灰顶棚 | 0.48 | 吊木在龙骨内 |
| 5 | 松木板顶棚 | 0.25 | 吊木在内 |
| 6 | 三夹板顶棚 | 0.18 | 吊木在内 |
| 7 | 马粪纸顶棚 | 0.15 | 吊木及盖缝条在内 |
| 8 | 木丝板吊顶棚 | 0.26 | 厚 25 mm,吊木及盖缝条在内 |
| 9 | | 0.29 | 厚 30 mm,吊木及盖缝条在内 |
| 10 | 隔声纸板顶棚 | 0.17 | 厚 10 mm,吊木及盖缝条在内 |
| 11 | | 0.18 | 厚 13 mm,吊木及盖缝条在内 |
| 12 | | 0.2 | 厚 20 mm,吊木及盖缝条在内 |
| 13 | V 型轻钢龙骨吊顶 | 0.12 | 一层 9 mm 纸面石膏板,无保温层 |
| 14 | | 0.17 | 一层 9 mm 纸面石膏板,岩棉板保温层厚 50 mm |
| 15 | | 0.2 | 二层 9 mm 纸面石膏板,无保温层 |
| 16 | | 0.25 | 二层 9 mm 纸面石膏板,岩棉板保温层厚 50 mm |
| 17 | V 型轻钢龙骨及铝合金龙骨吊顶 | 0.1 ~ 0.12 | 一层矿棉吸声板厚 15 mm,无保温层 |
| 18 | 顶棚上铺焦渣锯末绝缘层 | 0.2 | 厚 50 mm,焦渣、锯末按 1:5 混合 |

续表

| 序号 | 材料名称 | 自重 | 备注 |
|------|----------|------|------|
| \multicolumn{4}{c}{15. 地面/（kN/m²）} ||||
| 1 | 地板格栅 | 0.20 | 仅格栅自重 |
| 2 | 硬木地板 | 0.20 | 厚25 mm，含剪刀撑、钉子，不含格栅 |
| 3 | 松木地板 | 0.18 | |
| 4 | 小瓷砖地面 | 0.55 | 包括水泥粗砂打底 |
| 5 | 水泥花砖地面 | 0.60 | 砖厚25 mm，包括水泥粗砂打底 |
| 6 | 水磨石地面 | 0.65 | 10 mm 面层，20 mm 水泥砂浆打底 |
| 7 | 油地毡 | 0.02～0.03 | 油地纸，地板表面用 |
| 8 | 木块地面 | 0.70 | 加防腐油膏铺砌厚76 mm |
| 9 | 菱苦土地面 | 0.28 | 厚20 mm |
| 10 | 铸铁地面 | 4.0～5.0 | 60 mm 碎石垫层，60 mm 面层 |
| 11 | 缸砖地面 | 1.7～2.1 | 60 mm 砂垫层，53 mm 面层，平铺 |
| 12 |  | 3.30 | 60 mm 砂垫层，115 mm 面层，侧铺 |
| 13 | 黑砖地面 | 1.50 | 砂垫层，平铺 |
| \multicolumn{4}{c}{16. 建筑用压型钢板/（kN/m²）} ||||
| 1 | 单波型 V－300（S－60） | 0.13 | 波高173 mm，板厚0.8 mm |
| 2 | 双波型 W－500 | 0.11 | 波高130 mm，板厚0.8 mm |
| 3 | 三波型 V－200 | 0.135 | 波高70 mm，板厚1 mm |
| 4 | 多波型 V－125 | 0.065 | 波高35 mm，板厚0.6 mm |
| 5 | 多波型 V－115 | 0.079 | 波高35 mm，板厚0.6 mm |
| \multicolumn{4}{c}{17. 建筑墙板/（kN/m²）} ||||
| 1 | 彩色钢板金属幕墙板 | 0.11 | 两层，彩色钢板厚0.6 mm，聚苯乙烯芯材厚25 mm |
| 2 | 金属绝热材料（聚氨酯）复合板 | 0.14 | 板厚40 mm，钢板厚0.6 mm |
| 3 |  | 0.15 | 板厚60 mm，钢板厚0.6 mm |
| 4 |  | 0.16 | 板厚80 mm，钢板厚0.6 mm |
| 5 | 彩色钢板夹聚苯乙烯保温板 | 0.12～0.15 | 两层，彩色钢板厚0.6 mm，聚苯乙烯芯材厚50～250 mm |
| 6 | 彩色钢板岩棉夹心板 | 0.24 | 板厚100 mm，两层彩色钢板，Z 型龙骨岩棉芯材 |
| 7 |  | 0.25 | 板厚120 mm，两层彩色钢板，Z 型龙骨岩棉芯材 |
| 8 | GRC 增强水泥聚苯复合保温板 | 1.13 | |
| 9 | GRC 空心隔墙板 | 0.30 | 长2 400～2 800 mm，宽600，厚60 mm |
| 10 | GRC 内隔墙板 | 0.35 | 长2 400～2 800 mm，宽600，厚60 mm |
| 11 | 轻质 GRC 保温板 | 0.14 | 3 000 mm×600 mm×60 mm |
| 12 | 轻质 GRC 空心隔墙板 | 0.17 | 3 000 mm×600 mm×60 mm |
| 13 | 轻质大型墙板（太空板系列） | 0.70～0.90 | 6 000 mm×1 500 mm×120 mm 高强水泥发泡芯材 |

| 序号 | 材料名称 | | 自重 | 备　注 |
|---|---|---|---|---|
| 14 | 轻质条型墙板<br>（太空板系列） | 厚度 80 mm | 0.4 | 标准规格 3 000 mm × 1 000 mm、3 000 mm × 1 200 mm、3 000 mm × 1 500 mm 高强水泥发泡芯材,按不同檩距及荷载配有不同钢骨架及冷拔钢丝网 |
| 15 | | 厚度 100 mm | 0.45 | |
| 16 | | 厚度 120 mm | 0.5 | |
| 17 | GRC 墙板 | | 0.11 | 厚 10 mm |
| 18 | 蜂窝复合板 | | 0.14 | 厚 75 mm |
| 19 | 钢丝网岩棉夹芯复合板（GY 板） | | 1.1 | 岩棉芯材厚 50 mm,双面钢丝网水泥砂浆各厚 25 mm |
| 20 | 硅酸钙板 | | 0.08 | 板厚 6 mm |
| 21 | | | 0.1 | 板厚 8 mm |
| 22 | | | 0.12 | 板厚 10 mm |
| 23 | 泰柏板 | | 0.95 | 板厚 100 mm,钢丝网片夹聚苯乙烯保温层,每面抹水泥砂浆层 20 mm |
| 24 | 石膏珍珠岩空心条板 | | 0.45 | 长 2 500 ~ 3 000 mm,宽 600 mm,厚 50 mm |
| 25 | 加强型水泥石膏聚苯保温板 | | 0.17 | 3 000 mm × 600 mm × 60 mm |
| 26 | 玻璃幕墙 | | 1.00 ~ 1.50 | 一般可按单位面积玻璃自重增大 20% ~ 30% 采用 |

# 附录 B 全国各城市的雪压、风压和基本气温

| 省市名称 | 城市名 | 海拔高度/m | 风压/(kN/m²) | | | 雪压/(kN/m²) | | | 基本气温/℃ | | 雪荷载准永久值系数分区 |
|---|---|---|---|---|---|---|---|---|---|---|---|
| | | | R=10 | R=50 | R=100 | R=10 | R=50 | R=100 | 最低 | 最高 | |
| 北京 | 北京市 | 54.0 | 0.30 | 0.45 | 0.50 | 0.25 | 0.40 | 0.45 | −13 | 36 | Ⅱ |
| 天津 | 天津市 | 3.3 | 0.30 | 0.50 | 0.60 | 0.25 | 0.40 | 0.45 | −12 | 35 | Ⅱ |
| | 塘沽 | 3.2 | 0.40 | 0.55 | 0.60 | 0.20 | 0.35 | 0.40 | −12 | 35 | Ⅱ |
| 上海 | 上海市 | 2.8 | 0.40 | 0.55 | 0.60 | 0.10 | 0.20 | 0.25 | −4 | 36 | Ⅲ |
| 重庆 | 重庆市 | 259.1 | 0.25 | 0.40 | 0.45 | — | — | — | 1 | 37 | |
| | 奉节 | 607.3 | 0.25 | 0.35 | 0.45 | 0.20 | 0.35 | 0.40 | −1 | 35 | Ⅲ |
| | 梁平 | 454.6 | 0.20 | 0.30 | 0.35 | — | — | — | −1 | 36 | |
| | 万州 | 186.7 | 0.20 | 0.35 | 0.45 | — | — | — | 0 | 38 | |
| | 涪陵 | 273.5 | 0.20 | 0.30 | 0.35 | — | — | — | 1 | 37 | |
| | 金佛山 | 1 905.9 | — | — | — | 0.35 | 0.50 | 0.60 | −10 | 25 | Ⅱ |
| 河北 | 石家庄市 | 80.5 | 0.25 | 0.35 | 0.40 | 0.20 | 0.30 | 0.35 | −11 | 36 | Ⅱ |
| | 蔚县 | 909.5 | 0.20 | 0.30 | 0.35 | 0.20 | 0.30 | 0.35 | −24 | 33 | Ⅱ |
| | 邢台市 | 76.8 | 0.20 | 0.30 | 0.35 | 0.25 | 0.35 | 0.40 | −10 | 36 | Ⅱ |
| | 丰宁 | 659.7 | 0.30 | 0.40 | 0.45 | 0.15 | 0.20 | 0.30 | −22 | 33 | Ⅱ |
| | 围场 | 842.8 | 0.35 | 0.45 | 0.50 | 0.20 | 0.30 | 0.35 | −23 | 32 | Ⅱ |
| | 张家口市 | 724.2 | 0.35 | 0.55 | 0.60 | 0.25 | 0.30 | 0.30 | −18 | 34 | Ⅱ |
| | 怀来 | 536.8 | 0.25 | 0.35 | 0.40 | 0.15 | 0.20 | 0.25 | −17 | 35 | Ⅱ |
| | 承德市 | 377.2 | 0.30 | 0.40 | 0.45 | 0.20 | 0.30 | 0.35 | −19 | 35 | Ⅱ |
| | 遵化 | 54.9 | 0.30 | 0.40 | 0.45 | 0.25 | 0.40 | 0.50 | −18 | 35 | Ⅱ |
| | 青龙 | 227.2 | 0.25 | 0.30 | 0.35 | 0.25 | 0.40 | 0.45 | −19 | 34 | Ⅱ |
| | 秦皇岛市 | 2.1 | 0.35 | 0.45 | 0.50 | 0.15 | 0.25 | 0.30 | −15 | 33 | Ⅱ |
| | 霸县 | 9.0 | 0.25 | 0.40 | 0.45 | 0.20 | 0.30 | 0.35 | −14 | 36 | Ⅱ |
| | 唐山市 | 27.8 | 0.30 | 0.40 | 0.45 | 0.20 | 0.30 | 0.35 | −15 | 35 | Ⅱ |
| | 乐亭 | 10.5 | 0.30 | 0.40 | 0.45 | 0.25 | 0.40 | 0.45 | −16 | 34 | Ⅱ |
| | 保定市 | 17.2 | 0.30 | 0.40 | 0.45 | 0.20 | 0.35 | 0.40 | −12 | 36 | Ⅱ |
| | 饶阳 | 18.9 | 0.30 | 0.35 | 0.40 | 0.20 | 0.30 | 0.35 | −14 | 36 | Ⅱ |
| | 沧州市 | 9.6 | 0.30 | 0.40 | 0.45 | 0.20 | 0.30 | 0.35 | — | — | Ⅱ |
| | 黄骅 | 6.6 | 0.30 | 0.40 | 0.45 | 0.20 | 0.30 | 0.35 | −13 | 36 | Ⅱ |
| | 南宫市 | 27.4 | 0.25 | 0.35 | 0.40 | 0.15 | 0.25 | 0.30 | −13 | 37 | Ⅱ |

| 省市名称 | 城市名 | 海拔高度/m | 风压/(kN/m²) | | | 雪压/(kN/m²) | | | 基本气温/℃ | | 雪荷载准永久值系数分区 |
|---|---|---|---|---|---|---|---|---|---|---|---|
| | | | R=10 | R=50 | R=100 | R=10 | R=50 | R=100 | 最低 | 最高 | |
| 山西 | 太原市 | 778.3 | 0.30 | 0.40 | 0.45 | 0.25 | 0.35 | 0.40 | −16 | 34 | Ⅱ |
| | 右玉 | 1 345.8 | — | — | — | 0.20 | 0.30 | 0.35 | −29 | 31 | Ⅱ |
| | 大同市 | 1 067.2 | 0.35 | 0.55 | 0.65 | 0.15 | 0.25 | 0.30 | −22 | 32 | Ⅱ |
| | 河曲 | 861.5 | 0.30 | 0.50 | 0.60 | 0.20 | 0.30 | 0.35 | −24 | 35 | Ⅱ |
| | 五寨 | 1 401.0 | 0.30 | 0.40 | 0.45 | 0.20 | 0.25 | 0.30 | −25 | 31 | Ⅱ |
| | 兴县 | 1 012.6 | 0.25 | 0.45 | 0.55 | 0.20 | 0.25 | 0.30 | −19 | 34 | Ⅱ |
| | 原平 | 828.2 | 0.30 | 0.50 | 0.60 | 0.20 | 0.30 | 0.35 | −19 | 34 | Ⅱ |
| | 离石 | 950.8 | 0.30 | 0.45 | 0.50 | 0.20 | 0.30 | 0.35 | −19 | 34 | Ⅱ |
| | 阳泉市 | 741.9 | 0.30 | 0.40 | 0.45 | 0.20 | 0.35 | 0.40 | −13 | 34 | Ⅱ |
| | 榆社 | 1 041.4 | 0.20 | 0.30 | 0.35 | 0.20 | 0.30 | 0.35 | −17 | 33 | Ⅱ |
| | 隰县 | 1 052.7 | 0.25 | 0.35 | 0.40 | 0.20 | 0.30 | 0.35 | −16 | 34 | Ⅱ |
| | 介休 | 743.9 | 0.25 | 0.40 | 0.45 | 0.20 | 0.30 | 0.35 | −15 | 35 | Ⅱ |
| | 临汾市 | 449.5 | 0.25 | 0.40 | 0.45 | 0.15 | 0.25 | 0.30 | −14 | 37 | Ⅱ |
| | 长冶县 | 991.8 | 0.30 | 0.50 | 0.60 | — | — | — | −15 | 32 | Ⅱ |
| | 运城市 | 376.0 | 0.30 | 0.40 | 0.45 | 0.15 | 0.25 | 0.30 | −11 | 38 | Ⅱ |
| | 阳城 | 659.5 | 0.30 | 0.40 | 0.15 | 0.25 | 0.30 | 0.35 | −12 | 34 | Ⅱ |
| 内蒙古 | 呼和浩特 | 1 063.0 | 0.35 | 0.55 | 0.60 | 0.40 | 0.45 | | −23 | 33 | Ⅱ |
| | 额右旗拉布达林 | 581.4 | 0.35 | 0.50 | 0.60 | 0.35 | 0.45 | 0.50 | −41 | 30 | Ⅰ |
| | 牙克石市图里河 | 732.6 | 0.30 | 0.40 | 0.45 | 0.40 | 0.60 | 0.70 | −42 | 28 | Ⅰ |
| | 满洲里市 | 661.7 | 0.50 | 0.65 | 0.70 | 0.20 | 0.30 | 0.35 | −35 | 30 | Ⅰ |
| | 海拉尔市 | 610.2 | 0.45 | 0.65 | 0.75 | 0.35 | 0.45 | 0.50 | −38 | 30 | Ⅰ |
| | 鄂伦春小二沟 | 286.1 | 0.30 | 0.40 | 0.45 | 0.35 | 0.50 | 0.55 | −40 | 31 | Ⅰ |
| | 新巴尔虎右旗 | 554.2 | 0.45 | 0.60 | 0.65 | 0.30 | 0.40 | 0.45 | −32 | 32 | Ⅰ |
| | 新巴尔虎左旗阿木古郎 | 642.0 | 0.40 | 0.55 | 0.60 | 0.35 | 0.35 | 0.40 | −34 | 31 | Ⅰ |
| | 牙克石市博克图 | 739.7 | 0.40 | 0.55 | 0.60 | 0.35 | 0.55 | 0.65 | −31 | 28 | Ⅰ |
| | 扎兰屯市 | 306.5 | 0.30 | 0.40 | 0.45 | 0.35 | 0.55 | 0.65 | −28 | 32 | Ⅰ |
| | 科右翼前旗阿尔山 | 1 027.4 | 0.35 | 0.50 | 0.55 | 0.45 | 0.60 | 0.70 | −37 | 27 | Ⅰ |
| | 科右翼前旗索伦 | 501.8 | 0.45 | 0.55 | 0.60 | 0.25 | 0.35 | 0.40 | −30 | 31 | Ⅰ |
| | 乌兰浩特市 | 274.7 | 0.40 | 0.55 | 0.60 | 0.20 | 0.30 | 0.35 | −27 | 32 | Ⅰ |
| | 东乌珠穆沁旗 | 838.7 | 0.35 | 0.55 | 0.65 | 0.20 | 0.30 | 0.35 | −33 | 32 | Ⅰ |
| | 额济纳旗 | 940.50 | 0.40 | 0.60 | 0.70 | 0.05 | 0.10 | 0.15 | −23 | 39 | Ⅱ |
| | 额济纳旗拐子湖 | 960.0 | 0.45 | 0.55 | 0.60 | 0.05 | 0.10 | 0.10 | −23 | 39 | Ⅱ |
| | 阿左旗巴彦毛道 | 1 328.1 | 0.40 | 0.55 | 0.60 | 0.05 | 0.10 | 0.15 | −23 | 35 | Ⅱ |
| | 阿拉善右旗 | 1 510.1 | 0.45 | 0.55 | 0.60 | 0.05 | 0.10 | 0.10 | −20 | 35 | Ⅱ |

续表

| 省市名称 | 城市名 | 海拔高度/m | 风压/（kN/m²） | | | 雪压/（kN/m²） | | | 基本气温/℃ | | 雪荷载准永久值系数分区 |
|---|---|---|---|---|---|---|---|---|---|---|---|
| | | | R=10 | R=50 | R=100 | R=10 | R=50 | R=100 | 最低 | 最高 | |
| 内蒙古 | 二连浩特市 | 964.7 | 0.55 | 0.65 | 0.70 | 0.15 | 0.25 | 0.30 | −30 | 34 | Ⅱ |
| | 那仁宝力格 | 1 181.6 | 0.40 | 0.55 | 0.60 | 0.20 | 0.30 | 0.35 | −33 | 31 | Ⅰ |
| | 达茂旗满都拉 | 1 225.2 | 0.50 | 0.75 | 0.85 | 0.15 | 0.20 | 0.25 | −25 | 34 | Ⅱ |
| | 阿巴嘎旗 | 1 126.1 | 0.35 | 0.50 | 0.55 | 0.25 | 0.35 | 0.40 | −33 | 31 | Ⅰ |
| | 苏尼特左旗 | 1 111.4 | 0.40 | 0.55 | 0.60 | 0.25 | 0.35 | 0.40 | −32 | 33 | Ⅰ |
| | 乌拉特后旗海力素 | 1 509.6 | 0.45 | 0.50 | 0.55 | 0.10 | 0.15 | 0.20 | −25 | 33 | Ⅱ |
| | 苏尼特右旗朱日和 | 1 150.8 | 0.50 | 0.65 | 0.75 | 0.15 | 0.20 | 0.25 | −26 | 33 | Ⅱ |
| | 乌拉特中旗海流图 | 1 288.0 | 0.45 | 0.60 | 0.65 | 0.20 | 0.30 | 0.35 | −26 | 33 | Ⅱ |
| | 百灵庙 | 1 376.6 | 0.50 | 0.75 | 0.85 | 0.25 | 0.35 | 0.40 | −27 | 32 | Ⅱ |
| | 四子王旗 | 1 490.1 | 0.40 | 0.60 | 0.70 | 0.30 | 0.45 | 0.55 | −26 | 30 | Ⅱ |
| | 化德 | 1 482.7 | 0.45 | 0.75 | 0.85 | 0.15 | 0.25 | 0.30 | −26 | 29 | Ⅱ |
| | 杭锦后旗陕坝 | 1 056.7 | 0.30 | 0.45 | 0.50 | 0.15 | 0.20 | 0.25 | — | — | Ⅱ |
| | 包头市 | 1 067.2 | 0.35 | 0.55 | 0.60 | 0.20 | 0.25 | 0.30 | −23 | 34 | Ⅱ |
| | 集宁市 | 1 419.3 | 0.40 | 0.60 | 0.70 | 0.25 | 0.35 | 0.40 | −25 | 30 | Ⅱ |
| | 阿拉善左旗吉兰泰 | 1 031.8 | 0.35 | 0.50 | 0.55 | 0.5 | 0.10 | 0.15 | −23 | 37 | Ⅱ |
| | 临河市 | 1 039.3 | 0.30 | 0.50 | 0.60 | 0.15 | 0.25 | 0.30 | −21 | 35 | Ⅱ |
| | 鄂托克旗 | 1 380.3 | 0.35 | 0.55 | 0.65 | 0.15 | 0.20 | 0.20 | −23 | 33 | Ⅱ |
| | 东胜市 | 1 460.4 | 0.30 | 0.50 | 0.60 | 0.25 | 0.35 | 0.40 | −21 | 31 | Ⅱ |
| | 阿腾席连 | 1 329.3 | 0.40 | 0.50 | 0.55 | 0.20 | 0.30 | 0.35 | — | — | Ⅱ |
| | 巴彦浩特 | 1 561.4 | 0.40 | 0.60 | 0.70 | 0.15 | 0.20 | 0.25 | −19 | 33 | Ⅱ |
| | 西乌珠穆沁旗 | 995.9 | 0.45 | 0.55 | 0.60 | 0.30 | 0.40 | 0.45 | −30 | 30 | Ⅰ |
| | 扎鲁特鲁北 | 265.0 | 0.40 | 0.55 | 0.60 | 0.30 | 0.35 | | −23 | 34 | Ⅱ |
| | 巴林左旗林东 | 484.4 | 0.40 | 0.55 | 0.60 | 0.20 | 0.30 | 0.35 | −26 | 32 | Ⅱ |
| | 锡林浩特市 | 989.5 | 0.40 | 0.55 | 0.60 | 0.25 | 0.40 | 0.45 | −30 | 31 | Ⅰ |
| | 林西 | 799.0 | 0.45 | 0.60 | 0.70 | 0.25 | 0.40 | 0.45 | −25 | 32 | Ⅰ |
| | 开鲁 | 241.0 | 0.40 | 0.55 | 0.60 | 0.20 | 0.30 | 0.35 | −25 | 34 | Ⅱ |
| | 通辽市 | 178.5 | 0.40 | 0.55 | 0.60 | 0.20 | 0.30 | 0.35 | −25 | 33 | Ⅱ |
| | 多伦 | 1 245.4 | 0.40 | 0.55 | 0.60 | 0.20 | 0.30 | 0.35 | −28 | 30 | Ⅰ |
| | 翁牛特旗乌丹 | 631.8 | — | — | — | 0.20 | 0.30 | 0.35 | −23 | 32 | Ⅱ |
| | 赤峰市 | 571.1 | 0.30 | 0.55 | 0.65 | 0.20 | 0.30 | 0.35 | −23 | 33 | Ⅱ |
| | 敖汉旗宝国图 | 400.5 | 0.40 | 0.50 | 0.55 | 0.25 | 0.40 | 0.45 | −23 | 33 | Ⅱ |

续表

| 省市名称 | 城市名 | 海拔高度/m | 风压/(kN/m²) | | | 雪压/(kN/m²) | | | 基本气温/℃ | | 雪荷载准永久值系数分区 |
|---|---|---|---|---|---|---|---|---|---|---|---|
| | | | R=10 | R=50 | R=100 | R=10 | R=50 | R=100 | 最低 | 最高 | |
| 辽宁 | 沈阳市 | 42.8 | 0.40 | 0.55 | 0.60 | 0.30 | 0.50 | 0.55 | −24 | 33 | I |
| | 彰武 | 79.4 | 0.35 | 0.45 | 0.50 | 0.20 | 0.30 | 0.35 | −22 | 33 | II |
| | 阜新市 | 144.0 | 0.40 | 0.60 | 0.70 | 0.25 | 0.40 | 0.45 | −23 | 33 | II |
| | 开原 | 98.2 | 0.30 | 0.45 | 0.50 | 0.30 | 0.40 | 0.45 | −27 | 33 | I |
| | 清原 | 234.1 | 0.25 | 0.40 | 0.45 | 0.35 | 0.50 | 0.60 | −27 | 33 | I |
| | 朝阳市 | 169.2 | 0.40 | 0.55 | 0.60 | 0.30 | 0.45 | 0.55 | −23 | 35 | II |
| | 建平县叶柏寿 | 421.7 | 0.30 | 0.35 | 0.40 | 0.25 | 0.35 | 0.40 | −22 | 35 | II |
| | 黑山 | 37.5 | 0.45 | 0.65 | 0.75 | 0.30 | 0.45 | 0.50 | −21 | 33 | II |
| | 锦州市 | 65.9 | 0.40 | 0.60 | 0.70 | 0.30 | 0.40 | 0.45 | −18 | 33 | II |
| | 鞍山市 | 77.3 | 0.30 | 0.50 | 0.60 | 0.30 | 0.40 | 0.45 | −18 | 34 | II |
| | 本溪市 | 185.2 | 0.35 | 0.45 | 0.50 | 0.40 | 0.55 | 0.60 | −24 | 33 | I |
| | 抚顺市章党 | 118.5 | 0.30 | 0.45 | 0.50 | 0.35 | 0.45 | 0.50 | −28 | 33 | I |
| | 桓仁 | 240.3 | 0.25 | 0.30 | 0.35 | 0.35 | 0.50 | 0.55 | −25 | 32 | I |
| | 绥中 | 15.3 | 0.25 | 0.40 | 0.45 | 0.25 | 0.35 | 0.40 | −19 | 33 | II |
| | 兴城市 | 8.8 | 0.35 | 0.45 | 0.50 | 0.20 | 0.30 | 0.35 | −19 | 32 | II |
| | 营口市 | 3.3 | 0.40 | 0.60 | 0.70 | 0.30 | 0.40 | 0.45 | −20 | 33 | II |
| | 盖县熊岳 | 20.4 | 0.30 | 0.40 | 0.45 | 0.25 | 0.40 | 0.45 | −22 | 33 | II |
| | 本溪县草河口 | 233.4 | 0.25 | 0.45 | 0.55 | 0.35 | 0.55 | 0.60 | — | — | I |
| | 岫岩 | 79.3 | 0.30 | 0.45 | 0.50 | 0.35 | 0.50 | 0.55 | −22 | 33 | II |
| | 宽甸 | 260.1 | 0.30 | 0.50 | 0.60 | 0.40 | 0.60 | 0.70 | −26 | 32 | II |
| | 丹东市 | 15.1 | 0.35 | 0.55 | 0.65 | 0.30 | 0.40 | 0.45 | −18 | 32 | II |
| | 瓦房店市 | 29.3 | 0.35 | 0.50 | 0.55 | 0.20 | 0.30 | 0.35 | −17 | 32 | II |
| | 新金县皮口 | 43.2 | 0.35 | 0.50 | 0.55 | 0.20 | 0.30 | 0.35 | — | — | II |
| | 庄河 | 34.8 | 0.35 | 0.50 | 0.55 | 0.25 | 0.35 | 0.40 | −19 | 32 | II |
| | 大连市 | 91.5 | 0.40 | 0.65 | 0.75 | 0.25 | 0.40 | 0.45 | −13 | 32 | II |
| 吉林 | 长春市 | 236.8 | 0.45 | 0.65 | 0.75 | 0.25 | 0.35 | 0.40 | −26 | 32 | I |
| | 白城市 | 155.4 | 0.45 | 0.65 | 0.75 | 0.15 | 0.20 | 0.25 | −29 | 33 | II |
| | 乾安 | 146.3 | 0.30 | 0.45 | 0.50 | 0.15 | 0.20 | 0.25 | −28 | 33 | II |
| | 前郭尔罗斯 | 134.7 | 0.30 | 0.45 | 0.50 | 0.20 | 0.25 | 0.30 | −28 | 33 | II |
| | 通榆 | 149.5 | 0.35 | 0.55 | 0.65 | 0.15 | 0.20 | 0.25 | −28 | 33 | II |
| | 长岭 | 189.3 | 0.30 | 0.45 | 0.50 | 0.15 | 0.20 | 0.25 | −27 | 32 | II |
| | 扶余市三岔河 | 196.6 | 0.35 | 0.55 | 0.65 | 0.20 | 0.30 | 0.35 | −29 | 32 | I |
| | 双辽 | 114.9 | 0.35 | 0.50 | 0.55 | 0.20 | 0.30 | 0.35 | −27 | 33 | I |
| | 四平市 | 164.2 | 0.40 | 0.55 | 0.65 | 0.20 | 0.35 | 0.40 | −24 | 33 | I |
| | 磐石县烟筒山 | 271.6 | 0.30 | 0.40 | 0.45 | 0.25 | 0.40 | 0.45 | −31 | 31 | I |

| 省市名称 | 城市名 | 海拔高度/m | 风压/(kN/m²) | | | 雪压/(kN/m²) | | | 基本气温/℃ | | 雪荷载准永久值系数分区 |
|---|---|---|---|---|---|---|---|---|---|---|---|
| | | | R=10 | R=50 | R=100 | R=10 | R=50 | R=100 | 最低 | 最高 | |
| 吉林 | 吉林市 | 183.4 | 0.40 | 0.50 | 0.55 | 0.30 | 0.45 | 0.50 | −31 | 32 | I |
| | 蛟河 | 295.0 | 0.30 | 0.45 | 0.50 | 0.40 | 0.65 | 0.75 | −31 | 32 | I |
| | 敦化市 | 523.7 | 0.30 | 0.45 | 0.50 | 0.30 | 0.50 | 0.60 | −29 | 30 | I |
| | 梅河口市 | 339.9 | 0.30 | 0.40 | 0.45 | 0.30 | 0.45 | 0.50 | −27 | 32 | I |
| | 桦甸 | 263.8 | 0.30 | 0.40 | 0.45 | 0.40 | 0.65 | 0.75 | −33 | 32 | I |
| | 靖宇 | 549.2 | 0.25 | 0.35 | 0.40 | 0.40 | 0.65 | 0.70 | −32 | 31 | I |
| | 抚松县东岗 | 774.2 | 0.30 | 0.40 | 0.45 | 0.60 | 0.90 | 1.05 | −27 | 30 | I |
| | 延吉市 | 176.8 | 0.35 | 0.50 | 0.55 | 0.35 | 0.55 | 0.65 | −26 | 32 | I |
| | 通化市 | 402.9 | 0.30 | 0.50 | 0.60 | 0.50 | 0.80 | 0.90 | −27 | 32 | I |
| | 浑江市临江 | 332.7 | 0.20 | 0.30 | 0.35 | 0.45 | 0.70 | 0.80 | −27 | 33 | I |
| | 集安市 | 177.7 | 0.20 | 0.30 | 0.35 | 0.45 | 0.70 | 0.80 | −26 | 33 | I |
| | 长白 | 1 016.7 | 0.35 | 0.45 | 0.50 | 0.40 | 0.60 | 0.70 | −28 | 29 | I |
| 黑龙江 | 哈尔滨市 | 142.3 | 0.35 | 0.55 | 0.65 | 0.30 | 0.45 | 0.50 | −31 | 32 | I |
| | 漠河 | 296.0 | 0.25 | 0.35 | 0.40 | 0.50 | 0.65 | 0.70 | −42 | 30 | I |
| | 塔河 | 296.0 | 0.25 | 0.35 | 0.40 | 0.50 | 0.65 | 0.70 | −38 | 30 | I |
| | 新林 | 494.6 | 0.25 | 0.35 | 0.40 | 0.40 | 0.50 | 0.55 | −40 | 29 | I |
| | 呼玛 | 177.4 | 0.30 | 0.50 | 0.60 | 0.35 | 0.45 | 0.50 | −40 | 31 | I |
| | 加格达奇 | 371.7 | 0.25 | 0.35 | 0.40 | 0.45 | 0.55 | 0.60 | −38 | 30 | I |
| | 黑河市 | 166.4 | 0.35 | 0.50 | 0.55 | 0.45 | 0.60 | 0.65 | −35 | 31 | I |
| | 嫩江 | 242.2 | 0.40 | 0.55 | 0.60 | 0.45 | 0.55 | 0.60 | −39 | 31 | I |
| | 孙吴 | 234.5 | 0.40 | 0.60 | 0.70 | 0.40 | 0.55 | 0.60 | −40 | 31 | I |
| | 北安市 | 269.7 | 0.30 | 0.50 | 0.60 | 0.40 | 0.55 | 0.60 | −36 | 31 | I |
| | 克山 | 234.6 | 0.30 | 0.45 | 0.50 | 0.30 | 0.50 | 0.55 | −34 | 31 | I |
| | 富裕 | 162.4 | 0.30 | 0.40 | 0.45 | 0.25 | 0.35 | 0.40 | −34 | 32 | I |
| | 齐齐哈尔 | 145.9 | 0.35 | 0.45 | 0.50 | 0.25 | 0.40 | 0.45 | −30 | 32 | I |
| | 海伦 | 239.2 | 0.35 | 0.55 | 0.65 | 0.30 | 0.40 | 0.45 | −32 | 31 | I |
| | 明水 | 249.2 | 0.35 | 0.45 | 0.50 | 0.25 | 0.40 | 0.45 | −30 | 31 | I |
| | 伊春市 | 240.9 | 0.25 | 0.35 | 0.40 | 0.45 | 0.60 | 0.65 | −36 | 31 | I |
| | 鹤岗市 | 227.9 | 0.30 | 0.40 | 0.45 | 0.45 | 0.65 | 0.70 | −27 | 31 | I |
| | 富锦 | 64.2 | 0.30 | 0.45 | 0.50 | 0.35 | 0.45 | 0.50 | −30 | 31 | I |
| | 泰来 | 149.5 | 0.30 | 0.45 | 0.50 | 0.20 | 0.30 | 0.35 | −28 | 33 | I |
| | 绥化市 | 179.6 | 0.35 | 0.55 | 0.65 | 0.35 | 0.50 | 0.60 | −32 | 31 | I |
| | 安达市 | 149.3 | 0.35 | 0.55 | 0.65 | 0.20 | 0.30 | 0.35 | −31 | 32 | I |
| | 铁力 | 210.5 | 0.25 | 0.35 | 0.40 | 0.50 | 0.75 | 0.85 | −34 | 31 | I |
| | 佳木斯市 | 81.2 | 0.40 | 0.65 | 0.75 | 0.45 | 0.65 | 0.70 | −30 | 32 | I |

| 省市名称 | 城市名 | 海拔高度/m | 风压/(kN/m²) | | | 雪压/(kN/m²) | | | 基本气温/℃ | | 雪荷载准永久值系数分区 |
|---|---|---|---|---|---|---|---|---|---|---|---|
| | | | R=10 | R=50 | R=100 | R=10 | R=50 | R=100 | 最低 | 最高 | |
| 黑龙江 | 依兰 | 100.1 | 0.45 | 0.65 | 0.75 | 0.30 | 0.45 | 0.50 | −29 | 32 | I |
| | 宝清 | 83.0 | 0.30 | 0.40 | 0.45 | 0.35 | 0.50 | 0.55 | −30 | 31 | I |
| | 通河 | 108.6 | 0.35 | 0.50 | 0.55 | 0.50 | 0.75 | 0.85 | −33 | 32 | I |
| | 尚志 | 189.7 | 0.35 | 0.55 | 0.60 | 0.40 | 0.55 | 0.60 | −32 | 32 | I |
| | 鸡西市 | 233.6 | 0.40 | 0.55 | 0.65 | 0.45 | 0.65 | 0.75 | −27 | 32 | I |
| | 虎林 | 100.2 | 0.35 | 0.45 | 0.50 | 0.50 | 0.70 | 0.80 | −29 | 31 | I |
| | 牡丹江市 | 241.4 | 0.35 | 0.50 | 0.55 | 0.40 | 0.60 | 0.65 | −28 | 32 | I |
| | 绥芬河市 | 496.7 | 0.40 | 0.60 | 0.70 | 0.40 | 0.55 | 0.60 | −30 | 29 | I |
| 山东 | 济南市 | 51.6 | 0.30 | 0.45 | 0.50 | 0.20 | 0.30 | 0.35 | −9 | 36 | II |
| | 德州市 | 21.2 | 0.30 | 0.45 | 0.50 | 0.20 | 0.35 | 0.40 | −11 | 36 | II |
| | 惠民 | 11.3 | 0.30 | 0.50 | 0.55 | 0.25 | 0.35 | 0.40 | −13 | 36 | II |
| | 寿光县羊角沟 | 4.4 | 0.30 | 0.45 | 0.50 | 0.15 | 0.25 | 0.30 | −11 | 36 | II |
| | 龙口市 | 4.8 | 0.45 | 0.55 | 0.65 | 0.25 | 0.35 | 0.40 | −11 | 35 | II |
| | 烟台市 | 46.7 | 0.40 | 0.55 | 0.60 | 0.30 | 0.40 | 0.45 | −8 | 32 | II |
| | 威海市 | 46.6 | 0.45 | 0.65 | 0.75 | 0.35 | 0.45 | 0.50 | −8 | 32 | II |
| | 荣成市成山头 | 47.7 | 0.60 | 0.70 | 0.75 | 0.25 | 0.40 | 0.45 | −7 | 30 | II |
| | 莘县朝城 | 42.7 | 0.35 | 0.45 | 0.50 | 0.25 | 0.35 | 0.40 | −12 | 36 | II |
| | 泰安市泰山 | 1 533.7 | 0.65 | 0.85 | 0.95 | 0.40 | 0.55 | 0.60 | −16 | 25 | II |
| | 泰安市 | 128.8 | 0.30 | 0.40 | 0.45 | 0.20 | 0.35 | 0.40 | −12 | 33 | II |
| | 淄博市张店 | 34.0 | 0.30 | 0.40 | 0.45 | 0.30 | 0.45 | 0.50 | −12 | 36 | II |
| | 沂源 | 304.5 | 0.30 | 0.35 | 0.40 | 0.20 | 0.30 | 0.35 | −13 | 35 | II |
| | 潍坊市 | 44.1 | 0.30 | 0.40 | 0.45 | 0.25 | 0.35 | 0.40 | −12 | 36 | II |
| | 莱阳市 | 30.5 | 0.30 | 0.40 | 0.45 | 0.15 | 0.25 | 0.30 | −13 | 35 | II |
| | 青岛市 | 76.0 | 0.45 | 0.60 | 0.70 | 0.15 | 0.20 | 0.25 | −9 | 33 | II |
| | 海阳 | 65.2 | 0.40 | 0.55 | 0.60 | 0.10 | 0.15 | 0.15 | −10 | 33 | II |
| | 荣成市石岛 | 33.7 | 0.40 | 0.55 | 0.65 | 0.10 | 0.15 | 0.15 | −8 | 33 | II |
| | 菏泽市 | 49.7 | 0.25 | 0.40 | 0.45 | 0.20 | 0.30 | 0.35 | −10 | 36 | II |
| | 兖州 | 51.7 | 0.25 | 0.40 | 0.45 | 0.25 | 0.35 | 0.45 | −11 | 36 | II |
| | 莒县 | 107.4 | 0.25 | 0.35 | 0.40 | 0.20 | 0.35 | 0.40 | −11 | 35 | II |
| | 临沂 | 87.9 | 0.30 | 0.40 | 0.45 | 0.25 | 0.40 | 0.45 | −10 | 35 | II |
| | 日照市 | 16.1 | 0.30 | 0.40 | 0.45 | — | — | — | −8 | 33 | — |

续表

| 省市名称 | 城市名 | 海拔高度/m | 风压/(kN/m²) | | | 雪压/(kN/m²) | | | 基本气温/℃ | | 雪荷载准永久值系数分区 |
|---|---|---|---|---|---|---|---|---|---|---|---|
| | | | R=10 | R=50 | R=100 | R=10 | R=50 | R=100 | 最低 | 最高 | |
| 江苏 | 南京市 | 8.9 | 0.25 | 0.40 | 0.45 | 0.40 | 0.65 | 0.75 | -6 | 37 | Ⅱ |
| | 徐州市 | 41.0 | 0.25 | 0.35 | 0.40 | 0.25 | 0.35 | 0.40 | -8 | 35 | Ⅱ |
| | 赣榆 | 2.1 | 0.30 | 0.45 | 0.50 | 0.25 | 0.35 | 0.40 | -8 | 35 | Ⅱ |
| | 盱眙 | 34.5 | 0.25 | 0.35 | 0.40 | 0.20 | 0.30 | 0.35 | -7 | 36 | Ⅱ |
| | 淮阳市 | 17.5 | 0.25 | 0.40 | 0.45 | 0.40 | 0.40 | 0.45 | -7 | 35 | Ⅱ |
| | 射阳 | 2.0 | 0.30 | 0.45 | 0.50 | 0.15 | 0.20 | 0.25 | -7 | 35 | Ⅲ |
| | 镇江 | 26.5 | 0.30 | 0.40 | 0.45 | 0.25 | 0.35 | 0.40 | — | — | Ⅲ |
| | 无锡 | 6.7 | 0.30 | 0.45 | 0.50 | 0.30 | 0.40 | 0.45 | — | — | Ⅲ |
| | 泰州 | 6.6 | 0.25 | 0.40 | 0.45 | 0.25 | 0.35 | 0.40 | — | — | Ⅲ |
| | 连云港 | 3.7 | 0.35 | 0.55 | 0.65 | 0.25 | 0.40 | 0.45 | — | — | Ⅱ |
| | 盐城 | 3.6 | 0.25 | 0.45 | 0.55 | 0.20 | 0.35 | 0.40 | — | — | Ⅲ |
| | 高邮 | 5.4 | 0.25 | 0.40 | 0.45 | 0.20 | 0.30 | 0.40 | -6 | 36 | Ⅲ |
| | 东台市 | 4.3 | 0.30 | 0.40 | 0.45 | 0.20 | 0.30 | 0.35 | -6 | 36 | Ⅲ |
| | 南通市 | 5.3 | 0.30 | 0.45 | 0.50 | 0.15 | 0.25 | 0.30 | -4 | 36 | Ⅲ |
| | 启东县吕泗 | 5.5 | 0.35 | 0.50 | 0.55 | 0.10 | 0.20 | 0.25 | -4 | 35 | Ⅲ |
| | 常州市 | 5.3 | 0.30 | 0.45 | 0.50 | 0.15 | 0.25 | 0.30 | -4 | 37 | Ⅲ |
| | 溧阳 | 7.2 | 0.25 | 0.40 | 0.45 | 0.30 | 0.50 | 0.55 | -5 | 37 | Ⅲ |
| | 吴县东山 | 17.5 | 0.30 | 0.45 | 0.50 | 0.40 | 0.40 | 0.45 | -5 | 36 | Ⅲ |
| 浙江 | 杭州市 | 41.7 | 0.30 | 0.45 | 0.50 | 0.30 | 0.45 | 0.50 | -4 | 38 | Ⅲ |
| | 临安县天目山 | 1 505.9 | 0.55 | 0.70 | 0.80 | 0.100 | 0.160 | 0.185 | -11 | 28 | Ⅱ |
| | 平湖县乍浦 | 5.4 | 0.35 | 0.45 | 0.50 | 0.25 | 0.35 | 0.40 | -5 | 36 | Ⅲ |
| | 慈溪市 | 7.1 | 0.30 | 0.45 | 0.50 | 0.25 | 0.35 | 0.40 | -4 | 37 | Ⅲ |
| | 嵊泗 | 79.6 | 0.85 | 1.30 | 1.55 | — | — | — | -2 | 34 | — |
| | 嵊泗县嵊山 | 124.6 | 0.95 | 1.50 | 1.75 | — | — | — | 0 | 30 | — |
| | 舟山市 | 35.7 | 0.50 | 0.85 | 1.00 | 0.30 | 0.50 | 0.60 | -2 | 35 | Ⅲ |
| | 金华市 | 62.6 | 0.25 | 0.35 | 0.40 | 0.35 | 0.55 | 0.65 | -3 | 39 | Ⅲ |
| | 嵊县 | 104.3 | 0.25 | 0.40 | 0.50 | 0.35 | 0.55 | 0.65 | -3 | 39 | Ⅲ |
| | 宁波市 | 4.2 | 0.30 | 0.50 | 0.60 | 0.20 | 0.30 | 0.35 | -3 | 37 | Ⅲ |
| | 象山县石浦 | 128.4 | 0.75 | 1.20 | 1.40 | 0.20 | 0.30 | 0.35 | -2 | 35 | Ⅲ |
| | 衢州市 | 66.9 | 0.25 | 0.35 | 0.40 | 0.30 | 0.50 | 0.60 | -3 | 38 | Ⅲ |
| | 丽水市 | 60.8 | 0.20 | 0.30 | 0.35 | 0.30 | 0.45 | 0.50 | -3 | 39 | Ⅲ |
| | 龙泉 | 198.4 | 0.20 | 0.30 | 0.35 | 0.35 | 0.55 | 0.65 | -2 | 38 | Ⅲ |
| | 临海市括苍山 | 1 383.1 | 0.60 | 0.90 | 1.05 | 0.40 | 0.60 | 0.70 | -8 | 29 | Ⅲ |
| | 温州市 | 6.0 | 0.35 | 0.60 | 0.70 | 0.25 | 0.35 | 0.40 | 0 | 36 | Ⅲ |
| | 椒江市洪家 | 1.3 | 0.35 | 0.55 | 0.65 | 0.20 | 0.30 | 0.35 | -2 | 36 | Ⅲ |

续表

| 省市名称 | 城市名 | 海拔高度/m | 风压/(kN/m²) | | | 雪压/(kN/m²) | | | 基本气温/℃ | | 雪荷载准永久值系数分区 |
|---|---|---|---|---|---|---|---|---|---|---|---|
| | | | $R=10$ | $R=50$ | $R=100$ | $R=10$ | $R=50$ | $R=100$ | 最低 | 最高 | |
| 浙江 | 椒江市下大陈 | 86.2 | 0.90 | 1.40 | 1.65 | 0.25 | 0.35 | 0.40 | −1 | 33 | Ⅲ |
| | 玉环县坎门 | 95.9 | 0.70 | 1.20 | 1.45 | 0.20 | 0.35 | 0.40 | 0 | 34 | Ⅲ |
| | 瑞安市北麂 | 42.3 | 0.95 | 1.60 | 1.90 | — | — | — | 2 | 33 | — |
| 安徽 | 合肥市 | 27.9 | 0.25 | 0.35 | 0.40 | 0.40 | 0.60 | 0.70 | −6 | 37 | Ⅱ |
| | 砀山 | 43.2 | 0.25 | 0.35 | 0.40 | 0.25 | 0.40 | 0.45 | −9 | 36 | Ⅱ |
| | 亳州市 | 37.7 | 0.25 | 0.45 | 0.55 | 0.25 | 0.40 | 0.45 | −8 | 37 | Ⅱ |
| | 宿县 | 25.9 | 0.25 | 0.40 | 0.50 | 0.25 | 0.40 | 0.45 | −8 | 36 | Ⅱ |
| | 寿县 | 22.7 | 0.25 | 0.35 | 0.40 | 0.30 | 0.50 | 0.55 | −7 | 35 | Ⅱ |
| | 蚌埠市 | 18.7 | 0.25 | 0.35 | 0.40 | 0.30 | 0.45 | 0.55 | −6 | 36 | Ⅱ |
| | 滁县 | 25.3 | 0.25 | 0.35 | 0.40 | 0.25 | 0.40 | 0.45 | −6 | 36 | Ⅱ |
| | 六安市 | 60.5 | 0.20 | 0.35 | 0.40 | 0.35 | 0.55 | 0.60 | −5 | 37 | Ⅱ |
| | 霍山 | 68.1 | 0.20 | 0.35 | 0.40 | 0.40 | 0.60 | 0.65 | −6 | 37 | Ⅱ |
| | 巢县 | 22.4 | 0.25 | 0.35 | 0.40 | 0.40 | 0.60 | 0.50 | −5 | 37 | Ⅱ |
| | 安庆市 | 19.8 | 0.25 | 0.40 | 0.45 | 0.20 | 0.35 | 0.40 | −3 | 36 | Ⅲ |
| | 宁国 | 89.4 | 0.25 | 0.35 | 0.40 | 0.30 | 0.50 | 0.55 | −6 | 38 | Ⅲ |
| | 黄山 | 1 840.4 | 0.50 | 0.70 | 0.80 | 0.35 | 0.45 | 0.50 | −11 | 24 | Ⅲ |
| | 黄山市 | 142.7 | 0.25 | 0.35 | 0.40 | 0.30 | 0.45 | 0.50 | −3 | 38 | Ⅲ |
| | 阜阳市 | 30.6 | — | — | — | 0.35 | 0.55 | 0.60 | −7 | 36 | Ⅱ |
| 江西 | 南昌市 | 46.7 | 0.30 | 0.45 | 0.55 | 0.30 | 0.45 | 0.50 | −3 | 38 | Ⅲ |
| | 修水 | 146.8 | 0.20 | 0.30 | 0.35 | 0.25 | 0.40 | 0.50 | −4 | 37 | Ⅲ |
| | 宜春市 | 131.3 | 0.20 | 0.30 | 0.35 | 0.25 | 0.35 | 0.45 | −3 | 38 | Ⅲ |
| | 吉安 | 76.4 | 0.25 | 0.30 | 0.35 | 0.25 | 0.35 | 0.45 | −2 | 38 | Ⅲ |
| | 宁冈 | 263.1 | 0.20 | 0.30 | 0.35 | 0.30 | 0.45 | 0.50 | −3 | 38 | Ⅲ |
| | 遂川 | 126.1 | 0.20 | 0.30 | 0.35 | 0.30 | 0.45 | 0.55 | −1 | 38 | Ⅲ |
| | 赣州市 | 123.8 | 0.20 | 0.30 | 0.35 | 0.20 | 0.35 | 0.40 | 0 | 38 | Ⅲ |
| | 九江 | 36.1 | 0.25 | 0.35 | 0.40 | 0.30 | 0.40 | 0.45 | −2 | 38 | Ⅲ |
| | 庐山 | 1 164.5 | 0.40 | 0.55 | 0.60 | 0.55 | 0.75 | 0.85 | −9 | 29 | Ⅲ |
| | 波阳 | 40.1 | 0.25 | 0.40 | 0.45 | 0.35 | 0.60 | 0.70 | −3 | 38 | Ⅲ |
| | 景德镇市 | 61.5 | 0.25 | 0.35 | 0.40 | 0.25 | 0.35 | 0.40 | −3 | 38 | Ⅲ |
| | 樟树市 | 30.4 | 0.20 | 0.30 | 0.35 | 0.25 | 0.40 | 0.45 | −3 | 38 | Ⅲ |
| | 贵溪 | 51.2 | 0.20 | 0.30 | 0.35 | 0.35 | 0.50 | 0.60 | −2 | 38 | Ⅲ |
| | 玉山 | 116.3 | 0.20 | 0.30 | 0.35 | 0.20 | 0.35 | 0.40 | −3 | 38 | Ⅲ |
| | 南城 | 80.8 | 0.25 | 0.30 | 0.35 | 0.20 | 0.35 | 0.40 | −3 | 37 | Ⅲ |
| | 广昌 | 143.8 | 0.20 | 0.30 | 0.35 | 0.30 | 0.45 | 0.50 | −2 | 38 | Ⅲ |
| | 寻乌 | 303.9 | 0.25 | 0.30 | 0.35 | — | — | — | −0.3 | 37 | — |

续表

| 省市名称 | 城市名 | 海拔高度/m | 风压/(kN/m²) | | | 雪压/(kN/m²) | | | 基本气温/℃ | | 雪荷载准永久值系数分区 |
|---|---|---|---|---|---|---|---|---|---|---|---|
| | | | R=10 | R=50 | R=100 | R=10 | R=50 | R=100 | 最低 | 最高 | |
| 福建 | 福州市 | 83.8 | 0.40 | 0.70 | 0.85 | — | — | — | 3 | 37 | — |
| | 邵武市 | 191.5 | 0.20 | 0.30 | 0.35 | 0.25 | 0.35 | 0.40 | −1 | 37 | Ⅲ |
| | 铅山县七仙山 | 1 401.9 | 0.55 | 0.70 | 0.80 | 0.40 | 0.60 | 0.70 | −5 | 28 | Ⅲ |
| | 浦城 | 276.9 | 0.20 | 0.30 | 0.35 | 0.35 | 0.55 | 0.70 | −2 | 37 | Ⅲ |
| | 建阳 | 196.9 | 0.25 | 0.35 | 0.40 | 0.35 | 0.50 | 0.55 | −2 | 38 | Ⅲ |
| | 建瓯 | 154.9 | 0.25 | 0.35 | 0.40 | 0.25 | 0.35 | 0.40 | 0 | 38 | Ⅲ |
| | 福鼎 | 36.2 | 0.35 | 0.70 | 0.90 | — | — | — | 1 | 37 | — |
| | 泰宁 | 342.9 | 0.20 | 0.30 | 0.35 | 0.30 | 0.50 | 0.60 | −2 | 37 | Ⅲ |
| | 南平市 | 125.6 | 0.20 | 0.35 | 0.45 | — | — | — | 2 | 38 | — |
| | 福鼎县台山 | 106.6 | 0.75 | 1.00 | 1.10 | — | — | — | 4 | 30 | — |
| | 长汀 | 310.0 | 0.20 | 0.35 | 0.40 | 0.15 | 0.25 | 0.30 | 0 | 36 | Ⅲ |
| | 上杭 | 197.9 | 0.25 | 0.30 | 0.35 | — | — | — | 2 | 36 | — |
| | 永安市 | 206.0 | 0.25 | 0.40 | 0.45 | — | — | — | 2 | 38 | — |
| | 龙岩市 | 342.3 | 0.20 | 0.35 | 0.45 | — | — | — | 3 | 36 | — |
| | 德化县九仙山 | 1 653.5 | 0.60 | 0.80 | 0.90 | 0.25 | 0.40 | 0.50 | −3 | 25 | Ⅲ |
| | 屏南 | 896.5 | 0.20 | 0.30 | 0.35 | 0.25 | 0.45 | 0.50 | −2 | 32 | Ⅲ |
| | 平潭 | 32.4 | 0.75 | 1.30 | 1.60 | — | — | — | 4 | 34 | — |
| | 崇武 | 21.8 | 0.55 | 0.80 | 0.90 | — | — | — | 5 | 33 | — |
| | 厦门市 | 139.4 | 0.50 | 0.80 | 0.90 | — | — | — | 5 | 35 | — |
| | 东山 | 53.3 | 0.80 | 1.25 | 1.45 | — | — | — | 7 | 34 | — |
| 陕西 | 西安市 | 397.5 | 0.25 | 0.35 | 0.40 | 0.20 | 0.25 | 0.30 | −9 | 37 | Ⅱ |
| | 榆林市 | 1 057.5 | 0.25 | 0.40 | 0.45 | 0.20 | 0.25 | 0.30 | −22 | 35 | Ⅱ |
| | 吴旗 | 1 272.6 | 0.25 | 0.40 | 0.45 | 0.15 | 0.20 | 0.20 | −20 | 33 | Ⅱ |
| | 横山 | 1 111.0 | 0.30 | 0.40 | 0.45 | 0.15 | 0.25 | 0.30 | −21 | 35 | Ⅱ |
| | 绥德 | 929.7 | 0.30 | 0.40 | 0.45 | 0.20 | 0.35 | 0.40 | −19 | 35 | Ⅱ |
| | 延安市 | 957.8 | 0.25 | 0.35 | 0.40 | 0.15 | 0.25 | 0.30 | −17 | 34 | Ⅱ |
| | 长武 | 1 206.5 | 0.20 | 0.30 | 0.35 | 0.20 | 0.30 | 0.35 | −15 | 32 | Ⅱ |
| | 洛川 | 1 158.3 | 0.25 | 0.35 | 0.40 | 0.25 | 0.35 | 0.40 | −15 | 32 | Ⅱ |
| | 铜川市 | 978.9 | 0.20 | 0.35 | 0.40 | 0.15 | 0.20 | 0.25 | −12 | 33 | Ⅱ |
| | 宝鸡市 | 612.4 | 0.20 | 0.35 | 0.40 | 0.15 | 0.20 | 0.25 | −8 | 37 | Ⅱ |
| | 武功 | 447.8 | 0.20 | 0.35 | 0.40 | 0.20 | 0.25 | 0.30 | −9 | 37 | Ⅱ |
| | 华阴县华山 | 2 064.9 | 0.40 | 0.50 | 0.55 | 0.50 | 0.70 | 0.75 | −15 | 25 | Ⅱ |
| | 略阳 | 794.2 | 0.25 | 0.35 | 0.40 | 0.10 | 0.15 | 0.15 | −6 | 34 | Ⅲ |
| | 汉中市 | 508.4 | 0.20 | 0.30 | 0.35 | 0.15 | 0.20 | 0.25 | −5 | 34 | Ⅲ |
| | 佛坪 | 1 087.7 | 0.25 | 0.30 | 0.35 | 0.15 | 0.25 | 0.30 | −8 | 33 | Ⅲ |

| 省市名称 | 城市名 | 海拔高度/m | 风压/(kN/m²) | | | 雪压/(kN/m²) | | | 基本气温/℃ | | 雪荷载准永久值系数分区 |
|---|---|---|---|---|---|---|---|---|---|---|---|
| | | | R = 10 | R = 50 | R = 100 | R = 10 | R = 50 | R = 100 | 最低 | 最高 | |
| 陕西 | 商州市 | 742.2 | 0.25 | 0.30 | 0.35 | 0.20 | 0.30 | 0.35 | −8 | 35 | Ⅱ |
| | 镇安 | 693.7 | 0.20 | 0.30 | 0.35 | 0.20 | 0.30 | 0.35 | −7 | 36 | Ⅲ |
| | 石泉 | 484.9 | 0.20 | 0.30 | 0.35 | 0.20 | 0.30 | 0.35 | −5 | 35 | Ⅲ |
| | 安康市 | 290.8 | 0.30 | 0.45 | 0.50 | 0.10 | 0.15 | 0.20 | −4 | 37 | Ⅲ |
| 甘肃 | 兰州市 | 1 517.2 | 0.20 | 0.30 | 0.35 | 0.10 | 0.15 | 0.20 | −15 | 34 | Ⅱ |
| | 吉诃德 | 966.5 | 0.45 | 0.55 | 0.60 | — | — | — | — | — | — |
| | 安西 | 1 170.8 | 0.40 | 0.55 | 0.60 | 0.10 | 0.20 | 0.25 | −22 | 37 | Ⅱ |
| | 酒泉市 | 1 477.2 | 0.40 | 0.55 | 0.60 | 0.20 | 0.30 | 0.35 | −21 | 33 | Ⅱ |
| | 张威市 | 1 482.7 | 0.30 | 0.50 | 0.60 | 0.05 | 0.10 | 0.15 | −22 | 34 | Ⅱ |
| | 武威市 | 1 530.9 | 0.35 | 0.55 | 0.65 | 0.15 | 0.20 | 0.25 | −20 | 33 | Ⅱ |
| | 民勤 | 1 367.0 | 0.40 | 0.50 | 0.55 | 0.05 | 0.10 | 0.10 | −21 | 35 | Ⅱ |
| | 乌鞘岭 | 3 045.1 | 0.35 | 0.40 | 0.45 | 0.35 | 0.55 | 0.60 | −22 | 21 | Ⅱ |
| | 景泰 | 1 630.5 | 0.25 | 0.40 | 0.45 | 0.35 | 0.55 | 0.60 | −18 | 33 | Ⅱ |
| | 靖远 | 1 398.2 | 0.20 | 0.30 | 0.35 | 0.15 | 0.20 | 0.25 | −18 | 33 | Ⅱ |
| | 临夏市 | 1 917.0 | 0.20 | 0.30 | 0.35 | 0.15 | 0.25 | 0.30 | −18 | 30 | Ⅱ |
| | 临洮 | 1 886.6 | 0.20 | 0.30 | 0.35 | 0.30 | 0.50 | 0.55 | −19 | 30 | Ⅱ |
| | 华家岭 | 2 450.6 | 0.30 | 0.40 | 0.45 | 0.25 | 0.40 | 0.45 | −17 | 24 | Ⅱ |
| | 环县 | 1 255.6 | 0.20 | 0.30 | 0.35 | 0.15 | 0.25 | 0.30 | −18 | 33 | Ⅱ |
| | 平凉市 | 1 346.6 | 0.25 | 0.30 | 0.35 | 0.15 | 0.25 | 0.30 | −14 | 32 | Ⅱ |
| | 西峰镇 | 1 421.0 | 0.20 | 0.30 | 0.35 | 0.25 | 0.40 | 0.45 | −14 | 31 | Ⅱ |
| | 玛曲 | 3 471.4 | 0.25 | 0.30 | 0.35 | 0.15 | 0.20 | 0.25 | −23 | 21 | Ⅱ |
| | 夏河县合作 | 2 910.0 | 0.25 | 0.30 | 0.35 | 0.25 | 0.40 | 0.45 | −23 | 24 | Ⅱ |
| | 武都 | 1 079.1 | 0.25 | 0.35 | 0.40 | 0.05 | 0.10 | 0.15 | −5 | 35 | Ⅲ |
| | 天水市 | 1 141.7 | 0.20 | 0.35 | 0.40 | 0.15 | 0.20 | 0.25 | −11 | 34 | Ⅱ |
| | 马宗山 | 1 962.7 | — | — | — | 0.10 | 0.15 | 0.20 | −25 | 32 | Ⅱ |
| | 敦煌 | 1 139.0 | — | — | — | 0.10 | 0.15 | 0.20 | −20 | 37 | Ⅱ |
| | 玉门市 | 1 526.0 | — | — | — | 0.15 | 0.20 | 0.25 | −21 | 33 | Ⅱ |
| | 金塔县鼎新 | 1 177.4 | — | — | — | 0.05 | 0.10 | 0.15 | −21 | 36 | Ⅱ |
| | 高台 | 1 332.2 | — | — | — | 0.05 | 0.10 | 0.15 | −21 | 34 | Ⅱ |
| | 山丹 | 1 764.6 | — | — | — | 0.15 | 0.20 | 0.25 | −21 | 32 | Ⅱ |
| | 永昌 | 1 976.1 | — | — | — | 0.10 | 0.15 | 0.20 | −22 | 29 | Ⅱ |
| | 榆中 | 1 874.1 | — | — | — | 0.15 | 0.20 | 0.25 | −19 | 30 | Ⅱ |
| | 会宁 | 2 012.2 | — | — | — | 0.20 | 0.30 | 0.35 | | | Ⅱ |
| | 岷县 | 2 315.0 | — | — | — | 0.10 | 0.15 | 0.20 | −19 | 27 | Ⅱ |

| 省市名称 | 城市名 | 海拔高度/m | 风压/（kN/m²） | | | 雪压/（kN/m²） | | | 基本气温/℃ | | 雪荷载准永久值系数分区 |
|---|---|---|---|---|---|---|---|---|---|---|---|
| | | | R=10 | R=50 | R=100 | R=10 | R=50 | R=100 | 最低 | 最高 | |
| 宁夏 | 银川市 | 1 111.4 | 0.40 | 0.65 | 0.75 | 0.15 | 0.20 | 0.25 | −19 | 34 | Ⅱ |
| | 惠农 | 1 091.0 | 0.45 | 0.65 | 0.70 | 0.05 | 0.10 | 0.10 | −20 | 35 | Ⅱ |
| | 陶乐 | 1 101.6 | — | — | — | 0.05 | 0.10 | 0.10 | −20 | 35 | Ⅱ |
| | 中卫 | 1 225.7 | 0.30 | 0.45 | 0.50 | 0.05 | 0.10 | 0.15 | −18 | 33 | Ⅱ |
| | 中宁 | 1 183.3 | 0.30 | 0.35 | 0.40 | 0.10 | 0.15 | 0.20 | −18 | 34 | Ⅱ |
| | 盐池 | 1 347.8 | 0.30 | 0.40 | 0.45 | 0.20 | 0.30 | 0.35 | −20 | 34 | Ⅱ |
| | 海源 | 1 854.2 | 0.25 | 0.30 | 0.35 | 0.25 | 0.40 | 0.45 | −17 | 30 | Ⅱ |
| | 同心 | 1 343.9 | 0.20 | 0.30 | 0.35 | 0.10 | 0.10 | 0.15 | −18 | 34 | Ⅱ |
| | 固原 | 1 753.0 | 0.25 | 0.35 | 0.40 | 0.30 | 0.40 | 0.45 | −20 | 29 | Ⅱ |
| | 西吉 | 1 916.5 | 0.20 | 0.30 | 0.35 | 0.15 | 0.20 | 0.20 | −20 | 29 | Ⅱ |
| 青海 | 西宁市 | 2 261.2 | 0.25 | 0.35 | 0.40 | 0.15 | 0.20 | 0.25 | −19 | 29 | Ⅱ |
| | 茫崖 | 3 138.5 | 0.30 | 0.40 | 0.45 | 0.05 | 0.10 | 0.10 | | | Ⅱ |
| | 冷湖 | 2 733.0 | 0.40 | 0.55 | 0.60 | 0.05 | 0.10 | 0.10 | −26 | 29 | Ⅱ |
| | 祁连县托勒 | 3 367.0 | 0.30 | 0.40 | 0.45 | 0.20 | 0.25 | 0.30 | −32 | 22 | Ⅱ |
| | 祁连县野牛沟 | 3 180.0 | 0.30 | 0.40 | 0.45 | 0.15 | 0.20 | 0.20 | −31 | 21 | Ⅱ |
| | 祁连县 | 2 787.4 | 0.30 | 0.35 | 0.40 | 0.10 | 0.15 | 0.15 | −25 | 25 | Ⅱ |
| | 格尔木市小灶火 | 2 767.0 | 0.30 | 0.40 | 0.45 | 0.05 | 0.10 | 0.10 | −25 | 30 | Ⅱ |
| | 大柴旦 | 3 173.2 | 0.30 | 0.40 | 0.45 | 0.10 | 0.15 | 0.15 | −27 | 26 | Ⅱ |
| | 德令哈市 | 2 918.5 | 0.25 | 0.35 | 0.40 | 0.10 | 0.15 | 0.20 | −22 | 28 | Ⅱ |
| | 刚察 | 3 301.5 | 0.25 | 0.35 | 0.40 | 0.20 | 0.25 | 0.30 | −26 | 21 | Ⅱ |
| | 门源 | 2 850.0 | 0.25 | 0.35 | 0.40 | 0.15 | 0.25 | 0.30 | −27 | 24 | Ⅱ |
| | 格尔木市 | 2 807.6 | 0.30 | 0.40 | 0.45 | 0.10 | 0.20 | 0.25 | −21 | 29 | Ⅱ |
| | 都兰县诺木洪 | 2 790.4 | 0.35 | 0.50 | 0.60 | 0.05 | 0.10 | 0.10 | −22 | 30 | Ⅱ |
| | 都兰 | 3 191.1 | 0.30 | 0.45 | 0.55 | 0.20 | 0.25 | 0.30 | −21 | 26 | Ⅱ |
| | 乌兰县茶卡 | 3 087.6 | 0.25 | 0.35 | 0.40 | 0.15 | 0.20 | 0.25 | −25 | 25 | Ⅱ |
| | 共和县恰卜恰 | 2 835.0 | 0.25 | 0.35 | 0.40 | 0.10 | 0.15 | 0.15 | −22 | 26 | Ⅱ |
| | 贵德 | 2 237.1 | 0.25 | 0.30 | 0.35 | 0.05 | 0.10 | 0.10 | −18 | 30 | Ⅱ |
| | 民和 | 1 813.9 | 0.20 | 0.30 | 0.35 | 0.10 | 0.10 | 0.15 | −17 | 31 | Ⅱ |
| | 唐古拉山五道梁 | 4 612.2 | 0.35 | 0.45 | 0.50 | 0.20 | 0.25 | 0.30 | −29 | 17 | Ⅱ |
| | 兴海 | 3 323.2 | 0.25 | 0.35 | 0.40 | 0.15 | 0.20 | 0.20 | −25 | 23 | Ⅱ |
| | 同德 | 3 289.4 | 0.25 | 0.30 | 0.35 | 0.20 | 0.30 | 0.35 | −28 | 23 | Ⅱ |
| | 泽库 | 3 662.8 | 0.25 | 0.30 | 0.35 | 0.30 | 0.40 | 0.45 | — | | Ⅱ |
| | 格尔木市托河 | 4 533.1 | 0.40 | 0.50 | 0.55 | 0.35 | 0.35 | 0.40 | −33 | 19 | Ⅰ |
| | 治多 | 4 179.0 | 0.25 | 0.30 | 0.35 | 0.15 | 0.20 | 0.25 | — | — | Ⅱ |
| | 杂多 | 4 066.4 | 0.25 | 0.35 | 0.40 | 0.20 | 0.25 | 0.30 | −25 | 22 | Ⅰ |

| 省市名称 | 城市名 | 海拔高度/m | 风压/(kN/m²) | | | 雪压/(kN/m²) | | | 基本气温/℃ | | 雪荷载准永久值系数分区 |
|---|---|---|---|---|---|---|---|---|---|---|---|
| | | | R = 10 | R = 50 | R = 100 | R = 10 | R = 50 | R = 100 | 最低 | 最高 | |
| 青海 | 曲麻莱 | 4 231.2 | 0.25 | 0.35 | 0.40 | 0.15 | 0.25 | 0.30 | −28 | 20 | I |
| | 玉树 | 3 681.2 | 0.20 | 0.30 | 0.35 | 0.15 | 0.20 | 0.25 | −20 | 24.4 | II |
| | 玛多 | 4 273.3 | 0.30 | 0.40 | 0.45 | 0.25 | 0.35 | 0.40 | −33 | 18 | I |
| | 称多县清水河 | 4 415.4 | 0.25 | 0.30 | 0.35 | 0.20 | 0.25 | 0.30 | −33 | 17 | I |
| | 玛沁县仁峡姆 | 4 211.1 | 0.30 | 0.35 | 0.40 | 0.15 | 0.25 | 0.30 | −33 | 18 | I |
| | 达日县吉迈 | 3 967.5 | 0.25 | 0.35 | 0.40 | 0.20 | 0.25 | 0.30 | −27 | 20 | I |
| | 河南 | 3 500.0 | 0.25 | 0.40 | 0.45 | 0.20 | 0.25 | 0.30 | −29 | 21 | II |
| | 久治 | 3 628.5 | 0.20 | 0.30 | 0.35 | 0.10 | 0.20 | 0.30 | −24 | 21 | II |
| | 昂欠 | 3 643.7 | 0.25 | 0.30 | 0.35 | 0.15 | 0.20 | 0.25 | −18 | 25 | II |
| | 班玛 | 3 750.0 | 0.20 | 0.30 | 0.35 | 0.15 | 0.20 | 0.25 | −20 | 22 | II |
| 新疆 | 乌鲁木齐市 | 917.9 | 0.40 | 0.60 | 0.70 | 0.60 | 0.80 | 0.90 | −23 | 34 | I |
| | 阿勒泰市 | 735.3 | 0.40 | 0.70 | 0.85 | 0.85 | 1.25 | 1.40 | −28 | 32 | I |
| | 阿拉山口 | 284.8 | 0.95 | 1.35 | 1.55 | 0.20 | 0.25 | 0.25 | −25 | 39 | I |
| | 克拉玛依市 | 427.3 | 0.65 | 0.90 | 1.00 | 0.20 | 0.30 | 0.35 | −27 | 38 | I |
| | 伊宁市 | 662.5 | 0.40 | 0.60 | 0.70 | 0.70 | 1.00 | 1.15 | −23 | 35 | I |
| | 昭苏 | 1 851.0 | 0.25 | 0.40 | 0.45 | 0.55 | 0.75 | 0.85 | −23 | 26 | I |
| | 达坂城 | 1 103.5 | 0.55 | 0.80 | 0.90 | 0.15 | 0.20 | 0.20 | −21 | 32 | I |
| | 巴音布鲁克 | 2 458.0 | 0.25 | 0.35 | 0.40 | 0.45 | 0.65 | 0.75 | −40 | 22 | I |
| | 吐鲁番市 | 34.5 | 0.50 | 0.85 | 1.00 | 0.15 | 0.20 | 0.25 | −20 | 44 | II |
| | 阿克苏市 | 1 103.8 | 0.30 | 0.45 | 0.50 | 0.15 | 0.25 | 0.30 | −20 | 36 | II |
| | 库车 | 1 099.0 | 0.35 | 0.50 | 0.60 | 0.15 | 0.25 | 0.30 | −19 | 36 | II |
| | 库尔勒市 | 931.5 | 0.30 | 0.45 | 0.50 | 0.15 | 0.25 | 0.30 | −18 | 37 | II |
| | 乌恰 | 2 175.7 | 0.25 | 0.35 | 0.40 | 0.35 | 0.50 | 0.60 | −20 | 31 | II |
| | 喀什市 | 1 288.7 | 0.35 | 0.55 | 0.65 | 0.30 | 0.45 | 0.50 | −17 | 36 | II |
| | 阿合奇 | 1 984.9 | 0.25 | 0.35 | 0.40 | 0.25 | 0.35 | 0.40 | −21 | 31 | II |
| | 皮山 | 1 375.4 | 0.20 | 0.30 | 0.35 | 0.15 | 0.20 | 0.25 | −18 | 37 | II |
| | 和田 | 1 374.6 | 0.25 | 0.40 | 0.45 | 0.10 | 0.20 | 0.25 | −15 | 37 | II |
| | 民丰 | 1 409.3 | 0.20 | 0.30 | 0.35 | 0.10 | 0.15 | 0.15 | −19 | 37 | II |
| | 民丰县安的河 | 1 262.8 | 0.20 | 0.30 | 0.35 | 0.05 | 0.05 | 0.05 | −23 | 39 | II |
| | 于田 | 1 422.0 | 0.20 | 0.30 | 0.35 | 0.10 | 0.15 | 0.15 | −17 | 36 | II |
| | 哈密 | 737.2 | 0.40 | 0.60 | 0.70 | 0.15 | 0.20 | 0.25 | −23 | 38 | II |
| | 哈巴河 | 532.6 | — | — | — | 0.55 | 0.75 | 0.85 | −26 | 33.6 | I |
| | 吉木乃 | 984.1 | — | — | — | 0.70 | 1.00 | 0.15 | −24 | 31 | I |
| | 福海 | 500.9 | — | — | — | 0.30 | 0.45 | 0.50 | −31 | 34 | I |
| | 富蕴 | 807.5 | — | — | — | 0.65 | 0.95 | 1.05 | −33 | 34 | I |

续表

| 省市名称 | 城市名 | 海拔高度/m | 风压/(kN/m²) | | | 雪压/(kN/m²) | | | 基本气温/℃ | | 雪荷载准永久值系数分区 |
|---|---|---|---|---|---|---|---|---|---|---|---|
| | | | R=10 | R=50 | R=100 | R=10 | R=50 | R=100 | 最低 | 最高 | |
| 新疆 | 塔城 | 534.9 | — | — | — | 0.95 | 1.35 | 1.55 | −23 | 35 | I |
| | 和布克赛尔 | 1 291.6 | — | — | — | 0.25 | 0.40 | 0.45 | −23 | 30 | I |
| | 青河 | 1 218.2 | — | — | — | 0.55 | 0.80 | 0.90 | −35 | 31 | I |
| | 托里 | 1 077.8 | — | — | — | 0.55 | 0.75 | 0.85 | −24 | 32 | I |
| | 北塔山 | 1 653.7 | — | — | — | 0.55 | 0.65 | 0.70 | −25 | 28 | I |
| | 温泉 | 1 354.6 | — | — | — | 0.35 | 0.45 | 0.50 | −25 | 30 | I |
| | 精河 | 320.1 | — | — | — | 0.20 | 0.30 | 0.35 | −27 | 38 | I |
| | 乌苏 | 478.7 | — | — | — | 0.40 | 0.55 | 0.60 | −26 | 37 | I |
| | 石河子 | 442.9 | — | — | — | 0.50 | 0.70 | 0.80 | −28 | 37 | I |
| | 蔡家湖 | 440.5 | — | — | — | 0.40 | 0.50 | 0.55 | −32 | 38 | I |
| | 奇台 | 793.5 | — | — | — | 0.55 | 0.75 | 0.85 | −31 | 34 | I |
| | 巴仑台 | 1 752.5 | — | — | — | 0.20 | 0.30 | 0.35 | −20 | 30 | II |
| | 七角井 | | — | — | — | 0.20 | 0.30 | 0.35 | −23 | 38 | II |
| | 库米什 | 922.4 | — | — | — | 0.05 | 0.10 | 0.10 | −25 | 38 | II |
| | 焉耆 | 1 055.8 | — | — | — | 0.15 | 0.20 | 0.25 | −24 | 35 | II |
| | 拜城 | 1 229.2 | — | — | — | 0.20 | 0.30 | 0.35 | −26 | 34 | II |
| | 轮台 | 976.1 | — | — | — | 0.15 | 0.25 | 0.30 | −19 | 38 | II |
| | 吐尔格特 | 3 504.4 | — | — | — | 0.35 | 0.50 | 0.55 | −27 | 18 | II |
| | 巴楚 | 1 116.5 | — | — | — | 0.10 | 0.15 | 0.20 | −19 | 38 | II |
| | 柯坪 | 1 161.8 | — | — | — | 0.05 | 0.10 | 0.15 | −20 | 37 | II |
| | 阿拉尔 | 1 012.2 | — | — | — | 0.05 | 0.10 | 0.10 | −20 | 36 | II |
| | 铁干里克 | 846.0 | — | — | — | 0.10 | 0.15 | 0.15 | −20 | 39 | II |
| | 若羌 | 888.3 | — | — | — | 0.10 | 0.15 | 0.20 | −18 | 40 | II |
| | 塔吉克 | 3 090.9 | — | — | — | 0.15 | 0.25 | 0.30 | −28 | 28 | II |
| | 莎车 | 1 231.2 | — | — | — | 0.15 | 0.20 | 0.25 | −17 | 37 | II |
| | 且末 | 1 247.5 | — | — | — | 0.10 | 0.15 | 0.20 | −20 | 37 | II |
| | 红柳河 | 1 700.0 | — | — | — | 0.10 | 0.15 | 0.15 | −25 | 35 | II |
| 河南 | 郑州市 | 110.4 | 0.30 | 0.45 | 0.50 | 0.25 | 0.40 | 0.45 | −8 | 36 | II |
| | 安阳市 | 75.5 | 0.25 | 0.45 | 0.55 | 0.25 | 0.40 | 0.45 | −8 | 36 | II |
| | 新乡市 | 72.7 | 0.30 | 0.40 | 0.45 | 0.20 | 0.30 | 0.35 | −8 | 36 | II |
| | 三门峡市 | 410.1 | 0.25 | 0.40 | 0.45 | 0.15 | 0.20 | 0.25 | −8 | 36 | II |
| | 卢氏 | 568.8 | 0.20 | 0.30 | 0.35 | 0.20 | 0.30 | 0.35 | −10 | 35 | II |
| | 孟津 | 323.3 | 0.30 | 0.45 | 0.50 | 0.30 | 0.40 | 0.50 | −8 | 35 | II |
| | 洛阳市 | 137.1 | 0.25 | 0.40 | 0.45 | 0.25 | 0.35 | 0.40 | −6 | 36 | II |
| | 栾川 | 750.1 | 0.20 | 0.30 | 0.35 | 0.25 | 0.40 | 0.45 | −9 | 34 | II |

| 省市名称 | 城市名 | 海拔高度/m | 风压/(kN/m²) | | | 雪压/(kN/m²) | | | 基本气温/℃ | | 雪荷载准永久值系数分区 |
|---|---|---|---|---|---|---|---|---|---|---|---|
| | | | R=10 | R=50 | R=100 | R=10 | R=50 | R=100 | 最低 | 最高 | |
| 河南 | 许昌市 | 66.8 | 0.30 | 0.40 | 0.45 | 0.25 | 0.40 | 0.45 | -8 | 36 | Ⅱ |
| | 开封市 | 72.5 | 0.30 | 0.45 | 0.50 | 0.20 | 0.30 | 0.35 | -8 | 36 | Ⅱ |
| | 西峡 | 250.3 | 0.25 | 0.35 | 0.40 | 0.20 | 0.30 | 0.35 | -6 | 36 | Ⅱ |
| | 南阳市 | 129.2 | 0.25 | 0.35 | 0.40 | 0.30 | 0.45 | 0.50 | -7 | 36 | Ⅱ |
| | 宝丰 | 136.4 | 0.25 | 0.35 | 0.40 | 0.20 | 0.30 | 0.35 | -8 | 36 | Ⅱ |
| | 西华 | 52.6 | 0.25 | 0.45 | 0.55 | 0.45 | 0.45 | 0.50 | -8 | 37 | Ⅱ |
| | 驻马店市 | 82.7 | 0.25 | 0.40 | 0.45 | 0.45 | 0.45 | 0.50 | -8 | 36 | Ⅱ |
| | 信阳市 | 114.5 | 0.25 | 0.35 | 0.55 | 0.65 | 0.55 | 0.65 | -6 | 36 | Ⅱ |
| | 商丘市 | 50.1 | 0.20 | 0.35 | 0.45 | 0.45 | 0.45 | 0.50 | -8 | 36 | Ⅱ |
| | 固始 | 57.1 | 0.20 | 0.35 | 0.40 | 0.35 | 0.50 | 0.60 | -6 | 36 | Ⅱ |
| 湖北 | 武汉市 | 23.3 | 0.25 | 0.35 | 0.40 | 0.30 | 0.50 | 0.60 | -5 | 37 | Ⅱ |
| | 郧县 | 201.9 | 0.20 | 0.30 | 0.35 | 0.20 | 0.30 | 0.35 | -3 | 37 | Ⅱ |
| | 房县 | 434.4 | 0.20 | 0.30 | 0.35 | 0.20 | 0.30 | 0.35 | -7 | 35 | Ⅲ |
| | 老河口市 | 90.0 | 0.20 | 0.30 | 0.35 | 0.25 | 0.35 | 0.40 | -6 | 36 | Ⅱ |
| | 枣阳市 | 125.5 | 0.25 | 0.40 | 0.45 | 0.25 | 0.40 | 0.45 | -6 | 36 | Ⅱ |
| | 巴东 | 294.5 | 0.15 | 0.30 | 0.35 | 0.15 | 0.20 | 0.25 | -2 | 38 | Ⅲ |
| | 钟祥 | 65.8 | 0.20 | 0.35 | 0.25 | 0.25 | 0.35 | 0.40 | -4 | 36 | Ⅱ |
| | 麻城市 | 59.3 | 0.20 | 0.30 | 0.35 | 0.45 | 0.35 | 0.55 | -4 | 37 | Ⅱ |
| | 恩施市 | 457.1 | 0.20 | 0.30 | 0.35 | 0.15 | 0.20 | 0.25 | -2 | 36 | Ⅲ |
| | 巴东县绿葱坡 | 1 819.3 | 0.30 | 0.35 | 0.40 | 0.55 | 0.75 | 0.85 | -10 | 26 | Ⅲ |
| | 五峰县 | 908.4 | 0.20 | 0.30 | 0.35 | 0.25 | 0.35 | 0.40 | -5 | 34 | Ⅲ |
| | 宜昌市 | 133.1 | 0.20 | 0.30 | 0.35 | 0.20 | 0.30 | 0.35 | -3 | 37 | Ⅲ |
| | 江陵县荆州 | 32.6 | 0.20 | 0.30 | 0.35 | 0.25 | 0.40 | 0.45 | -4 | 36 | Ⅱ |
| | 天门市 | 34.1 | 0.20 | 0.30 | 0.35 | 0.25 | 0.35 | 0.45 | -5 | 36 | Ⅱ |
| | 来凤 | 459.5 | 0.20 | 0.30 | 0.35 | 0.15 | 0.20 | 0.25 | -3 | 35 | Ⅲ |
| | 嘉鱼 | 36.0 | 0.20 | 0.35 | 0.45 | 0.25 | 0.35 | 0.40 | -3 | 37 | Ⅲ |
| | 英山 | 123.8 | 0.20 | 0.30 | 0.35 | 0.25 | 0.40 | 0.45 | -5 | 37 | Ⅲ |
| | 黄石市 | 19.6 | 0.25 | 0.35 | 0.40 | 0.25 | 0.35 | 0.40 | -3 | 38 | Ⅲ |
| 湖南 | 长沙市 | 44.9 | 0.25 | 0.35 | 0.40 | 0.30 | 0.45 | 0.50 | -3 | 38 | Ⅲ |
| | 桑植 | 322.2 | 0.20 | 0.30 | 0.35 | 0.25 | 0.35 | 0.40 | -3 | 36 | Ⅲ |
| | 石门 | 116.9 | 0.25 | 0.30 | 0.35 | 0.25 | 0.35 | 0.40 | -3 | 36 | Ⅲ |
| | 南县 | 36.0 | 0.25 | 0.40 | 0.50 | 0.30 | 0.45 | 0.50 | -3 | 36 | Ⅲ |
| | 岳阳市 | 53.0 | 0.25 | 0.40 | 0.50 | 0.35 | 0.55 | 0.65 | -2 | 36 | Ⅲ |
| | 吉首市 | 206.6 | 0.20 | 0.30 | 0.35 | 0.55 | 0.30 | 0.35 | -2 | 36 | Ⅲ |

续表

| 省市名称 | 城市名 | 海拔高度/m | 风压/(kN/m²) | | | 雪压/(kN/m²) | | | 基本气温/℃ | | 雪荷载准永久值系数分区 |
|---|---|---|---|---|---|---|---|---|---|---|---|
| | | | $R=10$ | $R=50$ | $R=100$ | $R=10$ | $R=50$ | $R=100$ | 最低 | 最高 | |
| 湖南 | 沅陵 | 151.6 | 0.20 | 0.30 | 0.35 | 0.20 | 0.35 | 0.40 | −3 | 37 | Ⅲ |
| | 常德市 | 35.0 | 0.25 | 0.40 | 0.50 | 0.30 | 0.50 | 0.60 | −3 | 36 | Ⅱ |
| | 安化 | 128.3 | 0.20 | 0.30 | 0.35 | 0.30 | 0.45 | 0.50 | −3 | 38 | Ⅱ |
| | 沅江市 | 36.0 | 0.25 | 0.40 | 0.45 | 0.35 | 0.55 | 0.65 | −3 | 37 | Ⅲ |
| | 平江 | 106.3 | 0.20 | 0.30 | 0.35 | 0.25 | 0.40 | 0.45 | −4 | 37 | Ⅲ |
| | 芷江 | 272.2 | 0.20 | 0.30 | 0.35 | 0.25 | 0.35 | 0.45 | −3 | 36 | Ⅲ |
| | 雪峰山 | 1 404.9 | — | — | — | 0.50 | 0.75 | 0.85 | −8 | 27 | Ⅱ |
| | 邵阳市 | 248.6 | 0.20 | 0.30 | 0.20 | 0.30 | 0.30 | 0.35 | −3 | 37 | Ⅲ |
| | 双峰 | 100.0 | 0.20 | 0.30 | 0.35 | 0.25 | 0.40 | 0.45 | −4 | 38 | Ⅲ |
| | 南岳 | 1 265.9 | 0.60 | 0.75 | 0.85 | 0.45 | 0.65 | 0.75 | −8 | 28 | Ⅲ |
| | 通道 | 341.0 | 0.20 | 0.30 | 0.35 | 0.15 | 0.25 | 0.30 | −3 | 35 | Ⅲ |
| | 武岗 | 341.0 | 0.20 | 0.30 | 0.35 | 0.15 | 0.30 | 0.35 | −3 | 36 | Ⅲ |
| | 零陵 | 172.6 | 0.25 | 0.40 | 0.45 | 0.15 | 0.25 | 0.30 | −2 | 37 | Ⅲ |
| | 衡阳市 | 103.2 | 0.25 | 0.40 | 0.45 | 0.20 | 0.35 | 0.40 | −2 | 38 | Ⅲ |
| | 道县 | 192.2 | 0.25 | 0.35 | 0.40 | 0.45 | 0.20 | 0.25 | −1 | 37 | Ⅲ |
| | 郴州市 | 184.9 | 0.20 | 0.30 | 0.35 | 0.20 | 0.30 | 0.35 | −2 | 38 | Ⅲ |
| 广东 | 广州市 | 6.6 | 0.30 | 0.50 | 0.60 | — | — | — | 6 | 36 | — |
| | 南雄 | 133.8 | 0.20 | 0.30 | 0.35 | — | — | — | 1 | 37 | — |
| | 连县 | 97.6 | 0.20 | 0.30 | 0.35 | — | — | — | 2 | 37 | — |
| | 韶关 | 69.3 | 0.20 | 0.35 | 0.45 | — | — | — | 2 | 37 | — |
| | 佛岗 | 67.8 | 0.20 | 0.30 | 0.35 | — | — | — | 4 | 36 | — |
| | 连平 | 214.5 | 0.20 | 0.30 | 0.35 | — | — | — | 2 | 36 | — |
| | 梅县 | 87.8 | 0.20 | 0.30 | 0.35 | — | — | — | 4 | 37 | — |
| | 广宁 | 56.8 | 0.20 | 0.30 | 0.35 | — | — | — | 4 | 36 | — |
| | 高要 | 7.1 | 0.30 | 0.50 | 0.60 | — | — | — | 6 | 36 | — |
| | 河源 | 40.6 | 0.20 | 0.30 | 0.35 | — | — | — | 5 | 36 | — |
| | 惠阳 | 22.4 | 0.35 | 0.55 | 0.60 | — | — | — | 6 | 36 | — |
| | 五华 | 120.9 | 0.20 | 0.30 | 0.35 | — | — | — | 4 | 36 | — |
| | 汕头市 | 1.1 | 0.50 | 0.80 | 0.95 | — | — | — | 6 | 35 | — |
| | 惠来 | 12.9 | 0.45 | 0.75 | 0.90 | — | — | — | 7 | 35 | — |
| | 南澳 | 7.2 | 0.50 | 0.80 | 0.95 | — | — | — | 9 | 32 | — |
| | 信宜 | 84.6 | 0.35 | 0.60 | 0.70 | — | — | — | 7 | 36 | — |
| | 罗定 | 53.3 | 0.20 | 0.30 | 0.35 | — | — | — | 6 | 37 | — |
| | 台山 | 32.7 | 0.35 | 0.55 | 0.65 | — | — | — | 6 | 35 | — |
| | 深圳市 | 18.2 | 0.45 | 0.75 | 0.90 | — | — | — | 8 | 35 | — |

| 省市名称 | 城市名 | 海拔高度/m | 风压/(kN/m²) | | | 雪压/(kN/m²) | | | 基本气温/℃ | | 雪荷载准永久值系数分区 |
|---|---|---|---|---|---|---|---|---|---|---|---|
| | | | R=10 | R=50 | R=100 | R=10 | R=50 | R=100 | 最低 | 最高 | |
| 广东 | 汕尾 | 4.6 | 0.50 | 0.85 | 1.00 | — | — | — | 7 | 34 | |
| | 湛江市 | 25.3 | 0.50 | 0.85 | 0.95 | — | — | — | 9 | 36 | |
| | 阳江 | 23.3 | 0.45 | 0.70 | 0.80 | — | — | — | 7 | 35 | — |
| | 电白 | 11.8 | 0.45 | 0.70 | 0.80 | — | — | — | 8 | 35 | |
| | 台山县上川岛 | 21.5 | 0.75 | 1.05 | 1.20 | — | — | — | 8 | 35 | |
| | 徐闻 | 67.9 | 0.45 | 0.75 | 0.90 | — | — | — | 10 | 36 | |
| 广西 | 南宁市 | 73.1 | 0.25 | 0.35 | 0.40 | — | — | — | 6 | 36 | |
| | 桂林市 | 164.4 | 0.20 | 0.30 | 0.35 | — | — | — | 1 | 36 | |
| | 柳州市 | 96.8 | 0.20 | 0.30 | 0.35 | — | — | — | 3 | 36 | |
| | 蒙山 | 145.7 | 0.20 | 0.30 | 0.35 | — | — | — | 2 | 36 | |
| | 贺山 | 108.8 | 0.20 | 0.30 | 0.35 | — | — | — | 2 | 36 | |
| | 百色市 | 173.5 | 0.25 | 0.45 | 0.55 | — | — | — | 5 | 37 | |
| | 靖西 | 739.4 | 0.20 | 0.30 | 0.35 | — | — | — | 4 | 32 | |
| | 桂平 | 42.5 | 0.20 | 0.30 | 0.35 | — | — | — | 5 | 36 | |
| | 梧州市 | 114.8 | 0.20 | 0.30 | 0.35 | — | — | — | 4 | 36 | |
| | 龙州 | 128.8 | 0.20 | 0.30 | 0.35 | — | — | — | 7 | 36 | |
| | 灵山 | 66.0 | 0.20 | 0.30 | 0.35 | — | — | — | 5 | 35 | |
| | 玉林 | 81.8 | 0.20 | 0.30 | 0.35 | — | — | — | 5 | 36 | |
| | 东兴 | 18.2 | 0.45 | 0.75 | 0.90 | — | — | — | 8 | 34 | |
| | 北海市 | 15.3 | 0.45 | 0.75 | 0.90 | — | — | — | 7 | 35 | |
| | 涠洲岛 | 55.2 | 0.70 | 1.00 | 1.15 | — | — | — | 9 | 34 | |
| 海南 | 海口市 | 14.1 | 0.45 | 0.75 | 0.90 | — | — | — | 10 | 37 | |
| | 东方 | 8.4 | 0.55 | 0.85 | 1.00 | — | — | — | 10 | 37 | |
| | 儋县 | 168.7 | 0.40 | 0.70 | 0.85 | — | — | — | 9 | 37 | |
| | 琼中 | 250.9 | 0.30 | 0.45 | 0.55 | — | — | — | 8 | 36 | |
| | 琼海 | 24.0 | 0.50 | 0.85 | 1.05 | — | — | — | 10 | 37 | |
| | 三亚市 | 5.5 | 0.50 | 0.85 | 1.05 | — | — | — | 14 | 36 | |
| | 陵水 | 13.9 | 0.50 | 0.85 | 1.05 | — | — | — | 12 | 36 | |
| | 西沙岛 | 4.7 | 1.05 | 1.80 | 2.20 | — | — | — | 18 | 35 | |
| | 珊瑚岛 | 4.0 | 0.70 | 1.10 | 1.30 | — | — | — | 16 | 36 | |
| 四川 | 成都市 | 506.1 | 0.20 | 0.30 | 0.35 | 0.10 | 0.10 | 0.15 | −1 | 34 | III |
| | 石渠 | 4 200.0 | 0.25 | 0.30 | 0.35 | 0.30 | 0.45 | 0.50 | −28 | 19 | II |
| | 若尔盖 | 3 439.6 | 0.25 | 0.30 | 0.35 | 0.30 | 0.40 | 0.45 | −24 | 21 | II |
| | 甘孜 | 3 393.5 | 0.35 | 0.45 | 0.50 | 0.25 | 0.40 | 0.45 | −17 | 25 | II |
| | 都江堰市 | 706.7 | 0.20 | 0.35 | 0.35 | 0.15 | 0.25 | 0.30 | — | — | III |

续表

| 省市名称 | 城市名 | 海拔高度/m | 风压/(kN/m²) | | | 雪压/(kN/m²) | | | 基本气温/℃ | | 雪荷载准永久值系数分区 |
|---|---|---|---|---|---|---|---|---|---|---|---|
| | | | R=10 | R=50 | R=100 | R=10 | R=50 | R=100 | 最低 | 最高 | |
| 四川 | 绵阳市 | 470.8 | 0.20 | 0.30 | 0.35 | — | — | — | −3 | 35 | — |
| | 雅安市 | 627.6 | 0.20 | 0.30 | 0.35 | 0.10 | 0.20 | 0.20 | 0 | 34 | Ⅲ |
| | 资阳 | 357.0 | 0.20 | 0.30 | 0.35 | — | — | — | 1 | 33 | — |
| | 康定 | 2 615.7 | 0.30 | 0.35 | 0.40 | 0.30 | 0.50 | 0.55 | −10 | 23 | Ⅱ |
| | 汉源 | 795.9 | 0.20 | 0.30 | 0.35 | — | — | — | 2 | 24 | — |
| | 九龙 | 2 987.3 | 0.20 | 0.30 | 0.35 | 0.15 | 0.20 | 0.20 | −10 | 25 | Ⅲ |
| | 越西 | 1 659.0 | 0.25 | 0.30 | 0.35 | 0.15 | 0.20 | 0.20 | −4 | 31 | Ⅲ |
| | 昭觉 | 2 132.4 | 0.25 | 0.30 | 0.35 | 0.25 | 0.35 | 0.40 | −6 | 28 | Ⅲ |
| | 雷波 | 1 474.9 | 0.20 | 0.30 | 0.35 | 0.20 | 0.30 | 0.35 | −4 | 29 | Ⅲ |
| | 宜宾市 | 340.8 | 0.20 | 0.30 | 0.35 | — | — | — | 2 | 35 | — |
| | 盐源 | 2 545.0 | 0.20 | 0.30 | 0.35 | 0.20 | 0.30 | 0.35 | −6 | 27 | Ⅲ |
| | 西昌市 | 1 590.9 | 0.20 | 0.30 | 0.35 | 0.20 | 0.30 | 0.35 | −1 | 32 | Ⅲ |
| | 会理 | 1 787.1 | 0.20 | 0.30 | 0.35 | — | — | — | −4 | 30 | — |
| | 万源 | 674.0 | 0.20 | 0.30 | 0.35 | 0.50 | 0.10 | 0.15 | −3 | 35 | Ⅲ |
| | 阆中 | 382.6 | 0.20 | 0.30 | 0.35 | — | — | — | −1 | 36 | — |
| | 巴中 | 358.9 | 0.20 | 0.30 | 0.35 | — | — | — | −1 | 36 | — |
| | 达县市 | 310.4 | 0.20 | 0.35 | 0.45 | — | — | — | 0 | 37 | — |
| | 遂宁市 | 278.2 | 0.20 | 0.30 | 0.35 | — | — | — | 0 | 36 | — |
| | 南充市 | 309.3 | 0.20 | 0.30 | 0.35 | — | — | — | 0 | 36 | — |
| | 内江市 | 347.1 | 0.25 | 0.40 | 0.50 | — | — | — | 0 | 36 | — |
| | 泸州市 | 334.8 | 0.20 | 0.30 | 0.35 | — | — | — | 1 | 36 | — |
| | 叙永 | 377.5 | 0.20 | 0.30 | 0.35 | — | — | — | 1 | 36 | — |
| | 德格 | 3 201.2 | | | | 0.15 | 0.20 | 0.25 | −15 | 26 | Ⅲ |
| | 色达 | 3 893.9 | — | — | — | 0.30 | 0.40 | 0.45 | −24 | 21 | Ⅲ |
| | 道孚 | 2 957.2 | | | | 0.15 | 0.20 | 0.25 | −16 | 28 | Ⅲ |
| | 阿坝 | 3 275.1 | — | — | — | 0.25 | 0.40 | 0.45 | −19 | 22 | Ⅲ |
| | 马尔康 | 2 664.4 | | | | 0.15 | 0.25 | 0.30 | −12 | 29 | Ⅲ |
| | 红原 | 3 491.6 | — | — | — | 0.25 | 0.40 | 0.45 | −26 | 22 | Ⅱ |
| | 小金 | 2 369.2 | | | | 0.10 | 0.15 | 0.15 | −8 | 31 | Ⅱ |
| | 松潘 | 2 850.7 | — | — | — | 0.20 | 0.30 | 0.35 | −16 | 26 | Ⅱ |
| | 新龙 | 3 000.0 | | | | 0.10 | 0.15 | 0.15 | −16 | 27 | Ⅱ |
| | 理塘 | 3 948.9 | — | — | — | 0.35 | 0.50 | 0.60 | −19 | 21 | Ⅱ |
| | 稻城 | 3 727.7 | — | — | — | 0.20 | 0.30 | 0.35 | −19 | 23 | Ⅲ |
| | 峨眉山 | 3 047.4 | — | — | — | 0.40 | 0.50 | 0.55 | −15 | 19 | Ⅱ |

| 省市名称 | 城市名 | 海拔高度/m | 风压/(kN/m²) | | | 雪压/(kN/m²) | | | 基本气温/℃ | | 雪荷载准永久值系数分区 |
|---|---|---|---|---|---|---|---|---|---|---|---|
| | | | R=10 | R=50 | R=100 | R=10 | R=50 | R=100 | 最低 | 最高 | |
| 贵州 | 贵阳市 | 1 074.3 | 0.20 | 0.30 | 0.35 | 0.10 | 0.20 | 0.25 | −3 | 32 | Ⅲ |
| | 威宁 | 2 237.5 | 0.25 | 0.35 | 0.40 | 0.25 | 0.35 | 0.40 | −6 | 26 | Ⅲ |
| | 盘县 | 151.2 | 0.25 | 0.35 | 0.40 | 0.25 | 0.35 | 0.45 | −3 | 30 | Ⅲ |
| | 桐梓 | 972.0 | 0.20 | 0.30 | 0.35 | 0.10 | 0.15 | 0.20 | −4 | 33 | Ⅲ |
| | 习水 | 1 180.2 | 0.20 | 0.30 | 0.35 | 0.15 | 0.20 | 0.25 | −5 | 31 | Ⅲ |
| | 毕节 | 1 510.6 | 0.20 | 0.30 | 0.35 | 0.15 | 0.25 | 0.30 | −4 | 30 | Ⅲ |
| | 遵义市 | 843.9 | 0.20 | 0.30 | 0.35 | 0.10 | 0.15 | 0.20 | −2 | 34 | Ⅲ |
| | 湄潭 | 791.8 | — | — | — | 0.15 | 0.20 | 0.25 | −3 | 34 | Ⅲ |
| | 思南 | 416.3 | 0.20 | 0.30 | 0.35 | 0.10 | 0.20 | 0.25 | −1 | 36 | Ⅲ |
| | 铜仁 | 279.7 | 0.20 | 0.30 | 0.35 | 0.20 | 0.30 | 0.35 | −2 | 37 | Ⅲ |
| | 黔西 | 1 251.8 | — | — | — | 0.15 | 0.20 | 0.25 | −4 | 32 | Ⅲ |
| | 安顺市 | 1 392.9 | 0.20 | 0.30 | 0.35 | 0.20 | 0.30 | 0.35 | −3 | 30 | Ⅲ |
| | 凯里市 | 720.3 | 0.20 | 0.30 | 0.35 | 0.15 | 0.20 | 0.25 | −3 | 34 | Ⅲ |
| | 三穗 | 610.5 | — | — | — | 0.20 | 0.30 | 0.35 | −4 | 34 | Ⅲ |
| | 兴仁 | 1 378.5 | 0.20 | 0.30 | 0.35 | 0.20 | 0.35 | 0.40 | −2 | 30 | Ⅲ |
| | 罗甸 | 440.3 | 0.20 | 0.30 | 0.35 | — | — | — | 1 | 37 | — |
| | 独山 | 1 013.3 | — | — | — | 0.20 | 0.30 | 0.35 | −3 | 32 | Ⅲ |
| | 榕江 | 285.7 | — | — | — | 0.10 | 0.15 | 0.20 | −1 | 37 | Ⅲ |
| 云南 | 昆明市 | 1 891.4 | 0.20 | 0.30 | 0.35 | 0.20 | 0.30 | 0.35 | −1 | 28 | Ⅲ |
| | 德钦 | 3 485.0 | 0.25 | 0.35 | 0.40 | 0.60 | 0.90 | 1.05 | −12 | 22 | Ⅱ |
| | 贡山 | 1 591.3 | 0.20 | 0.30 | 0.35 | 0.50 | 0.85 | 1.00 | −3 | 30 | Ⅱ |
| | 中甸 | 3 276.1 | 0.20 | 0.30 | 0.35 | 0.50 | 0.80 | 0.90 | −15 | 22 | Ⅱ |
| | 维西 | 2 325.6 | 0.20 | 0.30 | 0.35 | 0.40 | 0.55 | 0.65 | −6 | 28 | Ⅲ |
| | 昭通市 | 1 949.5 | 0.25 | 0.35 | 0.40 | 0.15 | 0.25 | 0.30 | −6 | 28 | Ⅲ |
| | 丽江 | 2 393.2 | 0.25 | 0.30 | 0.35 | 0.20 | 0.30 | 0.35 | −5 | 27 | Ⅲ |
| | 华坪 | 1 244.8 | 0.25 | 0.35 | 0.40 | — | — | — | −1 | 35 | — |
| | 会泽 | 2 109.5 | 0.25 | 0.35 | 0.40 | 0.25 | 0.35 | 0.40 | −4 | 26 | Ⅲ |
| | 腾冲 | 1 654.6 | 0.20 | 0.30 | 0.35 | — | — | — | −3 | 27 | — |
| | 泸水 | 1 804.9 | 0.20 | 0.30 | 0.35 | — | — | — | 1 | 26 | — |
| | 保山市 | 1 653.5 | 0.20 | 0.30 | 0.35 | — | — | — | −2 | 29 | — |
| | 大理市 | 1 990.5 | 0.45 | 0.65 | 0.75 | — | — | — | −2 | 28 | — |
| | 元谋 | 1 120.2 | 0.25 | 0.35 | 0.40 | — | — | — | 2 | 35 | — |
| | 楚雄市 | 1 772.0 | 0.20 | 0.30 | 0.40 | — | — | — | −2 | 29 | — |
| | 曲靖市沾益 | 1 898.7 | 0.25 | 0.30 | 0.35 | 0.25 | 0.40 | 0.45 | −1 | 28 | Ⅲ |
| | 瑞丽 | 776.6 | 0.20 | 0.30 | 0.35 | — | — | — | 3 | 32 | — |

续表

| 省市名称 | 城市名 | 海拔高度/m | 风压/(kN/m²) | | | 雪压/(kN/m²) | | | 基本气温/℃ | | 雪荷载准永久值系数分区 |
|---|---|---|---|---|---|---|---|---|---|---|---|
| | | | $R=10$ | $R=50$ | $R=100$ | $R=10$ | $R=50$ | $R=100$ | 最低 | 最高 | |
| 云南 | 景东 | 1 162.3 | 0.20 | 0.30 | 0.35 | — | — | — | 1 | 32 | — |
| | 玉溪 | 1 636.7 | 0.20 | 0.30 | 0.35 | — | — | — | −1 | 30 | — |
| | 宜良 | 1 532.1 | 0.25 | 0.40 | 0.50 | — | — | — | 1 | 28 | — |
| | 泸西 | 1 704.3 | 0.25 | 0.30 | 0.35 | — | — | — | −2 | 29 | — |
| | 孟定 | 511.4 | 0.25 | 0.40 | 0.45 | — | — | — | −5 | 32 | — |
| | 临沧 | 1 502.4 | 0.20 | 0.30 | 0.35 | — | — | — | 0 | 29 | — |
| | 澜沧 | 1 054.8 | 0.20 | 0.30 | 0.35 | — | — | — | 1 | 32 | — |
| | 景洪 | 552.7 | 0.20 | 0.40 | 0.50 | — | — | — | 7 | 35 | — |
| | 思茅 | 1 302.1 | 0.20 | 0.45 | 0.55 | — | — | — | 3 | 30 | — |
| | 元江 | 400.9 | 0.25 | 0.30 | 0.35 | — | — | — | 7 | 37 | — |
| | 勐腊 | 631.9 | 0.20 | 0.30 | 0.35 | — | — | — | 7 | 34 | — |
| | 江城 | 1 119.5 | 0.20 | 0.40 | 0.50 | — | — | — | 4 | 30 | — |
| | 蒙自 | 1 300.7 | 0.25 | 0.30 | 0.35 | — | — | — | 3 | 31 | — |
| | 屏边 | 1 414.1 | 0.20 | 0.30 | 0.35 | — | — | — | 2 | 28 | — |
| | 文山 | 1 271.6 | 0.20 | 0.30 | 0.35 | — | — | — | 3 | 31 | — |
| | 广南 | 1 249.6 | 0.25 | 0.35 | 0.40 | — | — | — | 0 | 31 | — |
| 西藏 | 拉萨市 | 3 658.0 | 0.20 | 0.30 | 0.35 | 0.10 | 0.15 | 0.15 | −13 | 27 | Ⅲ |
| | 班戈 | 4 700.0 | 0.35 | 0.55 | 0.65 | 0.20 | 0.25 | 0.30 | −22 | 18 | Ⅰ |
| | 安多 | 4 800.0 | 0.45 | 0.75 | 0.90 | 0.25 | 0.30 | 0.35 | −28 | 18 | Ⅰ |
| | 那曲 | 4 507.0 | 0.30 | 0.45 | 0.50 | 0.30 | 0.40 | 0.45 | −25 | 19 | Ⅰ |
| | 日喀则市 | 3 836.0 | 0.20 | 0.30 | 0.35 | 0.10 | 0.15 | 0.15 | −17 | 25 | Ⅲ |
| | 乃东县泽当 | 3 551.7 | 0.20 | 0.30 | 0.35 | 0.10 | 0.15 | 0.15 | −12 | 26 | Ⅲ |
| | 隆子 | 3 860.0 | 0.30 | 0.45 | 0.50 | 0.10 | 0.15 | 0.15 | −18 | 24 | Ⅲ |
| | 索县 | 4 022.8 | 0.25 | 0.40 | 0.45 | 0.20 | 0.25 | 0.30 | −23 | 22 | Ⅰ |
| | 昌都 | 3 306.0 | 0.20 | 0.30 | 0.35 | 0.15 | 0.20 | 0.20 | −15 | 27 | Ⅱ |
| | 林芝 | 3 000.0 | 0.25 | 0.35 | 0.40 | 0.10 | 0.15 | 0.15 | −9 | 25 | Ⅲ |
| | 葛尔 | 4 278.0 | — | — | — | 0.10 | 0.15 | 0.15 | −27 | 25 | Ⅰ |
| | 改则 | 4 414.9 | — | — | — | 0.20 | 0.30 | 0.35 | −29 | 23 | Ⅰ |
| | 普兰 | 3 900.0 | — | — | — | 0.50 | 0.70 | 0.80 | −21 | 25 | Ⅰ |
| | 申扎 | 4 672.0 | — | — | — | 0.15 | 0.20 | 0.20 | −22 | 19 | Ⅰ |
| | 当雄 | 4 200.0 | — | — | — | 0.25 | 0.35 | 0.40 | −23 | 21 | Ⅱ |
| | 尼木 | 3 809.4 | — | — | — | 0.15 | 0.20 | 0.25 | −17 | 26 | Ⅲ |
| | 聂拉木 | 3 810.0 | — | — | — | 1.85 | 2.90 | 3.35 | −13 | 18 | Ⅰ |
| | 定日 | 4 300.0 | — | — | — | 0.15 | 0.25 | 0.30 | −22 | 23 | Ⅱ |
| | 江孜 | 4 040.0 | — | — | — | 0.10 | 0.10 | 0.15 | −19 | 24 | Ⅲ |

| 省市名称 | 城市名 | 海拔高度/m | 风压/(kN/m²) | | | 雪压/(kN/m²) | | | 基本气温/℃ | | 雪荷载准永久值系数分区 |
| --- | --- | --- | --- | --- | --- | --- | --- | --- | --- | --- | --- |
| | | | R=10 | R=50 | R=100 | R=10 | R=50 | R=100 | 最低 | 最高 | |
| 西藏 | 错那 | 4 280.0 | — | — | — | 0.50 | 0.70 | 0.80 | −24 | 16 | Ⅲ |
| | 帕里 | 4 300.0 | — | — | — | 0.50 | 0.70 | 0.80 | −23 | 16 | Ⅱ |
| | 丁青 | 3 873.1 | — | — | — | 0.25 | 0.35 | 0.40 | −17 | 22 | Ⅱ |
| | 波密 | 2 736.0 | — | — | — | 0.25 | 0.35 | 0.40 | −9 | 27 | Ⅲ |
| | 察隅 | 2 327.6 | — | — | — | 0.35 | 0.55 | 0.65 | −4 | 29 | Ⅲ |
| 台湾 | 台北 | 8.0 | 0.40 | 0.70 | 0.85 | — | — | — | — | — | — |
| | 新竹 | 8.0 | 0.50 | 0.80 | 0.95 | — | — | — | — | — | — |
| | 宜兰 | 9.0 | 1.10 | 1.85 | 2.30 | — | — | — | — | — | — |
| | 台中 | 78.0 | 0.50 | 0.80 | 0.90 | — | — | — | — | — | — |
| | 花莲 | 14.0 | 0.40 | 0.70 | 0.85 | — | — | — | — | — | — |
| | 嘉义 | 20.0 | 0.50 | 0.80 | 0.95 | — | — | — | — | — | — |
| | 马公 | 22.0 | 0.85 | 1.30 | 1.55 | — | — | — | — | — | — |
| | 冈山 | 10.0 | 0.55 | 0.80 | 0.95 | — | — | — | — | — | — |
| | 台东 | 10.0 | 0.65 | 0.90 | 1.05 | — | — | — | — | — | — |
| | 恒春 | 24.0 | 0.70 | 1.05 | 1.20 | — | — | — | — | — | — |
| | 阿里山 | 2 406.0 | 0.25 | 0.35 | 0.40 | — | — | — | — | — | — |
| | 台南 | 14.0 | 0.60 | 0.85 | 1.00 | — | — | — | — | — | — |
| 香港 | 香港 | 50.0 | 0.80 | 0.90 | 0.95 | — | — | — | — | — | — |
| | 横澜岛 | 55.0 | 0.95 | 1.25 | 1.40 | — | — | — | — | — | — |
| 澳门 | 澳门 | 57.0 | 0.75 | 0.8 | 0.90 | — | — | — | — | — | — |

注：表中"—"表示该城市没有统计数据。

# 附录 C 《中国地震烈度表》
## GB/T 17742—2008

## 1 范围

本标准规定了地震烈度的评定指标,包括人的感觉、房屋震害程度、其他震害现象、水平向地震动参数。

本标准适用于地震烈度评定。

## 2 术语和定义

下列术语和定义适用于本标准。

### 2.1 地震烈度(seismic intensity)

地震引起的地面震动及其影响的强弱程度。

### 2.2 震害指数(damage index)

房屋震害程度的定量指标,以 0.00 到 1.00 之间的数字表示由轻到重的震害程度。

### 2.3 平均震害指数(mean damage index)

同类房屋震害指数的加权平均值,即各级震害的房屋所占的比率与其相应的震害指数的乘积之和。

## 3 等级和类别划分

### 3.1 地震烈度等级划分

地震烈度分为 12 等级,分别用罗马数字 Ⅰ、Ⅱ、Ⅲ、Ⅳ、Ⅴ、Ⅵ、Ⅶ、Ⅷ、Ⅸ、Ⅹ、Ⅺ和Ⅻ表示。

### 3.2 数量词的界定

数量词采用个别、少数、多数、大多数和绝大多数,其范围界定如下:

a)"个别"为 10% 以下;

b)"少数"为 10% ~45% ;

c)"多数"为 40% ~70% ;

d)"大多数"为 60% ~90% ;

e)"绝大多数"为 80% 以上。

### 3.3 评定烈度的房屋类型

用于评定烈度的房屋,包括以下三种类型。

a)A 类:木构架和土、石、砖墙建造的旧式房屋。

b)B 类:未经抗震设防的单层或多层砖砌体房屋。

c)C 类:按照Ⅶ度抗震设防的单层或多层砖砌体房屋。

### 3.4 房屋破坏等级及其对应的震害指数

房屋破坏等级分为基本完好、轻微破坏、中等破坏、严重破坏和毁坏五类,其定义和对应的震害指数 $d$ 如下。

a)基本完好:承重和非承重构件完好,或个别非承重构件轻微损坏,不加修理可继续使用。对应的震害指数范围为 $0.00 \leqslant d < 0.10$。

　　b)轻微破坏:个别承重构件出现可见裂缝,非承重构件有明显裂缝,不需要修理或稍加修理即可继续使用。对应的震害指数范围为 $0.10 \leqslant d < 0.30$。

　　c)中等破坏:多数承重构件出现轻微裂缝,部分有明显裂缝,个别非承重构件破坏严重,需要一般修理后可使用。对应的震害指数范围为 $0.30 \leqslant d < 0.55$。

　　d)严重破坏:多数承重构件破坏较严重,非承重构件局部倒塌,房屋修复困难。对应的震害指数范围为 $0.55 \leqslant d < 0.85$。

　　e)毁坏:多数承重构件严重破坏,房屋结构濒于崩溃或已倒毁,已无修复可能。对应的震害指数范围为 $0.85 \leqslant d < 1.00$。

## 4　地震烈度评定

　　4.1　按表 1 划分地震烈度等级。

　　4.2　评定地震烈度时,Ⅰ度~Ⅴ度应以地面上以及底层房屋中的人的感觉和其他震害现象为主;Ⅵ度~Ⅹ度应以房屋震害为主,参照其他震害现象,当用房屋震害程度与平均震害指数评定结果不同时,应以震害程度评定结果为主,并综合考虑不同类型房屋的平均震害指数;Ⅺ度和Ⅻ度应综合房屋震害和地表震害现象。

　　4.3　以下三种情况的地震烈度评定结果,应作适当调整:

　　a)当采用高楼上人的感觉和器物反应评定地震烈度时,适当降低评定值;

　　b)当采用低于或高于Ⅶ度抗震设计房屋的震害程度和平均震害指数评定地震烈度时,适当降低或提高评定值;

　　c)当采用建筑质量特别差或特别好房屋的震害程度和平均震害指数评定地震烈度时,适当降低或提高评定值。

　　4.4　当计算的平均震害指数值位于表 1 中地震烈度对应的平均震害指数重叠搭接区间时,可参照其他判别指标和震害现象综合判定地震烈度。

　　4.5　各类房屋平均震害指数 $D$ 可按式(1)计算:

$$D = \sum_{i=1}^{5} d_i \lambda_i \tag{1}$$

式中　$d_i$——房屋破坏等级为 $i$ 的震害指数;

　　　$l_i$——破坏等级为 $i$ 的房屋破坏比,用破坏面积与总面积之比或破坏栋数与总栋数之比表示。

　　4.6　农村可按自然村,城镇可按街区为单位进行地震烈度评定,面积以 $1\ km^2$ 为宜。

　　4.7　当有自由场地强震动记录时,水平向地震动峰值加速度和峰值速度可作为综合评定地震烈度的参考指标(括弧内给出的是变动范围)。

表 1　中国地震烈度表

| 烈度 | 人的感觉 | 房屋震害 | | | 其他震害现象 | 水平向地震动参数 | |
| --- | --- | --- | --- | --- | --- | --- | --- |
| | | 类型 | 震害程度 | 平均震害指数 | | 峰值加速度/(m/s²) | 峰值速度/(m/s) |
| Ⅰ | 无感 | — | — | — | — | — | — |
| Ⅱ | 室内个别静止中的人有感觉 | — | — | — | — | — | — |
| Ⅲ | 室内少数静止中的人有感觉 | — | 门、窗轻微作响 | — | 悬挂物微动 | — | — |

续表

| 烈度 | 人的感觉 | 房屋震害 | | | 其他震害现象 | 水平向地震动参数 | |
|---|---|---|---|---|---|---|---|
| | | 类型 | 震害程度 | 平均震害指数 | | 峰值加速度/（m/s²） | 峰值速度/（m/s） |
| IV | 室内多数人感觉；室外少数人感觉；少数人梦中惊醒 | — | 门、窗作响 | — | 悬挂物明显摆动，器皿作响 | — | — |
| V | 室内绝大多数、室外多数人有感觉；多数人梦中惊醒 | — | 门、窗、屋顶、屋架颤动作响，灰土掉落，个别房屋墙体抹灰出现细微裂缝，个别屋顶烟囱掉砖 | — | 悬挂物大幅度晃动，不稳定器物摇动或翻倒 | 0.31（0.22～0.44） | 0.03（0.02～0.04） |
| VI | 多数人站立不稳，少数人惊逃户外 | A | 少数中等破坏，多数轻微破坏和/或基本完好 | 0.00～0.11 | 家具和物品移动；河岸和松软土出现裂缝，饱和沙层出现喷砂冒水；个别独立砖烟囱轻度裂缝 | 0.63（0.45～0.89） | 0.06（0.05～0.09） |
| VI | | B | 个别中等破坏，少数轻微破坏，多数基本完好 | | | | |
| VI | | C | 个别轻微破坏，大多数基本完好 | 0.00～0.08 | | | |
| VII | 大多数人惊逃户外，骑自行车的人有感觉，行驶中的汽车驾乘人员有感觉 | A | 少数毁坏和/或严重破坏，多数中等破坏和/或轻微破坏 | 0.09～0.31 | 物体从架子上掉落；河岸出现塌方，饱和砂层常见喷砂冒水，松软土地裂缝较多；大多数独立砖烟囱中等破坏 | 1.25（0.90～1.77） | 0.13（0.10～0.18） |
| VII | | B | 少数中等破坏，多数轻微破坏和/或基本完好 | | | | |
| VII | | C | 少数中等和/或轻微破坏，多数基本完好 | 0.07～0.22 | | | |

| 烈度 | 人的感觉 | 房屋震害 | | | 其他震害现象 | 水平向地震动参数 | |
|---|---|---|---|---|---|---|---|
| | | 类型 | 震害程度 | 平均震害指数 | | 峰值加速度/ $(m/s^2)$ | 峰值速度/ $(m/s)$ |
| Ⅷ | 多数人摇晃颠簸,行走困难 | A | 少数毁坏,多数严重和/或中等破坏 | | 干硬土上亦出现裂缝,饱和砂层绝大多数喷砂冒水;大多数独立砖烟囱严重破坏 | 2.50 (1.78~3.53) | 0.25 (0.19~0.35) |
| | | B | 个别毁坏,少数严重破坏,多数中等和/或轻微破坏 | 0.29~0.51 | | | |
| | | C | 少数严重和/或中等破坏,多数轻微破坏 | 0.20~0.40 | | | |
| Ⅸ | 行动的人摔倒 | A | 多数严重破坏或和毁坏 | | 干硬土上多处出现裂缝,可见基岩裂缝、错动,滑坡、塌方常见;独立砖烟囱多数倒塌 | 5.00 (3.54~7.07) | 0.50 (0.36~0.71) |
| | | B | 少数毁坏,多数严重和/或中等破坏 | 0.49~0.71 | | | |
| | | C | 少数毁坏和/或严重破坏,多数中等和/或轻微破坏 | 0.38~0.60 | | | |
| Ⅹ | 骑自行车的人会摔倒;处于不稳状态的人会摔离原地;有抛起感 | A | 绝大多数毁坏 | 0.69~0.91 | 山崩和地震断裂出现,基岩上拱桥破坏;大多数独立砖烟囱从根部破坏或倒毁 | 10.00 (7.08~14.14) | 1.00 (0.72~1.41) |
| | | B | 大多数毁坏 | | | | |
| | | C | 多数毁坏和/或严重破坏 | 0.58~0.80 | | | |
| Ⅺ | | A | 绝大多数毁坏 | 0.89~1.00 | 地震断裂延续很长;大量山崩滑坡 | — | — |
| | | B | | | | | |
| | | C | | 0.78~1.00 | | | |
| Ⅻ | | A | 几乎全部毁坏 | 1.00 | 地面剧烈变化,山河改观 | — | — |
| | | B | | | | | |
| | | C | | | | | |

# 附录 D  随机变量的统计参数和概率分布

## D.1  随机变量的统计参数

已知随机变量 $X$ 的 $n$ 个试验值（或观测值）$x_i(i=1,2,3,\cdots,n)$，其样本平均值 $\mu$、标准差 $\sigma$、变异系数 $\delta$ 可按以下公式计算：

$$\mu = \frac{1}{n}\sum_{i=1}^{n} x_i \tag{D.1-1}$$

$$\sigma = \sqrt{\frac{1}{n-1}\sum_{i=1}^{n}(x_i-\mu)^2} \tag{D.1-2}$$

$$\delta = \frac{\sigma}{\mu} \tag{D.1-3}$$

## D.2  概率分布函数、密度函数及其数字特征

常用的概率分布函数 $F(x)$、密度函数 $f(x)$、数学期望 $E(X)$、方差 $D(X)$ 计算公式如下。

（1）正态分布：

$$F(x) = \frac{1}{\sigma\sqrt{2\pi}}\int_{-\infty}^{x} \exp\left[-\frac{1}{2}\left(\frac{x-\mu}{\sigma}\right)^2\right]\mathrm{d}x \tag{D.2-1a}$$

$$f(x) = \frac{1}{\sigma\sqrt{2\pi}}\exp\left[-\frac{1}{2}\left(\frac{x-\mu}{\sigma}\right)^2\right] \tag{D.2-1b}$$

$$E(X) = \mu \tag{D.2-1c}$$

$$D(X) = \sigma^2 \tag{D.2-1d}$$

式中  $\mu$、$\sigma$——$X$ 的平均值、标准差。

（2）对数正态分布：

$$F(x) = \frac{1}{\zeta\sqrt{2\pi}}\int_{0}^{x}\frac{1}{x}\exp\left[\frac{-(\ln x-\lambda)^2}{2\zeta^2}\right]\mathrm{d}x \tag{D.2-2a}$$

$$f(x) = \frac{1}{x\zeta\sqrt{2\pi}}\exp\left[\frac{-(\ln x-\lambda)^2}{2\zeta^2}\right] \tag{D.2-2b}$$

$$E(X) = e^{\lambda+\frac{\zeta^2}{2}} \tag{D.2-2c}$$

$$D(X) = (e^{\zeta^2}-1)\cdot e^{2\lambda+\zeta^2} \tag{D.2-2d}$$

式中  $\lambda$、$\zeta$——$\ln X$ 的平均值、标准差。

（3）极值 I 型分布：

$$F(x) = \exp\{-\exp[-\alpha(x-u)]\} \tag{D.2-3a}$$

$$f(x) = \alpha\cdot\exp[-\alpha(x-u)]\cdot\exp[-e^{-\alpha(x-u)}] \tag{D.2-3b}$$

$$\alpha = \frac{\pi}{\sqrt{6}\,\sigma} \tag{D.2-3c}$$

$$u = \mu - \frac{0.577\,22\cdots}{\alpha} \tag{D.2-3d}$$

$$E(X) = \mu \tag{D.2-3e}$$

$$D(X) = \sigma^2 \tag{D.2-3f}$$

## D.3 综合变量的分布参数

(1)综合变量 $Y$ 是独立随机变量 $X_i(i=1,2,\cdots,n)$ 的线性函数,可按下式计算:

$$Y = a_0 + \sum_{i=1}^{n} a_i \cdot X_i \tag{D.3-1a}$$

式中 $a_0$、$a_i(i=1,2,\cdots,n)$——常量。

综合变量 $Y$ 的分布参数如下。

平均值

$$\mu_Y = a_0 + \sum_{i=1}^{n} a_i \cdot \mu_{X_i} \tag{D.3-1b}$$

标准差

$$\sigma_Y = \sqrt{\sum_{i=1}^{n} (a_i \cdot \sigma_{X_i})^2} \tag{D.3-1c}$$

式中 $\mu_{X_i}$——随机自变量 $X_i(i=1,2,\cdots,n)$ 的平均值;

$\sigma_{X_i}$——随机自变量 $X_i(i=1,2,\cdots,n)$ 的标准差。

(2)综合变量 $Y$ 是独立随机变量 $X_i(i=1,2,\cdots,n)$ 的幂函数,可按下式计算:

$$Y = a_0 \prod_{i=1}^{n} X_i^{a_i} \tag{D.3-2a}$$

式中 $a_0$、$a_i(i=1,2,\cdots,n)$——常量。

若随机变量 $X_i(i=1,2,\cdots,n)$ 均符合对数正态分布,则综合变量 $X$ 的分布参数如下。

平均值

$$\mu_Y = a_0 \prod_{i=1}^{n} (\mu_{X_i})^{a_i} \tag{D.3-2b}$$

变异系数

$$\delta_Y = \sqrt{\sum_{i=1}^{n} (a_i \cdot \delta_{X_i})^2} \tag{D.3-2c}$$

(3)综合变量 $Y$ 是独立随机变量 $X_i(i=1,2,\cdots,n)$ 的任意函数,可按下式计算:

$$Y = \varphi(X_1, X_2, \cdots, X_n) \tag{D.3-3a}$$

综合变量统计参数如下。

平均值

$$\mu_Y = \varphi(\mu_{X_1}, \mu_{X_2}, \cdots, \mu_{X_n}) \tag{D.3-3b}$$

标准差

$$\sigma_Y = \sqrt{\sum_{i=1}^{n} \left[ \left.\frac{\partial \varphi}{\partial X_i}\right|_{\mu} \cdot \sigma_{X_i} \right]^2} \tag{D.3-3c}$$

变异系数

$$\delta_Y = \sigma_Y / \mu_Y \tag{D.3-3d}$$

式中　$\mu_{X_i}$——随机自变量 $X_i(i=1,2,\cdots,n)$ 的平均值；

　　　$\sigma_{X_i}$——随机自变量 $X_i(i=1,2,\cdots,n)$ 的标准差；

　　　$\mu$——偏导数中的随机自变量 $X_i$ 均以其平均值 $\mu_{X_i}$ 赋值。

## D.4　概率分布模型的检验

### D.4.1　卡平方($\chi^2$)检验

卡平方($\chi^2$)检验宜按下列步骤进行。

(1)将观测子样排序($x_1 < x_2 < x_3 \cdots < x_n$)，根据子样范围划分 $m$ 个等距区间，使子样全部落入区间范围内，计算子样落入区间($x_{i-1}, x_i$)内的频数 $k_i(i=1,2,\cdots,m)$，以 $k_i/n$ 表示子样落入该区间内的频率。

(2)建立 $H_0$，假设分布函数 $F(x)$。

(3)计算 $F(x)$ 在区间($x_{i-1}, x_i$)内的概率 $P_i$：

$$P_i = F(x_i) - F(x_{i-1}) \tag{D.4-1a}$$

(4)子样频率与假设分布 $F(x)$ 计算概率间的总偏差统计量 $D$ 为

$$D = \sum_{i=1}^{m} \frac{\left( \dfrac{k_i}{n} - P_i \right)^2}{P_i} \tag{D.4-1b}$$

(5)根据显著性水平(一般取 0.05)，自由度 $m-r-1$($r$ 为 $F(x)$ 分布中用子样估计的参数个数)，查 $\chi^2$ 分布表，得检验临界值 $\chi^2_{0.05}$，若 $D < \chi^2_{0.05}$，则原假设成立。

### D.4.2　柯尔莫哥洛夫 - 斯米尔诺夫(K - S)检验

柯尔莫哥洛夫 - 斯米尔诺夫(K - S)检验宜按下列步骤进行。

(1)将观测子样排序($x_1 < x_2 < x_3 \cdots < x_n$)，计算其经验分布：

$$F_n(x) = \begin{cases} 0 & x < x_1 \\ k/n & x_k < x < x_{k+1} \quad (k=1,2,3,\cdots,n) \\ 1 & x > x_n \end{cases} \tag{D.4-2a}$$

(2)用子样经验分布 $F_n(x)$ 和假设分布 $F(x)$ 建立统计量：

$$D_n = \max_{1 \le k \le n} \left\{ |F_n(x_k) - F(x_k)|, |F_n(x_{k-1}) - F(x_k)| \right\} \tag{D.4-2b}$$

(3)根据显著性水平(一般取 0.05)，查 K - S 检验临界值表得 $D_{n,0.05}$，若 $D_n < D_{n,0.05}$，则假设被接受。

## D.5　中心极限定理

### D.5.1　林德贝格 - 列维中心极限定理(独立同分布的中心极限定理)

设随机变量 $X_1, X_2, \cdots, X_n, \cdots$ 相互独立，服从同一分布，且具有数学期望与方差 $E(X_k)$

$= m, D(X_k) = s^2 > 0(k = 1, 2, \cdots)$，则随机变量之和 $\sum\limits_{k=1}^{n} X_k$ 的标准化变量

$$Y_n = \frac{\sum\limits_{k=1}^{n} X_k - E\left(\sum\limits_{k=1}^{n} X_k\right)}{\sqrt{D\left(\sum\limits_{k=1}^{n} X_k\right)}} = \frac{\sum\limits_{k=1}^{n} X_k - n\mu}{\sqrt{n}\,\sigma} \qquad (D.5.1-1)$$

的分布函数 $F_n(x)$ 对于任意 $x$ 满足

$$\lim_{n\to\infty} F_n(x) = \lim_{n\to\infty} P\{Y_n \leqslant x\} = \int_{-\infty}^{x} \frac{1}{\sqrt{2\pi}} \exp\left(-\frac{t^2}{2}\right) dt = \Phi(x) \qquad (D.5.1-2)$$

结论：当 $n$ 充分大时，随机变量 $Y_n$ 近似地服从标准正态分布 $N(0,1)$，记为 $Y_n \sim N(0, 1)$。再由式（D.5.1-1）导出 $\bar{X} = \frac{1}{n}\sum\limits_{k=1}^{n} X_k = \mu + Y_n \cdot \frac{\sigma}{\sqrt{n}}$，即当 $n$ 充分大时，$\bar{X}$ 近似地服从正态分布 $N(\mu, \sigma^2/n)$，记为 $\bar{X} \sim N(\mu, \sigma^2/n)$。

统计应用：均值为 $\mu$，方差为 $\sigma^2 > 0$ 的独立同分布随机变量 $X_1, X_2, \cdots, X_n$ 的算术平均值 $\bar{X} = \frac{1}{n}\sum\limits_{i=1}^{n} X_i$，当 $n$ 足够大时，近似服从均值为 $\mu$、方差为 $\sigma^2/n$ 的正态分布。

### D.5.2 李雅普诺夫（Liapunov）定理（独立不同分布的中心极限定理）

设随机变量 $X_1, X_2, \cdots, X_n, \cdots$ 相互独立，它们具有数学期望与方差：
$$E(X_k) = \mu_k, \quad D(X_k) = \sigma_k^2 \neq 0 \,(k = 1, 2, \cdots, n)$$

记 $B_n^2 = \sum\limits_{i=1}^{n} \sigma_i^2$，若存在正数 $\delta$，使得当 $n \to \infty$ 时，

$$\frac{1}{B_n^{2+\delta}} \sum_{k=1}^{n} E\{|X_k - \mu_k|^{2+\delta}\} \to 0 \qquad (D.5.2-1)$$

则随机变量之和 $\sum\limits_{k=1}^{n} X_k$ 的标准化变量

$$Z_n = \frac{\sum\limits_{k=1}^{n} X_k - E\left(\sum\limits_{k=1}^{n} X_k\right)}{\sqrt{D\left(\sum\limits_{k=1}^{n} X_k\right)}} = \frac{\sum\limits_{k=1}^{n} X_k - \sum\limits_{k=1}^{n} \mu_k}{B_n} \qquad (D.5.2-2)$$

的分布函数 $F_n(x)$ 对于任意 $x$ 满足

$$\lim_{n\to\infty} F_n(x) = \lim_{n\to\infty} P\{Z_n \leqslant x\} = \int_{-\infty}^{x} \frac{1}{\sqrt{2\pi}} \exp\left(-\frac{t^2}{2}\right) dt = \Phi(x) \qquad (D.5.2-3)$$

结论：当 $n$ 充分大时，随机变量 $Z_n$ 近似地服从标准正态分布 $N(0,1)$，记为 $Z_n \sim N(0,1)$。从而由式（D.5.2-2）导出 $\sum\limits_{k=1}^{n} X_k = B_n Z_n + \sum\limits_{k=1}^{n} \mu_k$ 近似地服从正态分布 $N\left(\sum\limits_{k=1}^{n} \mu_k, B_n^2\right)$。

统计应用：无论各个随机变量 $X_k(k = 1, 2, \cdots)$ 服从什么分布，只要满足定理的条件，则 $\sum\limits_{k=1}^{n} X_k$ 当 $n$ 充分大时，近似地服从均值为 $\sum\limits_{k=1}^{n} \mu_k$、方差为 $B_n^2$ 的正态分布。

# 附录 E 标准正态分布函数表

$$\phi(x) = \frac{1}{\sqrt{2\pi}}\exp\left(-\frac{x^2}{2}\right)$$

$$\Phi(x) = \frac{1}{\sqrt{2\pi}}\int_{-\infty}^{x}\exp\left(-\frac{t^2}{2}\right)dt$$

$$\Phi(-x) = 1 - \Phi(x)$$

| $x$ | 0.00 | 0.01 | 0.02 | 0.03 | 0.04 | 0.05 | 0.06 | 0.07 | 0.08 | 0.09 |
|---|---|---|---|---|---|---|---|---|---|---|
| 0.0 | 0.500 00 | 0.503 99 | 0.507 98 | 0.511 97 | 0.515 95 | 0.519 94 | 0.523 92 | 0.527 90 | 0.531 88 | 0.535 86 |
| 0.1 | 0.539 83 | 0.543 80 | 0.547 76 | 0.551 72 | 0.555 67 | 0.559 62 | 0.563 56 | 0.567 49 | 0.571 42 | 0.575 35 |
| 0.2 | 0.579 26 | 0.583 17 | 0.587 06 | 0.590 95 | 0.594 83 | 0.598 71 | 0.602 57 | 0.606 42 | 0.610 26 | 0.614 09 |
| 0.3 | 0.617 91 | 0.621 72 | 0.625 52 | 0.629 30 | 0.633 07 | 0.636 83 | 0.640 58 | 0.644 31 | 0.648 03 | 0.651 73 |
| 0.4 | 0.655 42 | 0.659 10 | 0.662 76 | 0.666 40 | 0.670 03 | 0.673 64 | 0.677 24 | 0.680 82 | 0.684 39 | 0.687 93 |
| 0.5 | 0.691 46 | 0.694 97 | 0.698 47 | 0.701 94 | 0.705 40 | 0.708 84 | 0.712 26 | 0.715 66 | 0.719 04 | 0.722 40 |
| 0.6 | 0.725 75 | 0.729 07 | 0.732 37 | 0.735 65 | 0.738 91 | 0.742 15 | 0.745 37 | 0.748 57 | 0.751 75 | 0.754 90 |
| 0.7 | 0.758 04 | 0.761 15 | 0.764 24 | 0.767 30 | 0.770 35 | 0.773 37 | 0.776 37 | 0.779 35 | 0.782 30 | 0.785 24 |
| 0.8 | 0.788 14 | 0.791 03 | 0.793 89 | 0.796 73 | 0.799 55 | 0.802 34 | 0.805 11 | 0.807 85 | 0.810 57 | 0.813 27 |
| 0.9 | 0.815 94 | 0.818 59 | 0.821 21 | 0.823 81 | 0.826 39 | 0.828 94 | 0.831 47 | 0.833 98 | 0.836 46 | 0.838 91 |
| 1.0 | 0.841 34 | 0.843 75 | 0.846 14 | 0.848 49 | 0.850 83 | 0.853 14 | 0.855 43 | 0.857 69 | 0.859 93 | 0.862 14 |
| 1.1 | 0.864 33 | 0.866 50 | 0.868 64 | 0.870 76 | 0.872 86 | 0.874 93 | 0.876 98 | 0.879 00 | 0.881 00 | 0.882 98 |
| 1.2 | 0.884 93 | 0.886 86 | 0.888 77 | 0.890 65 | 0.892 51 | 0.894 35 | 0.896 17 | 0.897 96 | 0.899 73 | 0.901 47 |
| 1.3 | 0.903 20 | 0.904 90 | 0.906 58 | 0.908 24 | 0.909 88 | 0.911 49 | 0.913 09 | 0.914 66 | 0.916 21 | 0.917 74 |
| 1.4 | 0.919 24 | 0.920 73 | 0.922 20 | 0.923 64 | 0.925 07 | 0.926 47 | 0.927 85 | 0.929 22 | 0.930 56 | 0.931 89 |
| 1.5 | 0.933 19 | 0.934 48 | 0.935 74 | 0.936 99 | 0.938 22 | 0.939 43 | 0.940 62 | 0.941 79 | 0.942 95 | 0.944 08 |
| 1.6 | 0.945 20 | 0.946 30 | 0.947 38 | 0.948 45 | 0.949 50 | 0.950 53 | 0.951 54 | 0.952 54 | 0.953 52 | 0.954 49 |
| 1.7 | 0.955 43 | 0.956 37 | 0.957 28 | 0.958 18 | 0.959 07 | 0.959 94 | 0.960 80 | 0.961 64 | 0.962 46 | 0.963 27 |
| 1.8 | 0.964 07 | 0.964 85 | 0.965 62 | 0.966 38 | 0.967 12 | 0.967 84 | 0.968 56 | 0.969 26 | 0.969 95 | 0.970 62 |
| 1.9 | 0.971 28 | 0.971 93 | 0.972 57 | 0.973 20 | 0.973 81 | 0.974 41 | 0.975 00 | 0.975 58 | 0.976 15 | 0.976 70 |
| 2.0 | 0.977 25 | 0.977 78 | 0.978 31 | 0.978 82 | 0.979 32 | 0.979 82 | 0.980 30 | 0.980 77 | 0.981 24 | 0.981 69 |
| 2.1 | 0.982 14 | 0.982 57 | 0.983 00 | 0.983 41 | 0.983 82 | 0.984 22 | 0.984 61 | 0.985 00 | 0.985 37 | 0.985 74 |
| 2.2 | 0.986 10 | 0.986 45 | 0.986 79 | 0.987 13 | 0.987 45 | 0.987 78 | 0.988 40 | 0.988 40 | 0.988 70 | 0.988 99 |
| 2.3 | 0.989 28 | 0.989 56 | 0.989 83 | 0.990 10 | 0.990 36 | 0.990 61 | 0.990 86 | 0.991 11 | 0.991 34 | 0.991 58 |
| 2.4 | 0.991 80 | 0.992 02 | 0.992 24 | 0.992 45 | 0.992 66 | 0.992 86 | 0.993 05 | 0.993 24 | 0.993 43 | 0.993 61 |
| 2.5 | 0.993 79 | 0.993 96 | 0.994 13 | 0.994 30 | 0.994 46 | 0.994 61 | 0.994 77 | 0.994 92 | 0.995 06 | 0.995 20 |
| 2.6 | 0.995 34 | 0.995 47 | 0.995 60 | 0.995 73 | 0.995 85 | 0.995 98 | 0.996 09 | 0.996 21 | 0.996 32 | 0.996 43 |

续表

| $x$ | 0.00 | 0.01 | 0.02 | 0.03 | 0.04 | 0.05 | 0.06 | 0.07 | 0.08 | 0.09 |
|-----|------|------|------|------|------|------|------|------|------|------|
| 2.7 | 0.996 53 | 0.996 64 | 0.996 74 | 0.996 83 | 0.996 93 | 0.997 02 | 0.997 11 | 0.997 20 | 0.997 28 | 0.997 36 |
| 2.8 | 0.997 44 | 0.997 52 | 0.997 60 | 0.997 67 | 0.997 74 | 0.997 81 | 0.997 88 | 0.997 95 | 0.998 01 | 0.998 07 |
| 2.9 | 0.998 13 | 0.998 19 | 0.998 25 | 0.998 31 | 0.998 36 | 0.998 41 | 0.998 46 | 0.998 51 | 0.998 56 | 0.998 61 |
| 3.0 | 0.998 65 | 0.998 69 | 0.998 74 | 0.998 78 | 0.998 82 | 0.998 86 | 0.998 89 | 0.998 93 | 0.998 96 | 0.999 00 |
| 3.1 | 0.999 03 | 0.999 06 | 0.999 10 | 0.999 13 | 0.999 16 | 0.999 18 | 0.999 21 | 0.999 24 | 0.999 26 | 0.999 29 |
| 3.2 | 0.999 31 | 0.999 34 | 0.999 36 | 0.999 38 | 0.999 40 | 0.999 42 | 0.999 44 | 0.999 46 | 0.999 48 | 0.999 50 |
| 3.3 | 0.999 52 | 0.999 53 | 0.999 55 | 0.999 57 | 0.999 58 | 0.999 60 | 0.999 61 | 0.999 62 | 0.999 64 | 0.999 65 |
| 3.4 | 0.999 66 | 0.999 68 | 0.999 69 | 0.999 70 | 0.999 71 | 0.999 72 | 0.999 73 | 0.999 74 | 0.999 75 | 0.999 76 |
| 3.5 | 0.999 77 | 0.999 78 | 0.999 78 | 0.999 79 | 0.999 80 | 0.999 81 | 0.999 81 | 0.999 82 | 0.999 83 | 0.999 83 |
| 3.6 | 0.999 84 | 0.999 85 | 0.999 85 | 0.999 86 | 0.999 86 | 0.999 87 | 0.999 87 | 0.999 88 | 0.999 88 | 0.999 89 |
| 3.7 | 0.999 89 | 0.999 90 | 0.999 90 | 0.999 90 | 0.999 91 | 0.999 91 | 0.999 92 | 0.999 92 | 0.999 92 | 0.999 92 |
| 3.8 | 0.999 93 | 0.999 93 | 0.999 93 | 0.999 94 | 0.999 94 | 0.999 94 | 0.999 94 | 0.999 95 | 0.999 95 | 0.999 95 |
| 3.9 | 0.999 95 | 0.999 95 | 0.999 96 | 0.999 96 | 0.999 96 | 0.999 96 | 0.999 96 | 0.999 96 | 0.999 97 | 0.999 97 |
| 4.0 | 0.999 97 | 0.999 97 | 0.999 97 | 0.999 97 | 0.999 97 | 0.999 97 | 0.999 98 | 0.999 98 | 0.999 98 | 0.999 98 |
| 4.1 | 0.999 98 | 0.999 98 | 0.999 98 | 0.999 98 | 0.999 98 | 0.999 98 | 0.999 98 | 0.999 98 | 0.999 99 | 0.999 99 |
| 4.2 | 0.999 99 | 0.999 99 | 0.999 99 | 0.999 99 | 0.999 99 | 0.999 99 | 0.999 99 | 0.999 99 | 0.999 99 | 0.999 99 |

# 参 考 文 献

［1］中华人民共和国住房和城乡建设部.GB 50153—2008 工程结构可靠性设计统一标准［S］.北京:中国建筑工业出版社,2008.

［2］中华人民共和国住房和城乡建设部.GB 50068—2001 建筑结构可靠度设计统一标准［S］.北京:中国建筑工业出版社,2001.

［3］中华人民共和国交通运输部.GB 50158—2010 港口工程结构可靠度设计统一标准［S］.北京:中国计划出版社,2010.

［4］中华人民共和国铁道部.GB 50216—94 铁路工程结构可靠度设计统一标准［S］.北京:中国建筑工业出版社,1994.

［5］中国建筑科学研究院.GBJ 68—84 建筑结构设计统一标准［S］.北京:中国建筑工业出版社,1984.

［6］中华人民共和国住房和城乡建设部.GB 50009—2012 建筑结构荷载规范［S］.北京:中国建筑工业出版社,2012.

［7］中华人民共和国交通运输部.JTS 144—1—2010 港口工程荷载规范［S］.北京:人民交通出版社,2010.

［8］中交第一航务工程勘察设计院有限公司.JTS 145—2—2013 海港水文规范［S］.北京:人民交通出版社,2013.

［9］中华人民共和国住房和城乡建设部.GB 50011—2010 建筑抗震设计规范［S］.北京:中国建筑工业出版社,2010.

［10］中华人民共和国住房和城乡建设部.GB 50223—2008 建筑工程抗震设防分类标准［S］.北京:中国建筑工业出版社,2008.

［11］中华人民共和国住房和城乡建设部.GB 50010—2010 混凝土结构设计规范［S］.北京:中国建筑工业出版社,2011.

［12］中华人民共和国住房和城乡建设部.GB 50003—2011 砌体结构设计规范［S］.北京:中国建筑工业出版社,2011.

［13］中华人民共和国住房和城乡建设部.GB/T 50476—2008 混凝土结构耐久性设计规范［S］.北京:中国建筑工业出版社,2008.

［14］中国工程建设标准化协会化工分会.GB 50046—2008 工业建筑防腐蚀设计规范［S］.北京:中国计划出版社,2008.

［15］中华人民共和国建设部.GB 50017—2003 钢结构设计规范［S］.北京:中国计划出版社,2003.

［16］水利部长江水利委员会长江勘测规划设计研究院.SL 191—2008 水工混凝土结构设计规范［S］.北京:中国水利水电出版社,2009.

［17］上海市建设和交通委员会.GB 50135—2006 高耸结构设计规范［S］.北京:中国计划出版社,2007.

［18］中国冶金建设协会.GB 50051—2013 烟囱设计规范［S］.北京:中国计划出版社,2013.

［19］中交公路规划设计院.JTG D60—2004 公路桥涵设计通用规范［S］.北京:人民交通出版社,2004.

[20] 交通部公路科学研究院. JTG D81—2006 公路交通安全设施技术设计规范[S]. 北京:人民交通出版社,2006.

[21] 中交公路规划设计院. JTG/T D60—01—2004 公路桥梁抗风设计规范[S]. 北京:人民交通出版社,2004.

[22] 铁道第三勘察设计院. TB 10002.1—2005 铁路桥涵设计基本规范[S]. 北京:中国铁道出版社,2005.

[23] 国家人民防空办公室. GB 50038—2005 人民防空地下室设计规范[S]. 北京:中国计划出版社,2005.

[24] 北京起重运输机械研究所. GB/T 3811—2008 起重机设计规范[S]. 北京:中国标准出版社,2008.

[25] 中国地震局. GB 18306—2001 中国地震动参数区划图[S]. 北京:中国标准出版社,2001.

[26] 中国地震局. GB/T 17742—2008 中国地震烈度表[S]. 北京:中国标准出版社,2008.

[27] 中国气象局. GB/T 19201—2006 热带气旋等级[S]. 北京:中国标准出版社,2006.

[28] 曹振熙,曹普. 建筑工程结构荷载学[M]. 北京:中国水利水电出版社,2006.

[29] 柳炳康. 荷载与结构设计方法[M]. 2 版. 武汉:武汉理工大学出版社,2012.

[30] 许成祥,何培玲. 荷载与结构设计方法[M]. 北京:北京大学出版社,2006.

[31] 季静,罗旗帜,张学文. 工程荷载与结构设计方法[M]. 北京:中国建筑工业出版社,2013.

[32] 白国梁,刘明. 荷载与结构设计方法[M]. 北京:高等教育出版社,2003.

[33] 李桂青. 结构可靠度[M]. 武汉:武汉工业大学出版社,1989.

[34] 越阳,方有珍,孙静怡. 荷载与结构设计方法[M]. 重庆:重庆大学出版社,2001.

[35] 李国强,黄宏伟,吴迅,等. 工程结构荷载与可靠度设计原理[M]. 3 版. 北京:中国建筑工业出版社,2005.

[36] 薛志成,杨璐. 土木工程荷载与结构设计方法[M]. 北京:科学出版社,2011.

[37] 胡卫兵,何建. 高层建筑与高耸结构抗风计算及风振控制[M]. 北京:中国建材工业出版社,2003.

[38] 张建仁,刘扬,许福宏,等. 结构可靠度理论及其在桥梁工程中的应用[M]. 北京:人民交通出版社,2003.

[39] 余建星,郭振邦,徐慧,等. 船舶与海洋结构物可靠性原理[M]. 天津:天津大学出版社,2001.

[40] 张学文,罗旗帜. 土木工程荷载与设计方法[M]. 2 版. 广州:华南理工大学出版社,2003.

[41] 杨伟军,赵传智. 土木工程结构可靠度理论与设计[M]. 大连:大连理工大学出版社,1999.

[42] 贡金鑫. 工程结构可靠度计算方法[M]. 大连:大连理工大学出版社,2003.

[43] 武清玺. 结构可靠性分析及随机有限元法:理论·方法·工程应用及程序设计[M]. 北京:机械工业出版社,2005.

[44] 张新培. 建筑结构可靠度分析与设计[M]. 北京:科学出版社,2001.

[45] 陈基发,沙志国. 建筑结构荷载设计手册[M]. 2 版. 北京:中国建筑工业出版社,2005.

[46] 赵国藩,金伟良,贡金鑫. 结构可靠度理论[M]. 北京:中国建筑工业出版社,2000.

[47] 盛骤,谢式千,潘承毅. 概率论与数理统计(第四版)简明本[M]. 北京:高等教育出版社,2009.

[48] 刘刚. 中国与英国规范风荷载计算分析比较[J]. 钢结构,2008,23(2):57 - 60.

[49] 夏超,胡庆. 中国与印度规范风荷载计算分析比较[J]. 余热锅炉,2008(4):7 - 14.

［50］吴元元,任光勇,颜潇潇,等.欧洲与中国规范风荷载计算方法比较［J］.低温建筑技术,2010(6):63－65.

［51］张建荣,刘照球,华毅杰.混凝土结构设计中考虑温度作用组合的研究［J］.工业建筑,2007,37(1):42－46.

［52］刘学华,王立静,吴洪宝.中国近40年日平均气温的概率分布特征及年代际差异［J］.气候与环境研究,2007,12(6):779－787.

［53］李明顺.工程结构可靠度设计统一标准及概率极限状态设计方法概述［J］.建筑科学,1992(2):3－7.

［54］樊小卿.温度作用与结构设计［J］.建筑结构学报,1999,20(2):43－50.